W0297830

INHALTSVERZEICHNIS

GRAPHISCHE DARSTELLUNGEN VON FUNKTIONEN

TRIGONOMETRIE

DIFFERENTIALRECHNUNG

INTEGRALRECHNUNG

GRAPHISCHE DARSTELLUNGEN VON FUNKTIONEN
TRIGONOMETRIE
DIFFERENTIALRECHNUNG
INTEGRALRECHNUNG

**geschrieben,
konzipiert und herausgegeben
von**

Dr. h.c. Ignaz WALTER

Quellen: In diesem Buch ist die Geometrie bewußt nur in Ansätzen behandelt. Jedem Lernenden, der sich eingehend mit ihr beschäftigen will, wird das Werk von Lothar Kusch, Mathematik Band 2: Geometrie, erschienen im Verlag W. Girardet, Essen, empfohlen. Dieses Buch ist in ähnlicher Weise wie dieses Werk aufgebaut. Abdruck von Trigonometrieteilen aus Mathematik für Fachschulung mit freundlicher Genehmigung des Hueber-Holzmann Verlages München.

Lizenzausgabe 1991
Manfred Pawlak Verlagsgesellschaft mbH,
Herrsching
©Dr. h. c. Ignaz Walter

Alle Rechte bleiben dem Verfasser vorbehalten, auch die des auszugsweisen Nachdrucks, der fotomechanischen Wiedergabe und der Übersetzung. Dies betrifft auch die Vervielfältigung und Übertragung einzelner Textabschnitte, Zeichnungen oder Bilder durch alle Verfahren, wie Speicherung und Übertragung auf Papier Transparente, Filme, Bänder, Platten und andere Medien, soweit es nicht §§ 53 und 54 URG ausdrücklich gestatten.

Printed in Hungary
ISBN 3-88199-8217

VORWORT

Das hier vorliegende Werk

Mathematik für Alle, leicht gemacht
Band II

geht aus dem **1979** zum ersten Mal aufgelegten gleichnamigen einbändigen Nachhilfebuch hervor.

Das damalige einbändige Werk wurde seinerzeit **in wenigen Monaten** mehr als **500.000 mal** verkauft.
Das Buch wurde im Fachbuchbereich zum **Bestseller**.
Der **Verfasser** erhielt hierfür in **Luxemburg** den **europäischen Sachbuchpreis** von AWMM.

Sowohl die **Schüler** selbst als auch **Eltern, Großeltern** sowie **Lehrer,** welche sich mit diesem **Nachhilfebuch** und dem dazugehörigen **Lösungsheft** beschäftigten, gaben fast ausschließlich **positive Beurteilungen** ab.

Die aufgrund **hoher Lehrqualität** des Werkes nach wie vor vorhandene **starke Nachfrage** sowie der von **Schülern** und **Lehrern** an den Verlag herangetragene **Wunsch** nach einer analogen vereinfachten Darstellung von **Integral** und **Differential** gaben Veranlassung, dieses Kapitel mit aufzunehmen und eine **2bändige Neuauflage** herauszugeben.

Der hier vorliegende **Band II** der Neuauflage

„Mathematik für Alle, leicht gemacht"

vermittelt **Graphische Funktionsdarstellung, Trigonometrie, Differentialrechnung** und **Integralrechnung** zum Ergänzungsunterricht und zum Selbststudium.

Das Buch versucht, dem **Zweck** gerecht zu werden, dem Lernenden in **einfacher, leichtverständlicher und klarer** Form, den **Sinn** und die **Zusammenhänge** aller Rechenoperationen in **Trigonometrie, Differential** und **Integral** verständlich und begreiflich zu machen.

Einerseits bedient sich der Verfasser einer **bürgerlichen, allgemeinverständlichen Schreibweise, andererseits** sind die **Gedankengänge** zur **Erklärung** mathematischer Probleme so **kurz, klar** und **direkt** ohne Umschweife **erklärt**, daß **jeder Lernende** die **Zusammenhänge** der jeweiligen Aufgabe **leicht** und **schnell begreift.**

Bei der **Auswahl der Aufgaben** ist allergrößter Wert darauf gelegt, daß diese in der **richtigen Reihenfolge,** also **systematisch** und **methodisch** richtig **aufgebaut** sind und das **gesamte Spektrum** des zu lernenden Stoffes **einer realistischen Mathematik** erfassen und immer in der Lage sind, **dem Lernenden** den **Sinn und Zweck** sowie den **Zusammenhang** der **jeweiligen Rechenmethode verständlich** zu machen.

Um dem Lernenden immer **sofort und nachhaltig** das **Wesentliche** der jeweiligen Rechenoperation nahezubringen, wurden **Regeln** aufgestellt, welche immer **fett schwarz gedruckt** aus dem allgemeinen Text **herausgestellt** wurden.

Weiter wurden für den Lernenden **wichtige Feststellungen** immer in einer **hervorgehobenen Druck-** und **Schreibweise** dargestellt.

Das Buch ist so aufgebaut, daß die **Folgeaufgaben** mehr oder weniger automatisch begriffen werden, wenn die **vorausgehenden Aufgaben** verstanden wurden.

Das hier **vorliegende Mathematikbuch** bitte ich als ein **zeitloses** von den laufenden Lehrplanänderungen und den jeweils gerade praktizierten Didaktikmethoden **unabhängig** geschriebenes **Schulbegleitbuch** für **alle Schularten** zu sehen.

Es gibt dem Lernenden durch eine Mengen von **Beispielen und Aufgaben** Hilfestellung im Erfassen und im Üben der jeweils behandelten Mathematikprobleme.

Auf keinen Fall soll dieses Buch als ein **Antischulbuch** gesehen werden.

Ich hoffe, mit diesem Buch eine **wirkliche Hilfe** für einen **Mathematikergänzungsunterricht** und gegebenenfalls für ein **Mathematikselbststudium** (z. B. für den 2. Bildungsweg) zu vermitteln.

Ignaz Walter

BAND II

Inhaltsverzeichnis

GRAPHISCHE DARSTELLUNGEN VON FUNKTIONEN

1. Kapitel
Graphische Darstellungen

2. Kapitel

TRIGONOMETRIE

DIFFERENTIALRECHNUNG

1. Kapitel
Grundaufgabe der Differentialrechnung

2. Kapitel
Grenzwerte

3. Kapitel
Differentiation algebraischer Funktionen

4. Kapitel
Differentiation von trigonometrischen Funktionen

5. Kapitel
Differentiation logarithmischer und exponentialer Funktionen

6. Kapitel
Differentiation von zyklometrischen Funktionen (Arcus-Funktionen)

7. Kapitel
Differentiation von Hyperbelfunktionen und Areafunktionen

8. Kapitel
Mehrfach-Differentiationen

9. Kapitel
Differentiation impliziter Funktionen und von Funktionen in Parameterform

10. Kapitel
Partielle Differentiation

11. Kapitel
Anwendung der Differentialrechnung

12. Kapitel
Lösung von Gleichungen höheren Grades durch Näherungsverfahren

INTEGRALRECHNUNG

1. Kapitel
Einführung in die Integralrechnung

2. Kapitel
Unbestimmte und bestimmte Integrale

3. Kapitel
Der Einheitskreis

4. Kapitel
Grundsätzliche Anwendung der Integralrechnung und einige wichtige Regeln

5. Kapitel
Die numerische Integration

6. Kapitel
Räumliche Anwendung der Integralrechnung (Räumliche Körper)

7. Kapitel
Berechnung von Schwerpunkten

8. Kapitel
„Räumliche Körper“ (Fortsetzung)

9. Kapitel
Trägheitsmomente

10. Kapitel
Anwendung der Integralrechnung in Technik und Naturwissenschaft

Nachfolgend
die Stellungnahmen zur Erstauflage des einbändigen Werkes von 1979
„Mathematik für Alle, leichtgemacht“

von Herrn A. Zink, Oberstudienrat
von Herrn Haltmayer, Studiendirektor
von Herrn Max Amling, MDB
von Herrn Dr. W. Althammer, MDB

Stellungnahme von zwei praktizierenden Mathematikpädagogen

Das vorliegende Buch enthält im wesentlichen den Arithmetik- und Algebrastoff, der in Gymnasien, Realschulen und in Auszügen auch in der Hauptschule behandelt wird. Das Buch besitzt meiner Meinung nach drei wesentliche Vorzüge:

1. Die Erklärung der mathematischen Begriffe ist äußerst klar, anschaulich und sofort mit der Anwendung zum Lösen von Aufgaben verknüpft. Die Herleitung einer neuen Regel erfolgt immer mit Hilfe von Beispielen und nicht theoretisch abstrakt. Das erleichtert das Verständnis für den Leser wesentlich.

2. Bei der Darstellung wird bewußt auf die Verwendung allzu modernistischer formaler Fachausdrücke verzichtet und dafür lieber eine manchmal etwas breitere, aber allgemeinverständlichere Darstellungsweise gewählt. Auf exakte Beweise wird verzichtet, wo der zu beweisende Sachverhalt anschaulich einsichtig gemacht werden kann.
   Leider wurde selbst am Gymnasium die **Verwissenschaftlichung** und vor allem die Anwendung rein **formaler Schreibweisen** in den letzten Jahren **übertrieben, was selten zu besserem Verständnis geführt hat** und auf gar keinen Fall die kreativen Fähigkeiten, die beim selbständigen problemlösenden Denken erforderlich sind, gefördert hat.

3. Das Buch enthält zu jedem Abschnitt eine große Zahl von abwechslungsreichen Übungsbeispielen und selbständig zu lösenden Aufgaben.

Infolgedessen ist **das Buch sehr gut geeignet** einmal für Schüler und Studenten, die sich im Selbststudium die Grundlagen der Algebra erarbeiten wollen, die über den Schulunterricht hinaus ihre Kenntnisse vertiefen wollen, und die, z. B. durch Krankheit, versäumten Unterrichtsstoff nachholen wollen, zum zweiten für Eltern, die ihre eigenen Schulkenntnisse auffrischen oder manche Begriffe – vor allem in der Mengenlehre – neu sich aneignen wollen, um ihre Kinder unterstützen zu können, und auch für Lehrer aller Schularten, die darin manche Anregung und eine Fülle von Übungsaufgaben finden werden.

A. Zink
Oberstudienrat

Richard-Wagner-Straße 21 8901 Königsbrunn

Vom Buch „Mathematik für alle“ (Mengenlehre, Arithmetik, Algebra), herausgegeben von Ignaz Walter, kam mir vor einiger Zeit eines der ersten Exemplare in die Hände. Beim ersten flüchtigen Durchblättern und Durchschauen dieses Mathematikbuches fiel mir vor allem die ansprechende Aufmachung, die gute Gliederung und der hervorragende Druck auf. Bei einer genaueren Durchsicht des Buches **war ich angetan** von der Art, wie in diesem Buche versucht wird, **einem Nichtfachmann Mathematik nahezubringen.**

Ausgehend von einfachen, dem alltäglichen Leben entnommenen Beispielen werden dem Leser in kleinen wohlüberlegten Schritten anhand vieler ausführlich besprochener Beispiele Grundkenntnisse der Mengenlehre, der Arithmetik und vor allem der Algebra vermittelt. Darüber hinaus kann der Leser am Ende eines jeden Kapitels an einer großen Zahl gut ausgewählter Aufgaben, deren Lösungen in einem eigenen Lösungsheft zusammengestellt sind, sein bisher erworbenes Wissen und Können überprüfen und vertiefen. Das Buch **verzichtet** besonders im Arithmetik- und Algebrateil **(wohl bewußt) auf eine zu moderne Art** der mathematischen Darstellung und Schreibweise und allzu **viele theoretischen Überlegungen,** bietet aber wegen seiner **zeitlosen** Darstellung die Gewähr dafür, daß jemand, der sorgfältig dieses Buch durcharbeitet, am Ende auch in der Lage ist, algebraische Probleme sicher zu lösen. So gesehen ist dieses Buch ein **wertvolles Schulbegleitbuch,** in dem Schüler und Eltern eine große Fülle von zusätzlichem Übungsmaterial finden können. Aber auch für solche, die keine Gelegenheit hatten, sich in ihrer Schulzeit mit den Grundkenntnissen der Mengenlehre und Algebra zu befassen, wird dieses Buch eine Möglichkeit darstellen, dies bei konzentrierter Arbeit in relativ kurzer Zeit nachzuholen.

Haltmayer
Studiendirektor

Sauerbruchstr. 12 8901 Königsbrunn

Max Amling
Mitglied des Deutschen Bundestages
Vorsitzender des DGB-Kreises Augsburg

Gemeinhin dienen Lehrbücher für Schüler zur Ergänzung des in der Schule gelehrten Stoffes. Mathematikbücher, die ohne Hilfe des Lehrers Wissen vermitteln können, sind darum selten.

Ignaz Walter hat nun ein universelles Lehrbuch geschrieben, welches Schülern jeder Altersstufe und jedes Schulzweiges gestattet, **selbständig** und **zusätzlich** zum **Unterricht** ihr mathematisches Wissen zu vertiefen.

Die Idee zu diesem Buch entstand beim Autor durch die Kenntnis des **Leistungsdrucks,** der vor allem in den mathematisch-naturwissenschaftlichen Fächern auf vielen Schülern lastet. Dieser Druck kann durch Nachhilfeunterricht abgebaut werden, aber **nicht jede Familie** ist **materiell** dazu **in der Lage,** ihren Kindern diese zusätzliche Hilfe zu geben. Vielen Eltern ist es darüber hinaus aber auch nicht möglich, ihren Kindern das fehlende und in der Schule versäumte Wissen, nachträglich zu vermitteln.

Dies ist ein **soziales Problem,** von dem vor allem **Arbeitnehmerfamilien betroffen sind.** Es hat den Autor dazu veranlaßt, ein Nachschlagewerk zu erarbeiten, das den Schüler von der ersten Klasse bis zum Abitur begleiten kann, aber auch jedem anderen Lernenden und mathematisch Interessierten ein Standardwerk der Mathematik an die Hand gibt, das ebenso mit den leichten, häufig gebrauchten Rechenmethoden vertraut macht, wie in die mathematische Wissenschaft einzuführen vermag.

Der Inhalt des Buches ist **nicht an Schullehrpläne gebunden** und somit ein **zeitloses Nachschlagewerk,** das noch in Jahrzehnten nichts an Aktualität und seinem Wert als Lehrbuch verloren haben wird. Ignaz Walter hat sich dabei erfolgreich bemüht, alle Rechenmethoden **leichtverständlich** und **übersichtlich** aufzuzeigen und mit konkreten Übungsaufgaben zu ermöglichen, das aus dem Buch erlernte Wissen selbst zu prüfen.

Ich bin überzeugt, daß das vorliegende Buch zur **Überwindung der Chancenungleichheit** durch unterschiedliche Bildungsmöglichkeiten auf dem Gebiet der Mathematik beitragen kann. Es legt ein Fundament für ein mathematisches Grundwissen, dessen Kenntnis in der Zukunft weiter an Bedeutung gewinnt. **Wer sie hat, besitzt ein Kapital,** das ihm beruflich erfolgversprechende und zukunftsträchtige Chancen öffnet.

Dem Buch von Ignaz Walter wünsche ich darum eine weite Verbreitung und hoffe, daß der Anspruch, mit dem der Autor es geschrieben hat, nämlich einen Beitrag zu größerer Chancengleichheit auf einem wichtigen Sektor der **Allgemeinbildung** zu leisten, reiche Früchte tragen wird.

Max Amling

Dr. W. Althammer
Mitglied des Deutschen Bundestages

Gleiche Bildungschancen für **alle ohne Rücksicht auf die soziale Herkunft** ist zu einer Hauptforderung unserer Zeit geworden.

In dem hier vorliegenden Werk „Mathematik für alle" hat ein Fachmann, der selbst den Aufstieg aus einer sozial benachteiligten kinderreichen Familie zum wirtschaftlichen Erfolg geschafft hat, einen grundlegenden praktischen Beitrag zur Erfüllung dieser Forderung geleistet.

Ignaz Walter legt ein mathematisches Lehrbuch zum Selbststudium und zur Nachhilfe vom Beginn des Rechnens bis zum Abitur vor. Ein Praktiker, der die Schwierigkeiten aus eigener Erfahrung kennt, schreibt in **klarer, allgemeinverständlicher Sprache. Er verzichtet auf komplizierte Theorien** und legt statt dessen Wert auf **viele praktische Beispiele.**

Ein gesondertes Lösungsheft für die gestellten Aufgaben ergänzt das logisch aufgebaute System eines Mathematik-Lehrbuchs für alt und jung.

Unabhängig von Lehrplänen, von Schularten, dient es nicht nur der Unterrichtsbegleitung und der **Nachhilfe,** es ist ebenso ein **Nachschlagewerk für Eltern und Erwachsene,** es dient aber auch der **Weiterbildung und Umschulung.**

Für den mathematischen Lehrstoff schließt es eine Lücke und kostet trotz des umfassenden Inhalts nicht einmal so viel wie drei Nachhilfestunden. Ein **gutdurchdachtes Lehrsystem** macht es zum unentbehrlichen **Hilfsmittel für Generationen.** Eine Investition, die sich auch praktisch bezahlt macht.

Ich wünsche dem Werk eine große Verbreitung, weil es durch kein schulstufenbezogenes Fachbuch zu ersetzen ist und etwas Nachhaltiges für die **Chancengleichheit aller Bevölkerungsschichten** leistet.

Dr. W. Althammer

Merke Dir!

lernen hat sich noch immer gelohnt
Leistung wird immer honoriert
wollen ist der Schlüssel zum Erfolg

darum denk daran

Das Wort ich **„will"** ist mächtig
Spricht's einer leis und still
die Sterne reißt's vom Himmel
das kleine Wort ich **„will"**

GRAPHISCHE DARSTELLUNGEN VON FUNKTIONEN

TRIGONOMETRIE

DIFFERENTIALRECHNUNG

INTEGRALRECHNUNG

geschrieben,
konzipiert und herausgegeben
von

Dr. h.c. Ignaz WALTER

Graphische DARSTELLUNGEN von Funktionen

1. Kapitel
Graphische Darstellungen

§ 1 Das rechtwinklige oder kartesische Koordinatensystem

A) Erklärung und Beispiele zur graphischen Darstellung

In allen Wissenschaften von meßbaren oder zählbaren Größen handelt es sich **nicht so sehr** um die **Feststellung der Größe** eines einzelnen **Gegenstandes als** um die **Auffindung** der **Abhängigkeit** einer **veränderlichen Größe von** einer oder mehreren **anderen veränderlichen Größen**, d. h. um die **Ermittlung von Gesetzmäßigkeiten. Man untersucht, wie sich eine Größe ändert, wenn eine andere verändert**, z. B. der Reihe nach gleich 1, 2, 3 usw. gesetzt **wird**. Das **Ergebnis** einer solchen Untersuchung **trägt man in** eine **Tabelle ein. Übersichtlicher ist aber** die sog. **graphische Darstellung.**

Man verwendet Tabellen dann, wenn eine größere Genauigkeit verlangt wird, eine **graphische Darstellung** meist nur, wenn man sich über die Art der Abhängigkeit der miteinander im Zusammenhang stehenden Veränderlichen voneinander im Großen rasch orientieren will.

Handelt es **sich** um eine **Beziehung zwischen 2 veränderlichen Größen,** so stellt man diese in einem **passend gewählten Maßstab durch Strecken dar,** zeichnet ein **Bezug- oder Koordinatensystem.** Am einfachsten durch zwei aufeinander senkrechte Gerade, von denen die eine waagrecht, die andere senkrecht ist. Trägt nun vom Schnittpunkt derselben (dem **Nullpunkt** oder **Koordinatenursprung)** die **Werte** der als **unabhängig betrachteten Veränderlichen auf** der **waagrechten x- oder Abszissenachse ein** und errichtet in den so erhaltenen Endpunkten Lote, also Parallele zur **senkrechten y- oder Ordinatenachse**, deren Längen den Werten der zugehörigen veränderlichen Größe entsprechen: **Man erhält**, wenn man die Endpunkte dieser Lote verbindet, einen **Linienzug** oder eine **Kurve** als anschauliches Bild der untersuchten Gesetzmäßigkeit.

Positive Werte von x werden nach rechts, negative nach links, positive Werte von y nach oben, negative nach unten abgetragen. Auf diese Weise **erhalten wir** den **Graphen** der **Relation** und den **Graphen** der **Produktmenge** (Relation = Produktmenge). Jedem Zahlenpaar (x, y) entspricht so ein bestimmter Punkt in der (xy)-Ebene. **Umgekehrt** gehören **zu jedem Punkt P (x, y)** der (xy)-Ebene 2 Zahlen **x** und **y,** die man die Abszisse bzw. Ordinate des Punktes P (x, y) nennt. x und y sind die **Koordinaten** dieses Punktes.

Beispiele:

1. **Fieberkurve:** Die Temperatur des Kranken wird täglich morgens und abends um dieselbe Zeit gemessen und auf „Koordinatenpapier" eingezeichnet. Man erhält an jedem Tag nur 2 Punkte, d. h. 2 einzelne Werte der Temperatur. Die Punkte verbindet man meist (eigentlich unberechtigterweise, weil man die Zwischenwerte ja gar nicht kennt!) geradlinig miteinander und erhält so einen zusammenhängenden (stetigen) Linienzug.

2. In den **Wetterhäuschen** sieht man Thermo- und Barographen; das sind Instrumente, welche die Veränderung der Lufttemperatur und des Luftdrucks durch Hebel auf einen Schreibstift übertragen, der den jeweiligen Thermometer- oder Barometerstand auf eine mit Koordinatenpapier überzogene, in 24 Stunden sich einmal drehende Walze auf-

zeichnet. Da der Apparat z. B. die Temperatur in **jedem Augenblick** aufzeichnet, erhält man hier **von vornherein** eine stetige Linie und kann die Temperatur für **jeden** Zeitpunkt ablesen.

3. An den deutschen Universitäten waren im Jahre 1914 rund 60000 Studierende immatrikuliert. Die Zahl der immatrikulierten Studierenden seit dem Sommersemester 1921 ergibt sich aus Fig. 1, wobei zur Raumersparnis auf der Ordinatenachse von 65000 ab gezählt wird.

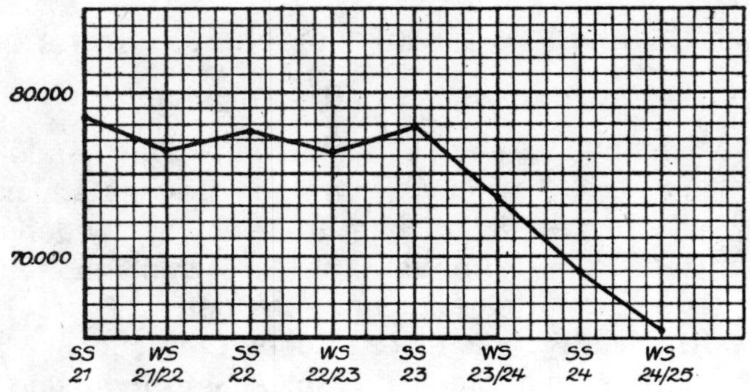

Fig. 1

B) Statistische Aufgaben zur graphischen Darstellung

Zu den folgenden Tabellen ist die graphische Darstellung zu geben.

1. Bei einer Lungenentzündung wurde die Temperatur (in Celsiusgraden) des Kranken täglich zweimal, morgens und abends um 6 Uhr, gemessen; es ergab sich folgende Zusammenstellung:

Tag	1.	2.	3.	4.	5.	6.	7.	8.	9.	10.	11.	12.
Temperatur	37,0 38,2	38,0 40,0	37,7 38,8	38,0 40,6	38,3 40,3	38,5 41,6	39,2 41,2	39,0 41,2	39,3 41,4	38,5 40,8	38,1 38,8	37,5 37,0

2. Die Niederschlagsmengen in München bzw. Würzburg betrugen in mm im Durchschnitt der Jahre 1851 bis 1930:

Jan.	Febr.	März	April	Mai	Juni	Juli	Aug.	Sept.	Okt.	Nov.	Dez.
43	35	49	68	93	117	120	106	81	57	48	49
42	32	36	41	51	59	65	56	48	44	41	48

3. In den 80 Jahren von 1851 bis 1930 wurden folgende durchschnittliche Monatstemperaturen in München bzw. Würzburg gefunden:

Jan.	Feb.	März	April	Mai	Juni	Juli	Aug.	Sept.	Okt.	Nov.	Dez.
−2,3	−0,8	2,9	6,9	12,0	15,1	17,0	16,1	12,6	7,6	2,4	−0,9
−0,1	1,2	4,5	8,8	13,7	16,9	18,3	17,0	13,7	8,7	4,2	1,3

4. Die Bevölkerung des Deutschen Reiches betrug 1871 rund 41 Millionen. Ihre Entwicklung seit 1890 gibt (in Millionen) folgende Tabelle:

1890	1895	1900	1905	1910	1915	1920	1925	1930	1935
49,2	52	56	60,3	64,6	67,9	61,8	63,2	65,1	66,9

Koordinatensystem

C) Das rechtwinklige Achsenkreuz

Bei der Darstellung von geordneten Paaren einer Relation benützen wir die Netzdarstellung. Dabei haben wir auf einem waagrechten, nach rechts gerichteten Strahl diejenigen Elemente gekennzeichnet, die bei jedem Paar an erster Stelle stehen, und auf einem senkrecht dazu nach oben gerichteten Strahl die Elemente, die an zweiter Stelle stehen. Auf diese Weise erhielten wir außer dem Graphen der Relation zugleich den Graphen der Produktmenge der betrachteten Mengen.
Wir führen jetzt ein rechtwinkliges Achsenkreuz aus zwei Zahlengeraden ein. Ihr **Schnittpunkt 0** ist der **Nullpunkt** für die beiden Zahlengeraden. Man bezeichnet ihn auch als den **Ursprung** des Koordinatensystems.
Die **waagrechte** Gerade heißt **x-Achse** = **Abszisse**, die dazu **senkrechte** heißt **y-Achse** = **Ordinate**. Beide Achsen nennt man **Koordinatenachsen.**
Jedem **geordneten Zahlenpaar (x; y)** wird **genau ein Bildpunkt P (x; y)** in diesem Achsenkreuz zugeordnet. x heißt die **erste Koordinate** und y die **zweite Koordinate.** Alle Zahlenpaare (x; 0) haben ihre Bildpunkte auf der x-Achse, alle Paare (0; y) haben sie auf der y-Achse. Das Paar (0; 0) hat den Ursprung 0 als Bildpunkt.

Beispiele:

A (3; 2), B (1,5; 2,5), C (−1; 4), D (−3; −4), E (−0,5; −2), F (4; −2,5)

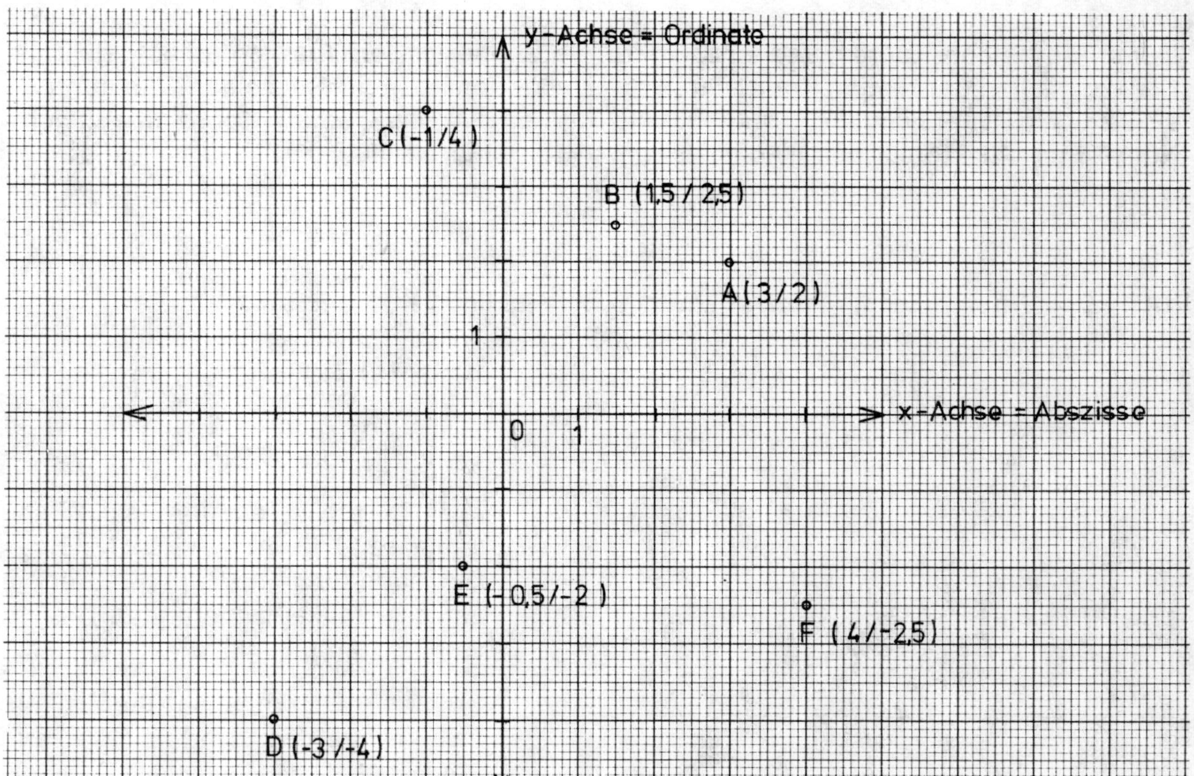

Fig. 2

Beachte, daß die Paare **(3; 2)** und **(2; 3) verschiedene** Bildpunkte haben!

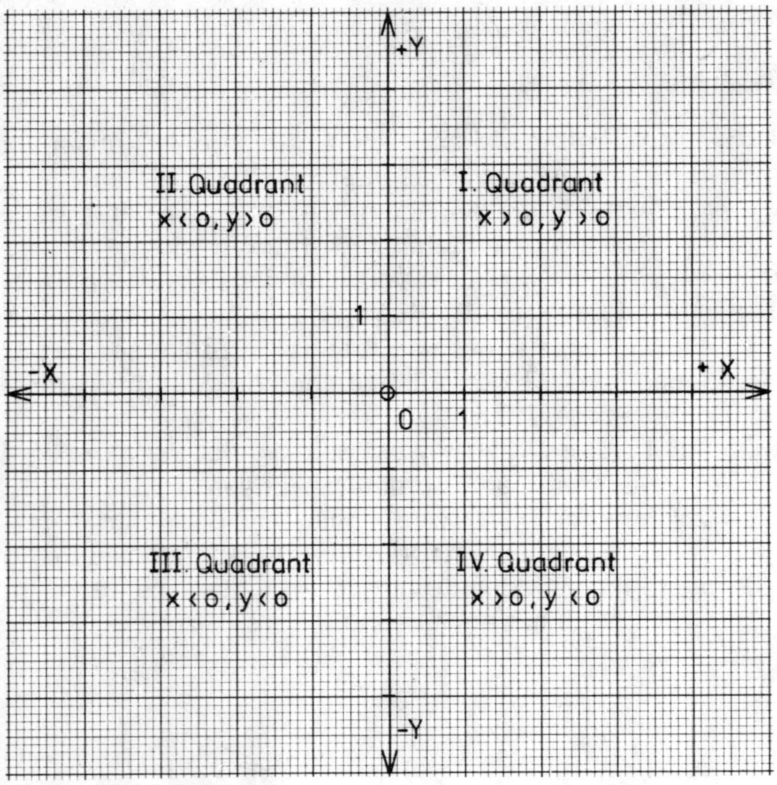

Fig. 2a

Durch die beiden Koordinatenachsen wird die Ebene in **vier Quadranten** aufgeteilt. Die Vorzeichen der beiden Koordinaten für die Bildpunkte in den einzelnen Quadranten sind aus Fig. 2a ersichtlich. Für die Punkte auf der **x-Achse** ist die **y-Koordinate** gleich **Null**, für die Punkte auf der **y-Achse** ist die **x-Koordinate Null.**

D) Der Graph einer Relation in einem rechtwinkligen Koordinatensystem

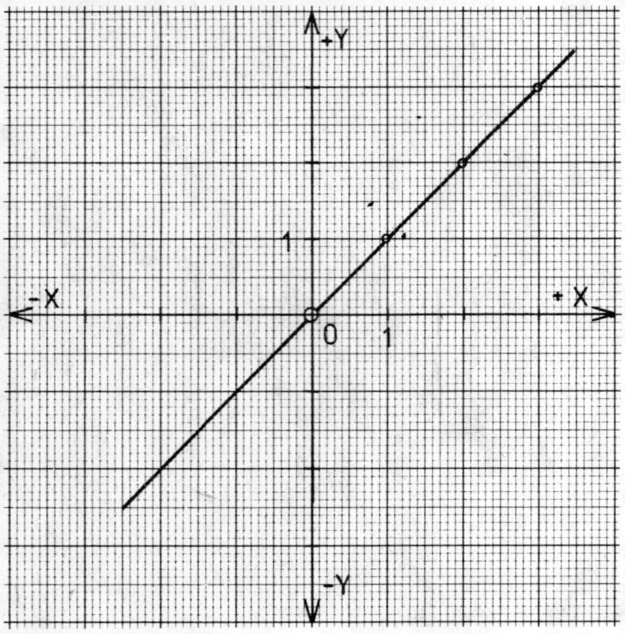

Beispiel 1:

y = x (Relation „ist gleich" in der Menge $\mathbb{N}_0$ bzw. $\mathbb{Q}$)

a) Für x, y, $\in \mathbb{N}_0$ erhält man die Zahlenpaare (0; 0), (1; 1), (2; 2), (3; 3) ... Die zugehörigen Bildpunke liegen auf der Winkelhalbierenden des 1. Quadranten.

b) Für x, y $\in \mathbb{Q}$ erhält man die Winkelhalbierende des I. und III. Quadranten (Fig. 3).

Fig. 3

Beispiel 2:

$y = |x|$ (Relation „ist Betrag von" in $\mathbb{Z}$ bzw. $\mathbb{Q}$)

a) Für $x, y \in \mathbb{Q}$ erhält man die Zahlenpaare (0; 0), (1; 1), (−1; 1), (2; 2), (−2; 2), (3; 3), (−3; 3), (−4; 4) . . . Ihre Bildpunkte liegen auf den Winkelhalbierenden des I. und II. Quadranten.

b) Für $x, y, \in \mathbb{Q}$ erhält man diese beiden Winkelhalbierenden (Fig. 4).

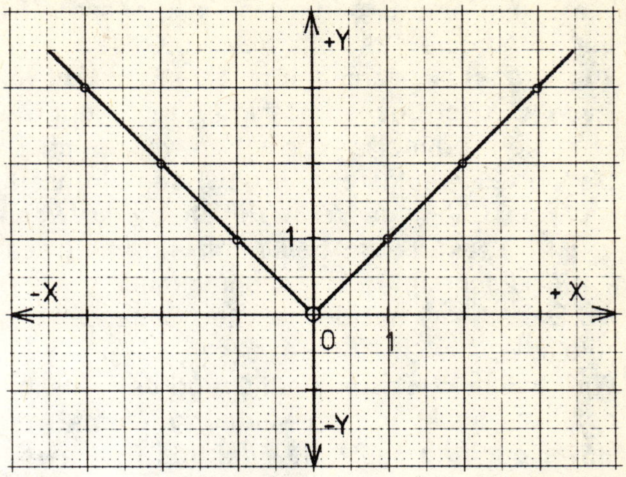

Fig. 4

Beispiel 3:

$y \leqq x$ (Relation „ist kleiner oder gleich" in $\mathbb{Z}$ bzw. in $\mathbb{Q}$)

a) $x, y \in \mathbb{Z}$. Der Paarmenge {(0; 0), (1; 0), (−1; −1), (2; 1), (2; 2), ...} entsprechen alle Punkte mit ganzzahligen Koordinaten auf und unterhalb der Winkelhalbierenden des I. und III. Quadranten.

b) Für $x, y \in \mathbb{Q}$ erhält man die Winkelhalbierende des I. und III. Quadranten und das darunterliegende Gebiet (Fig. 5).

Also: Durch die in den Beispielen jeweils in a) und b) gegebenen Punkte (x; y) ergeben sich die vorgezeigten Graphen.

Beispiel 4:

$|x| + |y| = 2$

a) Für $x, y \in \mathbb{Z}$ wird diese Relation durch die Paarmenge R = {(2;0), (1;1), (0;2), (−1; 1), (−2; 0), (−1; −1), (0; −2), (1; −1)} dargestellt.

b) Für $x, y \in \mathbb{Q}$ stellt diese Relation die Seiten des Quadrats mit den Ecken (2; 0), (0; 2), (−2; 0), (0; −2) dar.

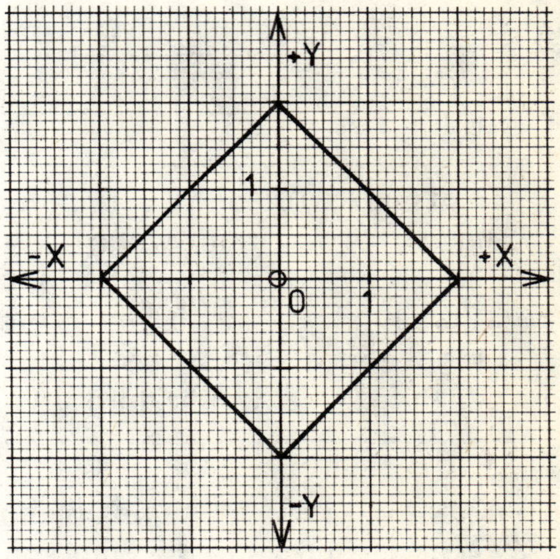

Fig. 5

§ 2 Funktionen

A) Der Funktionsbegriff

Bei der Anwendung der Mathematik auf praktische Beispiele treten „Formeln" auf, die Buchstabengrößen enthalten. Manche dieser Buchstaben, die in einem konkreten Fall gewöhnliche Zahlen bedeuten, sind in gewissen Grenzen willkürlich wählbar, andere dagegen nur Abkürzungen für feste Zahlwerte. Z.B. wird die Fläche eines Kreises (S.110) gegeben durch $F = \pi r^2$. Dabei ist $r \geqq 0$ beliebig wählbar – sein Zahlwert hängt übrigens auch davon ab, ob der Halbmesser in cm, m, km gemessen wird – während davon unabhängig π die „Zahl" 3,14159... bezeichnet.

Wenn nun eine **Größe x** sich in gewissen Grenzen **ändert** und jedem dieser **Werte x** auf Grund einer Vorschrift (eines „Gesetzes“, insbesondere einer Gleichung) **ein Wert y zugeordnet ist, dann heißt y eine Funktion von x,** begekürzt **y = f (x)**, gelesen **„y gleich f von x“**. (Der Buchstabe f in f (x) ist nicht etwa ein Faktor; f soll vielmehr an das Wort „Funktion“ erinnern; (x) zeigt an, von welcher Veränderlichen die Funktion abhängt.)
Da sich x (wenigstens in gewissen Grenzen) soll frei verändern können, nennt man **x die unabhängige Veränderliche; y ist**, wenn x gegeben ist, auf Grund der Vorschrift y = f (x) (**eindeutig**) bestimmt und heißt deshalb die **abhängige Veränderliche**. Statt y = f (x) schreibt man manchmal auch y = y (x), um anzudeuten, daß y von x abhängig ist. Dabei ist y auf der rechten Seite der Gleichung, wie vorher f, nur ein Funktionszeichen.
Wird jedem Wert von x auf Grund der Vorschrift y = f (x) nur **ein Wert y zugeordnet**, so heißt die Funktion f (x) **eindeutig. Ordnet man jedem Wert von x zwei** bzw. **mehrere y-Werte** zu, **so heißt die Funktion f (x) zwei- bzw. mehrdeutig. Erhält man für jeden Wert von x ein und denselben Funktionswert,** so nennt **man y eine konstante Funktion.**
Auch hier kann man zur Veranschaulichung des Funktionsverlaufs eine **graphische Darstellung** in einem (meist rechtwinkligen) **Koordinatensystem benützen**, wie wir es oben schon verwendet haben. (Der Maßstab braucht auf den beiden Achsen nicht derselbe zu sein.) Man berechnet zunächst einzelne „Funktionswerte“, d. h. **für willkürlich gewähltes x das zugehörige y,** und trägt die zusammengehörigen Werte x und y in eine „Wertetabelle“ ein.

Beispiele: Für $y = x + 1$ erhält man z. B. die folgende Tabelle:

x	−2	−1	0	+1	+2
y	−1	0	+1	+2	+3

Trägt man die diesen Koordinaten entsprechenden Punkte in ein Koordinatensystem ein, so erhält man, wenn man sie noch „nach Gefühl“ miteinander verbindet, eine „Kurve“ y = f (x). Ist P (a, b) ein Punkt auf der Kurve y = f (x), so erfüllen die Koordinaten a und b von P die Gleichung y = f (x), d. h. es ist b = f (a). Sind umgekehrt a und b zwei Zahlen, die der Gleichung y = f (x) genügen, dann liegt der Punkt P (a, b) auf der Kurve y = f (x).

Bemerkung 1: Wir haben uns hier auf den besonders einfachen Fall beschränkt, daß die „Vorschrift“, durch die die Funktion y = f (x) definiert wird, aus einer einzigen Gleichung besteht, die für alle x eines gewissen Intervalls (das ist eine Strecke auf der x-Achse) gilt. (Dabei braucht dieses Intervall nach einer Seite oder nach beiden nicht unbedingt begrenzt zu sein). Die Technik kennt viele Beispiele für den allgemeineren Fall, daß die zu untersuchende Funktion gewissermaßen „stückweise“ durch eine ganze Anzahl Gleichungen festgelegt wird, von denen jede einzelne immer nur für ein gewisses Stück der Abszissenachse gilt.

Bemerkung 2: Wenn y eine Funktion von x ist, dann ist umgekehrt auch x eine Funktion von y, in Zeichen x = g (y). Die Funktion g heißt die **Umkehrfunktion** von f oder die **inverse** Funktion. Sie ist nicht immer eindeutig.

Übungen:

1. Lies aus Fig. 6 die Koordinaten der eingezeichneten Punkte ab!

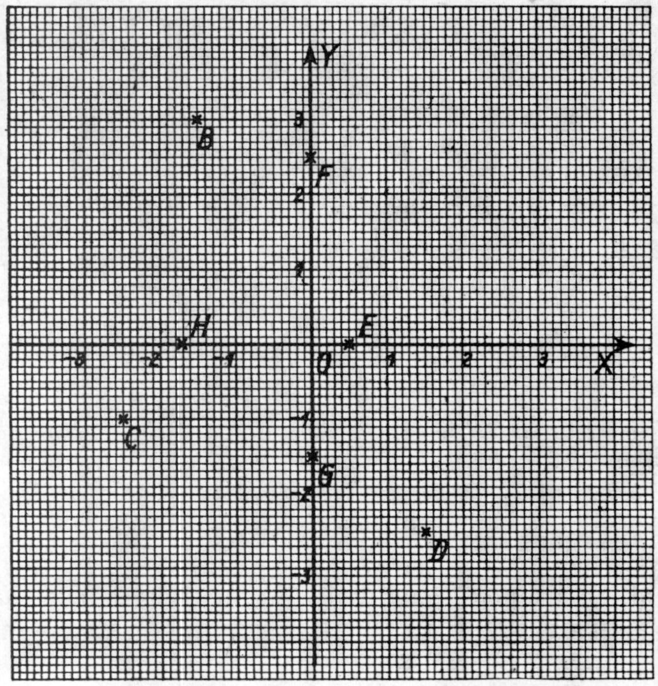

Fig. 6

2. Zeichne die Punke mit den Koordinaten

$\begin{cases} x = 3; \\ y = 1; \end{cases}$ b) $\begin{cases} x = 2; \\ y = -1; \end{cases}$ c) $\begin{cases} x = -2\frac{1}{2}; \\ y = 3; \end{cases}$

d) $\begin{cases} x = -3; \\ y = -\frac{1}{2}; \end{cases}$ e) $\begin{cases} x = 4; \\ y = 2{,}4; \end{cases}$ f) $\begin{cases} x = -0{,}5; \\ y = -1{,}5. \end{cases}$

3. Stelle die Tabelle für die Funktion y auf und zeichne ihr Kurvenbild:

a) $y = 2x$; b) $y = 2x + 3$; c) $y = 2x - 3$;
d) $y = \frac{1}{2}x$; e) $y = \frac{1}{2}x + 3$; f) $y = \frac{1}{2}x - 3$;

4. Ebenso für:

a) $y = \frac{12}{x}$; b) $y = -\frac{12}{x}$; c) $x = \frac{1}{3x}$.

B) Graphische Darstellung von Funktionen (Graph einer Funktion)

Für die graphischen Darstellungen von Funktionen verwenden wir also ein rechtwinkliges Koordinatensystem.

Ist die **Funktion** durch **eine Funktionsgleichung** gegeben, so stellt man zunächst eine **Wertetabelle** auf und zeichnet dann die entsprechenden Punkte in das Achsenkreuz ein.

Beispiel: $x \to |x + 2|$

a) $D = \{x \mid -5 \leqq x \leqq 2 \text{ und } x \in \mathbb{N}\}$
b) $D = \{x \mid -5 \leqq x \leqq 2 \text{ und } x \in \mathbb{Q}\}$

Wertetabelle:

x	−5	−4	−3	−2	−1	0	1	2
y	3	2	1	0	1	2	3	4

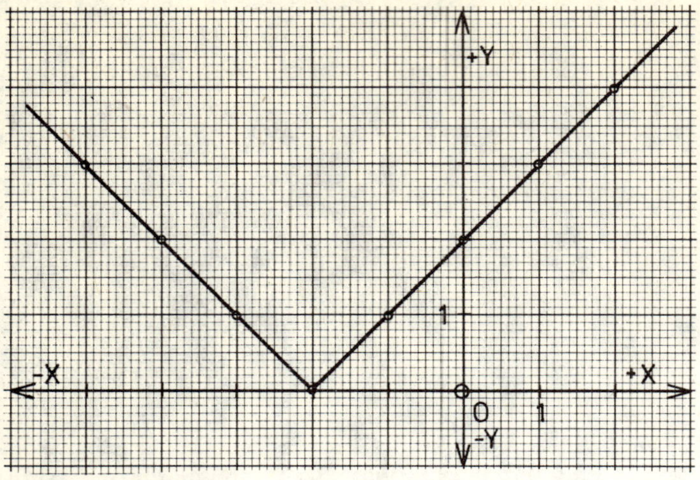

Fig. 7

Im Fall a) erhält man die mit **O** gekennzeichneten Punkte. Im Fall b) ergibt sich der gebrochene Streckenzug.

Die Funktion 1. Grades (lineare)

In Aufgabe 3 hat sich für sämtliche Funktionen als Kurvenbild eine Gerade ergeben. Wir können nun beweisen, daß jede Funktion von der Form y = mx + b als Bild eine Gerade hat.

Wertetabelle:

x =	0	1	2	3	...
y =	b	m + b	2m + b	3m + b	...

In Fig. 8 ist OA = b, B'B = m, C'C = 2m usw. Die Dreiecke AB'B, BC''C, CD''D sind offensichtlich kongruent, also sind die Winkel, welche die Kurve bei A, B, C, D mit der horizontalen Richtung bildet, gleich. Da für jeden anderen Kurvenpunkt eine entsprechende Überlegung gilt, ist die Kurve also eine Gerade.

Die allgemeine Gleichung Ax + By + C = 0 läßt sich, falls B ≠ 0 ist (!), auf die Form bringen:

$$y = -\frac{A}{B}x - \frac{C}{B}$$

und ist mit y = mx + b gleichwertig, wenn man $m = -\frac{A}{B}$, $b = -\frac{C}{B}$ setzt. Ax + By + C = 0 heißt die unentwickelte (implizite) Form, y = mx + b die entwickelte (explizite) Form der Funktion 1. Grades.

Besondere Fälle:

1. Ist A = 0, B ≠ 0, dann wird $y = -\frac{C}{B}$, d. h. y hat für **jedes** x den festen Wert $y = -\frac{C}{B}$.

Man erhält in diesem Fall als Bild eine Parallele zur x-Achse im Abstand $-\frac{C}{B}$. Dabei ist m = 0.

2. Ist B = 0, A ≠ 0, dann wird $x = -\frac{C}{A}$ für **jedes y**; man erhält also eine Parallele zur y-Achse im Abstand $-\frac{C}{A}$.

Der Fall A = 0, B = 0 kann offenbar nicht vorkommen, weil sonst über die Abhängigkeit zwischen x und y gar keine Aussage gemacht wäre (C = 0).

Untersuchung der linearen Funktion

1. Wenn in $y = mx + b$ das m eine positive Zahl ist, so nimmt y offenbar zu, wenn x zunimmt; y heißt dann eine **steigende** lineare Funktion. Wenn m negativ ist, so nimmt y mit wachsendem x ab, es heißt dann eine **fallende** lineare Funktion. Wenn m = 0 ist, ist y konstant, wie wir gesehen haben. **Der Wert von** m ist also maßgebend für die Steigung der Geraden, die jede Funktion 1. Grades darstellt.

2. Aus $y = mx + b$ folgt für $x = 0$ der Wert $y = b$. In der graphischen Darstellung hat also b die Bedeutung der Strecke, die die Gerade auf der y-Achse abschneidet. Für positives b ($b > 0$) liegt der Schnittpunkt der Geraden mit der y-Achse oberhalb 0, für negative b ($b < 0$) unterhalb 0. Ist b = 0, so geht die Gerade durch den Nullpunkt.

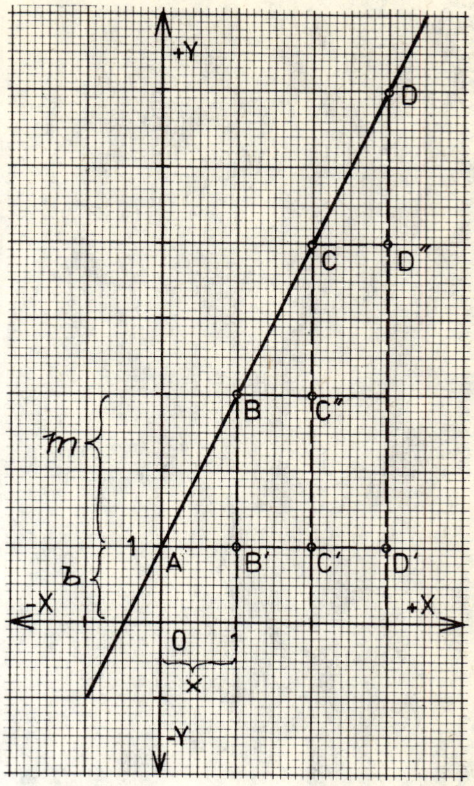

Fig. 8

3. Der Abschnitt auf der x-Achse ergibt sich durch Bestimmung des zu y = 0 gehörigen x-Wertes aus der Gleichung

$$y = 0 = mx + b, \text{ also } x = -\frac{b}{m}.$$

Ist m = 0, so wird die x-Achse von der Geraden überhaupt nicht geschnitten, weil die beiden Geraden parallel zueinander verlaufen.

Die Abszisse des Schnittpunktes der Geraden mit der x-Achse ist also zugleich die Lösung der Gleichung

$$\mathbf{mx + b = 0.}$$

C) Beispiele für die lineare* Funktion

1. Die lineare Funktion $x \to ax$; D = Q

Beispiel 1:

Stelle für die Funktion $x \to 2x$ eine Wertetabelle auf und zeichne die entsprechenden Punkte in ein rechtwinkliges Koordinatensystem ein! (Fig. 9).
Da man für jedes $x \in \mathbb{Q}$ wieder ein $f(x) \in \mathbb{Q}$ erhält, ist diese Funktion für alle $x \in \mathbb{Q}$ definiert.

Wertetabelle:

x	−3	−2	−1	0	1	2	3	4
y	−6	−4	−2	0	2	4	6	8

*) linea (lat.) Linie, Leinenfaden, linear: geradlinig.

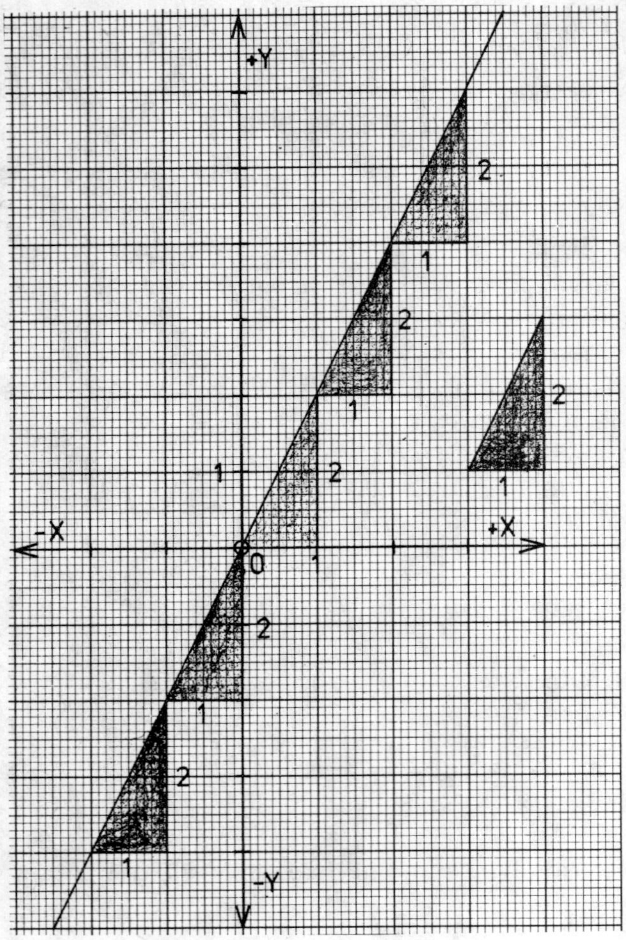

Aus dieser Zeichnung vermutet man, daß alle Punke auf einer Geraden liegen, die durch den Ursprung 0 geht.

Um diese Vermutung zu beweisen, betrachten wir die schraffierten rechtwinkligen Dreiecke mit den Katheten 1 (parallel zur x-Achse) und den Katheten 2 (parallel zur y-Achse). Alle diese Dreiecke sind zueinander kongruent und stimmen daher insbesondere in den bezeichneten Winkeln überein. Verschiebt man ein solches Dreieck in Richtung seiner Hypotenuse, so kann man es mit jedem der genannten rechtwinkligen Dreiecke zur Deckung bringen. Das ist aber nur möglich, wenn alle Punkte auf einer Geraden liegen. Statt rechtwinklige Dreiecke mit den Katheten 1 und 2 zu benützen, kann man auch solche mit den Katheten 0,1 und 0,2 oder 0,3 und 0,6 usw. betrachten. Für alle diese Dreiecke gelten dieselben Überlegungen.

Fig. 9

Beispiel 2: Wie 1, aber für $x \to \frac{1}{2}x$ (Fig. 10)

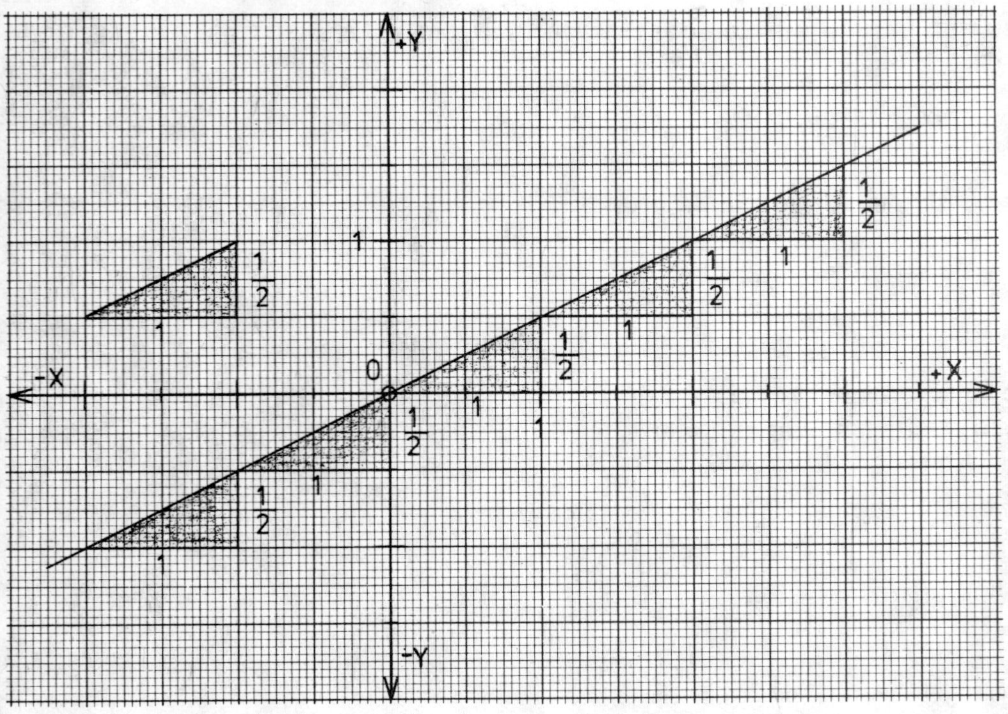

Fig. 10

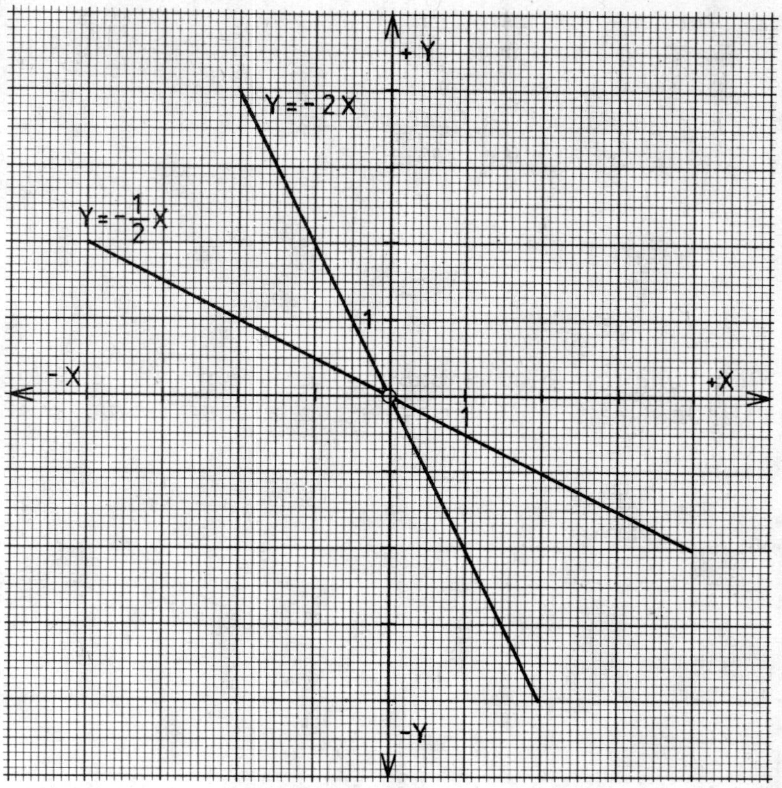

Fig. 11

Auch diese Funktion ist für alle $x \in \mathbb{Q}$ definiert.
Man erhält wieder eine Gerade durch 0, die aber wesentlich flacher als die in Beispiel 1 verläuft.
Zeichnet man sich in beiden Beispielen die beiden rechtwinkligen Dreiecke nochmals gesondert, wobei man für die Kathete parallel zur x-Achse die Einheit 1 wählt, so ist die Maßzahl der zur y-Achse parallelen Kathete gleich dem Koeffizienten von x.

Beispiel 3: a) $x \rightarrow -2x$ b) $x \rightarrow -\frac{1}{2}x$ (Fig. 11)

Die Bildgeraden zu diesen beiden Funktionen gehen ebenfalls durch 0 und fallen vom II. zum IV. Quadranten. Sie verlaufen um so steiler, je größer der **Betrag** des Koeffizienten von x ist.
Außerdem sind die Geraden zu $y = 2x$ und $y = -2x$, bzw. zu $y = \frac{1}{2}x$ und $y = -\frac{1}{2}x$ zueinander symmetrisch bezüglich der x-Achse und der y-Achse.

Satz:

Der Graph zur Funktion $x \rightarrow ax$, $a \in \mathbb{Q}$ ist eine Gerade durch den Ursprung 0. Sie steigt vom III. zum I. Quadranten, wenn $a > 0$ ist und fällt vom II. zum IV. Quadranten, wenn $a < 0$ ist, und zwar steigt sie oder fällt sie um so stärker, je größer der Betrag $|a|$ ist. Man nennt **a** den **Anstieg** oder die **Steigung** der Geraden. Haben zwei Gerade entgegengesetzte Anstiege, z. B. a und −a, so liegen sie symmetrisch in bezug auf die Koordinatenachsen.
Ist $a = 0$, so erhält man die Funktion $x \rightarrow 0$, $(x \rightarrow 0 \cdot x)$, bei der jedem $x \in \mathbb{Q}$ die Zahl Null zugeordnet wird. Ihr Graph ist die x-Achse.

Definition:

Eine Funktion $f : x \rightarrow f(x)$ ist **wachsend**, wenn aus $x_2 > x_1$ folgt $f(x_2) > f(x_1)$; sie ist **abnehmend**, wenn aus $x_2 > x_1$ folgt $f(x_2) < f(x_1)$.

Es sei $f(x_1) = ax_1$ und $f(x_2) = ax_2$. Dann ist $f(x_2) - f(x_1) = a(x_2 - x_1)$. Ist $x_2 > x_1$, also $x_2 - x_1 > 0$ und $a > 0$, so ist auch $f(x_2) - f(x_1) > 0$, also $f(x_2) > f(x_1)$; die Funktion f ist wachsend.
Ist $x_2 > x_1$, also $x_2 - x_1 > 0$, aber $a < 0$, so muß $f(x_2) - f(x_1) < 0$, also $f(x_2) < f(x_1)$ sein. Die Funktion f ist in diesem Fall abnehmend.

2. Die Funktion $x \to ax + b$

Beispiel: $x \to \frac{1}{2}x + 1{,}5$; Def. Menge $D = \mathbb{Q}$

Schon aus der Gleichung ersieht man, daß man zu jedem $x \in \mathbb{Q}$ die zugehörigen Funktionswerte erhält, indem man zu den Funktionswerten der Funktion $x \to \frac{1}{2}x$ jeweils 1,5 addiert.

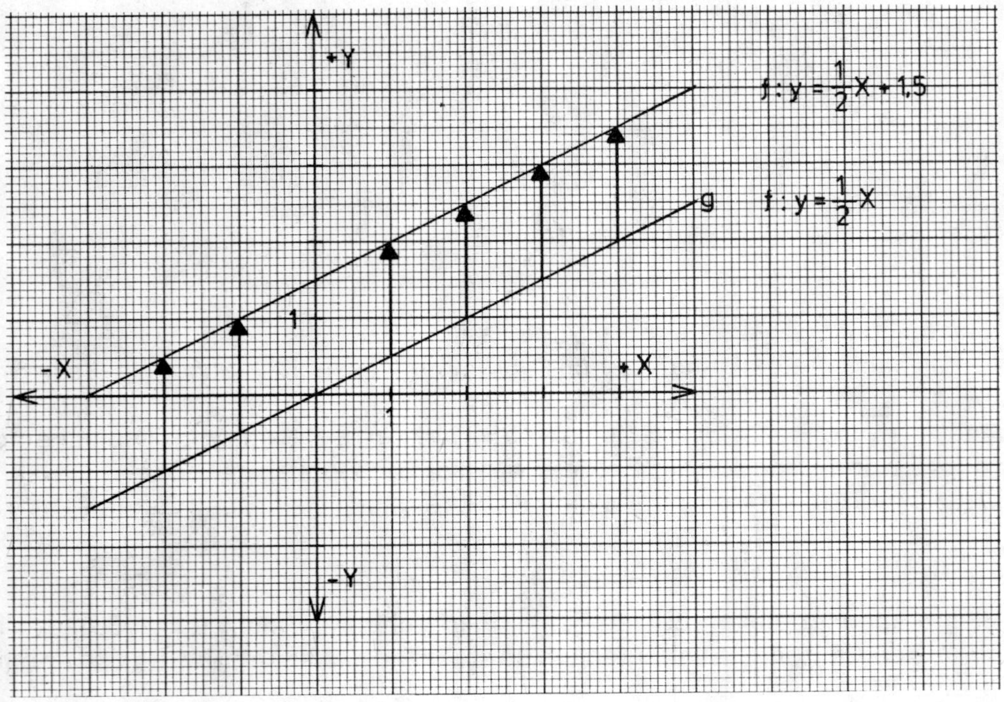

Fig. 12

Daher erhält man das Bild der Funktion $x \to \frac{1}{2}x + 1{,}5$, indem man die Bildgerade zu $y = \frac{1}{2}x$ um 1,5 Einheiten in Richtung der positiven y-Achse verschiebt. Man erhält also wieder eine Gerade. Beide Geraden sind zueinander parallel und haben denselben Anstieg $\frac{1}{2}$. Der Schnittpunkt der Bildgeraden zu $y = \frac{1}{2}x + 1{,}5$ mit der y-Achse hat die Ordinate 1,5 (Fig. 12).

Satz:

Die Bildgerade zur Funktion $x \to ax + b$, $a, b \in \mathbb{Q}$ ist parallel zur Bildgeraden zu $x \to ax$ und schneidet die y-Achse im Punkt mit der 2. Koordinate b. Ist $b > 0$, so schneidet sie die **positive** y-Achse, ist $b < 0$, so schneidet sie die **negative** y-Achse. Ist $a = 0$, so erhält man die Funktion $x \to b$, $(x \to 0 \cdot x + b)$, bei der jedem $x \in \mathbb{Q}$ dasselbe $b \in \mathbb{Q}$ zugeordnet wird. Ihre Bildgerade ist eine Parallele zur x-Achse im Abstand $|b|$.

Beispiele:

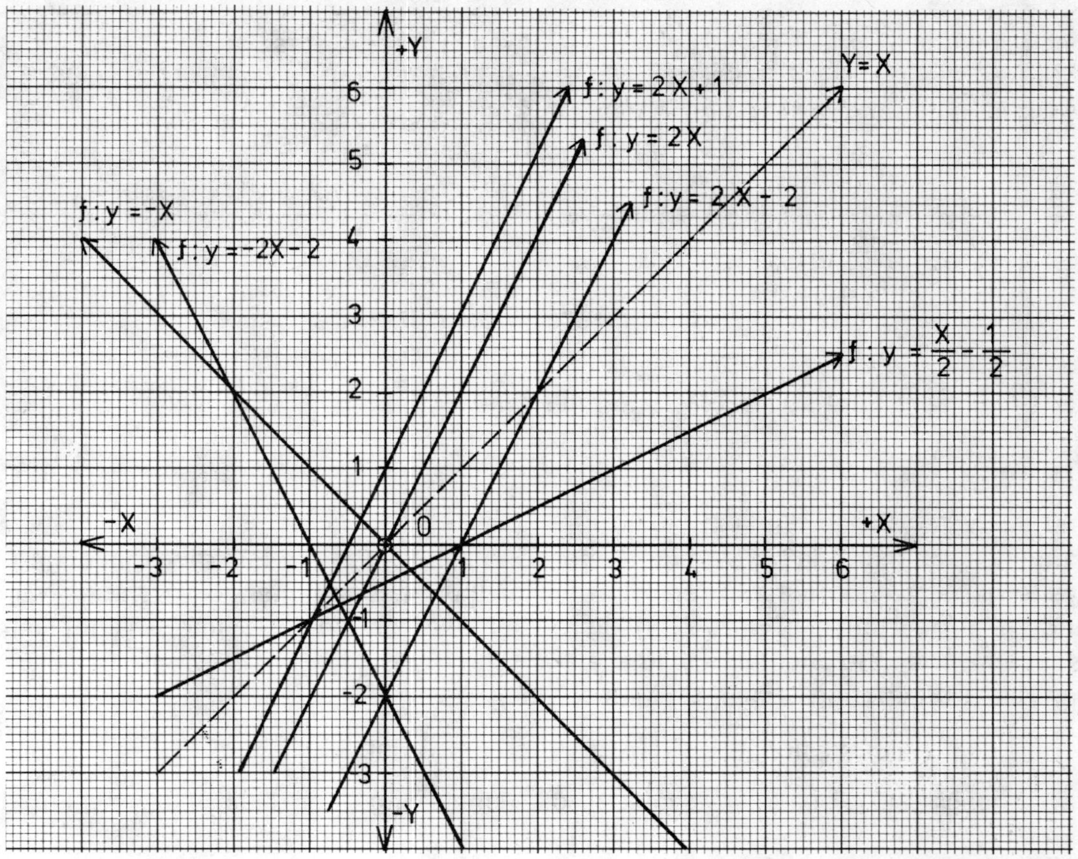

Fig. 13 siehe auch Fig. 16

3. Umkehrrelation

Während eine Funktion f jedem $x \in D$ **genau ein** $y \in W$ zuordnet, ordnet die zugehörige Umkehrrelation $\overline{f}$ jedem $y \in W$ **mindestens ein** $x \in D$ zu. Die Gleichung der Umkehrrelation erhalten wir also durch Auflösen von f nach x:

$$f : y = 2x + 1; \qquad \overline{f} : x = \frac{y}{2} - \frac{1}{2}$$

Um $\overline{f}$ in der gewohnten Weise darzustellen, wollen wir auch hier die unabhängige Variable mit x, die abhängige mit y bezeichnen und schreiben daher

$$\overline{f} : y = \frac{x}{2} - \frac{1}{2}$$

Wir erkennen nun:

Die Umkehrrelation der Funktion $f : y = 2x + 1$ mit $D = \{x \mid -2 \leqq x \leqq 3\}$ und $W = \{y \mid -3 \leqq y \leqq 7\}$ ist ebenfalls eine Funktion $\overline{f}$, denn ihr Graph wird von jeder Parallelen zur y-Achse in höchstens einem Punkt geschnitten. Sie wird **Umkehrfunktion** von f genannt.
$\overline{f}$ hat den Definitionsbereich $\overline{D} = W$ und den Wertevorrat $\overline{W} = D$, vermittelt also die Abbildung $W \rightarrow D$.

Allgemein gilt:

> Die Umkehrrelation $\bar{f}$ einer Funktion f ist genau dann eine Funktion, wenn der Graph von f von den Parallelen zur x-Achse in höchstens einem Punkt geschnitten wird, d. h. wenn die Funktion f in ihrem Definitionsbereich D beständig zu- oder abnimmt. Die Funktionsgleichung von $\bar{f}$ erhält man durch Auflösen der Funktionsgleichung von f nach x.

§ 3 Lineare Gleichungen

A) Die lineare Funktion als Relation mit zwei Variablen

Beispiel: $x \rightarrow 2x - 3$

Es ist $y = 2x - 3 \Leftrightarrow 2x - y = 3$
Daraus ersieht man, daß die obige lineare Funktion auch als Funktionsgleichung mit **zwei Variablen** aufgefaßt werden kann. Unter ihrer **Lösungsmenge** verstehen wir die Menge aller **geordneten Paare (x, y)**, die beim Einsetzen die Gleichung zu einer wahren Aussage machen. Solche Paare sind u. a. (0; −3), (1; −1), (1,5; 0), (2; 1), (3; 3), (4,5; 6) . . ., wenn die Grundmenge $\mathbb{Q} \times \mathbb{Q}$ ist. Man schreibt:

$$\text{Lösungsmenge } L = \{(x, y) \mid y = 2x - 3 \text{ und } x \in \mathbb{Q}\}$$

Geometrisch stellt diese Lösungsmenge die Punktmenge der Bildgeraden zur Funktion $x \rightarrow 2x - 3$ dar.

Beachte, daß die Paare (−3; 0), (−1; 1), (0; 1,5) ... **nicht** zur Lösungsmenge gehören.

B) Die allgemeine Form der Geradengleichung

Da die Bilder der linearen Funktion $x \rightarrow ax + b$ stets Geraden darstellen, bezeichnet man diese Funktion auch als die **Gleichung einer Geraden**. Eine solche Geradengleichung braucht aber nicht immer in der obigen Form einer Funktion angegeben zu sein. Ihre allgemeine Form ist

$$\mathbf{ax + by = c;\ a, b, c} \in \mathbb{Q}$$

Sonderfälle:

1. $b \neq 0,\ a = 0,\ c \neq 0$

$by = c \Leftrightarrow y = \frac{c}{b}$ (eigentlich müßte man schreiben: $y = 0 \cdot x + \frac{c}{b}$). **Jedem** $x \in \mathbb{Q}$ wird **dasselbe** $y = \frac{c}{b} \in \mathbb{Q}$ zugeordnet. Man erhält eine Parallele zur x-Achse im Abstand $\left|\frac{c}{b}\right|$.
Ist $\frac{c}{b} > 0$, so liegt sie oberhalb, ist $\frac{c}{b} < 0$, liegt sie unterhalb der x-Achse.

2. $b \neq 0,\ a \neq 0,\ c = 0$

$ax + by = 0 \Leftrightarrow y = -\frac{a}{b}x$

Das Bild ist eine Gerade durch den Ursprung 0 mit dem Anstieg $\left(-\frac{a}{b}\right)$.

3. $b \neq 0, a = 0, c = 0$
$by = 0 \Leftrightarrow y = 0$ (eigentlich $y = 0 \cdot x$)
Jedem $x \in \mathbb{Q}$ wird die Zahl Null zugeordnet. Man erhält als Bild die x-Achse.

4. $a \neq 0, b \neq 0, c \neq 0$

$$ax + by = c \Leftrightarrow y = -\frac{a}{b}x + \frac{c}{b}$$

Das Bild dieser Funktion ist eine Gerade mit dem Anstieg $\left(-\frac{a}{b}\right)$; ihr Schnittpunkt mit der y-Achse hat die 2. Koordinate $\frac{c}{b}$.

5. $b = 0, a \neq 0, c \neq 0$

$$ax = c \Leftrightarrow x = \frac{c}{a} \text{ (eigentlich } x = 0 \cdot y + \frac{c}{a}\text{)}$$

Man erhält hier **keine Funktion**, da man $x = \frac{c}{a} \in \mathbb{Q}$ jedes beliebige $y \in \mathbb{Q}$ zuordnen kann.

Das Bild dieser Relation ist eine Parallele zur y-Achse im Abstand $\left|\frac{c}{a}\right|$, und zwar links davon für $\frac{c}{a} < 0$ und rechts davon für $\frac{c}{a} > 0$.

6. $b = 0, a \neq 0, c = 0$
$ax = 0 \Leftrightarrow x = 0$ (eigentlich $x = 0 \cdot y$)
Auch hier liegt **keine Funktion vor**, da man $x = 0 \in \mathbb{Q}$ jedes $y \in \mathbb{Q}$ zuordnen kann. Diese Relation stellt die y-Achse dar.

7. $b = 0, a = 0, c \neq 0$
$0 = c$; das ist eine falsche Aussage für alle $c \neq 0$.

Satz:

Die Relation $\mathbf{ax + by = c}$ stellt eine Gerade dar, falls man für a und b nicht gleichzeitig Null einsetzt.

Anmerkungen:

1. Da die lineare Funktion $x \to ax + b$, bzw. die lineare Gleichung $ax + by = c$ mit zwei Variablen eine Gerade darstellt, genügt es, die Koordinaten zweier Punkte zu berechnen. Es empfiehlt sich aber, zur Kontrolle die Koordinaten eines dritten Punktes zu bestimmen.

2. Man muß deutlich unterscheiden zwischen der Lösung der **Gleichung $y = 2$** mit der **Lösungsmenge $L = \{2\}$** und der **Geradengleichung $y = 2$** (eigentlich $y = 0 \cdot x + 2$) mit der **Lösungsmenge $L = \{(x, y) \mid y = 2\}$**.

3. Die Funktionsgleichung $y = ax \Leftrightarrow \frac{y}{x} = a$ $(x \neq 0)$ nennt man auch die Funktion des **direkten Verhältnisses** oder der **direkten Proportionalität** mit **a** als **Proportionalitätsfaktor**. Bei ihr ist also der **Quotient** zusammengehöriger Zahlen **konstant**, und zwar gleich dem Proportionalitätsfaktor.

C) Schnittpunkt zweier linearer Gleichungen

Beispiel 1:

Sind zwei lineare Gleichungen, z. B.: I. $4x + 6y - 21 = 0$, II. $x - y + 1 = 0$ gegeben, so kann man die entsprechenden Funktionen (Fig. 14)

I. $y = -\frac{2}{3}x + 3\frac{1}{2}$;
II. $y = x + 1$

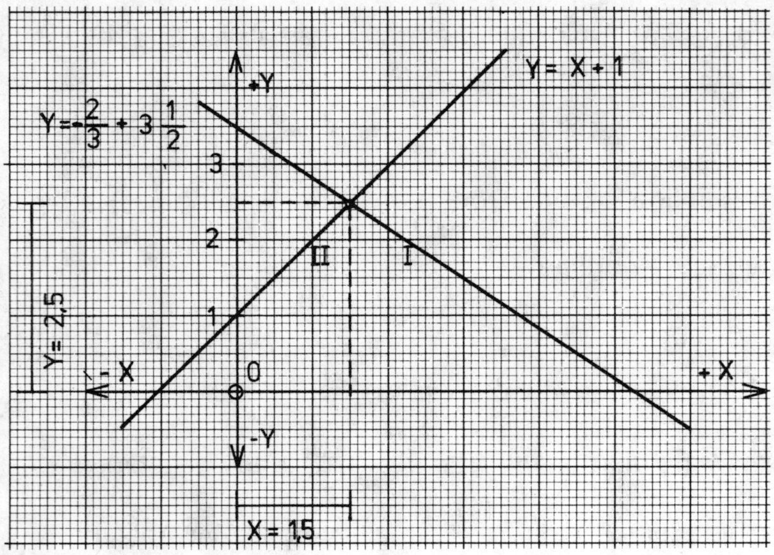

Fig. 14

durch ihre Geraden darstellen. Diese schneiden sich im allgemeinen in einem Punkt. Die Koordinaten des **Schnittpunktes** ($x = 1{,}5$ und $y = 2{,}5$) entnimmt man der Figur; sie genügen beiden Gleichungen gleichzeitig, denn der ihnen entsprechende Punkt liegt ja auf **beiden** Geraden. Auf diese Weise kann man **zwei Gleichungen mit zwei Unbekannten graphisch lösen.**

Unterscheiden sich zwei Funktionen $y = mx + b$ und $y = mx + b_1$ nur durch den Wert des konstanten Gliedes, so unterscheiden sich die zugehörigen Geraden nur durch ihre Abschnitte auf der y-Achse, laufen also parallel; sie haben keinen Schnittpunkt, die entsprechenden Gleichungen keine Lösung.

Anwendungen:

Beispiel 2: Ein Eilbote geht mit der Geschwindigkeit von v m in 1 Sekunde vorwärts und hat bei Beginn der Zählung schon einen Weg von s_0 m zurückgelegt. Welchen Weg (s) hat er nach t Sekunden zurückgelegt?

$$s = vt + s_0.$$

Die Zeit t trägt man auf der x-Achse, den Weg s auf der y-Achse ab.

Beispiel 3: Um 6 Uhr fährt der erste Wagen einer Straßenbahnlinie vom Anfangspunkt A ab und gelangt in 60 Minuten an das Ende B (B' in Fig. 15) der Strecke. Um 6 Uhr 5 Minuten fährt der erste Wagen von B (B_1) weg und erreicht nach 1 Stunde A (A_1'). Wann begegnen sich beide Wagen? – Wieviele Begegnungen gibt es in einer Stunde, wenn von den Endstationen alle 5 Minuten ein Wagen abfährt? Wieviele in der ersten Stunde?

Erklärung: Man trägt auf der Abszissenachse die Zeit in Minuten, auf der y-Achse die Entfernung d = AB (hier können die Maßstäbe auf den beiden Achsen beliebig gewählt werden) auf. In Fig. 15 hat Punkt B' die Koordinaten x = 60 Min. und y = d; es entspricht also die Gerade AB' der Fahrt des ersten Wagens; B_1A_1' entspricht der des entgegenfahrenden Wagens, da B_1 die Koordinaten x = 5 Min., y = d und A_1' die Koordinaten x = 65 Min. und y = 0 hat. Der Schnittpunkt S hat die Abszisse x = 32,5 Min. Die Wagen begegnen sich also um 6 Uhr 32,5 Min. usf.

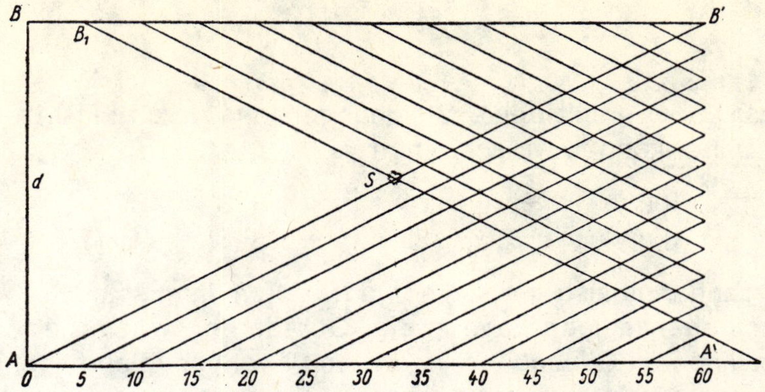

Fig. 15

Zusammenfassend ergibt das graphische Lösungsverfahren für Funktionen ersten Grades bzw. für Schnittpunkte zweier linearer Gleichungen Folgendes:

Der Graph von L_1 ist eine Gerade g_1, der Graph von L_2 eine Gerade g_2. Der von Ausnahmen abgesehen eindeutig existierende Schnittpunkt S beider Geraden ist daher der Graph des Durchschnitts $L = L_1 \cap L_2$.

Beispiel 4: $8x + 4y = 24 \wedge y = x + 3$

Nach dem Auflösen der Gleichungswerte nach y erhalten wir

$$\text{I. } 8x + 4y = 24 \Rightarrow y_{I.} = -2x + 6$$
$$\text{II. } y = x + 3; \quad y_{II.} = x + 3$$

wir tragen an $y_{I.} = -2x$ und $y_{II.} = x$
wir verschieben von $y_{I.} = -2x$ nach $y_{I.} = -2x + 6$
von $y_{II.} = x$ nach $y_{II.} = x + 3$

und erhalten

den Schnittpunkt **S**
(siehe Fig. 16)

S = (x; y) = (1; 4)

d. h. wir erhalten nebenstehende Abbildung:
Maßstab
x = 1 cm

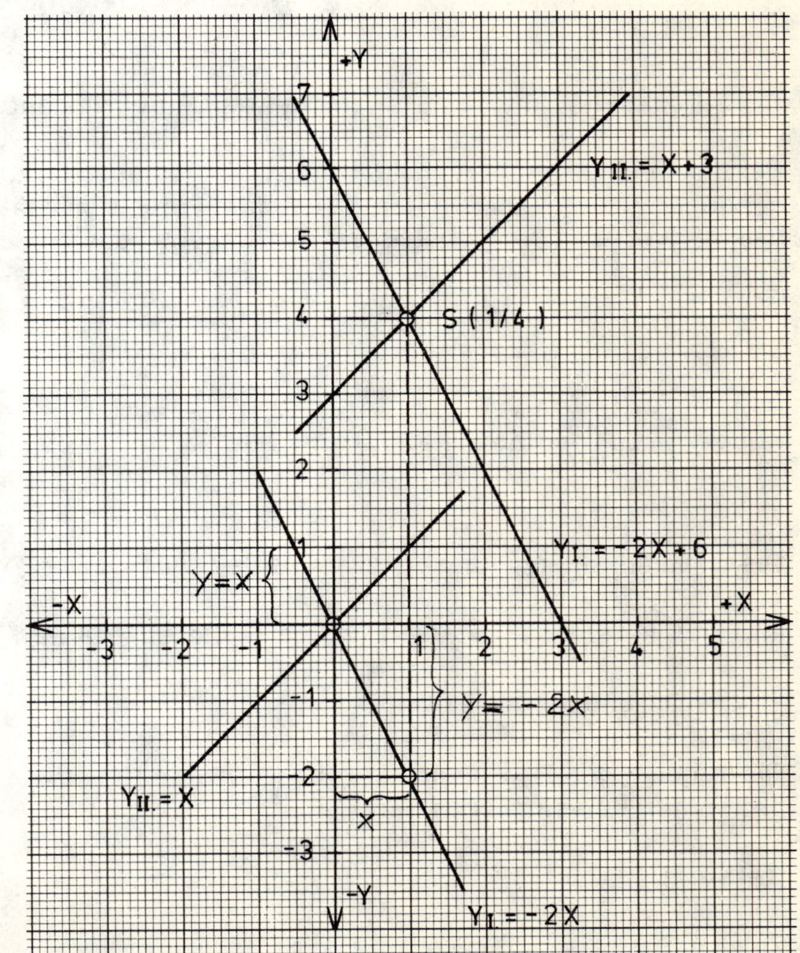

Fig. 16

Das Zahlenpaar (1; 4) erfüllt beide Gleichungen, wie durch Einsetzen sofort bestätigt werden kann. Daher können wir schreiben:

$$L = \{(x; y) \mid 8x + 4y = 24 \wedge y = x + 3\} = \{(x; y) \mid y = -2x + 6 \wedge y = x + 3\} = \{(\mathbf{1; 4})\}$$

In unserer Aufgabe muß also g = 1 cm und h = 4 cm lang sein.
Auf Grund der gegenseitigen Lage zweier Geraden g_1, g_2 sind also für die Lösungsmenge L eines linearen Gleichungssystems mit zwei Variablen folgende Fälle zu unterscheiden:

1. **Schneiden sich die beiden Geraden** in einem Punkt S $(x_s; y_s)$, so besteht L aus **genau einem Element,** $L = \{(x_s; y_s)\}$.
2. Sind die beiden **Geraden parallel** und voneinander verschieden, so existiert kein Schnittpunkt und damit auch **keine Lösung** des Gleichungssystems, $L = \{\}$.
3. Sind die beiden **Geraden gleich**, so ist $L_1 = L_2$ und damit auch $L = L_1 \cap L_2 = L_1 = L_2$. Jedes Element von $L_1 = L_2$ gehört auch zu L, das System hat **unendlich viele Lösungen.**

§ 4 Umkehrfunktion

Die Funktion der umgekehrten (indirekten) Proportionalität $x \to \frac{k}{x}$

Bei der direkten Proportionalität haben wir festgestellt, daß der **Quotient** zusammengehöriger Zahlen konstant und gleich dem Proportionalitätsfaktor ist. Man sieht sofort, daß das hier nicht der Fall ist. Bildet man dagegen das **Produkt**, so erhält man die gleiche Zahl.
Wir erhalten daher eine Relation der Form

$$\mathbf{y = \frac{k}{x} \Leftrightarrow x \cdot y = k,}$$

wobei $k \neq 0$ **Proportionalitätsfaktor** heißt.

Die Definitionsmenge dieser Funktionsgleichung ist $D = \mathbb{Q} \setminus \{0\}$.

Ist k = 1, so ist $y = \frac{1}{x} \Leftrightarrow xy = 1$ $(x \neq 0)$. In diesem Fall wird jedem $x \in \mathbb{Q} \setminus \{0\}$ sein Kehrwert $\frac{1}{x} \in \mathbb{Q} \setminus \{0\}$ zugeordnet.

Die zugehörigen Bildkurven sind **rechtwinklige Hyperbeln*,** die aus zwei voneinander getrennten Kurvenstücken bestehen.

Beispiel:

Zeichne in dasselbe Achsenkreuz die Bildkurven zu $y = \frac{1}{x}$, $y = \frac{3}{x}$ und $y = \frac{9}{x}$ (Fig. 17)!

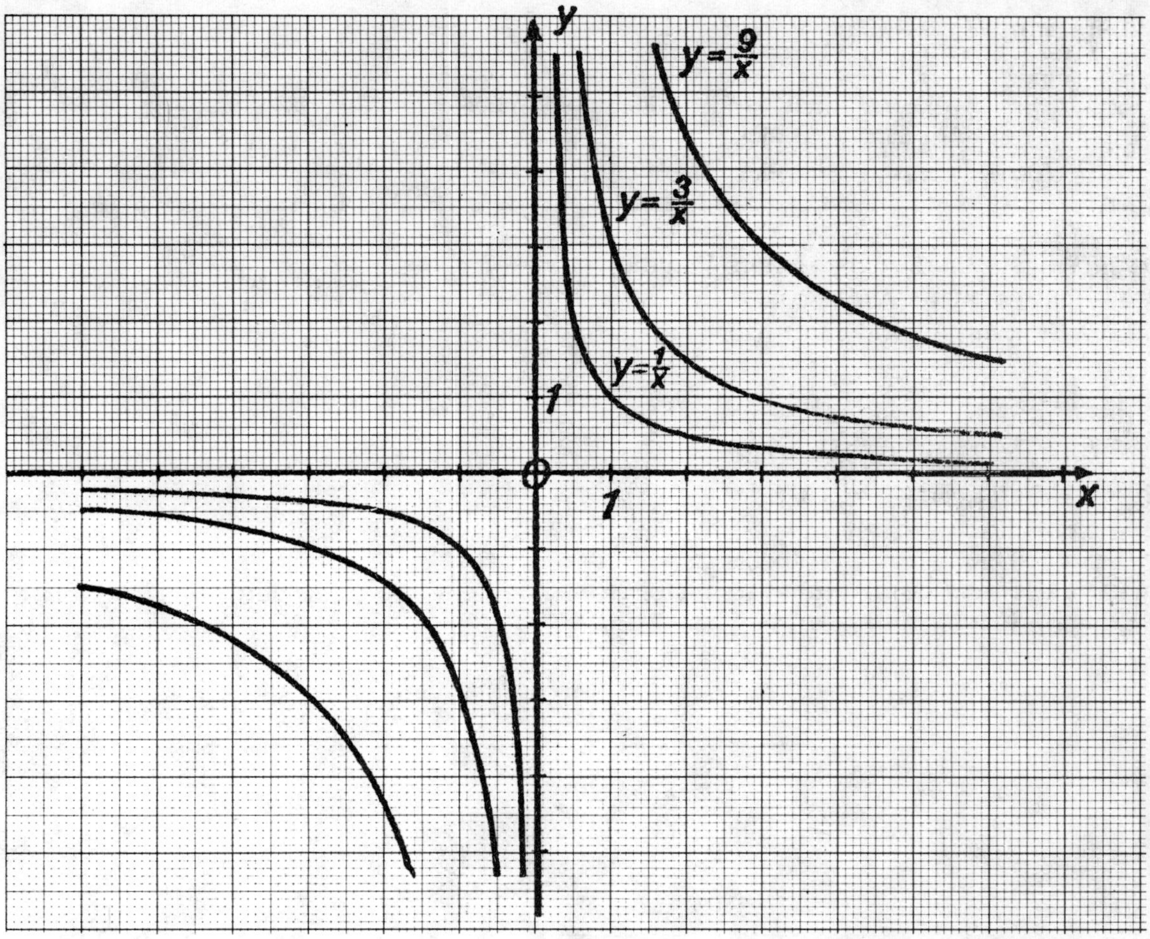

Fig. 17

Die Umkehrfunktion

Im § 2 haben wir den abstrakten Begriff der Funktion definiert. Hier sei noch einmal, mit anderen Worten, die Definition der Funktion mitgeteilt:

> Unter einer Funktion verstehen wir eine Relation zwischen zwei Mengen *D* und *W*, die jedem Element der ersten Menge ein bestimmtes Element der zweiten Menge eindeutig zuordnet.

Symbolisch: $f: x \rightarrow f(x),\ x \in D$ oder $y = f(x),\ x \in D$

Dabei bedeuten:
f: Symbol für die Funktion
D: Definitionsbereich
W: Wertebereich
x: Unabhängige Veränderliche oder independente Variable
y oder *f(x):* Abhängige Veränderliche oder dependente Variable.
Die Menge $G = \{(x, f(x)) \mid x \in D\}$ heißt Graph der Funktion.

Wir erinnern noch einmal an die häufigsten Darstellungsarten von Funktionen:

> 1. Durch eine Funktionsgleichung oder Formel
> 2. Durch eine Wertetafel oder Tabelle
> 3. Durch eine graphische Darstellung oder ein Diagramm

Die Funktion $f: x \rightarrow f(x),\ x \in D$ ist umkehrbar, wenn jedes Element $y \in W$ einem bestimmten Element $x \in D$ eindeutig zugeordnet wurde.

Mit anderen Worten:

> Zwischen zwei Mengen D und W ist eine umkehrbare Funktion definiert, wenn jedem Element $x \in D$ genau ein Element $y \in W$ zugeordnet ist und jedes Element $y \in W$ genau einem Element $x \in D$ entspricht.

Gegeben ist nun die umkehrbare Funktion $f : x \rightarrow f(x),\ x \in D$
Bezeichnet man $x = f^*(y)$, so ist die Relation $f^* : y \rightarrow f^*(y),\ y \in W$ eine Funktion, wir nennen sie die Umkehrfunktion von f. Der Graph von f^* ist $G^* = \{(y, f^*(y)) \mid y \in W\}$.

Beispiel:

$D = \{0, 1, 2, 3\}$, $W = \{0, 1, 4, 9\}$ und
$G = \{(0, 0), (1, 1), (2, 4), (3, 9)\}$
$G^* = \{(0, 0), (1, 1), (4, 2), (9, 3)\}$

Im kartesischen Koordinatensystem stellen wir die Elemente von G durch das Symbol (°), diejenigen von G^* durch (x) dar.

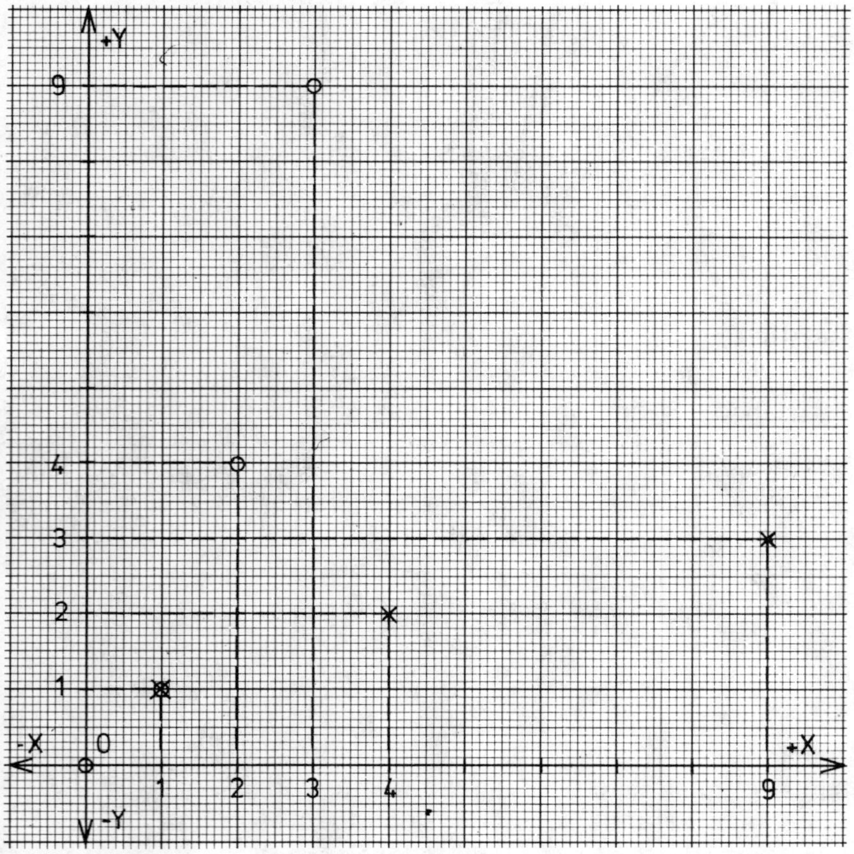

Fig. 18

Wir stellen fest, daß G und G^* symmetrisch zur 1. Winkelhalbierenden liegen.
Im allgemeinen haben die Graphen einer Funktion und ihrer Umkehrfunktion stets diese Eigenschaft (auf einen Beweis müssen wir verzichten).
Ist eine umkehrbare Funktion f durch die Funktionsgleichung $y = f(x)$ gegeben, so erhält man die Funktionsgleichung ihrer Umkehrfunktion f^* durch Auflösung der Gleichung nach x. Man erhält eine Gleichung der Form $x = f^*(y)$. Hier ist y die unabhängige Veränderliche und x die abhängige. Um die Umkehrfunktion im selben Koordinatensystem graphisch darzustellen, ist es zweckmäßig, die Variablen zu vertauschen.

Beispiel:

$f: x \rightarrow \frac{x}{2} + 1,\ x \in \mathbb{R}$, bzw. $y = \frac{x}{2} + 1$

$$y = \frac{x}{2} + 1 \Leftrightarrow$$
$$2y = x + 2 \Leftrightarrow$$
$$y = 2y - 2$$

Vertauscht man nun die Variablen x und y, so erhält man die Umkehrfunktion von f:

$f^*: x \rightarrow 2x - 2,\ x \in \mathbb{R}$ bzw. $y = 2x - 2$

§ 5 Ungleichungen

A) Normalform

Sowohl die Relation „ist gleich“, als auch die Relationen „ist größer als“ und „ist kleiner als“ beschreiben Paarmengen in der Menge $\mathbb{Q}$ der rationalen Zahlen. Die beiden letzteren werden **Ungleichungen** genannt.
Bei Ungleichungen mit Variablen müssen wir bezüglich der zugehörigen Graphen zwei Fälle unterscheiden:

1. Enthält die Ungleichung nur eine Variable, so genügt bei $G = \mathbb{Q}$ die Darstellung auf einer Zahlengeraden.

Beispiel: $x < 4$ $\quad L = \{x \mid x < 4\}$

Man nennt alle Zahlen der Menge L ein **Zahlenintervall** oder kurz **Intervall.**

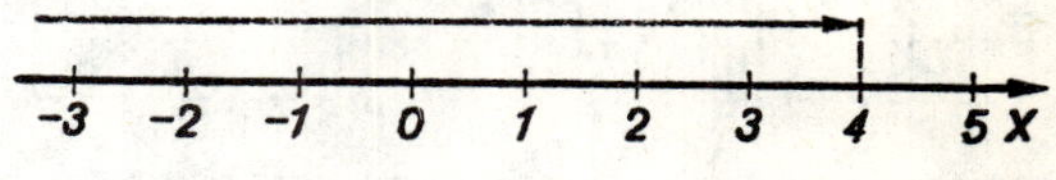

Fig. 19

2. Enthält die Ungleichung zwei Variable, so müssen wir bei $G = \mathbb{Q} \times \mathbb{Q}$ ein ebenes Koordinatensystem verwenden.

---

*) Hyperbel = Überschußkurve. Die Berechtigung dieses Namens kann erst später gezeigt werden.

Beispiel 1: $x < y$ $\quad L = \{(x; y) \mid y > x \wedge x \in \mathbb{Q}\}$

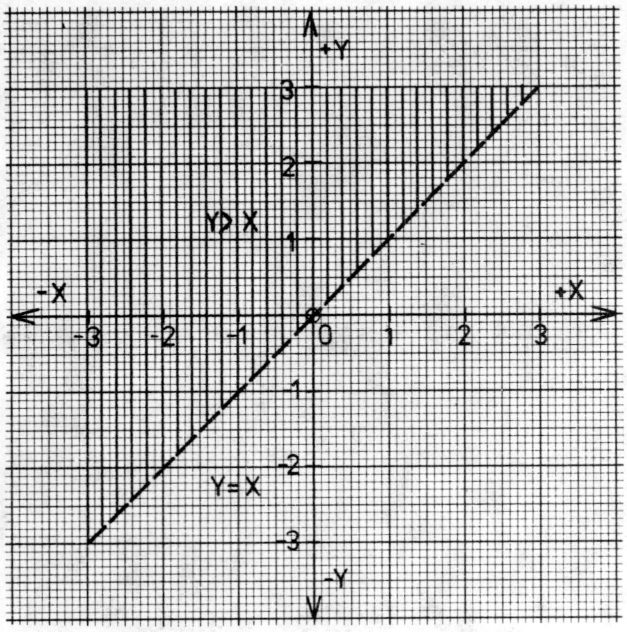

Fig. 20

Beispiel 2: $y < \frac{x}{2} + 1$ $\quad L = \left\{(x; y) \mid y < \frac{x}{2} + 1 \wedge x \in \mathbb{Q}\right\}$

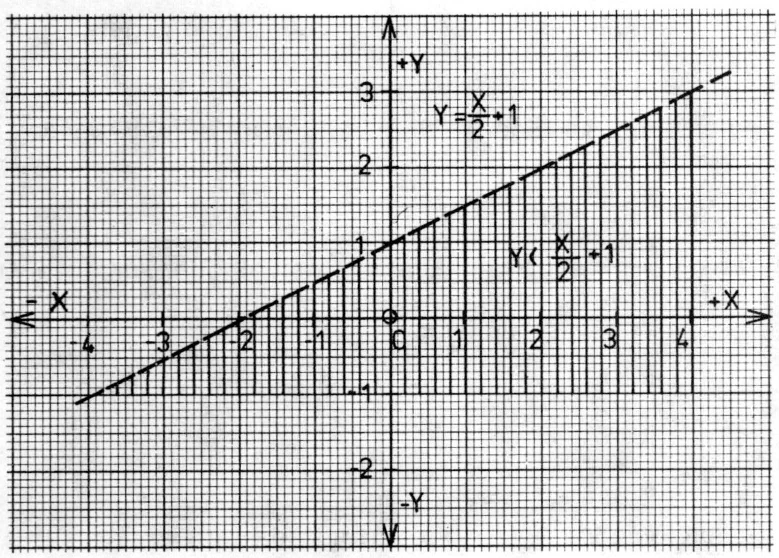

Fig. 21

B) Äquivalenzumformungen bei Ungleichungen

Während in den obigen Ungleichungen die Lösungsmenge durch einfache Überlegung gefunden werden konnte, ist dies bei komplizierteren nicht mehr der Fall. Sie müssen daher auf eine einfache Form zurückgeführt werden, welche dieselbe Lösungsmenge hat und deren sofortige Angabe gestattet. Wir verwenden hierzu die in 18,4 begründeten **Umformungsregeln:**

Sind T_1, T_2 und T irgendwelche Terme, so gilt innerhalb ihres gemeinsamen Definitionsbereiches:

(1) $T_1 < T_2 \Leftrightarrow T_2 > T_1$

(2) $T_1 < T_2 \Leftrightarrow T_1 + T < T_2 + T$,

$T_1 < T_2 \Leftrightarrow T_1 - T < T_2 - T$

(3) $T_1 < T_2 \Leftrightarrow \begin{cases} T_1 \cdot T < T_2 \cdot T & \text{falls } T > 0 \\ T_1 \cdot T > T_2 \cdot T & \text{falls } T < 0 \end{cases}$

C) Ungleichungen mit einer Variablen

Durch Anwendungen obiger Regeln wollen wir nun kompliziertere Ungleichungen lösen. Wir beschränken uns hier auf solche, in denen die Variable nur in der ersten Potenz auftritt, Grundmenge sei $G = \mathbb{Q}$.
Ebenso wie manche nichtlineare Gleichungen auf lineare Gleichungen, können auch manche **nichtlineare Ungleichungen** auf lineare Ungleichungen zurückgeführt werden.

Beispiel 1: $\frac{x+3}{x-3} > 0$

Als erstes erkennen wir, daß die Ungleichung für $x - 3 = 0$, d. h. für $x = 3$, nicht definiert ist. Sie hat also die Definitionsmenge

$$\mathbf{D} = \mathbb{Q} \setminus \{3\}$$

Da ein Bruch positiv ist, wenn Zähler und Nenner gleiches Vorzeichen haben, können wir die vorgelegte Ungleichung in zwei **Systeme linearer Ungleichungen** zerlegen. Jedes System besteht aus zwei linearen Ungleichungen A, B, welche durch eine **Konjunktion** verknüpft sind. Es hat also den Durchschnitt $L_A \cap L_B$ als Lösungsmenge. Als **Verknüpfungszeichen** verwenden wir wie bei Gleichungssystemen **geschweifte Klammern.**

Lösung der Ungleichung:

a) $\left\{\begin{matrix} x+3>0 \\ x-3>0 \end{matrix}\right\} \Leftrightarrow \left\{\begin{matrix} x>-3 \\ x>3 \end{matrix}\right\}$; $\quad \mathbf{L_a} = \{\mathbf{x} \mid \mathbf{x} > \mathbf{3}\}$

Fig. 22

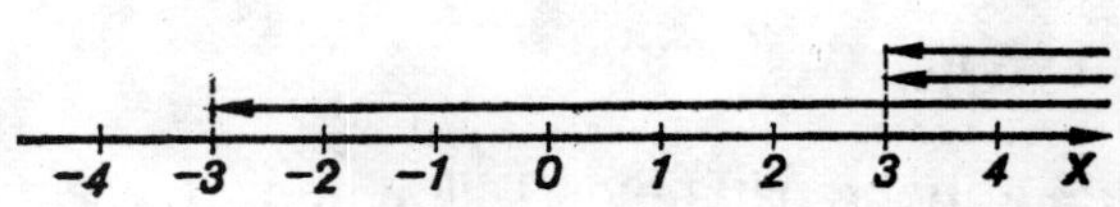

b) $\left\{\begin{matrix} x+3<0 \\ x-3<0 \end{matrix}\right\} \Leftrightarrow \left\{\begin{matrix} x<-3 \\ x<3 \end{matrix}\right\}$; $\quad \mathbf{L_b} = \{\mathbf{x} \mid \mathbf{x} < -\mathbf{3}\}$

Fig. 23

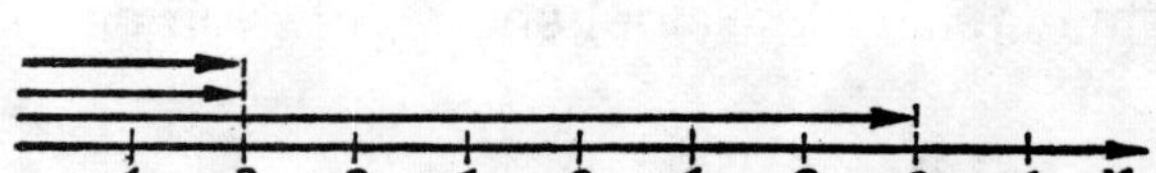

Sowohl L_a als auch L_b sind Teilmengen der Lösungsmenge L der vorgelegten Ungleichung. Da die Elemente von L entweder in L_a oder in L_b enthalten sind, besteht L aus der Vereinigungsmenge von L_a und L_b:

$$\mathbf{L} = \mathbf{L_a} \cup \mathbf{L_b} = \{\mathbf{x} \mid \mathbf{x} < -\mathbf{3} \vee \mathbf{x} > \mathbf{3}\}$$

Fig. 24

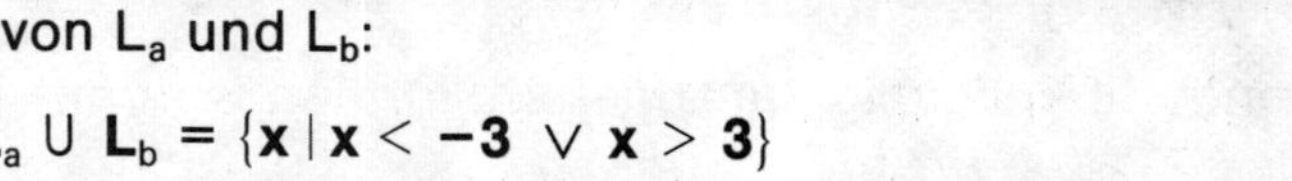

Die beiden Aussageformen a), b) werden also durch das Bindewort **„oder"** ($\vee$) zu einer Adjunktion zusammengefaßt, deren Lösungsmenge $L = L_a \cup L_b$ ist.

Beachte: Das „oder" wird im **nichtausschließenden Sinn** verwendet (A oder B oder beide).

Beispiel 2: $\frac{2}{6x-3} > 1$

Da der Bruch für $6x - 3 = 0$, d. h. für $x = \frac{1}{2}$ nicht definiert ist, gilt $\mathbf{D} = \mathbb{Q} \setminus \{\frac{1}{2}\}$.
Um zu einer linearen Ungleichung zu gelangen, muß mit $T = 6x - 3$ multipliziert werden, wobei wiederum zwei Fälle zu unterscheiden sind, welche auf je ein System linearer Ungleichungen führen:

a) $$\left\{\begin{matrix} 6x-3>0 \\ \frac{2}{6x-3}>1 \end{matrix}\right\} \Leftrightarrow \left\{\begin{matrix} 6x>3 \\ 2>6x-3 \end{matrix}\right\} \Leftrightarrow \left\{\begin{matrix} x>\frac{1}{2} \\ 6x<5 \end{matrix}\right\} \Leftrightarrow \left\{\begin{matrix} x>\frac{1}{2} \\ x<\frac{5}{6} \end{matrix}\right\}$$

$\mathbf{L}_a = \{\mathbf{x} \mid \frac{1}{2} < \mathbf{x} < \frac{5}{6}\}$

Fig. 25

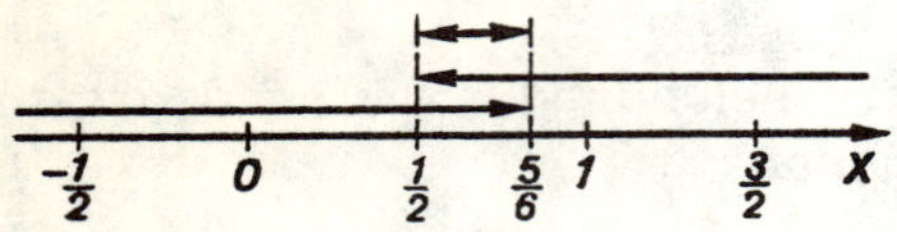

b) $$\left\{\begin{matrix} 6x-3<0 \\ \frac{2}{6x-3}>1 \end{matrix}\right\} \Leftrightarrow \left\{\begin{matrix} 6x<3 \\ 2<6x-3 \end{matrix}\right\} \Leftrightarrow \left\{\begin{matrix} x<\frac{1}{2} \\ 6x>5 \end{matrix}\right\} \Leftrightarrow \left\{\begin{matrix} x<\frac{1}{2} \\ x>\frac{5}{6} \end{matrix}\right\}$$

$\mathbf{L}_b = \{\ \}$

Fig. 26

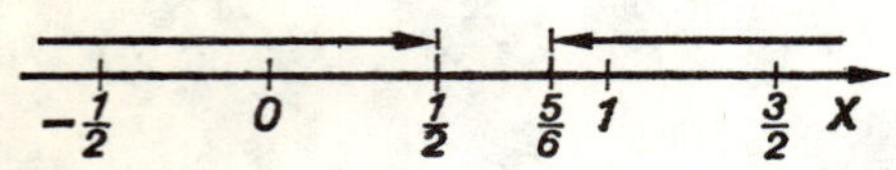

$$\mathbf{L} = \mathbf{L}_a \cup \mathbf{L}_b = \mathbf{L}_a$$

D) Lineare Ungleichungen mit zwei Variablen

Jede **Ungleichung mit zwei Variablen** hat eine Teilmenge L der Grundmenge $G = \mathbb{Q} \times \mathbb{Q}$ als Lösungsmenge, ist also eine **Relation in $\mathbb{Q}$.**

Beispiel 1: $x > 0$ $\quad$ $\mathbf{L} = \{(\mathbf{x}; \mathbf{y}) \mid \mathbf{x} > \mathbf{0} \wedge \mathbf{y} \in \mathbb{Q}\}$

Der Graph der Lösungsmenge ist die Halbebene rechts von der y-Achse.

Beispiel 2: $y < 2$ $\quad$ $\mathbf{L} = \{(\mathbf{x}; \mathbf{y}) \mid \mathbf{x} \in \mathbb{Q} \wedge \mathbf{y} < \mathbf{2}\}$

Der dazugehörige Graph ist die Halbebene unterhalb der Geraden $y = 2$.

Beispiel 3: $2x + 3y < 4x + 5$

Um die Lösungsmenge übersichtlich anzugeben, formen wir um:

$$2x + 3y < 4x + 5 \Leftrightarrow 3y < 2x + 5 \Leftrightarrow y < \tfrac{2}{3}x + \tfrac{5}{3}$$
$$\mathbf{L} = \{(\mathbf{x}; \mathbf{y}) \mid \mathbf{x} \in \mathbb{Q} \wedge \mathbf{y} < \tfrac{2}{3}\mathbf{x} + \tfrac{5}{3}\}$$

Der zugehörige Graph ist die Halbebene unterhalb der Geraden $y = \frac{2}{3}x + \frac{5}{3}$.

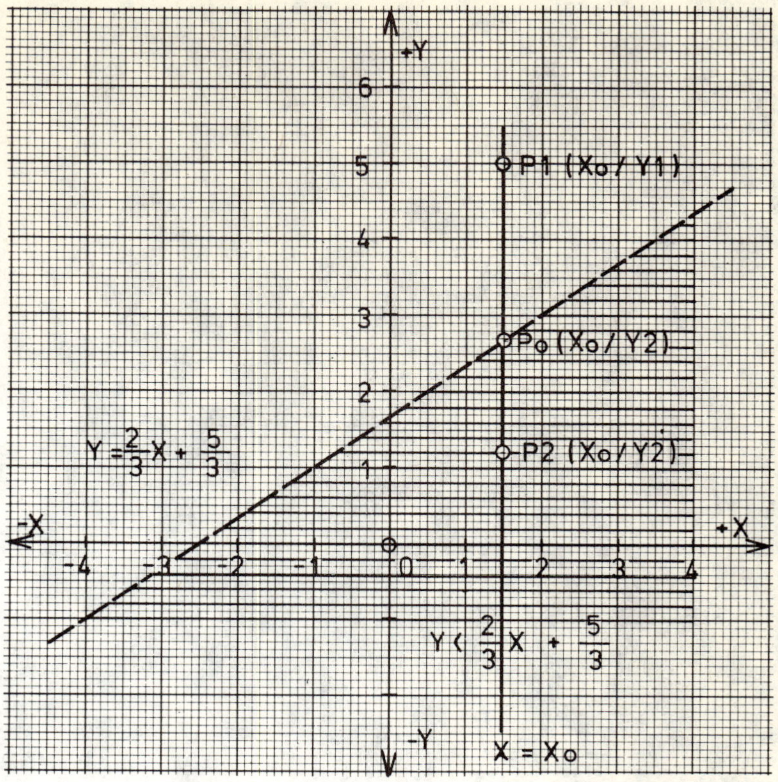

Fig. 27

Allgemein können wir sagen:

Der Graph der linearen Ungleichung $y < ax + b$ ist die Halbebene unterhalb der Geraden g: $y = ax + b$,
der Graph der Ungleichung $y > ax + b$ ist die Halbebene oberhalb dieser Geraden.

Beweis: Ist x_0 eine feste 1. Koordinate, so stellt die Gleichung $x = x_0$ eine Gerade parallel zur y-Achse dar.
Mit $y_0 = ax_0 + b$ liegt der zugehörige Punkt P_0 $(x_0 \mid y_0)$ auf g, während jeder Punkt P_1 $(x_0 \mid y_1)$ mit $y_1 > ax_0 + b$ auf der Geraden $x = x_0$ oberhalb P_0 und jeder Punkt P_2 $(x_0 \mid y_2)$ mit $y_2 < ax_0 + b$ auf dieser Geraden unterhalb P_0 liegt.

Nunmehr wollen wir uns **Systemen linearer Ungleichungen mit zwei Variablen** zuwenden. Grundmenge sei $\mathbb{Q} \times \mathbb{Q}$.

Beispiel 4: $\begin{Bmatrix} x > 0 \\ y < 0 \end{Bmatrix}$

Da die Lösungsmenge der Ungleichung $x > 0$ alle Zahlenpaare $(x; y)$ mit positiver erster Komponente, die Lösungsmenge der Ungleichung $y < 0$ alle Zahlenpaare $(x; y)$ mit negativer zweiter Komponente enthält, ist

$$\mathbf{L = \{(x; y) \mid x > 0 \land y < 0\}}$$

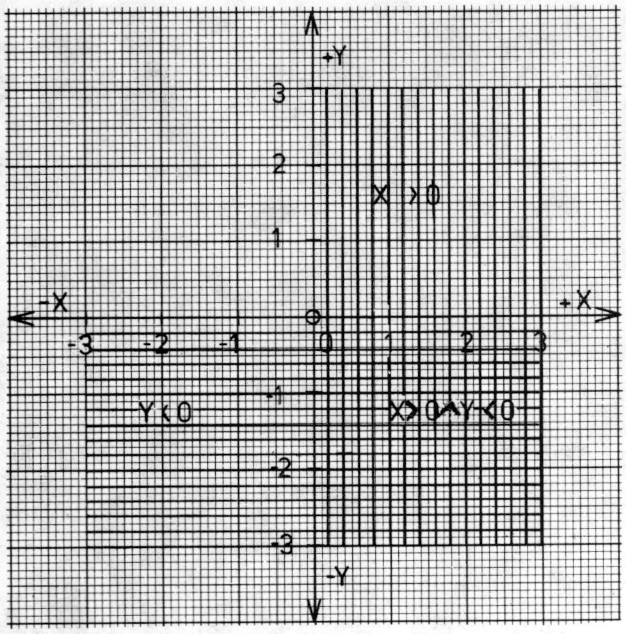

Fig. 28

Beispiel 5:

$$\left\{\begin{matrix} x + 2y < 3 \\ 2x - y < 1 \end{matrix}\right\} \Leftrightarrow \left\{\begin{matrix} y < -\frac{x}{2} + \frac{3}{2} \\ y > 2x - 1 \end{matrix}\right\}$$

$$\mathbf{L} = \left\{(\mathbf{x}; \mathbf{y}) \mid \mathbf{x} \in \mathbb{Q} \wedge \mathbf{y} < -\frac{x}{2} + \frac{3}{2} \wedge \mathbf{y} > \mathbf{2x - 1}\right\}$$

Beispiel 6:

$$\left\{\begin{matrix} y \leqq \frac{x}{2} + 3 \\ y \geqq -\frac{x}{2} + 4 \\ y \geqq 2x - 5 \end{matrix}\right\}$$

Sind L_1, L_2, L_3 die Lösungsmengen der drei Ungleichungen, so ist

$$\mathbf{L} = \mathbf{L_1} \cap \mathbf{L_2} \cap \mathbf{L_3}$$

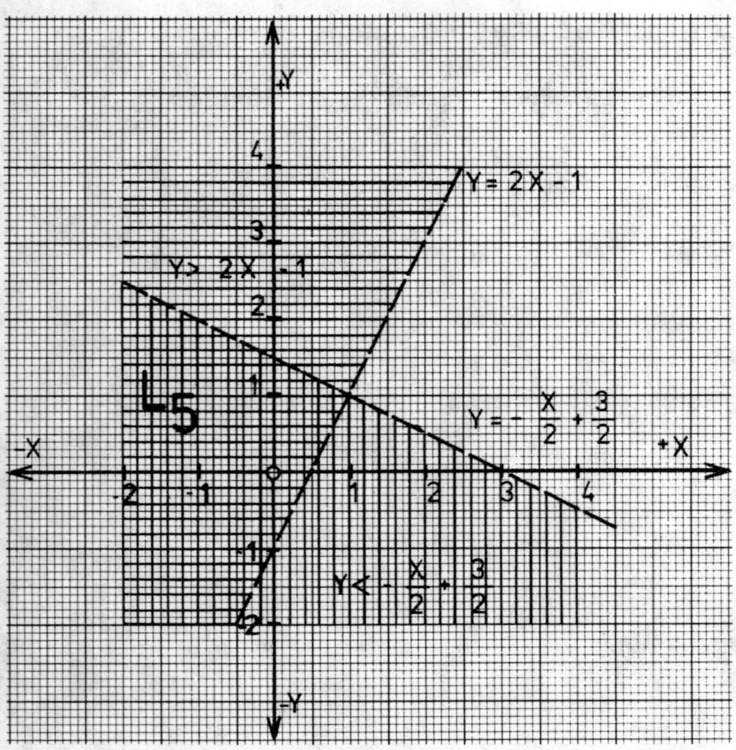

Fig. 29

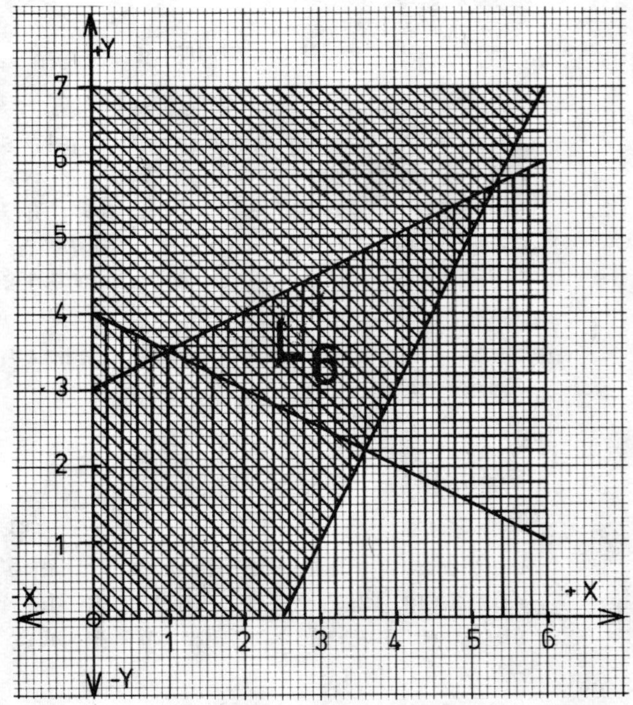

Fig. 30

§ 6 Quadratische Funktionen

A) Überblick und Definition

Quadratische Funktionen

1. Einführende Beispiele

a) Aus der Wirtschaftspraxis ist bekannt, daß der Gesamtertrag von der Absatzmenge abhängt. Bei einem von Konkurrenten unabhängigen Absatz (Monopol) eines Massenartikels wurden folgende Werte notiert:

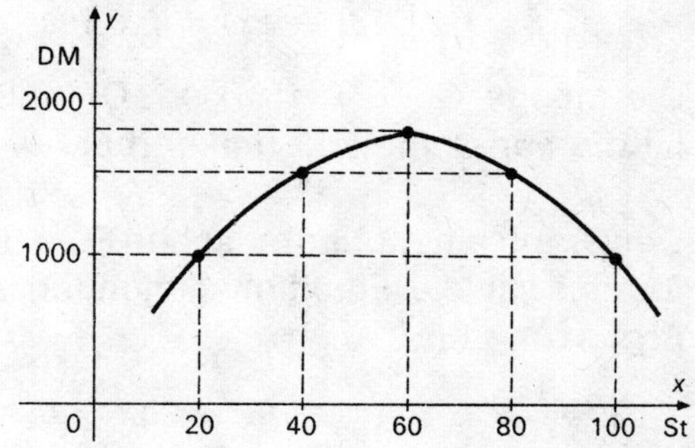

Fig. 31

Absatzmenge x	20	40	60	80	100	110	St.
Gesamtertrag y	1000	1600	1800	1600	1000	550	DM

Die erhaltene Gesamtertragskurve ist annähernd ein Teil einer Parabel. Betrachtet man den Gesamtertrag als Funktion der Absatzmenge, so läßt sich diese durch folgende Zuordnungsvorschrift angeben:

$$y = 60x - \frac{x^2}{2}$$

Dies wäre ein erstes Beispiel einer quadratischen Funktion.

b) In einer 1950 gemachten Untersuchung wurde der statistische Zusammenhang zwischen dem Geburtsgewicht x und der Sterblichkeitshäufigkeit y von Neugeborenen festgestellt. Man erhielt annähernd die Beziehung

$$4y = 17x^2 - 119x + 210,$$

wobei das Geburtsgewicht x in kg und die Sterblichkeit y in % angegeben wurden. Dies ist die Gleichung einer quadratischen Funktion. Die graphische Darstellung dieser Funktion ergibt ein Parabelstück. Man kann es mit Hilfe einer vorher aufgestellten Wertetabelle zeichnen.

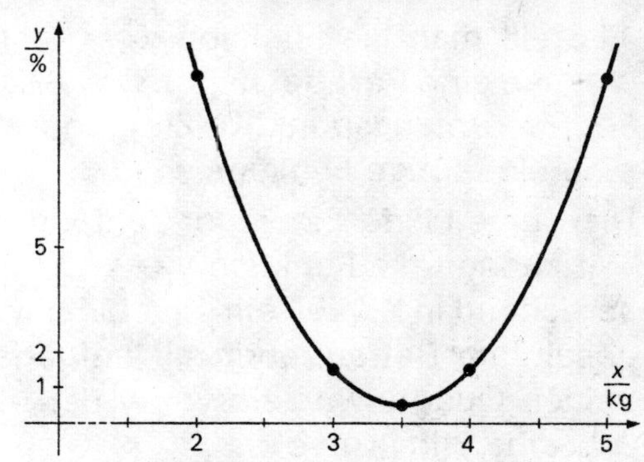

Fig. 32

x	2	3	3,5	4	...	kg
y	10	1,5	0,5	1,5	...	%

Nachdrücklich sei bei den beiden Beispielen darauf hingewiesen, daß es sich um statistische Zusammenhänge handelt.
Die aus der Zeichnung abgelesenen Wertepaare (x, y) sind also stark fehlerbehaftet.

2. Definition der quadratischen Funktion

Allgemein verstehen wir unter einer quadratischen Funktion eine Funktion der Form:

$$f: x \rightarrow ax^2 + bx + c,\ x \in D \text{ mit } D \subset \mathbb{R};\ a, b, c \in \mathbb{R} \text{ und } a \neq 0$$

Ist der Definitionsbereich $D = \mathbb{R}$, so schreiben wir auch

$$f(x) = ax^2 + bx + c \text{ bzw. } y = ax^2 + bx + c.$$

Die Menge $G = \{(x, f(x)) \mid x \in D\}$ heißt Graph der quadratischen Funktion. Ist $D = \mathbb{R}$, so ist die Funktion nicht umkehrbar.

Der Graph einer quadratischen Funktion mit $D = \mathbb{R}$ ist eine **Parabel**. Um diese darzustellen, formen wir die Funktionsgleichung zweckmäßigerweise durch eine sog. **quadratische Ergänzung** um:

$$f(x) = ax^2 + bx + c \Leftrightarrow$$

$$f(x) = a\left(x^2 + \frac{b}{a}x + \frac{c}{a}\right) \Leftrightarrow$$

$$f(x) = a\left[(x + \frac{b}{2a})^2 - \frac{b^2}{4a^2} + \frac{c}{a}\right] \Leftrightarrow$$

$$f(x) = a\left[(x + \frac{b}{2a})^2 + \frac{4ac - b^2}{4a^2}\right] \Leftrightarrow$$

$$f(x) = a\,(x + \frac{b}{2a})^2 + \frac{4ac - b^2}{4a}$$

Bezeichnet man $\frac{b}{2a} = -p$ und $\frac{4ac - b^2}{4a} = q$, so erhält man

$f(x) = a(x - p)^2 + q$ (Normalform)

B) Graphische Darstellung

1. Quadratische Funktion

1. Stellt man die Funktion $y = x^2$ graphisch dar, so erhält man eine Kurve I (Fig. 33), die man eine **Parabel** nennt. Die y-Achse ist die **Symmetrieachse** der Kurve; ihr Scheitel liegt im Anfangspunkt 0. Zu jedem Wert von x gehört **ein** Wert von y. Das Quadrat ist eine eindeutige Funktion.
Die Kurve I liefert zu jeder Zahl x das zugehörige Quadrat als Ordinate y.
Wir können die Funktion $y = x^2$ nach x auflösen und finden $x = \pm \sqrt{y}$. Nehmen wir entsprechend in Kurve I ein beliebiges y, so finden wir dazu **zwei** Werte von x, von gleichem absolutem Betrag, aber mit entgegengesetztem Vorzeichen. Diese Werte stellen die beiden Quadratwurzeln von y dar. – Beide Funktionen $\mathbf{y} = \mathbf{x}^2$ und $\mathbf{x} = \pm \sqrt{\mathbf{y}}$ haben dasselbe Bild: Kurve I.

2. Wir sind gewohnt, x als die unabhängige Veränderliche zu haben. Wir vertauschen also in der letzten Gleichung x und y miteinander, was im Bilde einer Vertauschung der beiden Achsen entspricht, und erhalten so die Funktion $y = \pm \sqrt{x}$ oder $y^2 = x$ (Kurve II). Die beiden Kurven I und II liegen symmetrisch zur Geraden $y = x$ (III).
Die Kurve II liefert zu jeder Zahl x die entsprechende Quadratwurzel als Ordinate, und zwar gehören zu jedem x **zwei** Ordinaten, eine positive und eine negative, deren absoluten Werte gleich sind.
$x = \sqrt{y}$ ist die **inverse** Relation von $y = x^2$. Sie ist zweiwertig.
Zu **negativen** Werten von x sind keine entsprechenden Kurvenpunkte vorhanden; für negative x gibt es keine graphische Darstellung.

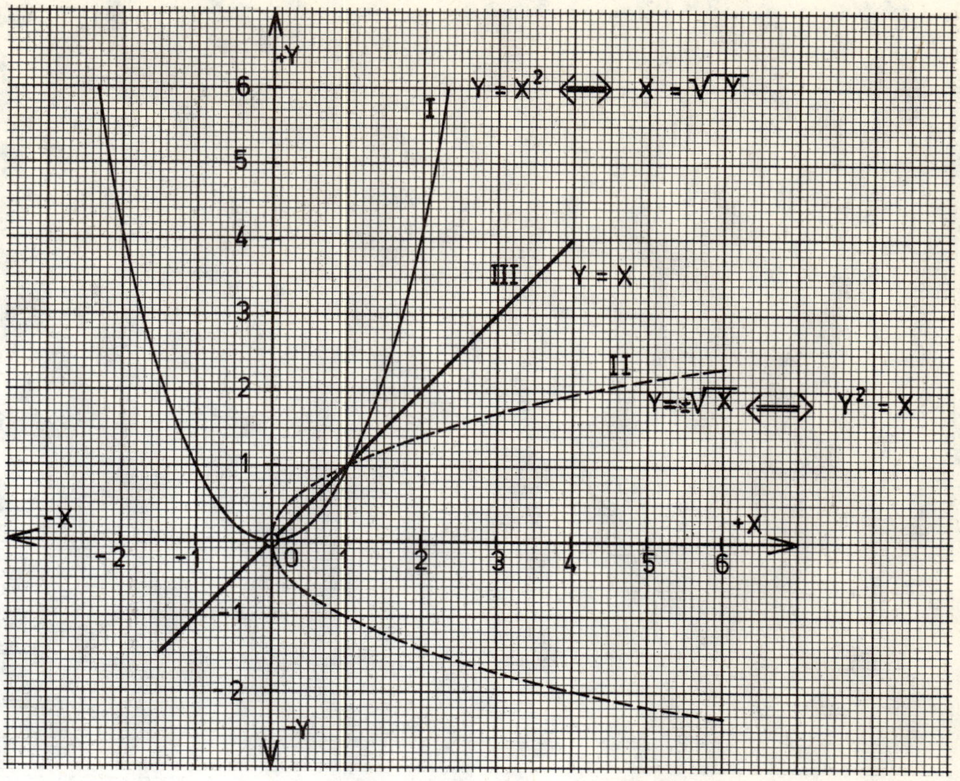

Fig. 33

Das Bild $y = x^2$ ist eine Parabel. Ihr Scheitel hat die Koordinaten (0; 0).

Die einfachste Funktion zweiten Grades ist $\mathbf{y = x^2}$.

Zu ihrer Darstellung verwenden wir etwa folgende Wertetafeln:

x	y
0	0
1	1
2	4
3	9
4	16

x	y
0	0
−1	1
−2	4
−3	9
−4	16

x	y
0,1	0,01
0,2	0,04
0,3	0,09
0,4	0,16
0,5	0,25

x	y
1,2	1,44
1,5	2,25
2,5	6,25
3,5	12,25

usw.

Aus den beiden ersten Tafeln bekommt man zwei Reihen von Punkten, die symmetrisch zur y-Achse liegen. Aus diesen Punkten erhält man die Kurve erst in rohen Umrissen. Es empfiehlt sich daher, die Berechnung von Zwischenwerten, insbesondere in der Nähe des Anfangspunktes (3. und 4. Wertetafel).

Beispiele:

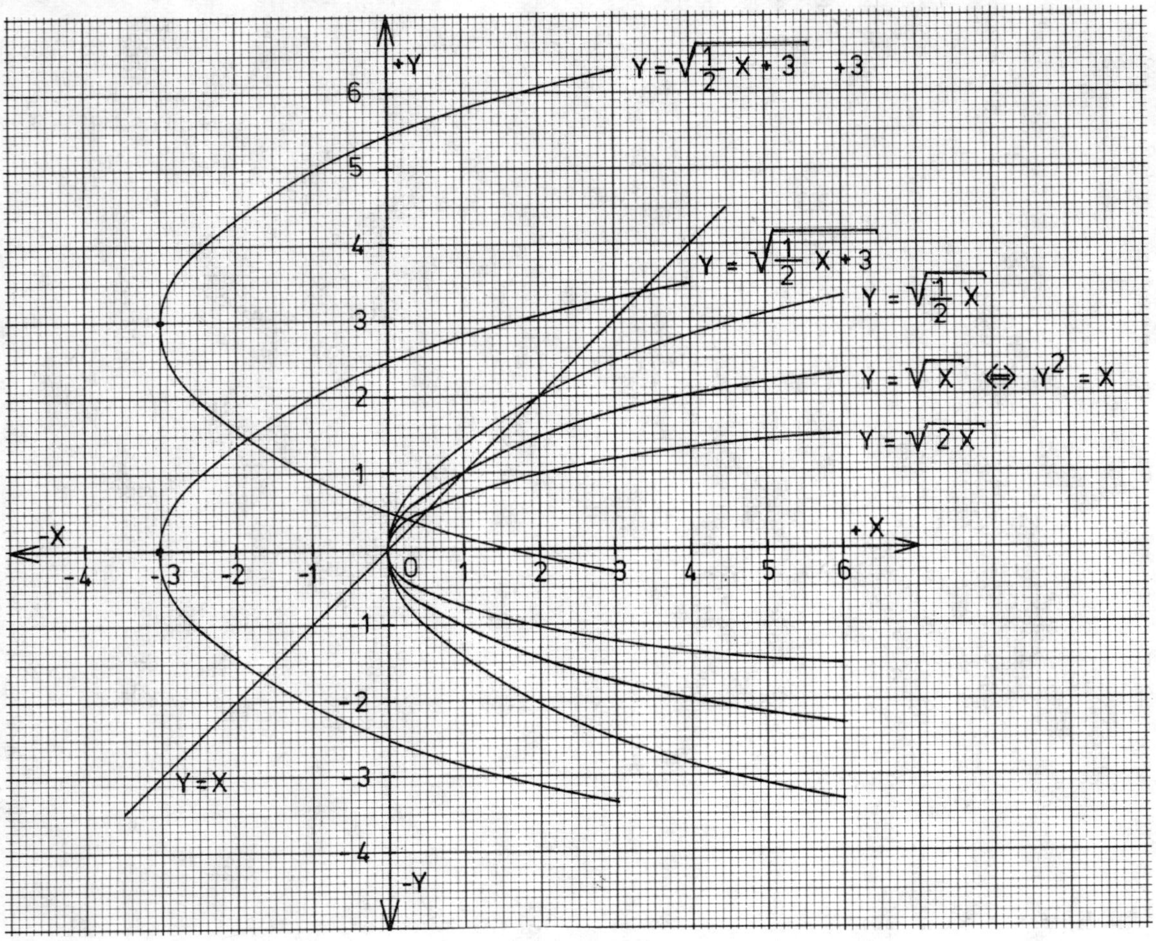

Fig. 33a

2. Quadratische Gleichungen mit einer Unbekannten

Die Funktion zweiten Grades. Quadratische Gleichungen.

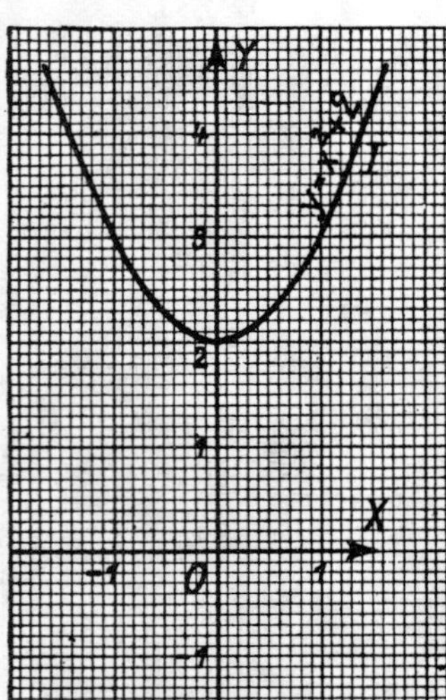

Fig. 34

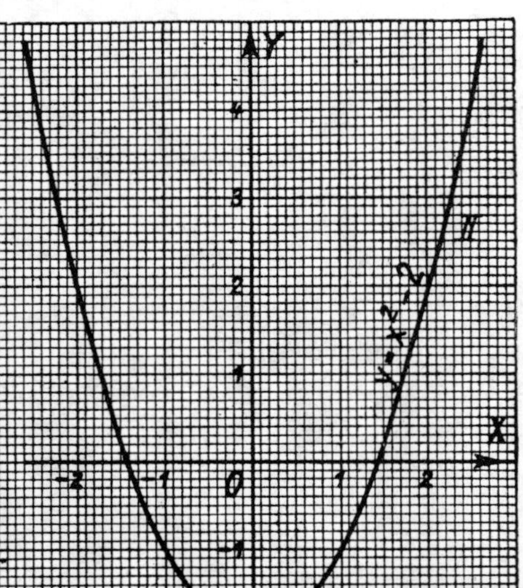

Fig. 35

Beispiele: (Siehe Fig. 34, Fig. 35, Fig. 36 und Fig. 37)

1. a) $y = x^2 + 2$; b) $y = x^2 - 2$.

2. a) $y = (x + 3)^2$; b) $y = (x - 3)^2$.

3. a) $y = (x + 3)^2 + 2$; b) $y = (x - 3)^2 + 2$.

c) $y = (x + 3)^2 - 2$; d) $y = (x - 3)^2 - 2$.

4. a) $y = 4x^2$; b) $y = \frac{1}{4}x^2$.

In den drei ersten Aufgaben ändert sich nur die Lage der Kurve, aber nicht ihre Form. Man kann also diese Kurven mit der Schablone zeichnen, wenn man nur die Lage des Scheitelpunktes kennt.

In Nr. 1 ist die Kurve längs der y-Achse verschoben. Der Scheitel hat die Koordinaten (0; + 2) bzw. (0; − 2). Fig. 34 und 35.

In Nr. 2 ist die Kurve längs der x-Achse verschoben. Der Scheitel hat die Koordinaten (− 3; 0) bzw. (+ 3; 0). Fig. 36 III und IV.

In Nr. 3 ist die Kurve längs **beider** Achsen verschoben. Der Scheitel hat in 3 a) die Koordinaten (− 3; + 2). Fig. 36 V.

In Nr. 4 ändert der Koeffizient von x^2 die Form der Kurve. Durch Änderung dieses Koeffizienten kann man die Parabel schmäler oder breiter machen. Fig. 37 VI b und VI c. Welche Grenzfälle ergeben sich?

Aus $y = (x - \frac{5}{2})^2 - 4$ erhält man $y = x^2 - 5x + \frac{25}{4} - 4$

oder $y = x^2 - 5x + \frac{9}{4}$.

Umgekehrt kann man die letztere Form in die ursprüngliche zurückführen, indem man die beiden ersten Glieder zum vollständigen Quadrat ergänzt.

Aus $y = x^2 - 5x + \quad + \frac{9}{4} -$

erhält man $y = x^2 - 5x + (\frac{5}{2})^2 + \frac{9}{4} - \frac{25}{4}$

oder $y = (x - \frac{5}{2})^2 - 4$.

Man kann also die **vollständige** quadratische Funktion

$$\mathbf{y = x^2 + ax + b}$$

so umformen, daß man erhält:

$$\mathbf{y = (x - m)^2 + n.}$$

Das Bild der vollständigen quadratischen Funktion $y = x^2 + ax + b$ ist also eine Parabel, deren Scheitelkoordinaten m und n sich nach obigem Beispiel errechnen lassen. Die Parabel kann dann mit der Schablone gezeichnet werden.

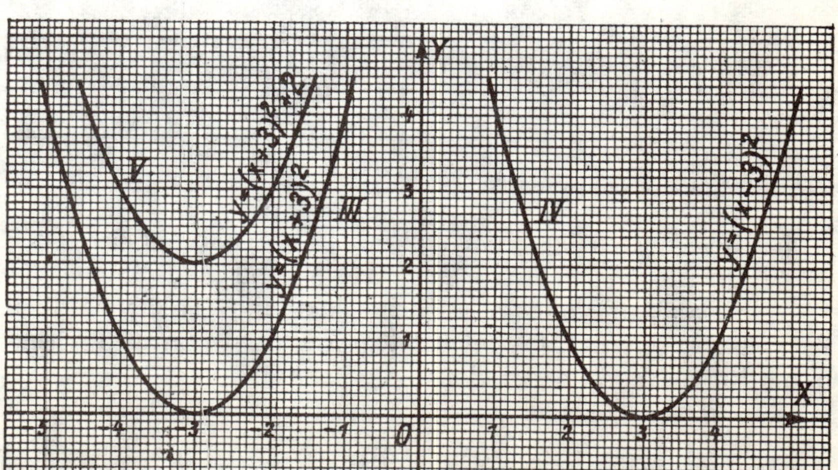

Fig. 36

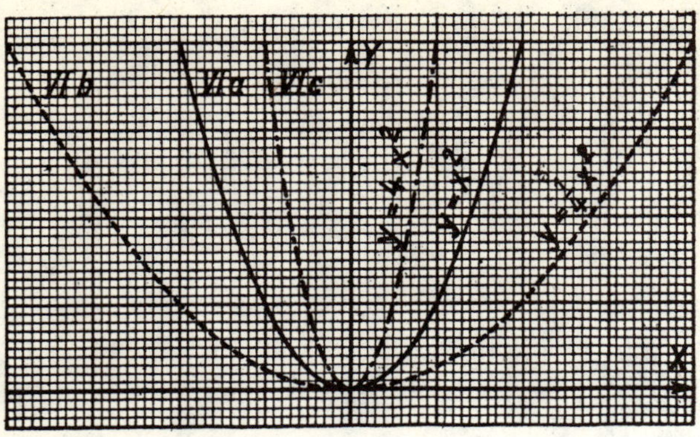

Fig. 37

Beispiel: (Siehe Fig. 38)

2. Die Parabel $y = x^2$ soll unter Beibehaltung ihrer Achsenrichtung so verschoben werden, daß der Scheitel die untenstehenden Koordinaten hat. Wie heißt jedesmal die zugehörige Funktion?

a) Abszisse 0;	Ordinate − 3;	Abszisse 0;	Ordinate + 3;
b) Abszisse − 3;	Ordinate 0;	Abszisse + 3;	Ordinate 0;
c) Abszisse + 2;	Ordinate + 5;	Abszisse $-2\frac{1}{2}$;	Ordinate + 4;
d) Abszisse $+4\frac{1}{2}$;	Ordinate $-\frac{3}{4}$.	Abszisse $-3\frac{3}{4}$;	Ordinate $-2\frac{1}{2}$

Um die allgemeine Gleichung $x^2 + ax + b = 0$ zu lösen, betrachten wir die Funktion $y = x^2 + ax + b$. Die Frage lautet nun
algebraisch: Für welche Werte von x hat diese Funktion den Wert Null?

Oder anders ausgedrückt: Wo liegen die „Nullstellen" der Funktion?
geometrisch: In welchen Punkten wird die X-Achse von der entsprechenden Kurve geschnitten?

1. Art: Man berechnet aus der Funktion die Wertetafel und zeichnet darnach die Kurve.

Beispiel: $\frac{x^2}{2} + x - 3{,}5 = 0.$

Wir setzen $y = \frac{x^2}{2} + x - 3{,}5$ und berechnen folgende Tabelle.

x	− 5	− 4	− 3	− 2	− 1	0	1	2	3
y	+ 4	+ 0,5	− 2	− 3,5	− 4	− 3,5	− 2	0,5	4

Zur genaueren Zeichnung noch die Zwischenwerte:

x	− 3,5	+ 1,5
y	− 0,875	− 0,875

Die Parabel Fig. 38 schneidet die X-Achse bei $x_1 \approx +1{,}8$ und $x_2 \approx -3{,}8$. Diese Werte sind angenähert die Lösungen (Wurzeln) unserer Gleichung. Die Genauigkeit kann dadurch gesteigert werden, daß man in der Umgebung des Schnittpunkts die Kurve in größerem Maßstab zeichnet.

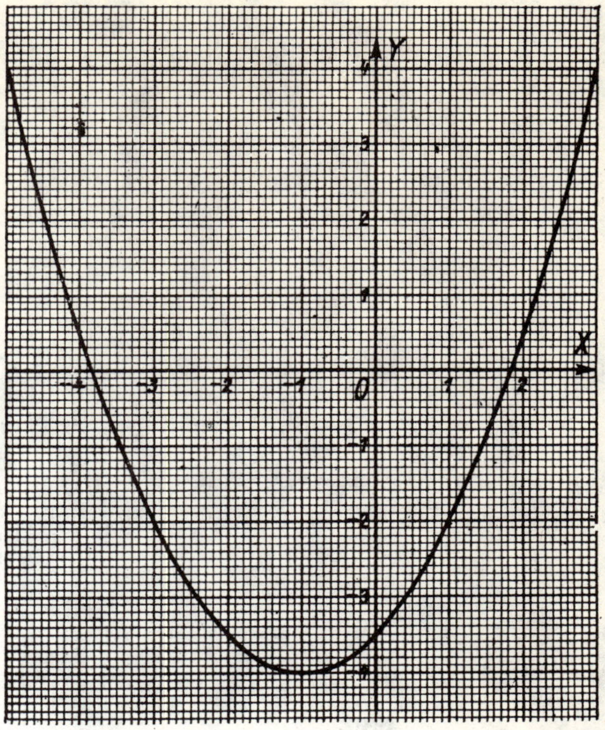

Fig. 38

2. Art: Man verschafft sich aus der quadratischen Gleichung zunächst die Funktion

$$y = x^2 + ax + b$$

und bringt diese auf die Form $y = (x - m)^2 + n$.

Beispiel: $\frac{x^2}{2} + x - 3{,}5 = 0$. Wir geben dem quadratischen Glied den Koeffizienten 1, indem wir mit 2 multiplizieren. So erhalten wir die Funktion

$$y = x^2 + 2x - 7 = x^2 + 2x + 1 - 7 - 1$$
$$= (x + 1)^2 - 8.$$

Dieser Funktion entspricht die Parabel mit den Scheitelkoordinaten − 1; − 8. Zeichnet man mit der Schablone diese Parabel (Achse parallel zur y-Achse), so geben die Abszissen der Schnittpunkte die Wurzeln unserer Gleichung. Man findet wiederum $x_1 \approx + 1{,}8$ und $x_2 \approx - 3{,}8$.

Die bei diesen beiden Lösungsarten gefundenen Parabeln müssen die x-Achse nicht immer schneiden. Es können folgende Fälle eintreten:

1. Die Parabel **schneidet** die x-Achse in 2 Punkten. Fig. 39.
2. Die Parabel **berührt** die x-Achse in einem Punkt. Fig. 40.
3. Die Parabel ist **ganz oberhalb** der x-Achse. Fig. 41

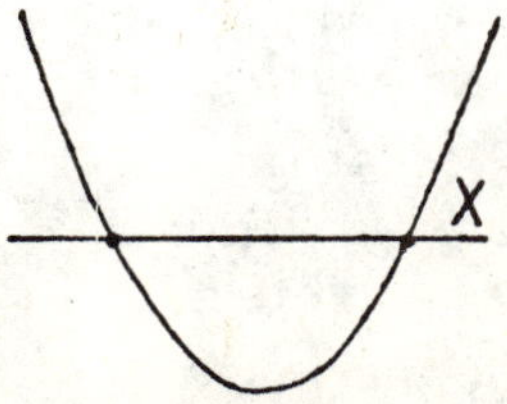

Fig. 39

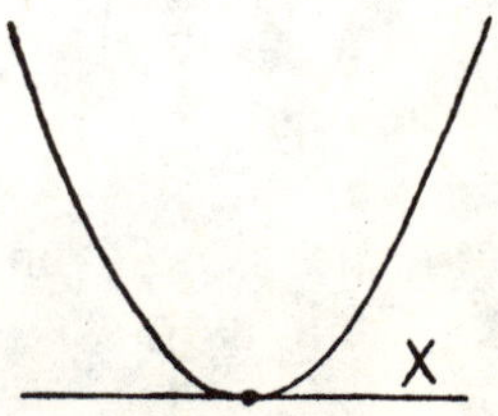

Fig. 40

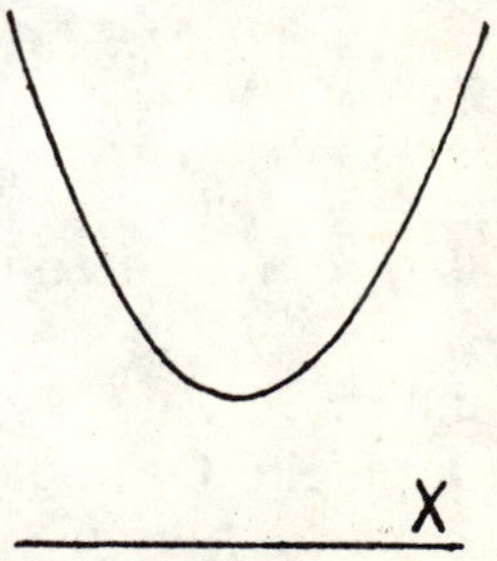

Fig. 41

Entsprechend hat die Gleichung entweder **zwei reelle** verschiedene Wurzeln oder eine **reelle Doppel**wurzel oder **keine reellen** Wurzeln.

3. Art: Aus $x^2 + ax + b = 0$ folgt $x^2 = -ax - b$.
Wir setzen jede Seite dieser Gleichung gleich y und erhalten so

$$\text{I. } y = x^2$$
$$\text{II. } y = -ax - b.$$

Die Frage lautet nun

algebraisch: Für welche Werte von x haben beide Funktionen den gleichen Wert?

geometrisch: Welche Abszissen x haben die Schnittpunkte der Kurven I und II?

Kurve I kann man mit der Parabelschablone zeichnen.
Kurve II ist eine Gerade, die durch 2 Punkte bestimmt ist.

Beispiel: $10x^2 + 3x - 27 = 0$

Daraus erhält man $x^2 + \frac{3}{10}x - \frac{27}{10} = 0$

oder $x^2 = \frac{27}{10} - \frac{3}{10}x$.

Wir setzen I. $y = x^2$ (Schablone)

und II. $y = \frac{27}{10} - \frac{3}{10}x$. (Fig. 42.)

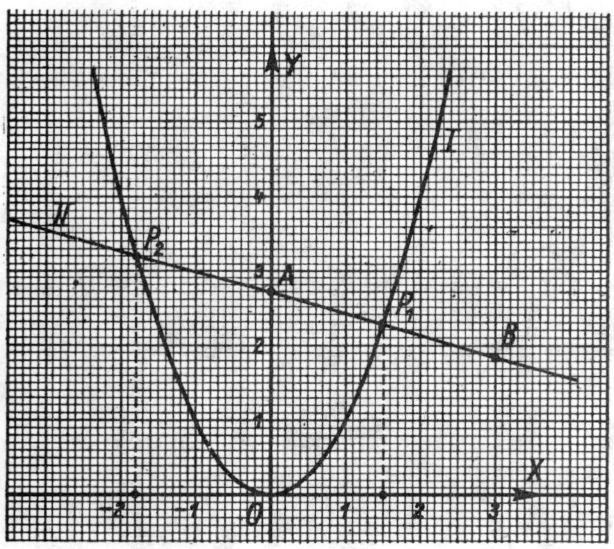

Fig. 42

Zur Bestimmung von II setzen wir zunächst $x = 0$ und erhalten $y = 2{,}7$ (A).
sodann etwa $x = 3$ und erhalten $y = 1{,}8$ (B).
Die Schnittpunkte P_1 und P_2 haben die Abszissen $x_1 = +1{,}5$ und $x_2 = -1{,}8$.
Dies sind die Wurzeln der gegebenen Gleichung.
Auch hier können die Kurven I und II

1. einander schneiden (die Gleichung hat dann **2** reelle Wurzeln),
2. einander berühren (die Gleichung hat dann **1** reelle Doppelwurzel),
3. getrennt liegen (die Gleichung hat dann **keine** reellen Wurzeln).

3. Quadratische Gleichungen mit zwei Unbekannten

Graphische Auflösung:

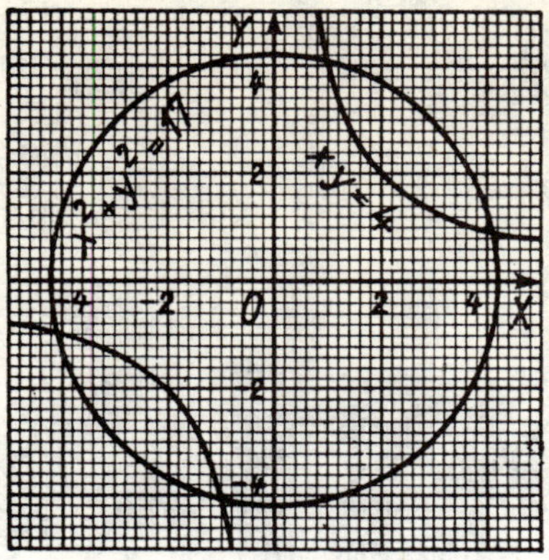

Fig. 43

Auf graphischem Weg erhält man die Lösungen der Gleichungen zweiten Grades mit zwei Unbekannten, indem man die beiden Gleichungen nach y auflöst und die Kurven zeichnet, welche den beiden Funktionen von x entsprechen; die **Schnittpunkte dieser Kurven** geben durch ihre Abszissen x und durch ihre Ordinaten y die **Wertepaare der Unbekannten** x und y, welche den beiden Gleichungen genügen

Beispiel: I. $x^2 + y^2 = 17$
II. $xy = 4$

Gleichung I entspricht einem Kreis um 0 (Fig. 43) und Gleichung II einer Hyperbel. Die Schnittpunkte beider Kurven lassen folgende Wurzelpaare erkennen:

$x_1 = 1;$	$y_1 = 4;$
$x_2 = 4;$	$y_2 = 1;$
$x_3 = -1;$	$y_3 = -4;$
$x_4 = -4;$	$y_4 = -1.$

4. Sonderfälle quadratischer Funktionen

1. $a = 1, p = 0, q = 0 \Rightarrow f(x) = x^2$ **(Normalparabel)**
2. $a > 1, p = 0, q = 0 \Rightarrow f(x) = ax^2$ **(gestreckte Normalparabel)**
3. $0 < a < 1, p = 0, q = 0 \Rightarrow f(x) = ax^2$ **(gestauchte Normalparabel)**
4. $a = -1, p = 0, q = 0 \Rightarrow f(x) = -x^2$ **(gespiegelte Normalparabel)**
5. $a < -1, p = 0, q = 0 \Rightarrow f(x) = ax^2$ **(gestreckte** und **gespiegelte** Normalparabel**)**
6. $-1 < a < 0, p = 0, q = 0 \Rightarrow f(x) = ax^2$ **(gestauchte** und **gespiegelte** Normalparabel**)**
7. $a = 1, p > 0, q = 0 \Rightarrow f(x) = (x - p)^2$ (nach **rechts verschobene** Normalparabel**)**
8. $a = 1, p < 0, q = 0 \Rightarrow f(x) = (x - p)^2$ (nach **links verschobene** Normalparabel**)**

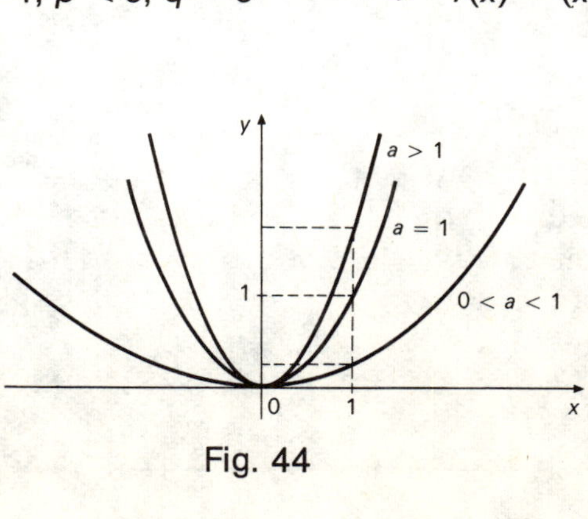

Fig. 44

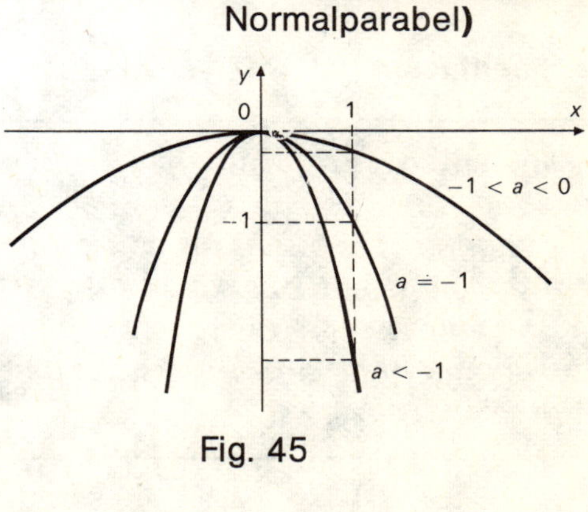

Fig. 45

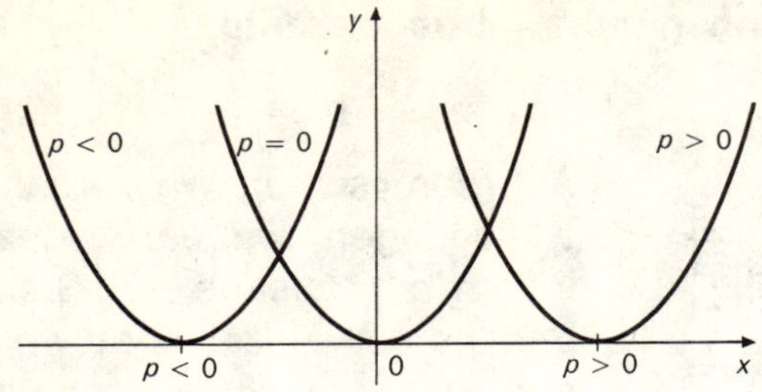

Fig. 46

9. $a = 1, p = 0, q > 0 \Rightarrow f(x) = x^2 + q$ (nach **oben verschobene** Normalparabel)

10. $a = 1, p = 0, q < 0 \Rightarrow f(x) = x^2 + q$ (nach **unten verschobene** Normalparabel)

11. $a = 1, p > 0, q > 0 \Rightarrow f(x) = (x - p)^2 + q$ (nach **rechts** und nach **oben** verschobene Normalparabel)

12. $a = 1, p > 0, q < 0 \Rightarrow f(x) = (x - p)^2 + q$ (nach **rechts** und nach **unten** verschobene Normalparabel)

13. $a = 1, p < 0, q > 0 \Rightarrow f(x) = (x - p)^2 + q$ (nach **links** und nach **oben** verschobene Normalparabel)

14. $a = 1, p < 0, q < 0 \Rightarrow f(x) = (x - p)^2 + q$ (nach **links** und nach **unten** verschobene Normalparabel)

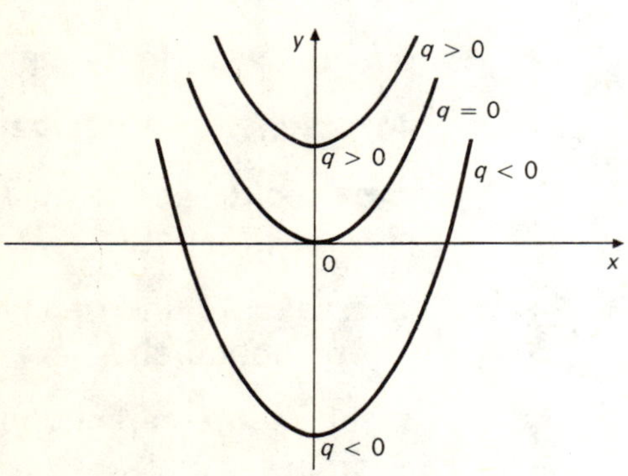

Fig. 47

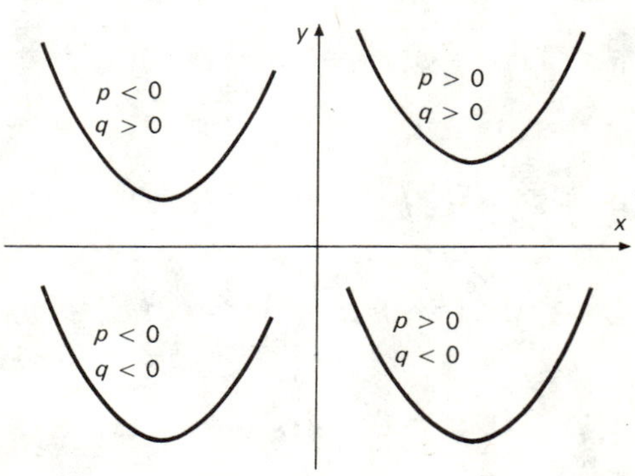

Fig. 48

5. Zusammenfassung

Die Konstanten *a*, *p*, *q* geben Aufschluß über Lage und Form der Parabel. Das Vorzeichen von *a* gibt an, ob die Parabel nach oben oder nach unten geöffnet ist. Der Betrag von *a* gibt an, ob es sich um eine gestreckte, gestauchte oder nicht verformte Normalparabel handelt.
Die Konstante *p* gibt die Verschiebung längs der x-Achse an, während *q* die Verschiebung längs der y-Achse angibt. Der Punkt *S* (*p*, *q*) ist der **Scheitel** der Parabel.

Beispiele:

a) $f(x) = x^2 - 4x + 3 \quad \Leftrightarrow$

$f(x) = (x - 2)^2 - 1 \qquad (a = 1,\ p = 2,\ q = 1)$

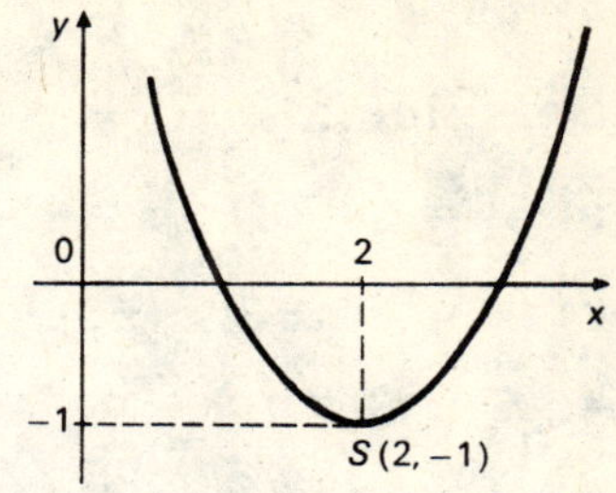

Fig. 49

b) $f(x) = x^2 - 2x - 1 \quad \Leftrightarrow$

$f(x) = -(x + 1)^2 \qquad (a = -1,\ p = -1,\ q = 0)$

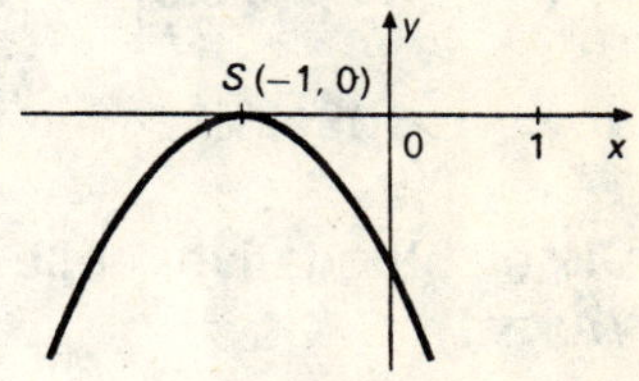

Fig. 50

c) $f(x) = 2x^2 - 2x + 2 \quad \Leftrightarrow$

$f(x) = 2 \cdot (x^2 - x + 1) \quad \Leftrightarrow$

$f(x) = 2 \cdot \left[(x - \frac{1}{2})^2 + \frac{3}{4}\right] \quad \Leftrightarrow$

$f(x) = 2 \cdot (x - \frac{1}{2})^2 + \frac{3}{2} \qquad (a = 2,\ p = \frac{1}{2},\ q = \frac{3}{2})$

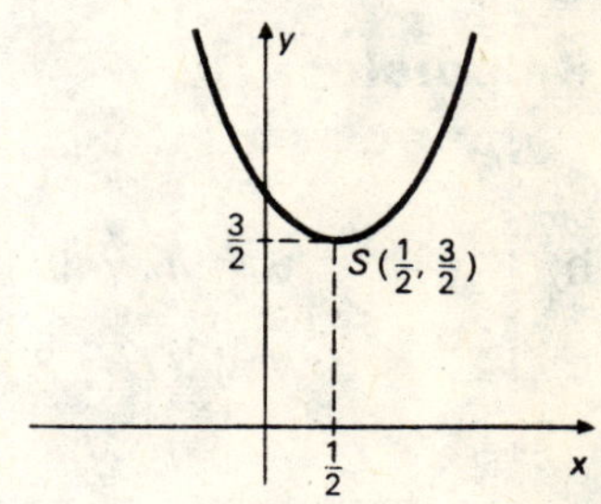

Fig. 51

d) $f(x) = -\frac{x^2}{2} - 2x - 1 \quad \Leftrightarrow$

$f(x) = -\frac{1}{2} \cdot (x^2 + 4x + 2) \quad \Leftrightarrow$

$f(x) = -\frac{1}{2} \cdot \left[(x + 2)^2 - 2\right] \quad \Leftrightarrow$

$f(x) = -\frac{1}{2} \cdot (x + 2)^2 + 1 \ (a = -\frac{1}{2},\ p = -2,\ q = 1)$

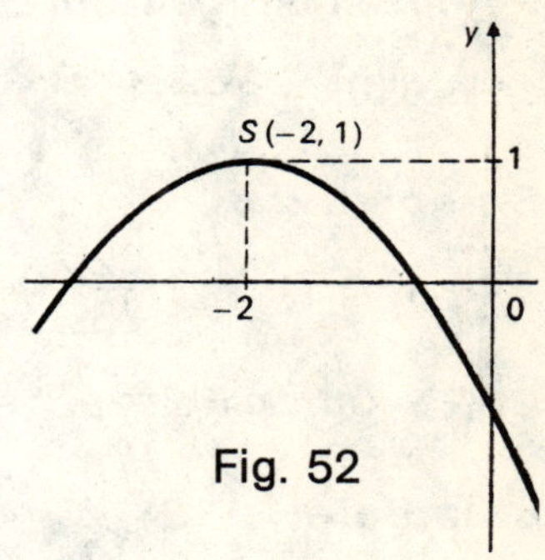

Fig. 52

§ 7 Potenzfunktionen

Alles bei den quadratischen Funktionen schon Gesagte gilt hier analog.

Im Speziellen ergibt sich folgendes:

A) Potenzfälle:

Ähnlich wie beim Zahlenbegriff kann auch der Begriff der Potenz schrittweise erweitert werden.

Potenzen mit natürlichem Exponenten

$$a \in \mathbb{R} \wedge n \in \mathbb{N} \Rightarrow a^n = \underbrace{a \cdot a \cdot \ldots a}_{\text{n mal}}$$

Die reelle Zahl a ist die **Basis**, die natürliche Zahl n der **Exponent** der **Potenz** a^n.

Beispiele:

a) $5^1 = 5$

b) $(-3)^4 = (-3) \cdot (-3) \cdot (-3) \cdot (-3) = 81$

c) $\left(\frac{3}{5}\right)^2 = \frac{3}{5} \cdot \frac{3}{5} = \frac{9}{25}$

d) $(-0{,}5)^3 = (-0{,}5) \cdot (-0{,}5) \cdot (-0{,}5) = -0{,}125$

$a \in \mathbb{R}^+ \cup \{0\} \wedge n \in \mathbb{N} \Rightarrow (\sqrt[n]{a} = b \Leftrightarrow a = b^n),\ b \geq 0$

Die nichtnegative reelle Zahl a nennt man **Radikand**, die natürliche Zahl n **Exponent** der Wurzel $\sqrt[n]{a}$.

Beispiele:

a) $\sqrt[1]{7} = 7$ weil $7 = 7^1$

b) $\sqrt[2]{16} = \sqrt{16} = 4$ weil $16 = 4^2$

c) $\sqrt[3]{27} = 3$ weil $27 = 3^3$

d) $\sqrt[4]{\frac{16}{625}} = \frac{2}{5}$ weil $\frac{16}{625} = \left(\frac{2}{5}\right)^4$

e) $\sqrt{0} = 0$ weil $0 = 0^2$

Potenzen mit ganzem Exponenten

$a \in \mathbb{R} \setminus \{0\} \Rightarrow a^0 = 1$

Beispiele:

$5^0 = 1,\ (-7)^0 = 1,\ (\frac{2}{3})^0 = 1,\ (\sqrt{2})^0 = 1$

$a \in \mathbb{R} \setminus \{0\} \wedge n \in \mathbb{N} \Rightarrow a^{-n} = \frac{1}{a^n}$

Beispiele:

a) $2^{-3} = \frac{1}{2^3} = \frac{1}{8}$

b) $(0{,}3)^{-2} = \frac{1}{(0{,}3)^2} = \frac{1}{0{,}09} = \frac{100}{9}$

c) $(-\sqrt{5})^{-4} = \frac{1}{(-\sqrt{5})^4} = \frac{1}{25}$

d) $(\frac{1}{2})^{-1} = \frac{1}{(\frac{1}{2})^1} = \frac{1}{\frac{1}{2}} = 2$

Potenzen mit rationalem Exponenten

$a \in \mathbb{R}^+,\ m \in \mathbb{Z},\ n \in \mathbb{N} \Rightarrow a^{\frac{m}{n}} = \sqrt[n]{a^m}$

$m,\ n \in \mathbb{N} \Rightarrow 0^{\frac{m}{n}} = \sqrt[n]{0^m} = 0$

Beispiele:

a) $4^{\frac{3}{2}} = \sqrt[2]{4^3} = \sqrt{64} = 8$

b) $27^{\frac{1}{3}} = \sqrt[3]{27^1} = \sqrt[3]{27} = 3$

c) $2^{\frac{1}{2}} = \sqrt[2]{2^1} = \sqrt{2} = 1{,}4142...$

Potenzen mit reellem Exponenten

Wir beschränken uns zunächst darauf, zu erklären, was man unter dem Symbol $a^{\sqrt{2}}$ versteht. Die reelle Zahl $\sqrt{2}$ wurde durch die Intervallschachtelung bestimmt.

[1; 2], [1,4; 1,5], [1,41; 1,42], ...

Wenn $a > 1$ ist, läßt sich beweisen, daß die Intervalle

$[a^1; a^2], [a^{1,4}; a^{1,5}], [a^{1,41}; a^{1,42}], \ldots$

deren Endprodukte Potenzen mit rationalem Exponenten sind, auch eine Intervallschachtelung bilden. Diese bestimmt eine reelle Zahl, die man mit $a^{\sqrt{2}}$ bezeichnet.
Für $0 < a < 1$ kann man zeigen, daß die Intervalle

$[a^2; a^1], [a^{1,5}; a^{1,4}], [a^{1,42}; a^{1,41}], \ldots$

eine Intervallschachtelung bilden, die zur reellen Zahl $\alpha^{\sqrt{2}}$ führt. Weiter läßt sich nachweisen, daß $0^{\sqrt{2}} = 0$ und $1^{\sqrt{2}} = 1$ ist.
Ähnlich läßt sich für beliebige $\alpha \in \mathbb{R}^+$ und $\alpha \in \mathbb{R}$ die Potenz a^α definieren. Außerdem gilt für ein beliebiges $a \in \mathbb{R}^+$: $0^\alpha = 0$.

Anmerkung:

Symbole wie 0^0, $(-5)^{\sqrt{3}}$ u. a. haben keinen eindeutigen Sinn.

Eigenschaften der Potenzen

Soweit die folgenden Symbole erklärt sind, gelten die Beziehungen:

a) $(a \cdot b)^\alpha = a^\alpha \cdot b^\alpha$

b) $\left(\frac{a}{b}\right)^\alpha = \frac{a^\alpha}{b^\alpha}$

c) $(a^\alpha)^\beta = a^{\alpha \cdot \beta}$

d) $a^\alpha \cdot a^\beta = a^{\alpha+\beta}$

e) $\frac{a^\alpha}{a^\beta} = a^{\alpha-\beta}$

f) $\sqrt[n]{a^n} = |a|$.

Beispiele:

a) $(3\sqrt{2})^2 = 3^2 \cdot (\sqrt{2})^2 = 9 \cdot 2 = 18$

b) $\left(\frac{\sqrt{3}}{\pi}\right)^{-2} = \left(\frac{\pi}{\sqrt{3}}\right)^2 = \frac{\pi^2}{(\sqrt{3})^2} = \frac{\pi^2}{3}$

c) $(\sqrt{5})^4 = (5^{\frac{1}{2}})^4 = 5^{\frac{4}{2}} = 5^2 = 25$

d) $\pi^{\frac{3}{2}}\sqrt{\pi} = \pi^{\frac{3}{2}} \cdot \pi^{\frac{1}{2}} = \pi^{\frac{3}{2}+\frac{1}{2}} = \pi^2$

e) $\frac{(0{,}5^3)^2}{0{,}5^3} = \frac{0{,}5^6}{0{,}5^3} = 0{,}5^{6-3} = 0{,}5^3 = 0{,}125$

B) Potenzfunktionen

Einführende Beispiele

a) Das Volumen y eines Würfels ist eine Funktion der Kantenlänge x und wird durch die Zuordnungsvorschrift

$f: x \to x^3, x \in \mathbb{R}^+$ bzw. $y = x^3, x \in \mathbb{R}^+$

gegeben.

Umgekehrt kann man die Kantenlänge (wir bezeichnen diese jetzt mit y) als Funktion des Volumens x betrachten.

$f^*: x \to \sqrt[3]{x}, x \in \mathbb{R}^+$ bzw. $y = \sqrt[3]{x}, x \in \mathbb{R}^+$

oder $y = x^{\frac{1}{3}}, x \in \mathbb{R}^+$

Die Potenzfunktionen f und f^* sind Umkehrfunktionen, was auch aus nebenstehender graphischer Darstellung ersichtlich ist:

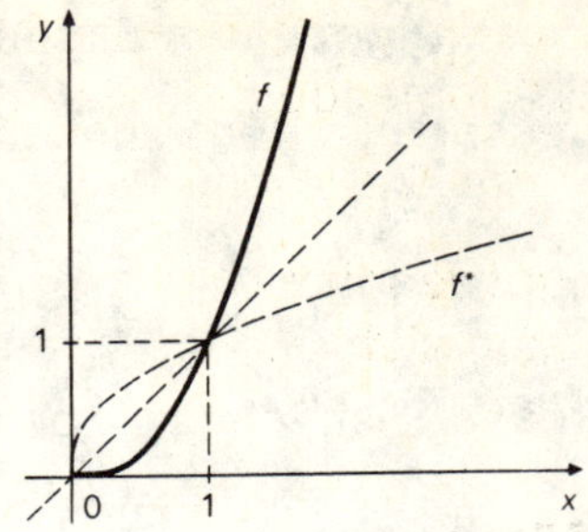

Fig. 53

b) Ein elektrisches Gerät soll die Leistungsaufnahme von genau 1 W haben. Es soll die funktionelle Abhängigkeit der Stromstärke vom inneren Gesamtwiderstand des Gerätes untersucht werden.
Aus der Physik sind die Formeln $P = U \cdot I$ und $U = I \cdot R$ bekannt. Wir eliminieren die Größe U, setzen $P = 1$ W und erhalten für die Zahlenwerte:

$$1 = I \cdot R \cdot R$$
$$1 = I \cdot R^2$$

Nun bezeichnen wir den Widerstand mit x, die Stromstärke mit y und erhalten die Potenzfunktion

$$f: x \to \frac{1}{\sqrt{x}}\; x \in \mathbb{R}^+ \text{ bzw. } y = x^{-\frac{1}{2}}, x \in \mathbb{R}^+$$

Für einen Widerstand von $x = 4\ \Omega$ läßt sich beispielsweise die Stromstärke als $y = \frac{1}{\sqrt{4}}$ A $= \frac{1}{2}$ A berechnen. Möchte man den Widerstand als Funktion der Stromstärke ausdrücken, so ist es vorteilhaft, diesmal den Widerstand als abhängige Variable mit y zu bezeichnen, die Stromstärke mit x. Man erhält die Potenzfunktion

$f^*: x \to \frac{1}{x^2}, x \in \mathbb{R}^+$ bzw. $y = \frac{1}{x^2}, x \in \mathbb{R}^+$ oder

$y = x^{-2}, x \in \mathbb{R}^+$

Für eine Stromstärke von 2 A berechnen wir den Widerstand zu 0,25 Ω.

f^* ist die Umkehrfunktion von f. Die graphische Darstellung dieser beiden Funktionen ist:

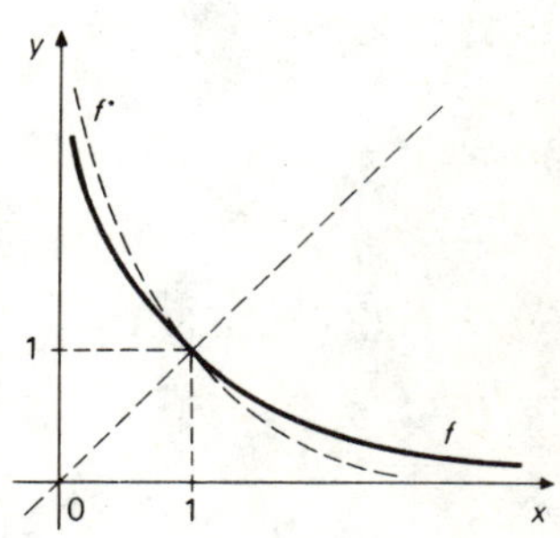

Fig. 54

Definition der Potenzfunktion

Unter einer Potenzfunktion mit dem reellen Exponenten α verstehen wir eine Funktion der Form:

$$f: x \to x^{\alpha}, x \in D \subset \mathbb{R} \text{ bzw. } y = x^{\alpha}, x \in D \subset \mathbb{R}$$

Ist W der Wertebereich von f, und ist f umkehrbar, so erhält man die Umkehrfunktion von f durch folgende Zuordnungsvorschrift:

$f^*: x \to x^{\frac{1}{\alpha}},\ x \in W$ bzw. $y = x^{\frac{1}{\alpha}},\ x \in W$

(Die notwendige Bedingung $\alpha \neq 0$ folgt aus der Umkehrbarkeit der Funktion f).
Wie man sieht, ist die Umkehrfunktion einer Potenzfunktion auch wieder eine Potenzfunktion.

Beispiele:

a) $f: x \to x^2,\ x \in \mathbb{R}$

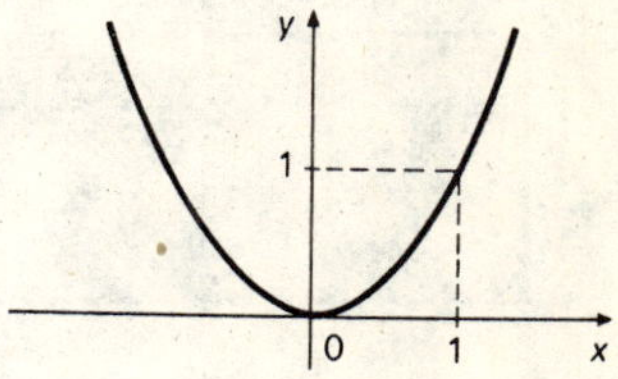

Fig. 55

Diese Funktion ist nicht umkehrbar und hat die y-Achse als Symmetrieachse. Der Graph von f ist die Normalparabel.

Die Funktion $f_1: x \to x^2,\ x \in \mathbb{R}^+ \cup \{0\}$ ist umkehrbar.

$f_1^*: x \to x^{\frac{1}{2}},\ x \in \mathbb{R}^+ \cup \{0\}$
bzw. $y = \sqrt{x},\ x \in \mathbb{R}^+ \cup \{0\}$
ist ihre Umkehrfunktion.

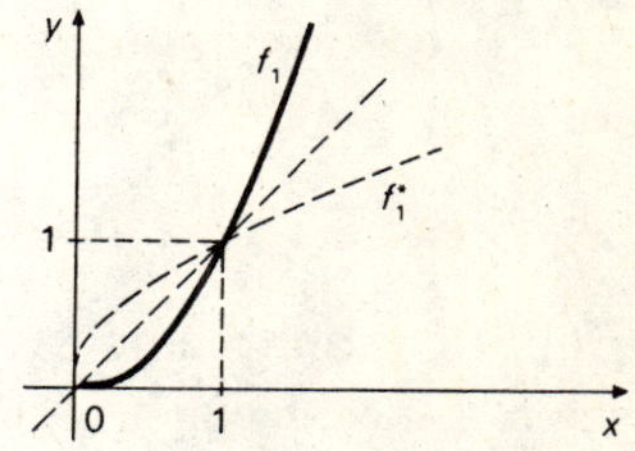

Fig. 56

b) $f: x \to x^3,\ x \in \mathbb{R}$ bzw. $y = x^3$

Die Funktion ist umkehrbar.

$$f^*: x \to \begin{cases} x^{\frac{1}{3}}, & x \in \mathbb{R}^+ \cup \{0\} \\ -(-x)^{\frac{1}{3}}, & x \in \mathbb{R}^- \end{cases} \quad \text{bzw. } y = \begin{cases} \sqrt[3]{x}, & x \geq 0 \\ -\sqrt[3]{-x}, & x < 0 \end{cases}$$

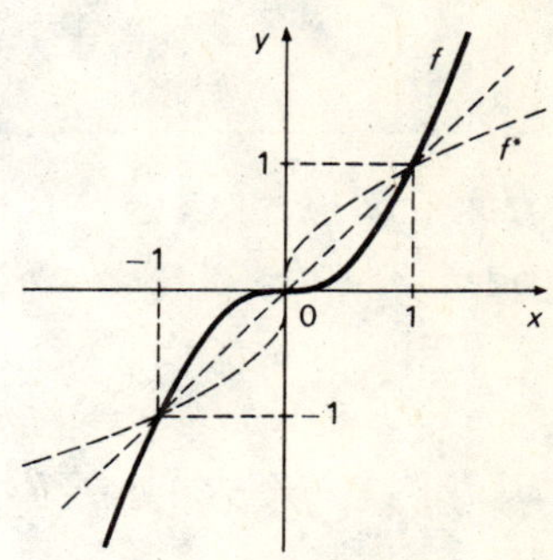

Fig. 57

Beide Funktionen haben den Ursprung als Symmetriezentrum. Den Graphen von f nennt man kubische Parabel.

c) $f: x \to x^{-1},\ x \in \mathbb{R} \setminus \{0\}$
bzw. $y = \frac{1}{x},\ x \in \mathbb{R} \setminus \{0\}$

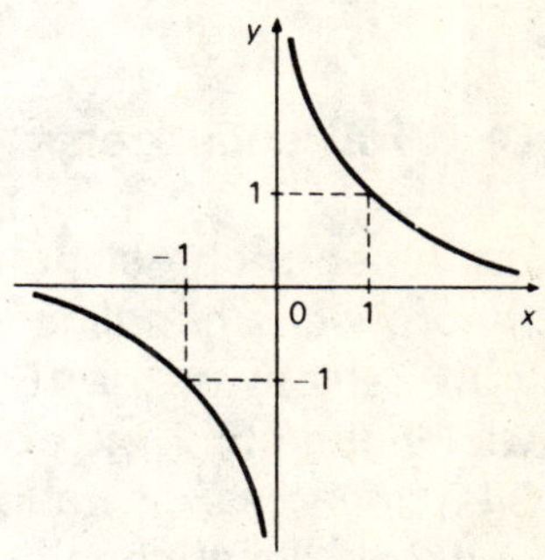

Fig. 58

f ist umkehrbar und stimmt mit f^* überein. Außerdem liegt noch eine Punktsymmetrie zum Ursprung vor. Diese Kurve ist eine Hyperbel, die Achsen sind Asymptoten.

d) $f: x \to x^{-2},\ D = \mathbb{R} \setminus \{0\}$
bzw. $y = \frac{1}{x^2},\ x \in \mathbb{R} \setminus \{0\}$

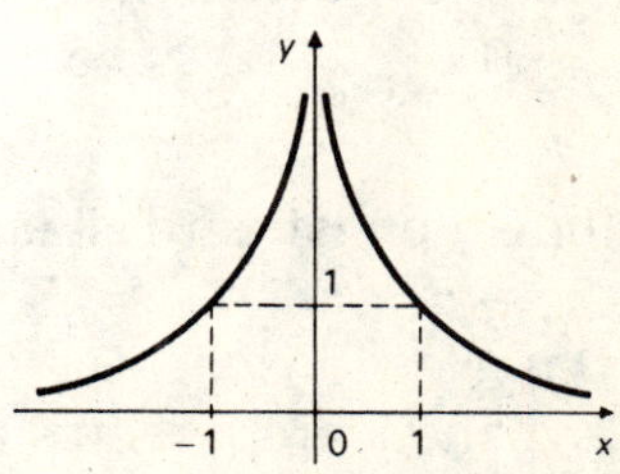

Fig. 59

Die Funktion ist nicht umkehrbar.
Die Kurve ist symmetrisch zur y-Achse, die Achsen sind Asymptoten.

Im zweiten einführenden Beispiel wurde die Funktion

$f\colon x \to x^{-2},\ x \in \mathbb{R}^+$ bzw. $y = \frac{1}{x^2},\ x \in \mathbb{R}^+$ und ihre Umkehrfunktion

$f^*\colon x \to x^{-\frac{1}{2}},\ x \in \mathbb{R}^+$ bzw. $y = \frac{1}{\sqrt{x}},\ x \in \mathbb{R}^+$ besprochen.

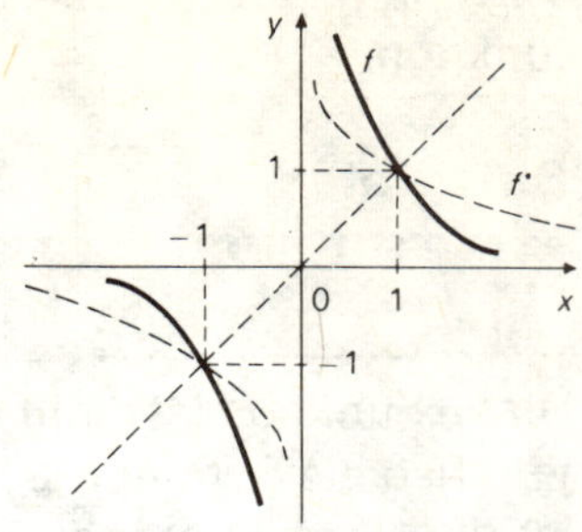

Fig. 60

e) $f\colon x \to x^{-3},\ x \in \mathbb{R}\setminus\{0\}$
bzw. $y = \frac{1}{x^3},\ x \in \mathbb{R}\setminus\{0\}$

$$f^*\colon x \to \begin{cases} x^{-\frac{1}{3}}, & x > 0 \\ -(-x)^{-\frac{1}{3}}, & x < 0 \end{cases} \quad \text{bzw. } y = \begin{cases} \frac{1}{\sqrt[3]{x}}, & x > 0 \\ -\frac{1}{\sqrt[3]{-x}}, & x < 0 \end{cases}$$

Beide Graphen sind symmetrisch zum Ursprung.

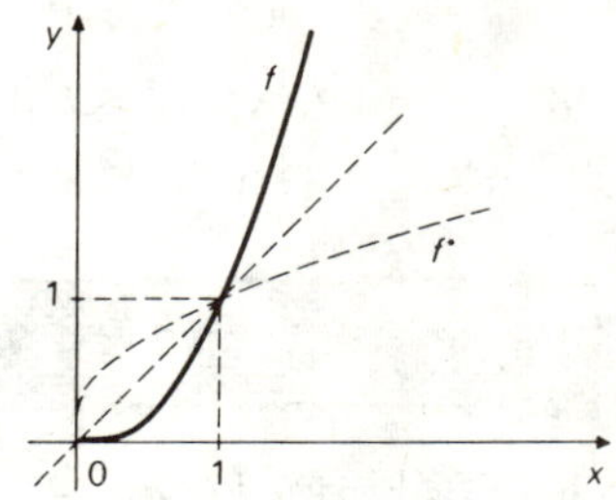

Fig. 61

f) $f\colon x \to x^{\frac{3}{2}},\ x \in \mathbb{R}^+ \cup \{0\}$
bzw. $y = \sqrt[2]{x^3} = x\sqrt{x},\ x \in \mathbb{R}^+ \cup \{0\}$

$f\colon x \to x^{\frac{2}{3}},\ x \in \mathbb{R}^+ \cup \{0\}$
bzw. $y = \sqrt[3]{x^2},\ x \in \mathbb{R}^+ \cup \{0\}$

g) $f\colon x \to \sqrt{x^2},\ x \in \mathbb{R}$ bzw. $y = |x|$

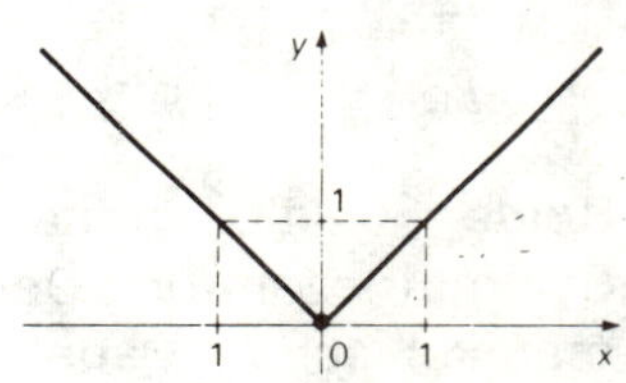

Fig. 62

C) Anwendungen

Um einen rechteckigen Platz mit dem Flächeninhalt 1 a (100 m^2) abzugrenzen, gibt es theoretisch unendlich viele Möglichkeiten. Der Zahlenwert der Rechteckslänge x hängt vom Zahlenwert der Breite y nach folgender Gleichung ab: $x \cdot y = 1$.
Sieht man x als die unabhängige Veränderliche und y als die abhängige an, so handelt es sich um die Potenzfunktion mit der Gleichung

$y = \frac{1}{x},\ x \in \mathbb{R}^+$

Ihr Graph ist ein Teil einer Hyperbel.

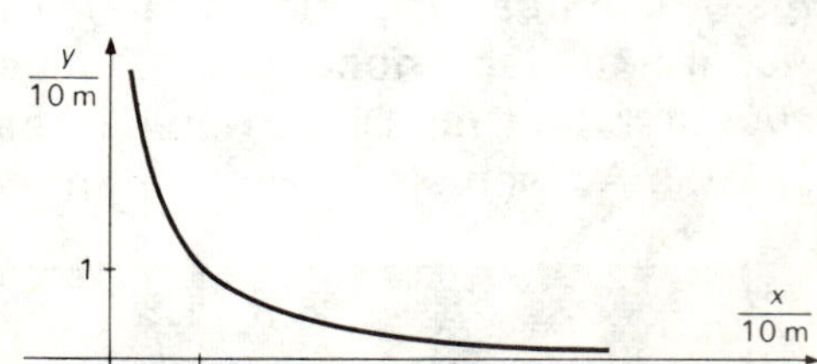

Fig. 63

Das Newtonsche Gravitationsgesetz besagt, daß die Kraft, mit der sich zwei Körper anziehen, proportional zu dem Produkt ihrer Massen und umgekehrt proportional zu dem Quadrat ihrer Entfernung ist.

Symbolisch: $F = k\frac{m_1 \cdot m_2}{d^2}$

Sieht man die Entfernung d als unabhängige Veränderliche und die Kraft F als abhängige Veränderliche an, so ergibt sich mit der Bezeichnung $k \cdot m_1 \cdot m_2 = c$ die Potenzfunktion

$$F = \frac{c}{d^2},\ d \in \mathbb{R}^+$$

mit dem Graph der Form

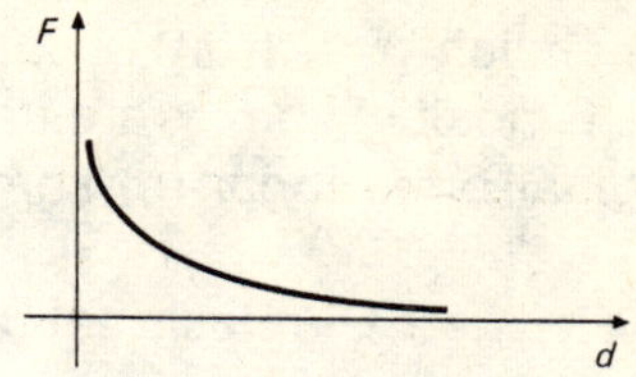

Fig. 64

Das dritte Keplersche Gesetz besagt, daß die Quadrate der Umlaufzeiten zweier Planeten sich wie die dritten Potenzen ihrer großen Halbachsen verhalten.

Symbolisch: $\frac{T_1^{\,2}}{T_2^{\,2}} = \frac{r_1^{\,3}}{r_2^{\,3}}$

Sieht man das Verhältnis $\frac{r_1}{r_2}$ als unabhängige Veränderliche x und das Verhältnis $\frac{T_1}{T_2}$ als abhängige Veränderliche y an, so ergibt sich die Potenzfunktion

$$y = x^{\frac{3}{2}},\ x \in \mathbb{R}^+$$

mit dem Graph

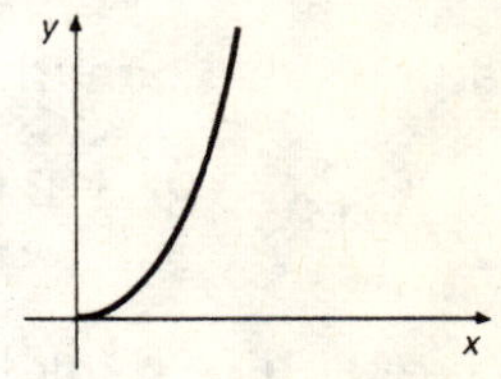

Fig. 65

§ 8 Logarithmusfunktionen

A) Der Begriff Logarithmus

Für die Rechenoperationen Addition und Multiplikation von Zahlen gilt das Vertauschungsgesetz: a mit b „verknüpft" gibt das gleiche wie b mit a verknüpft. Deshalb gibt es zu ihnen nur je eine Umkehrung. Beim **Potenzieren** ist jedoch $\mathbf{a^b}$ und $\mathbf{b^a}$ im allgemeinen voneinander **verschieden.** Wenn also eine Potenz gleich einer gegebenen Zahl sein soll, d. h., wenn

$$\mathbf{b^n = p}$$

sein soll, dann liegen **bei gegebenem p zwei ganz verschiedene Aufgaben** vor, je nachdem die **Basis b** oder die **Hochzahl n** gesucht wird. b, n und p seien dabei reelle Zahlen.

Es kann also
a) die **Potenzzahl p** und der **Exponent n** gegeben, die **Basis b gesucht** sein,
b) die **Potenzzahl p** und die **Basis b** gegeben, der **Exponent n gesucht** sein.
Die **erste Umkehrung** hießen wir **Radizieren**, die **zweite** heißen wir **Logarithmieren.**
Statt $b^x = p$ schreiben wir

$$\mathbf{x = {}^{b}\log p}$$

und lesen: **x ist Logarithmus von p für die Basis b,** kurz: x gleich b-Logarithmus p.

Wenn diese (zweite) Umkehrung des Potenzierens **allgemein** möglich sein soll, dann muß zunächst $b \neq 1$ sein, weil für $b = 1$ die Gleichung $1^x = p$ entweder gar keine Lösung hat, (wenn nämlich $p \neq 1$ ist), oder unendlich viele, (wenn $p = 1$ ist). Aber es muß sogar $b > 0$ (d. h. positiv) sein. Wäre nämlich b negativ, dann wäre b^x bald (a) positiv, (b) negativ, (c) imaginär oder sogar (d) komplex.

Beispiel: Die Basis sei $b = -4$. Dann ist

(a) $(-4)^2 = +16$, also ${}^{-4}\log(+16) = 2$;
(b) $(-4)^1 = -4$, also ${}^{-4}\log(-4) = 1$;
(c) $(-4)^{\frac{1}{2}} = 2i$, also ${}^{-4}\log(2i) = \frac{1}{2}$;
(d) $(-4)^{\frac{1}{4}} = 1 + i$, also ${}^{-4}\log(1 + i) = \frac{1}{4}$.

Negative Basiszahlen sind für Logarithmensysteme aus diesem Grund unbrauchbar.

Erklärung:

> Der Logarithmus einer Zahl p ist der Exponent, mit dem man die Basis b potenzieren muß, um die Zahl p zu erhalten, oder kurz ausgedrückt: Der Logarithmus ist der gesuchte Exponent.
> p heißt Logarithmand oder Numerus; b heißt Logarithmenbasis oder kurz Basis.

Aus der Erklärung des Logarithmus folgt unmittelbar

$$\mathbf{b^{{}^{b}\log p} = p;\quad {}^{b}\log(b^n) = n.}$$

Besondere Fälle:

Aus $b^1 = b$ folgt $\mathbf{{}^{b}\log b = 1}$,
„ $b^0 = 1$ folgt $\mathbf{{}^{b}\log 1 = 0}$.

B) Graphische Darstellung der Logarithmusfunktion

a) Eine Funktion von der Form $y = a^x$ heißt Exponentialfunktion, wenn $a > 0$ und $a \neq 1$ ist.

Für die Funktion $\mathbf{y = 2^x}$ ergibt sich folgende Wertetabelle:

x =	−3	−2	−1	0	1	2	3	$+\infty$	$-\infty$
y =	$\frac{1}{8}$	$\frac{1}{4}$	$\frac{1}{2}$	1	2	4	8	$+\infty$	0

Weitere Wertepaare ergeben sich durch Radizieren:

$2^{\frac{1}{2}} = \sqrt{2} = 1{,}4142\ldots$ $\quad 2^{\frac{3}{4}} = 1{,}1892^3 = 1{,}68\ldots$ $\quad 2^{-\frac{1}{4}} = \sqrt{0{,}7071} = 0{,}84\ldots$

$2^{\frac{1}{4}} = \sqrt{1{,}4142} = 1{,}1892\ldots$ $\quad 2^{\frac{3}{8}} = 1{,}09^3 = 1{,}297$ $\quad 2^{-\frac{1}{8}} = \sqrt{0{,}84} = 0{,}917$

$2^{\frac{1}{8}} = \sqrt{1{,}1892} = 1{,}09\ldots$ $\quad 2^{-\frac{1}{2}} = \frac{1}{2}\sqrt{2} = 0{,}7071\ldots$ $\quad 2^{-\frac{3}{4}} = 0{,}84^3 = 0{,}5946$

usw.

Die vollständigere Wertetabelle für x zwischen −1 und $+\frac{1}{2}$ würde also lauten:

x =	−1	$-\frac{3}{4}$	$-\frac{1}{2}$	$-\frac{1}{4}$	$-\frac{1}{8}$	0	$\frac{1}{8}$	$\frac{1}{4}$	$\frac{1}{2}$	$\frac{3}{4}$
y =	0,50	0,59	0,71	0,84	0,91	1	1,09	1,19	1,41	1,68

Fig. 66 zeigt die zu $y = 2^x$ gehörige **Exponentialkurve.**

Frage: Wie ändert sich die Kurve, wenn die Basis größer als 2, gleich 1 (Spezialfall, ausgeartete Exponentialkurve), kleiner als 1 wird? Welchen im Endlichen gelegenen Punkt haben alle diese Exponentialkurven gemeinsam?

b) Durch Logarithmieren der Gleichung $y = 2^x$ ergibt sich die logarithmische Funktion $x = {}^2\log y$.

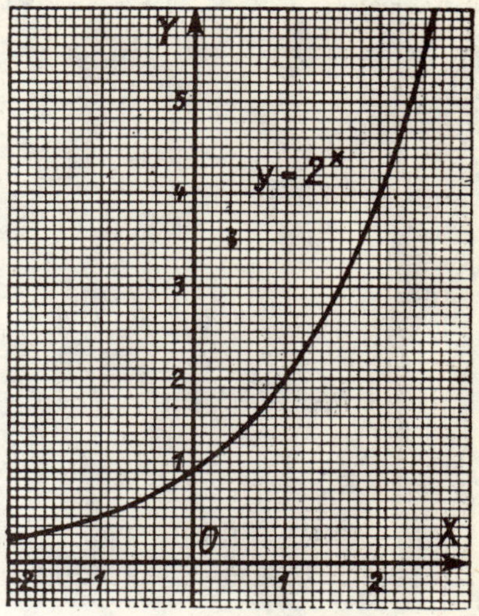

Fig. 66

Entsprechend kann die Exponentialkurve auch als logarithmische Kurve aufgefaßt werden; zu jedem y gehört ein aus der Kurve zu entnehmendes x, das den Logarithmus von y für die Basis 2 darstellt.
Wir sind aber gewöhnt, die unabhängige Veränderliche mit x zu bezeichnen, also die logarithmische Funktion zu schreiben $\mathbf{y = {}^2\log x}$; x und y sind gegenüber obiger Schreibweise vertauscht.
Die zu $y = {}^2\log x$ gehörige logarithmische Kurve können wir also konstruieren, wenn wir in den obigen Wertetabellen x und y vertauschen; sie geht demgemäß aus der Exponentialkurve hervor, wenn wir die +y- mit der +x-Achse vertauschen, d. h. wenn wir die Figur um $y = +x$ umklappen.
$y = {}^2\log x$ ist die **inverse** Funktion.
Aus Fig. 67 sehen wir, daß die logarithmische Kurve I und die gestrichelte Exponentialkurve II zu der Geraden III $y = x$ symmetrisch liegen (gegenseitig Spiegelbilder in bezug auf III sind). Zu **negativen** Werten von x sind keine Kurvenpunkte vorhanden; zu negativen Zahlen existiert also kein (reeller) Logarithmus.
In Fig. 68 sind logarithmische Kurven für verschiedene Basiszahlen gezeichnet. Beschreibe deren Verlauf! Was folgt aus dem Vergleich der verschiedenen Kurven? Gegen welchen Grenzwert strebt ${}^b\log x$ für $x \to +0$, d. h. wenn x von rechts her gegen 0 strebt?

Übungen:

1. Lies aus der Kurve $y = {}^2\log x$ die Werte von y ab für x = 1; 1,5; 2; 2,5 usw.
2. Zeichne das Kurvenbild der Funktion $y = {}^{10}\log x$ für die Werte von x = 0 bis x = 10.

Logarithmen

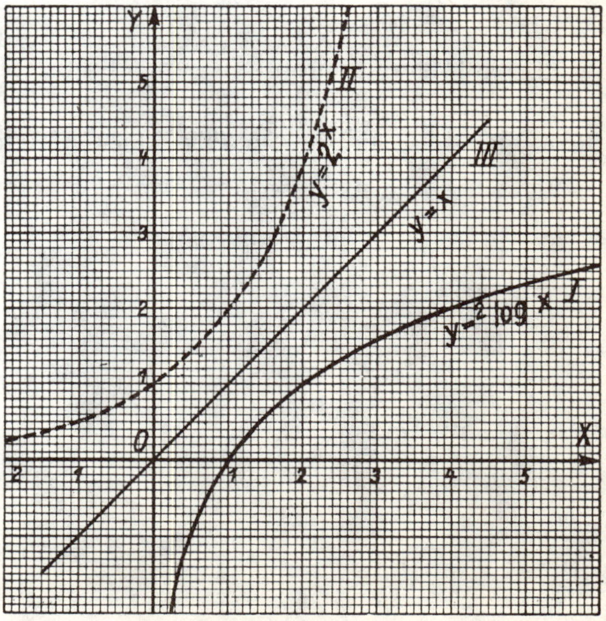

Fig. 67

(Anleitung: Berechne $10^{\frac{1}{2}}$, $10^{\frac{1}{4}}$, $10^{\frac{1}{8}}$, $10^{\frac{3}{4}}$, $10^{-\frac{1}{2}}$, $10^{-\frac{1}{4}}$; Maßstab 20 mm als Einheit.)

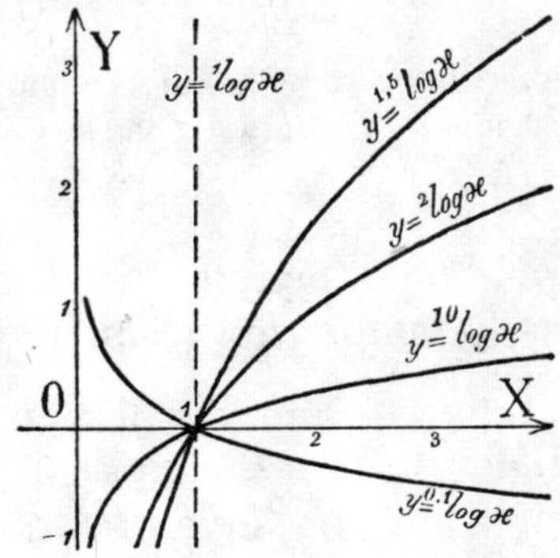

Fig. 68

3. Rechengesetze für Logarithmen

Aus $u = b^x$ folgt $x = {}^b\log u$;
„ $v = b^y$ „ $y = {}^b\log v$.

Aus $u \cdot v = b^{x+y}$ folgt $x + y = {}^b\log (u \cdot v)$.
Anderseits ist
$x + y = {}^b\log u + {}^b\log v$.

Also $$\mathbf{{}^b\log (u \cdot v) = {}^b\log u + {}^b\log v} \quad \textbf{I.}$$

Entsprechend: $$\mathbf{{}^b\log \frac{u}{v} = {}^b\log u - {}^b\log v} \quad \textbf{II.}$$

Aus $u = b^x$ folgt $x = {}^b\log u$;
Aus $u^n = b^{nx}$ folgt $nx = {}^b\log u^n$.
Anderseits ist $nx = n \cdot {}^b\log u$.

Also $$\mathbf{{}^b\log u^n = n \cdot {}^b\log u} \quad \textbf{III.}$$

Entsprechend: $$\mathbf{{}^b\log \sqrt[n]{u} = \frac{1}{n} \cdot {}^b\log u} \quad \textbf{IV.}$$

Aus diesen Sätzen erkennt man die Bedeutung der Logarithmen für das praktische Rechnen; es wird nämlich durch sie

das Multiplizieren auf das Addieren,
das Dividieren auf das Subtrahieren,
das Potenzieren auf das Multiplizieren,
das Radizieren auf das Dividieren,

also jede Rechnungsart auf die entsprechende der nächstniedrigen Stufe zurückgeführt.

Beispiele:

1. In einer Stadt wurde in den letzten Jahren eine jährliche Bevölkerungszuwachsrate von 4% festgestellt.
Bezeichnet man mit x die Anzahl der Jahre, von einem bestimmten Zeitpunkt $x = 0$ an gerechnet, und mit y das Verhältnis $\frac{N}{N_0}$ zwischen den Einwohnerzahlen zu den Zeitpunkten x und 0, so erhält man folgende Exponentialfunktion:

$f: x \rightarrow 1{,}04^x,\ x \in \mathbb{R}$ bzw. $y = 1{,}04^x,\ x \in \mathbb{R}$

Aus folgender graphischer Darstellung dieser Funktion läßt sich das Verhältnis $\frac{N}{N_0}$ zu jedem beliebigen Zeitpunkt ablesen.
Beispielsweise beträgt das Verhältnis zum Zeitpunkt $x = 5$, $y = \frac{N}{N_0} = 1{,}22$.

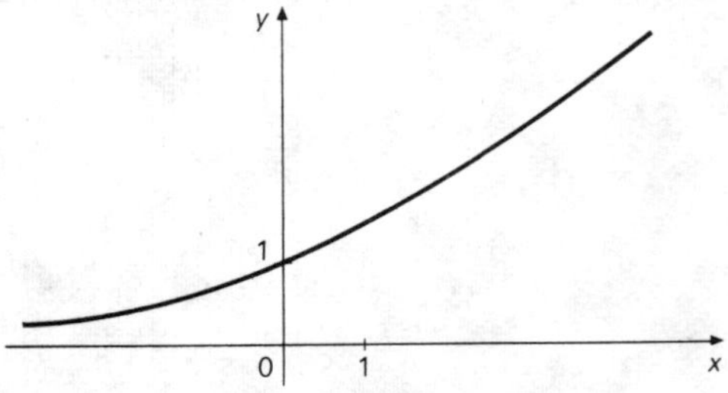

Fig. 69

Angenommen, die Einwohnerzahl der Stadt war zum Zeitpunkt 0 gerade $N_0 = 100\,000$, so beträgt sie nach 5 Jahren $N = 122\,000$.

Für bestimmte Planungen ist es wichtig, zu wissen nach wieviel Jahren eine bestimmte Einwohnerzahl erreicht wird. Nun ist es vorteilhaft, das Verhältnis $\frac{N}{N_0}$ mit x zu bezeichnen und die Anzahl der Jahre mit y.

Diese Problematik führt uns zu der Logarithmusfunktion:

$f^*: x \rightarrow \log_{1,04} x,\ x \in \mathbb{R}^+$ bzw. $y = \log_{1,04} x,\ x \in \mathbb{R}^+$

denn aus $y = 1{,}04^x$ folgt
$x = \log_{1,04} y$

Durch Vertauschen der Symbole für die Variablen erhält man schließlich
$y = \log_{1,04} x$

f^* ist die Umkehrfunktion von f, ihren Graphen erhält man durch Spiegelung des Graphen von f an der 1. Winkelhalbierenden.

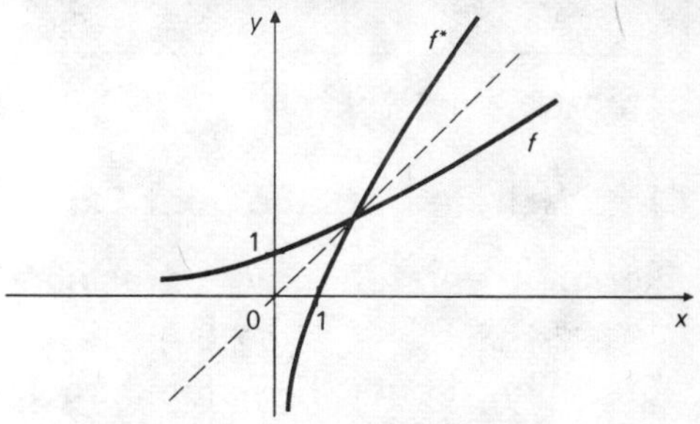

Fig. 70

Möchte man wissen, in wieviel Jahren sich die Einwohnerzahl verdoppelt, so ist $x = \frac{N}{N_0} = 2$.

$$y = \log_{1,04} 2 = \frac{\lg 2}{\lg 1{,}04} = \frac{0{,}30103}{0{,}01703} = 17{,}6730 = 17 \text{ Jahre } 246 \text{ Tage}$$

(Die Logarithmen wurden aus der Tabelle entnommen.)

2. In der Atomphysik wird das Zerfallsgesetz von radioaktiven Stoffen durch die Formel

$N_t = N_0 \cdot e^{-\lambda t}$ angegeben

N_0: Anzahl der unzerfallenen Atome zum Zeitpunkt $t = 0$
N_t: Anzahl der unzerfallenen Atome zum Zeitpunkt t
λ: Für das radioaktive Element charakteristische Konstante, genannt Zerfallskonstante.
e: Eulersche Zahl

Wir formen das Zerfallsgesetz folgendermaßen um:

$$\frac{N_t}{N_0} = (e^{-\lambda})^t$$

Mit $\frac{N_t}{N_0} = y$ und $e^{-\lambda} = a$ erhalten wir die Exponentialfunktion

$f: t \rightarrow a^t,\ t \in \mathbb{R}^+ \cup \{0\}$ bzw. $y = a^t,\ t \in \mathbb{R}^+ \cup \{0\}$

Für das Element Actinium 227 aus der Uran-Actinium-Zerfallsreihe ist diese Funktion

$f: t \rightarrow 0{,}969^t,\ t \in \mathbb{R}^+ \cup \{0\}$ bzw. $y = 0{,}969^t,\ t \in \mathbb{R}^+ \cup \{0\}$

Aus dem Graphen erkennt man, daß für
$t = 22$ Jahre $\Rightarrow y = \frac{N_{22}}{N_0} = \frac{1}{2}$.

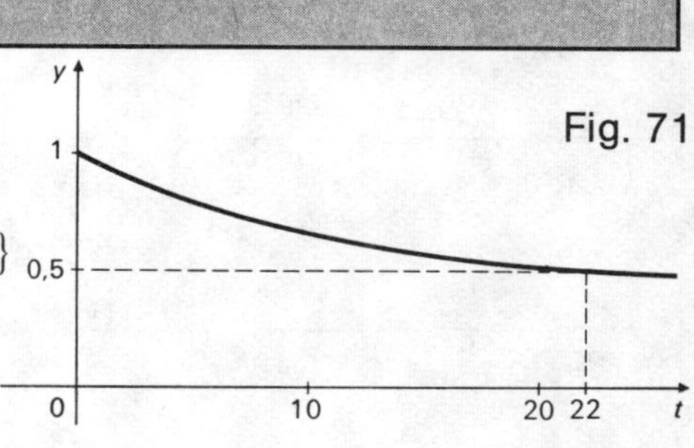

Fig. 71

Daraus folgt, daß $N_{22} = \frac{1}{2} N_0$. In 22 Jahren ist noch die Hälfte der ursprünglich vorhandenen Atome unzerfallen. Man spricht von der Halbwertszeit für Actinium.

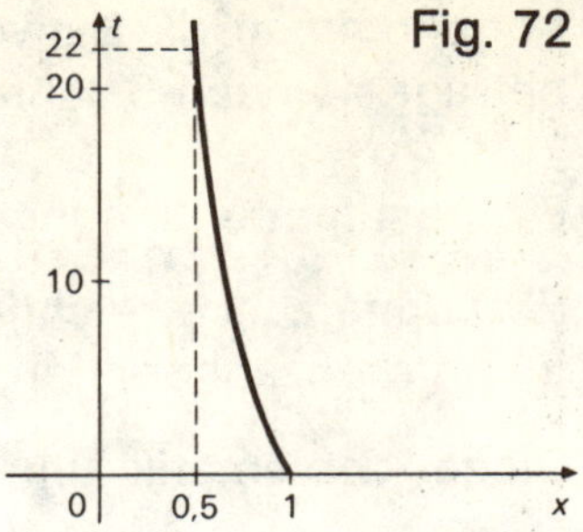

Fig. 72

Man möchte umgekehrt aus dem Verhältnis der noch vorhandenen und der ursprünglich vorhandenen nicht zerfallenen Actiniumatome ($x = \frac{N_t}{N_0}$) die dazu notwendige Zerfallszeit (t) berechnen, so wird man zur Logarithmusfunktion.

$f: x \to \log_{0,969} x$, $D = \{x \mid 0 < x \leq 1 \wedge x \in \mathbb{R}\}$ bzw.
$t = \log_{0,969} x$, $x \in D$

geführt.

C) Weitere Definition der Exponentialfunktion und der Logarithmusfunktion

Allgemein verstehen wir unter einer Exponentialfunktion eine Funktion der Form:
$f: x \to a^x$, $x \in D \subset \mathbb{R}$ bzw. $y = a^x$, $x \in D \subset \mathbb{R}$ mit $a > 0 \wedge a \neq 1$

Unter einer Logarithmusfunktion verstehen wir eine Funktion der Form:
$f^*: x \to \log_a x$, $x \in D \subset \mathbb{R}^+$ bzw. $y = \log_a x$, $x \in D \subset \mathbb{R}^+$ mit $a > 0$ und $a \neq 1$.
Handelt es sich bei f und f^* um dieselbe Konstante a, so sind diese Umkehrfunktionen.

Beispiele:

a) $f: x \to 2^x$, $x \in \mathbb{R}$ bzw. $y = 2^x$

$f^*: x \to \mathrm{ld}\, x$, $x \in \mathbb{R}^+$ bzw.
$y = \mathrm{ld}\, x$, $x \subset \mathbb{R}^+$

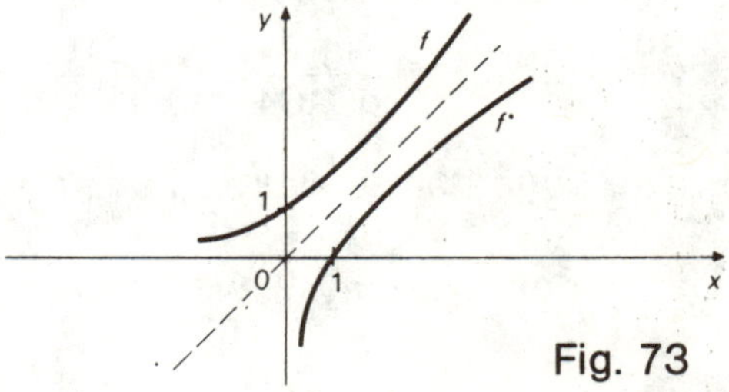

Fig. 73

b) $f: x \to 10^x$, $x \in \mathbb{R}$ bzw.
$y = 10^x$

$f^*: x \to \lg x$, $x \in \mathbb{R}^+$ bzw.
$y = \lg x$, $x \in \mathbb{R}^+$

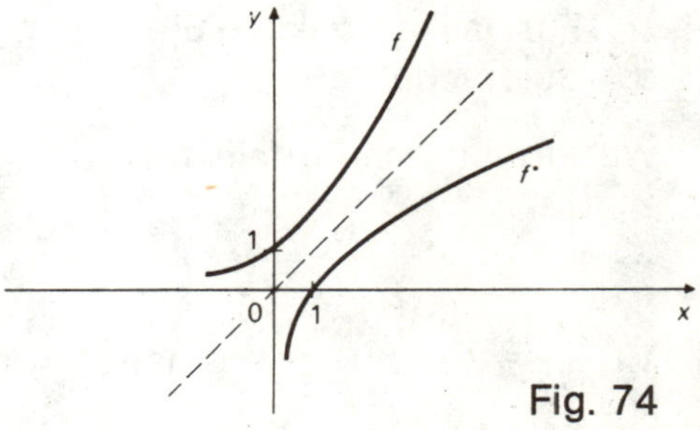

Fig. 74

Für das praktische Rechnen mit Zehnerlogarithmen ist das Vorzeichen der Logarithmusfunktion in den einzelnen Bereichen von Bedeutung

$x = 0 \Rightarrow y$ nicht definiert
$0 < x < 1 \Rightarrow y < 0$
$x = 1 \Rightarrow y = 0$
$x > 1 \Rightarrow y > 0$

c) $f: x \to 3^{-x}$, $x \in \mathbb{R}$ bzw.
$y = 3^{-x}$ oder $y = (\frac{1}{3})^x$

$f^*: x \to \log_{\frac{1}{3}} x$, $x \in \mathbb{R}^+$ bzw.
$y = \log_{\frac{1}{3}} x$, $x \in \mathbb{R}^+$

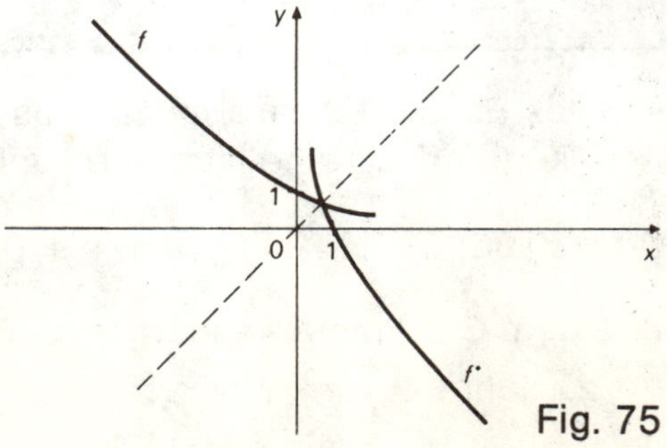

Fig. 75

2. Kapitel

§ 9 Geometrische Grundkonstruktionen

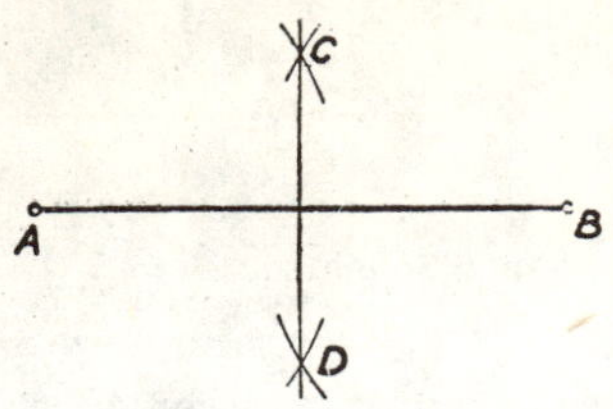	**1. Aufgabe:** Die Strecke AB ist zu **halbieren**. **Lösung:** Schlage mit beliebiger Zirkelöffnung (größer als ½ AB) von A und B Kreisbogen nach oben und unten. Verbinde die Schnittpunkte C und D miteinander. Die Verbindungslinie CD halbiert AB.
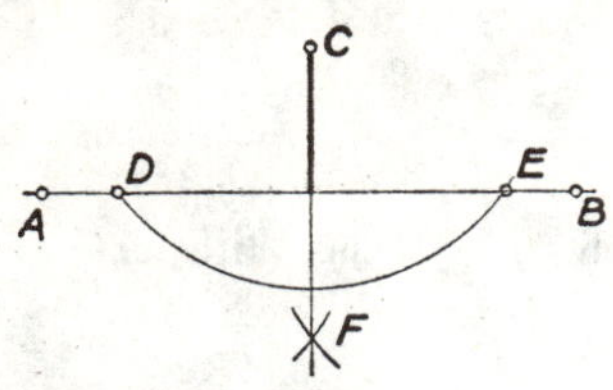	**2. Aufgabe:** Von einem gegebenen Punkt C ist ein **Lot** auf die Gerade AB zu fällen. **Lösung:** Von C aus schlage mit beliebigem Zirkelschlag einen Kreisbogen, welcher die Gerade AB in den Punkten D und E schneidet. Schlage mit beliebigem Radius Kreisbogen um D und E, welche sich in F schneiden. Die Verbindungslinie CF ist das gesuchte Lot.
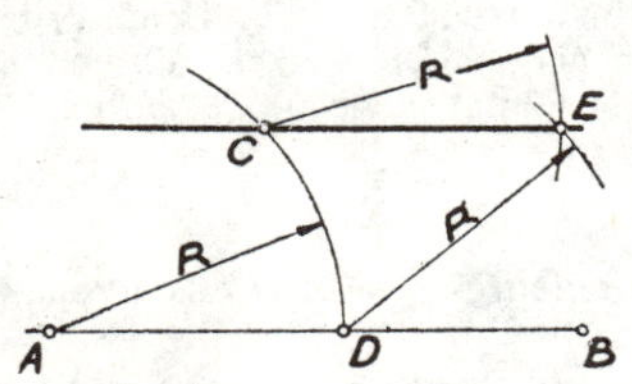	**3. Aufgabe:** Zu einer gegebenen Linie AB durch einen gegebenen Punkt C eine Parallele zu ziehen. **Lösung:** Schlage um A mit der Zirkelöffnung R = AC einen Bogen. Mit der gleichen Zirkelöffnung schlage vom Schnittpunkt D und Punkt C aus Bogen, die Schnittpunkt E ergeben. Die verbundene Linie durch E und C ist die **Parallele** zu AB.
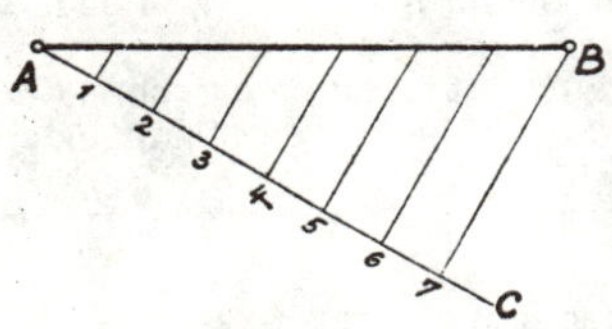	**4. Aufgabe:** Die Strecke AB ist in beliebig viele z. B. 7 gleiche Teile zu **teilen.** **Lösung:** Ziehe von A eine Gerade AC unter beliebigem Winkel. Trage darauf 7 gleiche Teile ab. Verbinde B mit dem Teilpunkt 7 und ziehe zu dieser Linie Parallele durch alle anderen Teilpunkte. Die Schnittpunkte der Linie AB sind die gesuchten gleichen Teile.
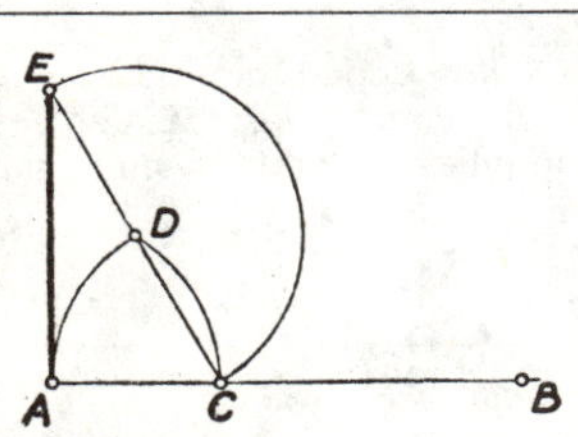	**5. Aufgabe:** Auf einer Geraden AB ist im Endpunkt A ein **Lot** zu errichten (rechter Winkel anzutragen). **Lösung:** Schlage auf der Geraden AB mit beliebiger Zirkelöffnung die Kreisbogen CD um A, AD um C = Schnittpunkt D. Beschreibe um Punkt D mit DC einen Kreisbogen, verbinde CD und verlängere die Gerade, bis sie den Kreisbogen in E schneidet. Die Verbindungslinie AE ist das Lot auf AB.
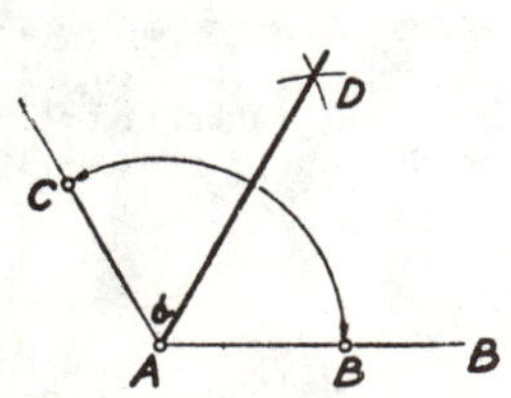	**6. Aufgabe:** Der Winkel α ist zu **halbieren.** **Lösung:** Beschreibe um den Scheitelpunkt A einen beliebigen Kreisbogen, der die Schenkel des Winkels in Punkt B und C schneidet. Schlage von B und C mit beliebiger Zirkelspanne Kreisbogen, die sich in D treffen. Die Verbindungslinie AD ist die Winkelhalbierende.
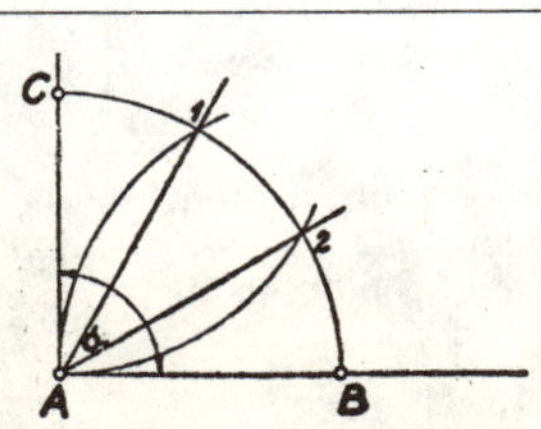	**7. Aufgabe:** Der rechte Winkel α ist in 3 gleiche Teile zu teilen. **Lösung:** Schlage einen Kreis um A, der die Schenkel in Punkt C und B schneidet. Mit demselben Radius die Kreisbogen um B und C schlagen, die den Kreisbogen CB in 1 und 2 schneiden. A_1 und A_2 sind die gesuchten Teilungslinien.

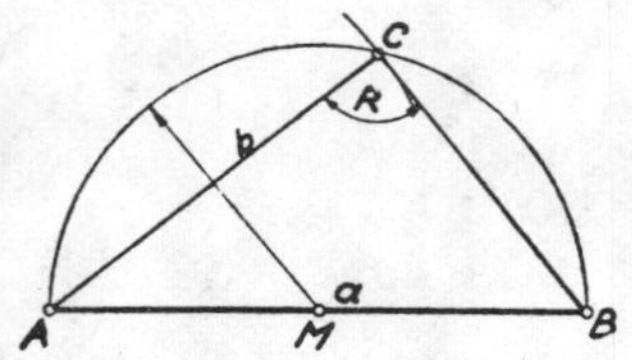

8. Aufgabe:
Ein rechtwinkliges Dreieck ist aus den gegebenen Seiten a und b konstruieren.

Lösung:
Halbiere die Seite a = AB. Schlage um M von A einen Halbkreis und von A Seite b einen Kreisbogen nach C. Verbinde C mit B. Der Winkel R bei C ist der rechte Winkel des Dreiecks.

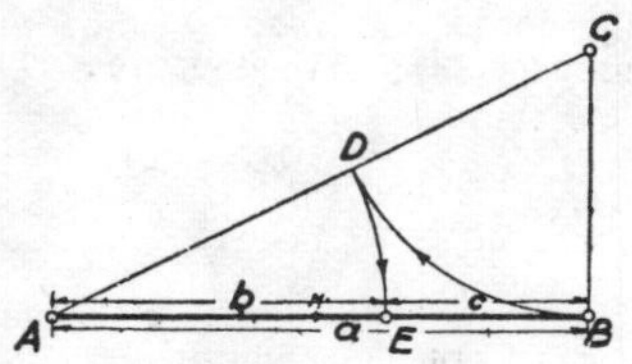

9. Aufgabe:
Die gegebene Strecke AB nach dem goldenen Schnitt zu teilen.

Lösung:
Errichte in B das Lot BC = ½ AB. Ziehe die Verbindungslinie CA. Schlage um C einen Kreisbogen mit BC als Radius, von D einen Bogen nach E. Der Punkt E teilt AB im Verhältnis des goldenen Schnittes. Es verhält sich a : b wie b : c.

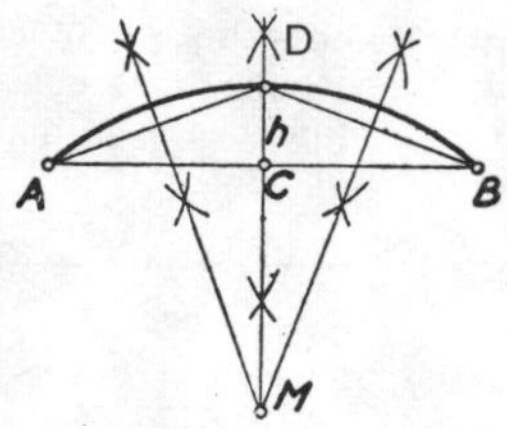

10. Aufgabe:
Gegeben ist Sehne AB und die Stichhöhe h. Suche **Mittelpunkt** M des Bogens über der Sehne AB.

Lösung:
Schlage von A und B nach oben und unten beliebig große Kreisbogen. Verbinde die Schnittpunkte miteinander. Trage von C nach D Stichhöhe h ab. Verbinde D mit A und B. Halbiere die Hilfslinien AD und DB, wie bei AB, und ziehe durch die Schnittpunkte Linien, bis sie sich in M schneiden. M ist der Mittelpunkt des Bogens über Sehne AB.

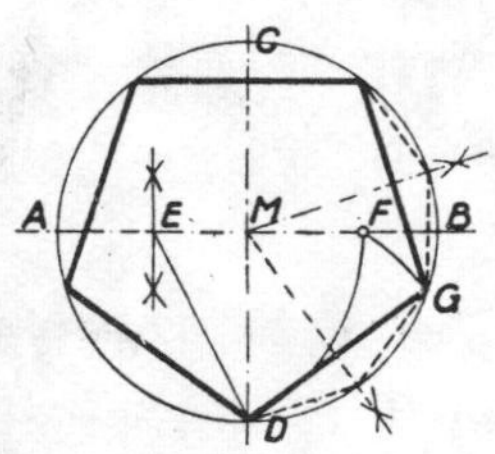

11. Aufgabe:
Ein **regelmäßiges Fünfeck** (Zehneck) in einem gegebenen Kreis zu zeichnen.

Lösung:
Ziehe die Durchmesser AB und CD durch M, halbiere AM in E, verbinde E mit D und schlage mit ED um E einen Kreisbogen, der AB in F schneidet. Von D schlage mit DF einen Bogen zu einem Kreis, der in G schneidet. Die Verbindungslinie DG ist die gesuchte Seite des **Fünfecks**.
Halbiert man die Seiten des Fünfecks, errichtet darauf Senkrechte, die den Kreis schneiden, dann ergeben die Schnittpunkte die Endpunkte des **Zehnecks.**

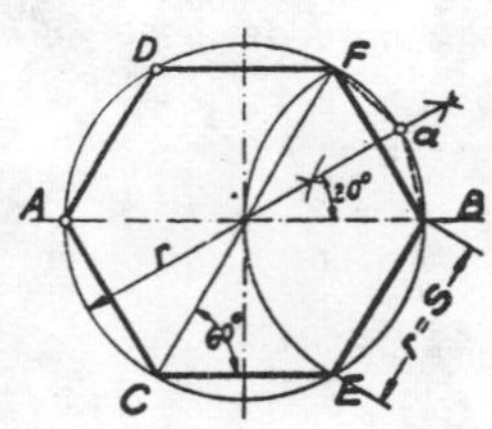

12. Aufgabe:
Ein **regelmäßiges Sechseck** in einen gegebenen Kreis zu zeichnen.

Lösung:
Nimm Radius r und schlage von A und B aus Bogen, die die Kreislinie in CD und EF schneiden. Verbinde dann die Punkte durch Linien. – Beim **Zwölfeck** halbiere Seiten, den Schnittpunkt (a) verbinde dann mit den Sechseckpunkten.

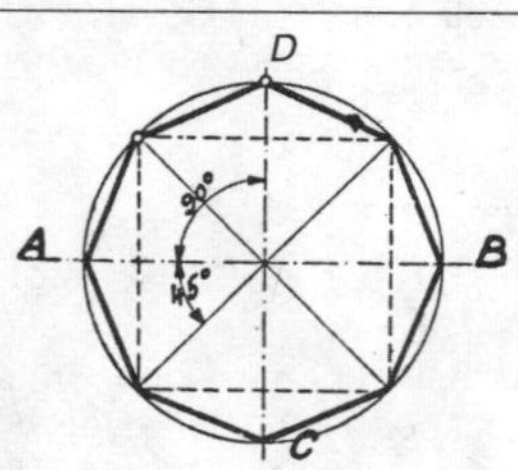

13. Aufgabe:
In einen Kreis ein **regelmäßiges Achteck** zu zeichnen.

Lösung:
Ziehe die Durchmesser AB und CD, halbiere die 90° Winkel (mit 45° Winkel), ziehe die Winkelhalbierenden und verbinde die Schnittpunkte der Kreislinie untereinander.

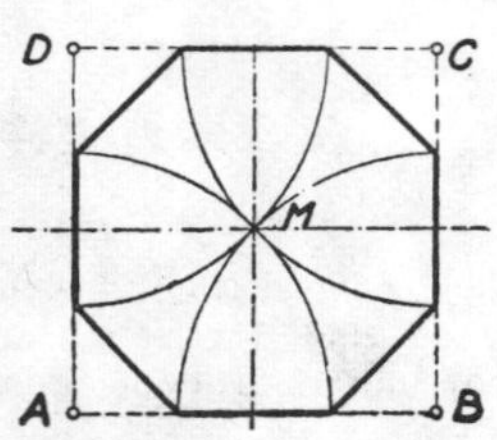

14. Aufgabe:
Ein **Achteck** und ein Quadrat um einen Kreis zu zeichnen.

Lösung:
Zeichne um den Kreis ein Quadrat, setze in den Punkten A, B, C, D die Zirkelspanne AM ein und schlage Bogen, welche die Quadratseiten schneiden; verbinde dann die entstandenen Schnittpunkte.

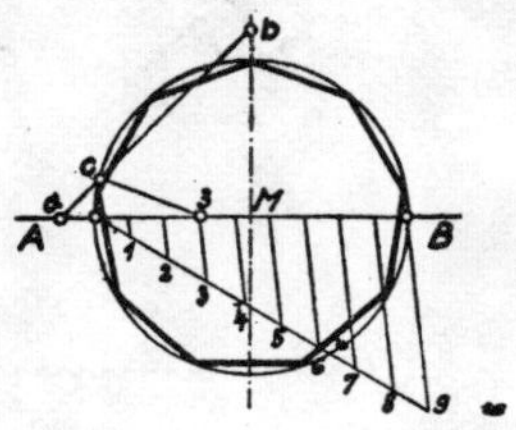

15. Aufgabe:
Allgemeine Vieleckskonstruktion. Gegeben ein Kreis mit senkrechtem und waagerechtem Durchmesser.

Lösung:
Teile den Durchmesser AB in soviel Teile als das Vieleck Ecken hat, z. B. 9. Verlängere die Durchmesser um je **einen** Teil bis a und b. Verbinde a mit b, um den Punkt c der Kreislinie zu erhalten. Verbinde c mit dem 3-Teilpunkt des Durchmessers AB. Die gefundene Strecke c–3 wird auf der Kreislinie 9mal abgetragen. Entstanden ist das 9-Eck.

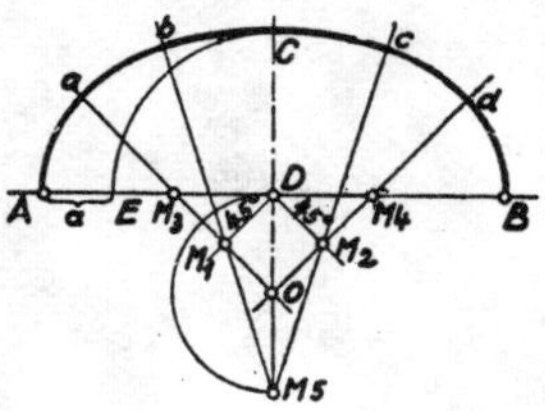

16. Aufgabe:
Ein **Korbbogen** aus 5 Mittelpunkten zu konstruieren. Gegeben ist Strecke AB und CD.

Lösung:
Schlage um D mit CD den Viertelkreis CE. Lege von D nach beiden Seiten Hilfslinien unter 45° und trage von D aus AE darauf ab. Durch die Schnittpunkte M_1 und M_2 ziehe wieder Linien unter 45°, die die Strecke AB in M_3 und M_4 die verlängerte Linie CD in O schneiden. Schlage um O mit OD einen Kreisbogen, der die Linie CO in M_5 schneidet. Ziehe dann von M_5 durch M_1 M_2 Linien. Die Punkte sind die Mittelpunkte für die Bogen Aa, ab, bc, cd und dB.

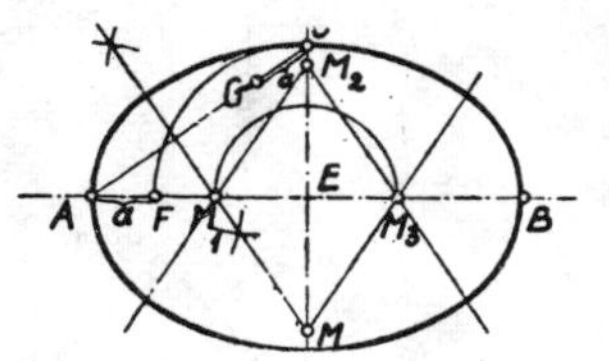

17. Aufgabe:
Ein **Oval** zu konstruieren, wenn gegeben ist große Achse AB und kleine Achse CD.

Lösung:
Schlage um Schnittpunkt E mit CE auf die große Achse den Viertelkreis CF, verbinde A mit C. Trage Teil AF auf Linie AC bis G ab. Halbiere AG; ziehe durch die Schnittpunkte die Mittelsenkrecht, die die große Achse in M_1, die kleine Achse in M schneidet. Trage M_1E von E nach M_2 und EM von E nach M_2. Die Punkte sind die Mittelpunkte für die Bogen ac, ab, bd und dc.

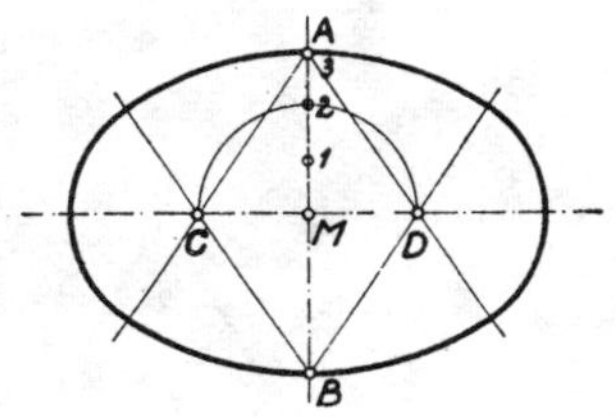

18. Aufgabe:
Ein **Oval** zu konstruieren, von der die kleine Achse AB gegeben ist.

Lösung:
Halbiere kleine Achse AB. Ziehe durch M senkrecht zu AB eine Linie (Achse). Teile AM in drei gleiche Teile und schlage von M mit ⅔ AM einen Kreisbogen, der die große Achse in C und D schneidet. Ziehe von A und B durch C und D Hilfslinien. A und B sind die Mittelpunkte der großen Bogen, C und D die der Schlußbogen.

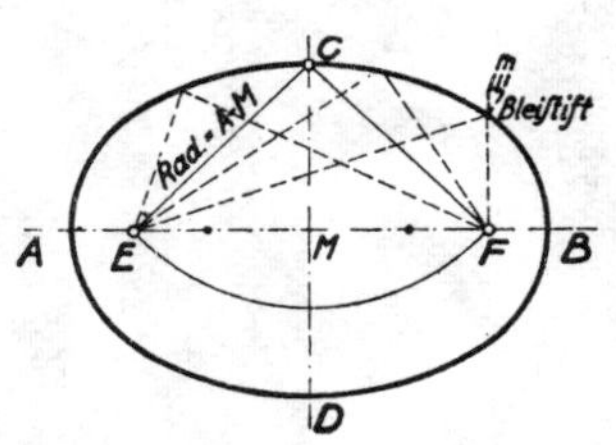

19. Aufgabe:
Eine **Ellipse** mittels Schnur zu konstruieren, von der die große Achse AB und die kleine Achse CD gegeben sind (Schnurmethode).

Lösung:
Nimm halbe große Achse AB in den Zirkel und schlage um C (bzw. D) einen Kreisbogen, der die große Achse in E und F schneidet. Schlage in E und F Stifte ein und bringe an diese eine Schnur, und zwar von der Länge, daß sie von F über C bis E reicht. Mit einem Bleistift führe dann die Schnur so herum, wie die gestrichelte Linie in der Zeichnung andeutet.

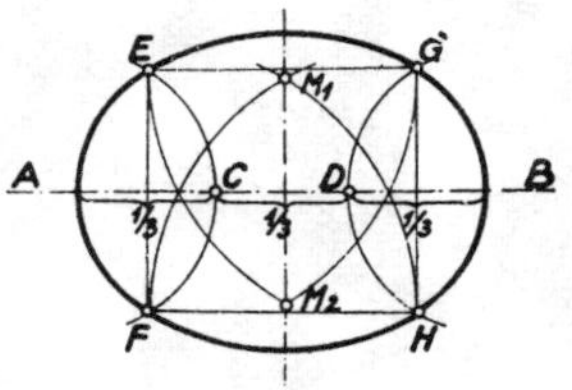

20. Aufgabe:
Ein **Oval** (Faßbodenform) ist zu konstruieren. Gegeben ist die Achse AB.

Lösung:
Teile die große Achse AB in 3 gleiche Teile. Halbiere die Teile AC und BD und errichte Lote. Schlage um A und B mit AC und BD Kreisbögen. Die Schnittpunkte E, F, G und H sind die Ansetzpunkte für die kleinen Kreisbögen, die um C bzw. D geschlagen werden. Schlage von H und F mit der Zirkelspanne HF Kreisbögen, die die kleine Achse in M_1 schneiden und umgekehrt = Schnittpunkt M_2. Beide Punkte sind die Mittelpunkte für den großen Kreisbogen des Ovals.

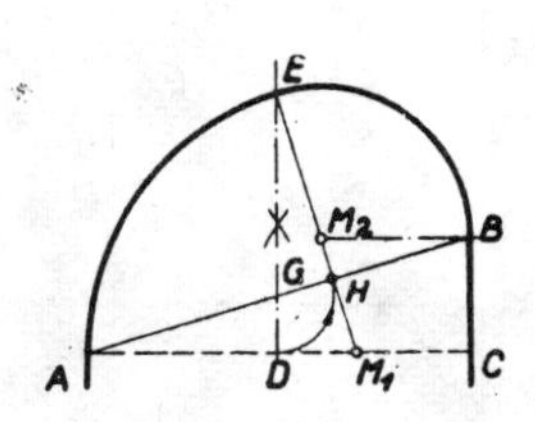

21. Aufgabe:
Ein steigender Bogen ist zu zeichnen. Gegeben die Punkte A und B und die Weite AC.

Lösung:
Verbinde die Punkte A und B. Halbiere AC in Punkt D und errichte darin eine Lotrechte, die die Linie AB in G schneidet. Trage die Strecke AG von G aus auf die Lotrechte ab. Der Schnittpunkt ist E. Von G schlage mit GD einen Bogen, der die Strecke AB in H schneidet. Ziehe von E aus durch H eine Linie, die AC in M_1 schneidet und der Mittelpunkt des großen Kreisbogens AE ist. Von B ziehe eine Parallele zu AC, die die Linie EM_1, in M_2 schneidet. M_2 ist Mittelpunkt des kleineren Kreisbogens EB.

Die Größen des Dreiecks und die Dreiecksarten

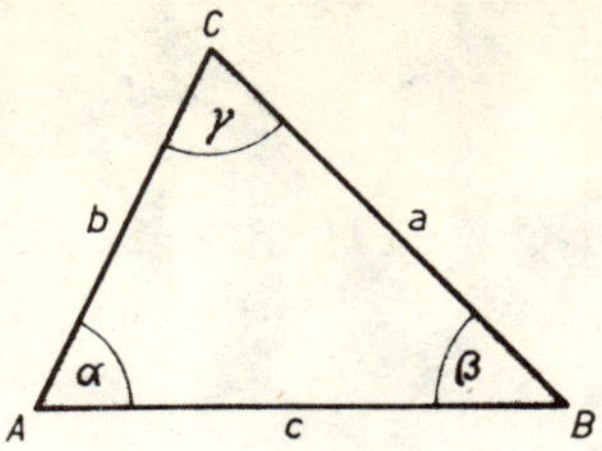

Ein Dreieck hat folgende Stücke:

1. drei Seiten (*a, b, c*),
2. drei Winkel (α, β, γ).

Die drei Seiten schneiden sich in drei Ecken (*A, B, C*). Gegenüberliegende Seiten und Ecken werden mit gleichen Buchstaben bezeichnet (*A–a*). Die Bezeichnung soll immer entgegengesetzt dem Uhrzeigersinn erfolgen.

Nach der Länge der Dreiecksseiten unterscheidet man folgende Arten des Dreiecks:

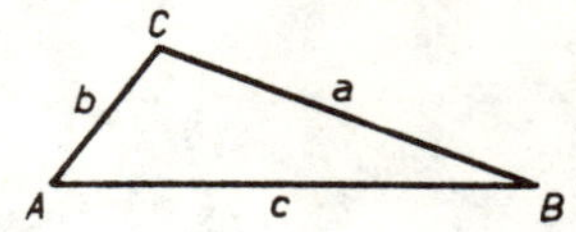

1. Ungleichseitige Dreiecke, wenn alle drei Seiten verschieden lang sind:

$$a \neq b \neq c$$

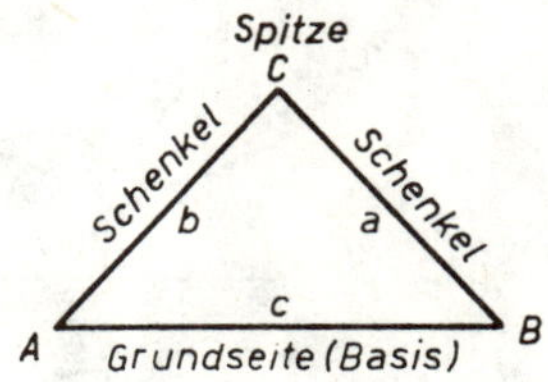

2. Gleichschenklige Dreiecke, wenn 2 Seiten gleich lang sind. Die gleich langen Seiten nennt man Schenkel, die dritte Seite Grundseite oder Basis. Beide Schenkel schneiden sich in der Spitze des Dreiecks:

$$a = b \neq c$$

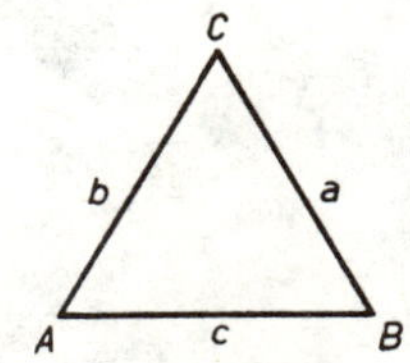

3. Gleichseitige Dreiecke, wenn alle 3 Seiten gleich lang sind:

$$a = b = c$$

Nach Größe der Dreieckswinkel unterscheidet man folgende Arten der Dreiecke:

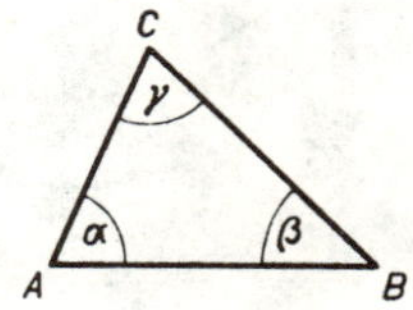

1. Spitzwinklige Dreiecke, wenn alle Winkel spitz sind:

$$\alpha < 90^\circ$$
$$\beta < 90^\circ$$
$$\gamma < 90^\circ$$

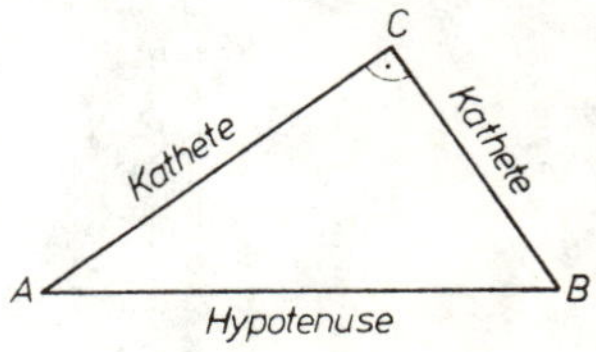

2. Rechtwinklige Dreiecke, wenn ein Winkel ein rechter ist. Die Schenkel, die den rechten Winkel bilden, nennt man Lotseiten oder Katheten. Die dritte Seite heißt Spannseite oder Hypotenuse.

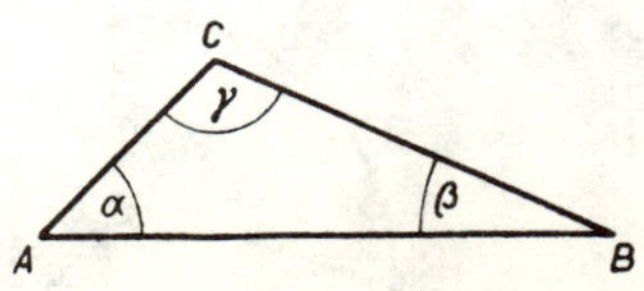

3. Stumpfwinklige Dreiecke, wenn ein Winkel ein stumpfer ist:

$$\gamma > 90^\circ$$

TRIGONOMETRIE

§ 1 Grundlagen

Die Planimetrie zeigt, wie man aus drei gegebenen Dreiecksstücken die übrigen Stücke zeichnerisch bestimmen kann. Naturgemäß ist eine Zeichnung nur bedingt genau und ihre Herstellung mit einem bestimmten Aufwand verbunden.
Der Lehrsatz des Pythagoras geht schon einen Schritt weiter, da man mit ihm aus zwei gegebenen Seiten eines rechtwinkligen Dreiecks die dritte berechnen kann. Da dieser Lehrsatz die Winkel nicht verwendet, ist seine Anwendung aber sehr eingeschränkt. Aus Seiten und Winkeln die übrigen Stücke eines Dreiecks zu berechnen, lehrt die Trigonometrie (Dreiecksberechnung). Die Schwierigkeit, Seiten und Winkel, die mit verschiedenen Einheiten gemessen werden, miteinander zu verbinden, wird durch das Einführen der Winkelfunktion beseitigt.

A) Winkelmessung

Messen ist **Vergleichen! Eine Strecke mißt man**, indem man sie mit einer festgelegten Strecke, genannt **Streckeneinheit, vergleicht.** Um **Winkel messen** zu können, **braucht** man daher zuerst eine **Winkeleinheit.** Diese kann auf verschiedene Arten festgelegt werden.

Der rechte Winkel

Wenn sich **zwei Geraden schneiden,** entstehen **vier Winkel.** Sind alle vier untereinander gleich, so spricht man von rechten Winkeln. Der **rechte Winkel** kann als **Winkeleinheit** verwendet werden. Zwei rechte Winkel ergeben einen **gestreckten Winkel,** vier rechte Winkel einen **vollen Winkel.**
Spitze Winkel sind Winkel, die kleiner als ein rechter Winkel sind. Man spricht von einem **stumpfen Winkel,** wenn es sich um einen Winkel handelt, der größer als ein rechter und kleiner als ein gestreckter Winkel ist. Alle Winkel, die größer als ein gestreckter Winkel sind, werden **überstumpfe Winkel** genannt.

Das Grad, das Gradmaß

Unter einem **Grad (1°)** versteht man den **90. Teil eines rechten Winkels.** Wird die Maßzahl eines Winkels in Grad angegeben, so spricht man vom Gradmaß des Winkels. Das Gradmaß des **rechten Winkels ist 90°**, das des **gestreckten 180°**, des **vollen Winkels 360°**. Für genaue Winkelmessung ist es vorteilhaft, **Untereinheiten** des Grades einzuführen.
Eine **Winkelminute (1')** ist der **60. Teil** eines Grades, eine **Winkelsekunde (1")** der **60. Teil** einer Winkelminute.

Das Neugrad (Gon), das Neugradmaß

Das **Neugrad (1^g)** ist der **100. Teil** eines rechten Winkels, eine Neugradminute (1^c) der 100. Teil eines Neugrades, eine Neugradsekunde (1^{cc}) der 100. Teil einer Neugradminute.
Das Neugradmaß eines **rechten Winkels ist 100^g**, das eines **gestrecken 200^g**, eines **vollen Winkels 400^g**.
Diese Winkeleinheiten haben den Vorteil einer dezimalen Unterteilung.

B) Der Radiant, das Bogenmaß

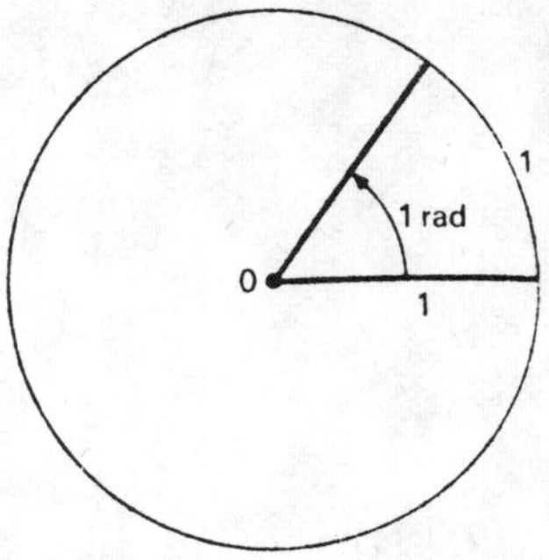

Ein Kreis mit dem Radius von einer Längeneinheit (z. B. 1 m, 1 dm, 1 cm) heißt **Einheitskreis**. Der zu einem **Bogen** von einer Längeneinheit gehörende **Zentriwinkel** (Mittelpunktswinkel) im Einheitskreis wird ein **Radiant (1 rad)** genannt. Die **Maßzahl** eines in Radianten gemessenen Winkels wird **Bogenmaß** genannt. Man hat beschlossen, dafür unbenannte Zahlen zu schreiben

1 rad = 1

Das **Bogenmaß** eines vollen **Winkels ist 2π** bzw. D · π, da sich der Radius eines Kreises „2π mal auf seinem Umfang auftragen läßt."
Für einen **gestreckten Winkel** ergibt sich dann das **Bogenmaß** π, für einen **rechten Winkel** $\frac{1}{2}\pi$.

Bisher haben wir die Größe eines Winkels in Grad gemessen. Eine volle Schenkeldrehung entspricht dabei 360°. Wir wollen jetzt ein anderes Winkelmaß kennenlernen.

Im Kreis gilt die Proportion:

$$\frac{\text{Kreisumfang}}{\text{Kreisbogen}} = \frac{\text{Vollwinkel}}{\text{Zentriwinkel}}$$

$$\frac{2\pi r}{b} = \frac{360^\circ}{\alpha}$$

Das Verhältnis $\frac{b}{r} = \frac{\pi}{180^\circ} \cdot \alpha$ ist **nur** vom Zentriwinkel α abhängig. Es gilt:

$$\frac{b_1}{r_1} = \frac{b_2}{r_2} = \frac{b_3}{r_3} = \ldots = \frac{\pi}{180^\circ} \cdot \alpha$$

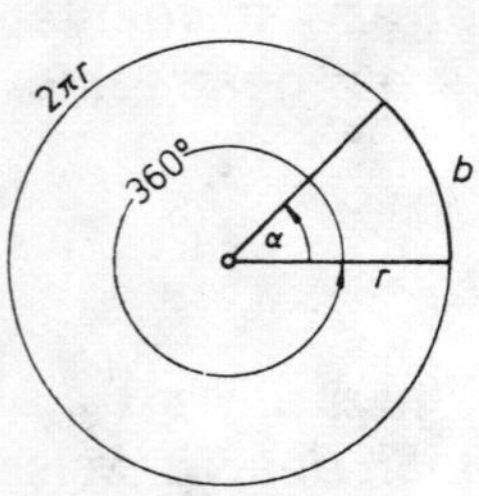

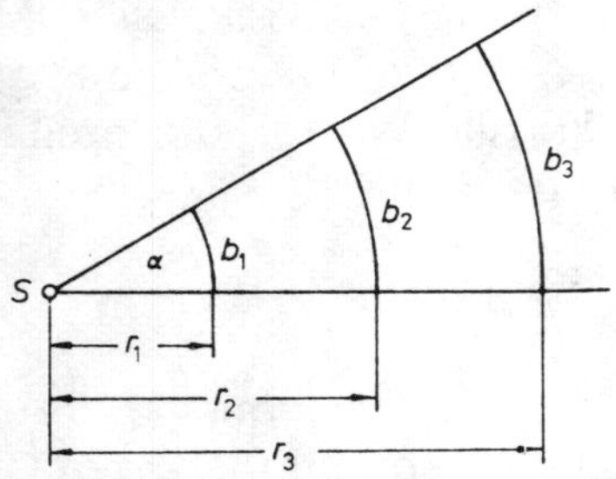

$\frac{b}{r} = \frac{\pi}{180^\circ} \cdot \alpha$ Bogenmaß

$b = \frac{\pi r \alpha}{180^\circ}$ | $\alpha = \frac{180^\circ}{\pi} \cdot \frac{b}{r}$ α in Grad

Der Quotient $\frac{b}{r}$ eignet sich also zur Winkelmessung und heißt **Bogenmaß**.

Die Einheit ist hierbei der Radiant (rad); 1 rad ist der Winkel, für den das Verhältnis $\frac{b}{r} = 1$ ist; das ist der Fall bei $\alpha = 57^\circ\ 17'\ 45''$. Im Einheitskreis (r = 1 m) ist das Bogenmaß eines Winkels gleich der Maßzahl des zugehörigen Bogens. Jedoch ist zu beachten, daß das Bogenmaß eine Verhältniszahl und darum unbenannt ist.

Das Bogenmaß ist eine **positive** Zahl, wenn die Drehung entgegen der Drehrichtung des Uhrzeigers erfolgt, bei der Drehung im Uhrzeigersinn ist das Bogenmaß eine **negative** Zahl.

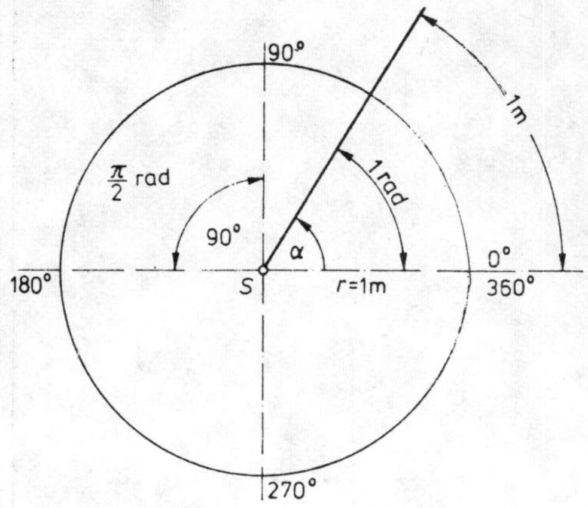

$$1° = \frac{2\pi}{360}\,\text{rad} = \frac{\pi}{180}\,\text{rad}$$ daraus folgt:

1° = 0,017453 rad

Gradmaß	30°	45°	60°	90°	180°	360°	57°17′45″
Bogenmaß	$\frac{\pi}{6}$ rad	$\frac{\pi}{4}$ rad	$\frac{\pi}{3}$ rad	$\frac{\pi}{2}$ rad	π rad	2π rad	1 rad

Das Bogenmaß eines Winkels hat also den Vorteil, daß es zugleich auch die Länge des dazugehörenden Einheitskreisbogens angibt.
Wir merken uns die **Beziehung** zwischen dem **Gradmaß und dem Bogenmaß** des gestreckten Winkels

$180° = \pi$

Aus dieser Beziehung lassen sich Beziehungen zwischen Gradmaß und Bogenmaß beliebiger Winkel herleiten.

Beispiele

$1° = \frac{\pi}{180}$, $30° = \frac{\pi}{6}$, $45° = \frac{\pi}{4}$, $60° = \frac{\pi}{3}$, $90° = \frac{\pi}{2}$, $270° = \frac{3\pi}{2}$, $360° = 2\pi$ usw.

Beispiel:

Berechne das Bogenmaß für die Winkel $\alpha = 360°, 180°, 90°$ und $30°$.

Lösung:

$\alpha = 360°$ $\quad 360° = 2\pi$ rad = 6,28319 rad

$\alpha = 180°$ $\quad 180° = \pi$ rad = 3,14159 rad

$\alpha = 90°$ $\quad 90° = \frac{\pi}{2}$ rad = 1,57080 rad

$\alpha = 30°$ $\quad 30° = \frac{2\pi}{360} \cdot 30$ rad

$30° = \frac{\pi}{6}$ rad = 0,52360 rad

Beispiel:

Gegeben sind folgende Winkel im Bogenmaß:

$\alpha_1 = \frac{\pi}{4}$ rad; $\alpha_2 = \frac{\pi}{18}$ rad; $\alpha_3 = 3$ rad; $\alpha_4 = 1{,}325$ rad.

Berechne die zugehörigen Gradmaße.

Lösung: $\quad$ 0,017453 rad = 1°

$\alpha_1 = \frac{\pi}{4}$ rad $\quad \frac{\pi}{4}$ rad $= \left(\frac{\pi}{4 \cdot 0{,}017453}\right)^{\circ} = 45°$

$\alpha_2 = \frac{\pi}{18}$ rad $\quad \frac{\pi}{18}$ rad $= \left(\frac{\pi}{18 \cdot 0{,}017453}\right)^{\circ} = 10°$

$\alpha_3 = 3$ rad $\qquad 3 \text{ rad} = \left(\frac{3}{0{,}017453}\right)^\circ = 171{,}89 = 171^\circ\, 53'\, 24''$

$\alpha_4 = 1{,}325$ rad $\qquad 1{,}325 \text{ rad} = \left(\frac{1{,}325}{0{,}017453}\right)^\circ = 75{,}92^\circ = 75^\circ\, 55'\, 12''$

C) Orientierte Winkel im Einheitskreis

In einem Einheitskreis werden zwei aufeinander senkrechte Durchmesser *AA'* und *BB'* eingezeichnet.

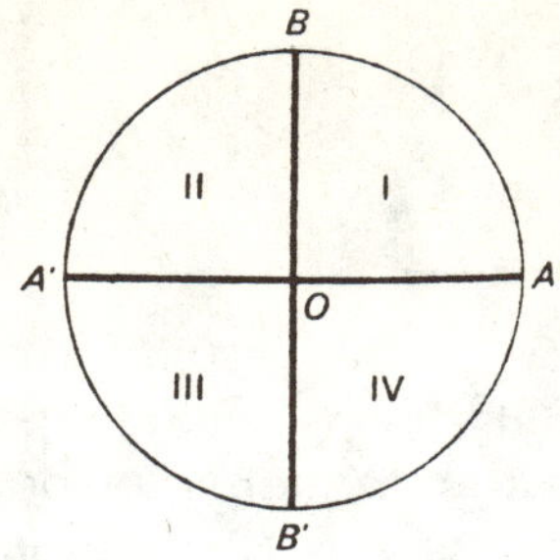

$\overline{OA} = 1$

Die **Felder I, II, III, IV** werden **Quadranten** genannt.
Ein sich drehender Radius (freier Schenkel) bildet mit dem festen Radius *OA* (fester Schenkel) verschiedene Winkel. Erfolgt die Drehung im Gegenuhrzeigersinn, so spricht man von **positiv orientierten Winkeln.** Bei Drehungen im **Uhrzeigersinn** werden **negativ orientierte Winkel** erzeugt. Ihnen ordnet man **negative Maßzahlen** zu. Nimmt der sich drehende Radius die Stellung des festen Radius *OA* ein und ist noch **keine Drehung** erfolgt, so bilden die beiden Radien einen Winkel vom **Bogenmaß 0.**

Bei einer **vollen Drehung** im Gegenuhrzeigersinn entsteht ein Winkel mit dem **Bogenmaß 2π**, bei **zwei vollen Drehungen 4π** usw.
Eine **volle Drehung** im **Uhrzeigersinn** ergibt einen Winkel mit dem **Bogenmaß −2π, zwei volle Drehungen −4π** usw.
Jede reelle Zahl kann als Bogenmaß eines orientierten Winkels angesehen werden.

Beispiel:

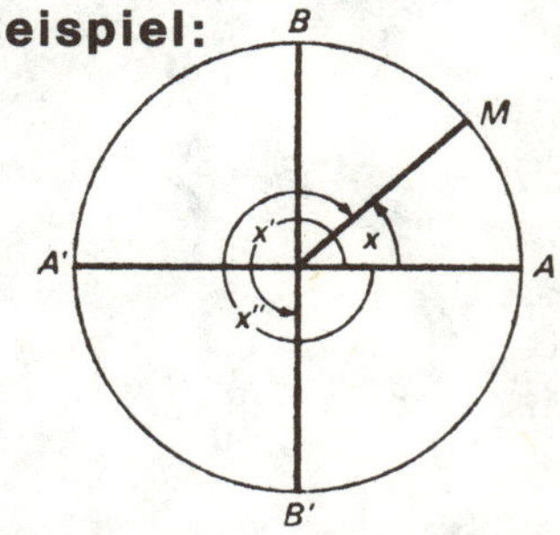

$x = \frac{\pi}{4}$

$x' = \frac{3\pi}{2}$

$x'' = -\frac{7\pi}{4}$

§ 2 Die Sinusfunktion (im rechtwinkligen Dreieck)

Definition der Sinusfunktion

Auf einem Einheitskreis bewegt sich eine Kugel so, daß in gleichen Zeitabschnitten gleiche Bogen durchlaufen werden. Das bedeutet, daß die Kugel mit konstanter Winkelgeschwindigkeit umläuft.

Projiziert man diese Bewegung durch paralleles horizontales Licht auf einen Schirm, der senkrecht zum Durchmesser steht, so führt der Schatten der Kugel auf diesem eine geradlinige Hin- und Herbewegung zwischen B_1 und B_1' aus. Diese Bewegung wird harmonische Schwingung genannt. Die Lage der Kugel auf dem Kreis sei durch einen variablen Punkt *M* gekennzeichnet, seine Projektion auf den Durchmesser *BB'* mit *P* und die auf den Durchmesser *AA'* mit *N*. Nun wenden wir unsere Aufmerksamkeit der Lage des Punktes *P* zu, da er dieselbe Bewegung wie der Schatten der Kugel ausführt. Diese wird durch die Länge der orientierten Strecke *OP* ($\overline{OP} > O$, wenn *P* oberhalb *O* liegt) festgelegt. Sei *x* das Bogenmaß des Drehwinkels ∢ *NOM* und *y* die Maßzahl der orientierten Strecke *OP*. Wir untersuchen die **Abhängigkeit** der **Variablen y** von der **Variablen x:**

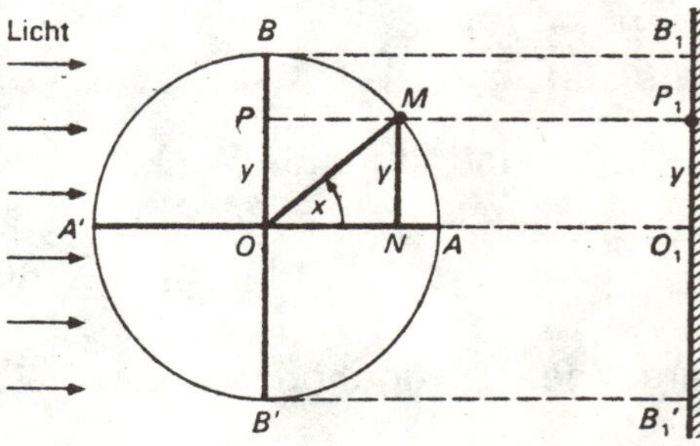

Zunächst lassen wir die Kugel von der Ausgangslage A aus im positiven Drehsinn umlaufen. Der Ausgangslage entspricht $x = 0$ und $y = 0$.

Wächst x von 0 bis $\frac{\pi}{2}$, so wächst y von 0 bis 1.

Wächst nun x von $\frac{\pi}{2}$ bis π, so fällt y von 1 bis 0.

Nimmt x von π bis $\frac{3\pi}{2}$ weiter zu, so fällt y von 0 bis -1.

Durchläuft die Kugel den IV. Quadranten, so wächst x von $\frac{3\pi}{2}$ bis 2π und entsprechend y von -1 bis 0. Für weiteres Wachsen von x wiederholt sich der Vorgang periodisch.
Führt die Kugel eine Bewegung im negativen Drehsinn aus, so ergibt sich für ein Fallen der Variablen x von 0 bis $-\frac{\pi}{2}$ ein Fallen der Variablen y von 0 bis -1, fällt x weiter von $-\frac{\pi}{2}$ bis $-\pi$, so wächst y von -1 bis 0. Nimmt x weiter von $-\pi$ bis $-\frac{3\pi}{2}$ ab, so nimmt y von 0 bis 1 zu. Fällt schließlich x von $-\frac{3\pi}{2}$ bis -2π, so fällt y von $+1$ bis 0. Weiter wiederholt sich der Vorgang in gleichen Phasen.

Zusammenfassend läßt sich feststellen, daß jedem $x \in \mathbb{R}$ ein bestimmtes $y \in [-1, 1]$ eindeutig zugeordnet ist, es sich also um eine Funktion handelt, die wir **Sinusfunktion** nennen.
Wir schreiben dafür symbolisch

> $f_s: x \to \sin x,\ x \in \mathbb{R}$ oder $y = \sin x$

Um die Funktionsvorschrift deutlicher hervorzuheben, betrachten wir folgende Abbildungen:

a)

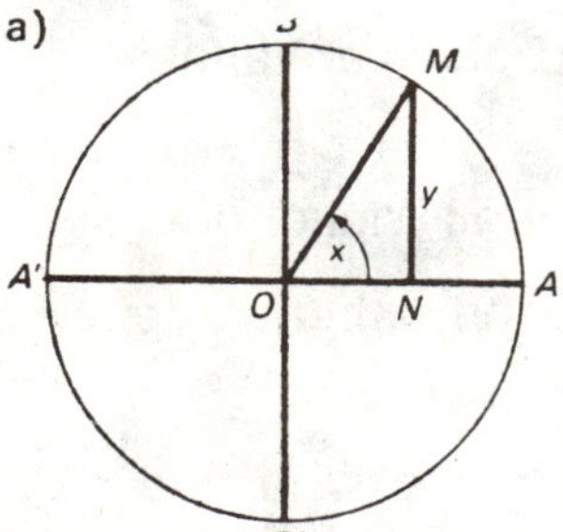

$y = \sin x = \overline{NM} > 0$

b)

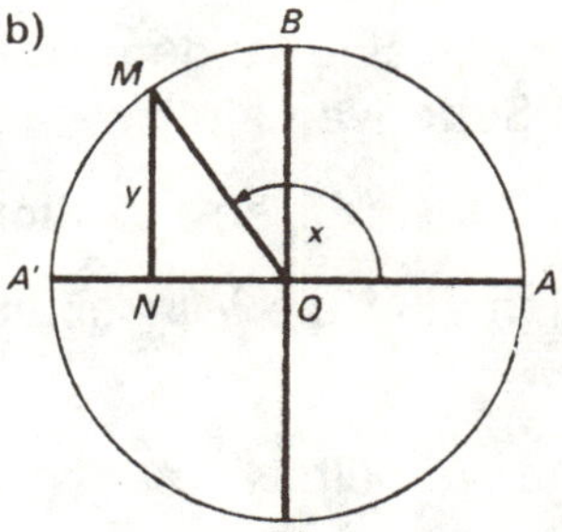

$y = \sin x = \overline{NM} > 0$

c)

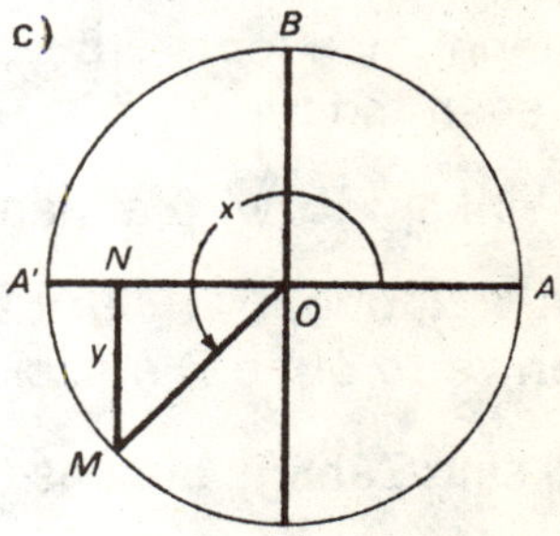

$y = \sin x = \overline{NM} < 0$

d)

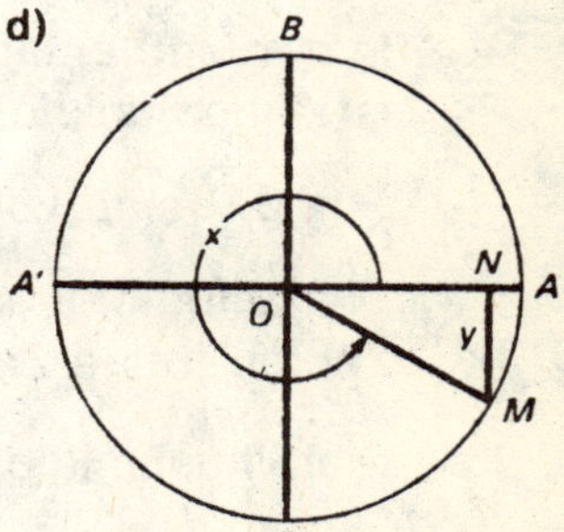

$y = \sin x = \overline{NM} < 0$

Graphische Darstellung

Um die Sinusfunktion graphisch darstellen zu können, geben wir zunächst eine Wertetabelle an. Dabei deuten die Pfeile ↗ bzw. ↘ das Wachsen bzw. Fallen der Funktionswerte an.

x	$\ldots -2\pi$	$-\frac{3\pi}{2}$	$-\pi$	$-\frac{\pi}{2}$	0	$\frac{\pi}{2}$	π	$\frac{3\pi}{2}$	$2\pi \ldots$
$\sin x$	↗ 0	↗ 1	↘ 0	↘ −1	↗ 0	↗ 1	↘ 0	↘ −1	↗ 0 ↗

Der Graph der Sinusfunktion, genannt „Sinuslinie" hat dann folgendes Aussehen:

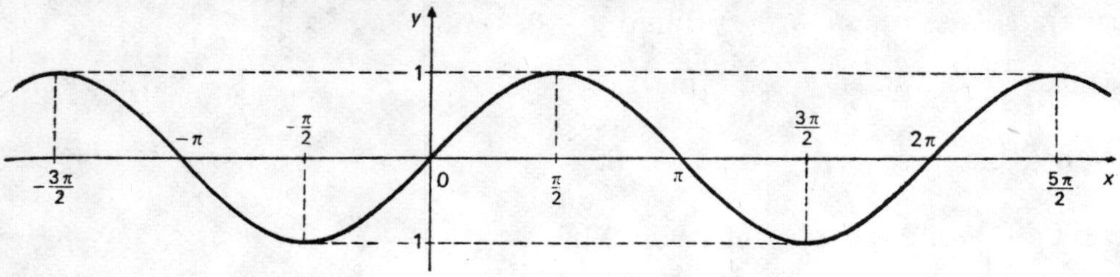

Aufgabe: Zeichne vier rechtwinklige Dreiecke mit demselben Winkel α. Vergleiche die Verhältnisse, gebildet aus der Gegenkathete und der Hypothenuse.

Erkenntnis: Auf Grund der Ähnlichkeit der Dreiecke ist:

$$\frac{a_1}{c_1} = \frac{a_2}{c_2} = \frac{a_3}{c_3} = \frac{a_4}{c_4}$$

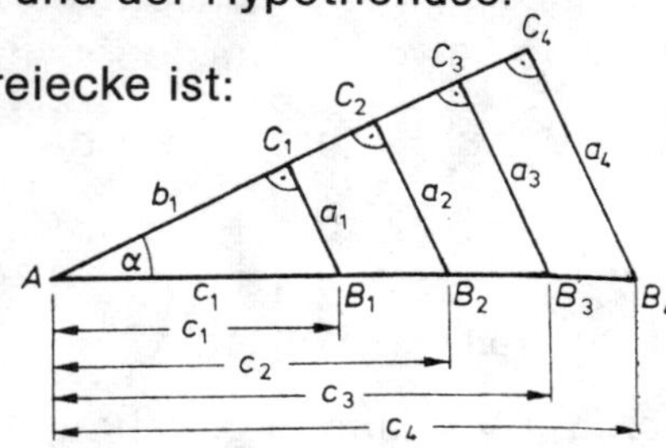

Der Verhältniswert (Gegenkathete zu Hypotenuse) ist nur vom Winkel α abhängig. Er hat also für den gleichen Winkel immer den gleichen Wert, ohne Rücksicht auf die Größe des Dreiecks.

Erklärung: Man bezeichnet in einem rechtwinkligen Dreieck das Verhältnis der Gegenkathete eines Winkels zur Hypotenuse als den Sinus (sin) des Winkels

$$\sin\alpha = \frac{a}{c};\ \sin\beta = \frac{b}{c}$$

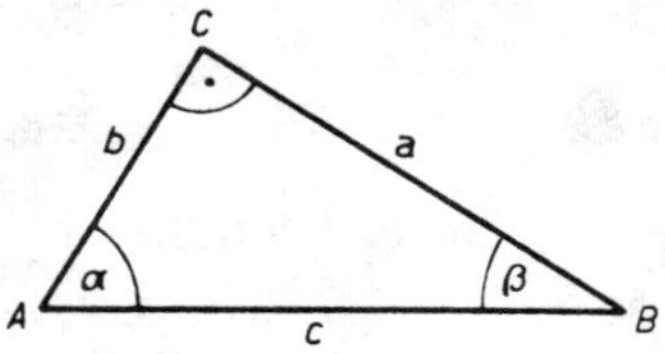

In der Mathematik nennt man jede Größe, die von einer anderen gesetzmäßig abhängig ist, eine Funktion dieser anderen Größe. Die Seitenverhältnisse $\frac{a}{c}$ und $\frac{b}{c}$ sind vom Winkel α bzw. β abhängig. Es sind also Funktionen der Winkel oder Winkelfunktionen. Als Quotient zweier Längen sind die Winkelfunktionen unbenannte Zahlen (reine Zahlenwerte ohne Dimension).

Die Sinusfunktionen sind Zahlen, die das Seitenverhältnis $\frac{a}{c}$ oder $\frac{b}{c}$ ausdrücken. Sie sind nur vom Öffnungswinkel abhängig, d. h. verändert sich der Winkel, so verändert sich auch der Wert des Seitenverhältnisses. Da die Kathete immer kürzer ist als die Hypothenuse, so ist der Sinus immer kleiner als 1.

Aufgabe: Stelle die Abhängigkeit des Sinus von dem Winkel α (0° . . . 90°) am Einheitskreis graphisch dar und deute die entstehende Kurve.

Konstruktion:

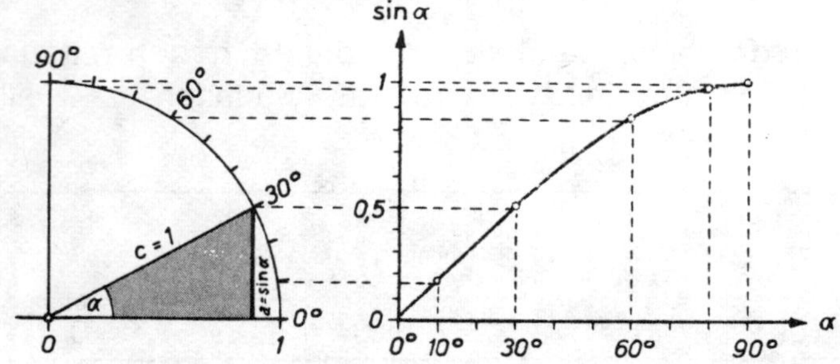

Um die einzelnen Sinuswerte für die verschiedenen Winkel α durch Zeichnung zu bestimmen, ist es zweckmäßig, die Konstruktion am Einheitskreis vorzunehmen. Einen Kreis mit dem Halbmesser = 1 Längeneinheit nennt man Einheitskreis. Auf diese Weise kann man den Sinus eines Winkels sofort als die Länge einer Strecke ablesen. Da am Einheitskreis die Hypotenuse c immer den Wert 1 hat, entspricht die Länge der Gegenkathete a dem Sinus des Winkels α ($\sin \alpha = \frac{a}{c} = \frac{a}{1} = a$). Die Sinuswerte für die Winkel α (0°. . .90°) sind in Tabellen zusammengefaßt.

Deutung: Nimmt der Winkel α von 0° bis 90° zu, so wächst auch der Sinus, und zwar von 0 bis 1. In der Nähe von 0° ist die Zunahme des Sinus größer als in der Nähe von 90°. Der Sinus und der Winkel sind also nicht proportional. So ist z. B. sin 60° nicht 2 · sin 30°.

Aufgaben:

Beispiel: In einem rechtwinkligen Dreieck ist a = 7 cm; α = 40°.

Berechne alle übrigen Seiten und Winkel.

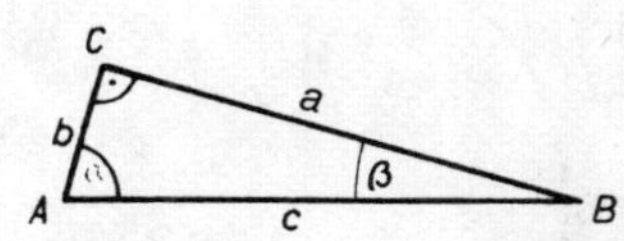

Lösung: Die Winkelsumme im Dreieck beträgt 180°, daher ist β = 50°. $\beta = 180° - 90° - 40° = 50°$

Mit Hilfe der Sinusfunktion von α kann man die Seite c berechnen.

$$\sin \alpha = \frac{a}{c};\quad c = \frac{a}{\sin \alpha} = \frac{7\text{ cm}}{\sin 40°}\qquad c = \frac{7\text{ cm}}{0{,}6428} = \underline{\underline{10{,}89}}$$

Mit Hilfe der Sinusfunktion von β kann man die Seite b berechnen.

$$\sin \beta = \frac{b}{c};\quad b = c \cdot \sin \beta = 10{,}89\text{ cm} \cdot \sin 50° = 10{,}89\text{ cm} \cdot 0{,}7660 = \underline{\underline{8{,}34\text{ cm}}}$$

Beispiel: Der obere Rand eines zylinderförmigen Gasometers (h = 30 m) erscheint einem Beobachter A unter einem Winkel von α = 23° zur Horizontalen (Erhebungswinkel). Wie weit ist der obere Rand vom Beobachter entfernt (Augenhöhe vernachlässigen)?

Lösung: Mit Hilfe der Sinusfunktion kann man die Entfernung $\overline{AC}$ berechnen.

$$\sin \alpha = \frac{\overline{BC}}{\overline{AC}};\quad \overline{AC} = \frac{\overline{BC}}{\sin \alpha} = \frac{30\text{ m}}{\sin 23°} = \frac{30\text{ m}}{0{,}3907} = \underline{\underline{76{,}79\text{ m}}}$$

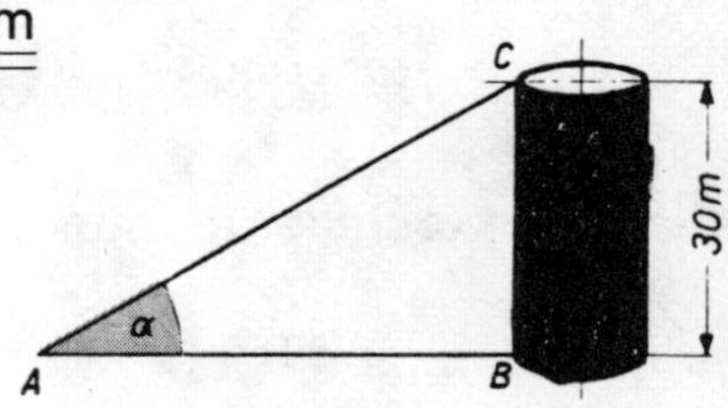

Die Sinuswerte besonderer Winkel

a) $x = \frac{\pi}{6}$

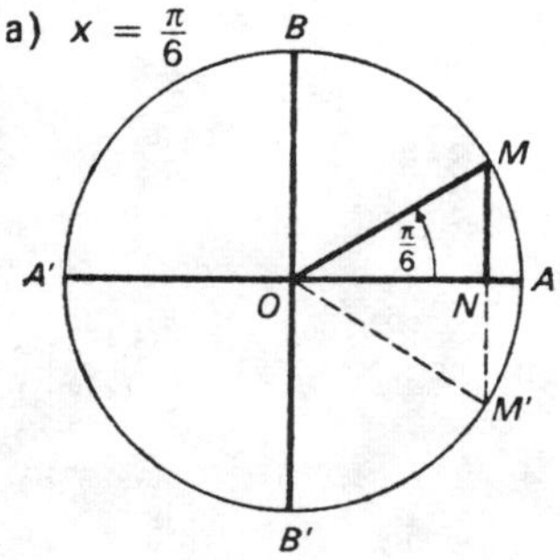

Das $\triangle$ *OM'M* ist gleichseitig mit der Seitenlänge 1.
Daraus folgt:

$$\sin \frac{\pi}{6} = \overline{NM} = \frac{1}{2}\,\overline{M'M} = \frac{1}{2} \cdot 1 = \frac{1}{2}$$

b) $x = \frac{\pi}{4}$

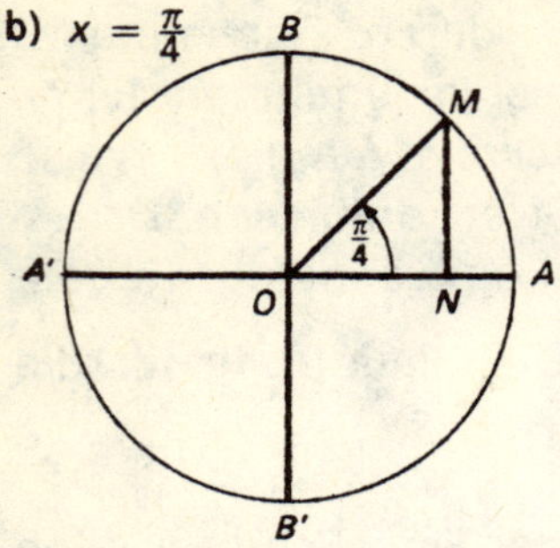

Das rechtwinklige Dreieck ONM ist gleichschenklig mit $\overline{ON} = \overline{NM}$.
Nach dem Lehrsatz von Pythagoras gilt:

$$\overline{OM}^2 = \overline{ON}^2 + \overline{NM}^2 \quad \Rightarrow$$

$$2\,\overline{NM}^2 = 1 \quad \Leftrightarrow$$

$$\overline{NM}^2 = \frac{1}{2} \quad \Rightarrow$$

$$\overline{NM} = \frac{1}{2}\sqrt{2} \quad \Rightarrow$$

$$\sin\frac{\pi}{4} = \overline{NM} = \frac{1}{2}\sqrt{2}$$

c) $x = \frac{\pi}{3}$

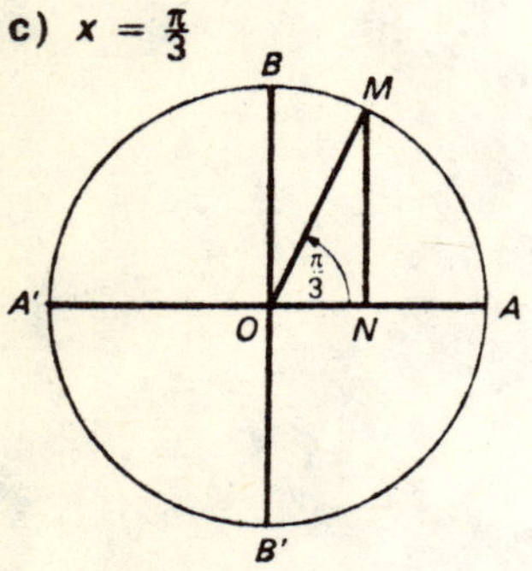

Aus a) ist bekannt, daß $\overline{ON} = \frac{1}{2}$ ist. Nach dem Lehrsatz von Pythagoras gilt:

$$\left(\frac{1}{2}\right)^2 + \overline{NM}^2 = 1^2 \quad \Leftrightarrow$$

$$\overline{NM}^2 = \frac{3}{4} \quad \Rightarrow$$

$$\overline{NM} = \frac{1}{2}\sqrt{3} \quad \Rightarrow$$

$$\sin\frac{\pi}{3} = \overline{NM} = \frac{1}{2}\sqrt{3}$$

Zusammenfassung

x	$\frac{\pi}{6}$	$\frac{\pi}{4}$	$\frac{\pi}{3}$
$\sin x$	$\frac{1}{2}\sqrt{1}$	$\frac{1}{2}\sqrt{2}$	$\frac{1}{2}\sqrt{3}$

§ 3 Die Kosinusfunktion

Definition der Kosinusfunktion

Bei der Sinusfunktion haben wir am Schattenmodell die Bewegung des Punktes P auf dem vertikalen Durchmesser BB' verfolgt. Nun wenden wir uns der Bewegung des Punktes N zu.
Das Bogenmaß sei wieder x, dagegen bezeichnen wir diesmal die Länge der orientierten Strecke $ON = y$; $\overline{ON} > 0$, wenn N rechts von O liegt; $\overline{ON} < 0$, wenn N links von O liegt).

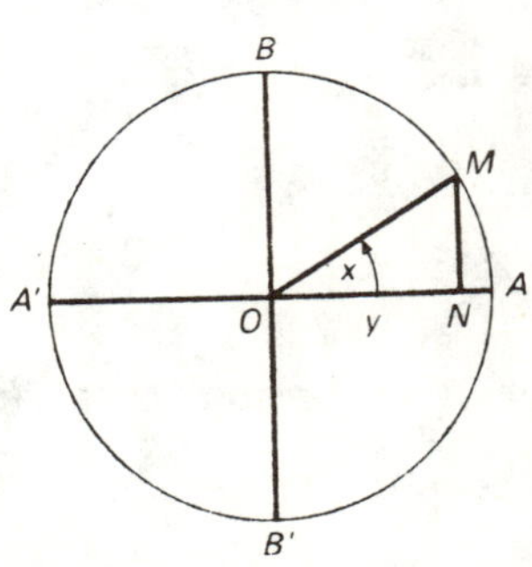

Der Ausgangspunkt der Drehung ist wieder A. Wir betrachten zunächst die Drehung im positiven Sinn.

Für $x = 0$ ist $y = 1$. Wächst x von 0 bis $\frac{\pi}{2}$, so fällt y von 1 zu 0. Im II. Quadranten fällt y von 0 bis −1, im III. Quadranten wächst es von −1 bis 0 und im IV. Quadranten wächst es von 0 bis 1. Nimmt x weiter zu, so wiederholt sich der Vorgang periodisch.

Bewegt sich die Kugel im negativen Sinn vom Ausgangspunkt A aus bis zu B', so fällt y von 1 bis 0. Fällt x von $-\frac{\pi}{2}$ weiter bis $-\pi$, so fällt auch y von 0 bis -1.

Für weiteres Abnehmen des Drehwinkels wiederholen sich die Phasen periodisch.

Die beschriebene Zuordnungsvorschrift definiert zwischen den Mengen $\mathbb{R}$ (Definitionsbereich) und $[-1, 1]$ (Wertebereich) eine Funktion, die wir die Kosinusfunktion nennen. Wir schreiben dafür symbolisch:

$f_c : x \rightarrow \cos x,\ x \in \mathbb{R}$ bzw. $y = \cos x$

Zur Erläuterung der Funktionsvorschrift:

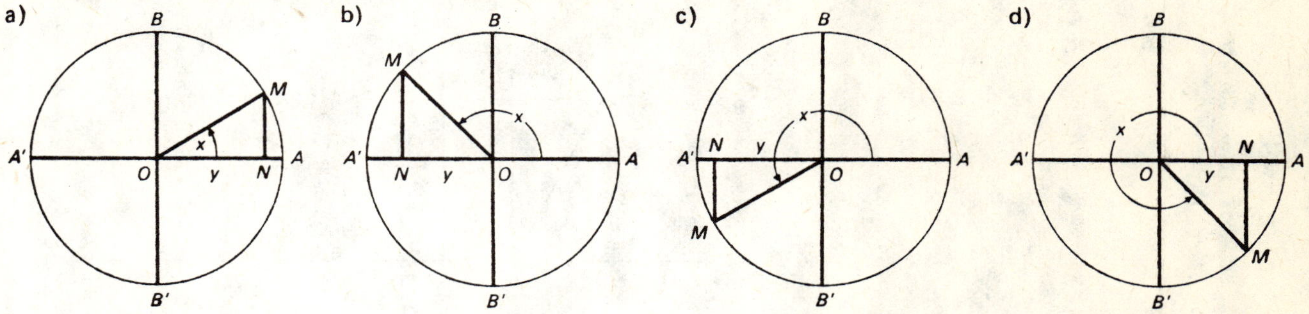

a) $y = \cos x = \overline{ON} > 0$ b) $y = \cos x = \overline{ON} < 0$ c) $y = \cos x = \overline{ON} < 0$ d) $y = \cos x = \overline{ON} > 0$

Graphische Darstellung:

Wertetafel:

x	$\ldots -2\pi$		$-\frac{3\pi}{2}$		$-\pi$		$-\frac{\pi}{2}$		0		$\frac{\pi}{2}$		π		$\frac{3\pi}{2}$		$2\pi \ldots$	
$\cos x$	↗ 1	↘	0	↘	−1	↗	0	↗	1	↘	0	↘	−1	↗	0	↗	1	↘

der Graph

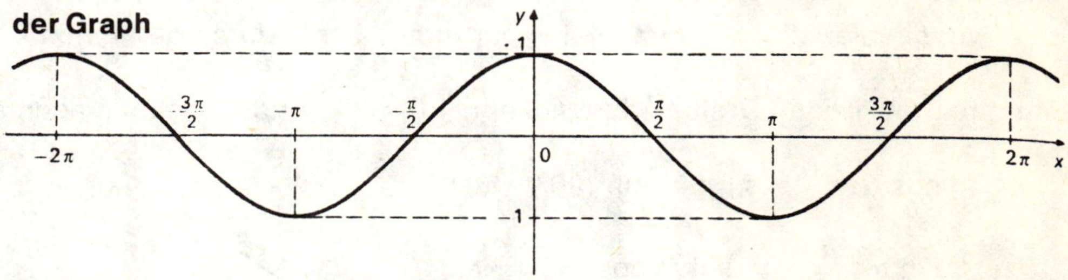

Aufgabe: Zeichne vier rechtwinklige Dreiecke mit demselben Winkel α. Vergleiche die Verhältnisse, gebildet aus der Ankathete und der Hypotenuse.

Erkenntnis: Auf Grund der Ähnlichkeit der Dreiecke ist

$$\frac{b_1}{c_1} = \frac{b_2}{c_2} = \frac{b_3}{c_3} = \frac{b_4}{c_4}$$

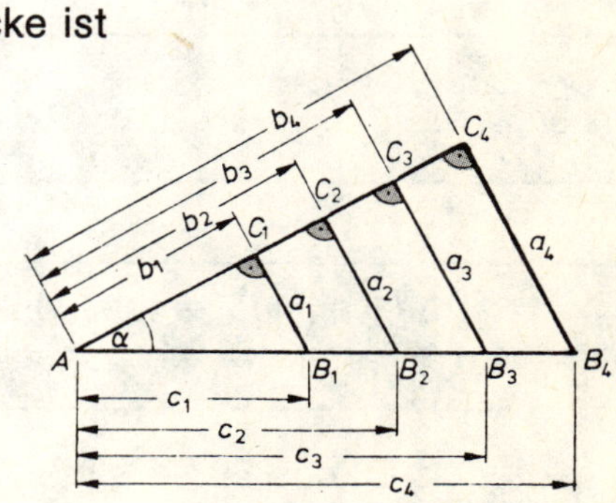

Erklärung: Man bezeichnet in einem rechtwinkligen Dreieck das Verhältnis der Ankathete zur Hypotenuse als den Kosinus (cos) des Winkels

$$\cos\alpha = \frac{b}{c}; \quad \cos\beta = \frac{a}{c}$$

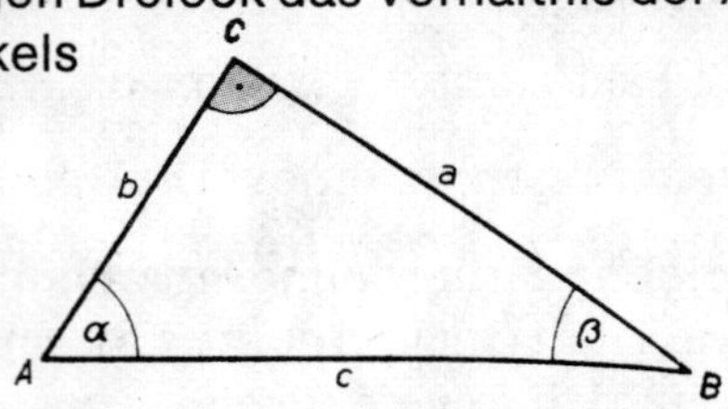

Auch die Kosinusfunktion ist nur vom Öffnungswinkel abhängig. Da die Kathete immer kürzer ist als die Hypotenuse, so ist der Kosinus immer kleiner als 1.

Aufgabe: Stelle die Abhängigkeit des Kosinus von dem Winkel α (0° ... 90°) am Einheitskreis graphisch dar und deute die entstehende Kurve.

Konstruktion:

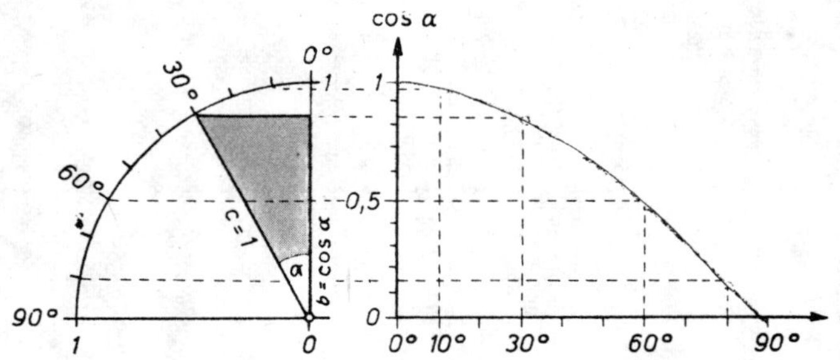

Auch hier ist es zweckmäßig, die Konstruktion am Einheitskreis vorzunehmen. Da die Hypotenuse c immer den Wert 1 hat, entspricht die Länge der Ankathete b dem Kosinus des Winkels α.

$$\left(\cos\alpha = \frac{b}{c} = \frac{b}{1} = b\right).$$

Deutung: Nimmt der Winkel α von 0° bis 90° zu, so nimmt der Kosinus ab, und zwar von 1 bis 0. In der Nähe von 0° ist die Abnahme des Kosinus geringer als in der Nähe von 90°. Die Kosinusfunktion durchläuft die gleichen Zahlenwerte (von 1 bis 0) wie die Sinusfunktion, jedoch in umgekehrter Reihenfolge. Die Kosinuskurve ist das Spiegelbild der Sinuskurve, gespiegelt an der Parallelen zur Achse cos α durch den Punkt $(\frac{\pi}{4}, 0)$.

Da in einem rechtwinkligen Dreieck die Winkel $\alpha + \beta = 90°$ sind, kann man auch sagen:

$$\cos\alpha = \frac{b}{c} = \sin\beta = \sin(90° - \alpha)$$

$$\sin\alpha = \frac{a}{c} = \cos\beta = \cos(90° - \alpha)$$

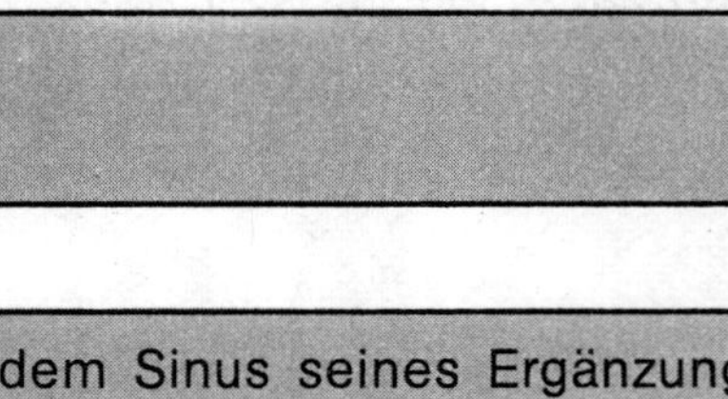

$\cos\alpha = \sin(90° - \alpha)$
$\sin\alpha = \cos(90° - \alpha)$

Lehrsatz: Der Kosinus eines Winkels ist gleich dem Sinus seines Ergänzungswinkels (Komplementwinkel).

z. B. $\cos 60° = \sin 30°$.

Aufgaben:

Beispiel: Eine 10 m lange Leiter ist an eine Hauswand gelehnt. Das untere Ende ist 2,5 m von der Mauer entfernt. Wie groß ist der Neigungswinkel?

Lösung: Der Kosinus des Neigungswinkels (α) ist das Verhältnis der Ankathete zur Hypotenuse. Dem Kosinus von 0,25 entspricht der Winkel 75° 30′.

$$\cos \alpha = \frac{2{,}5}{10} = 0{,}25$$

$$\underline{\underline{\alpha = 75^\circ\, 30'}}$$

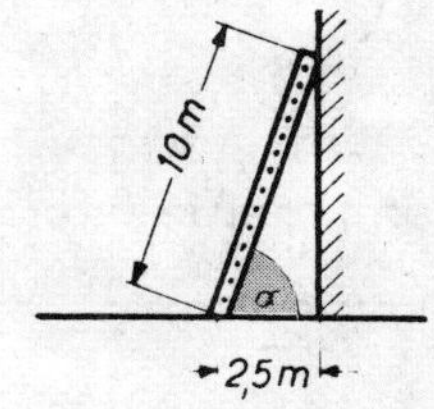

Beispiel: Ein Lastwagen steht auf einer ansteigenden Straße. Der Steigungswinkel beträgt $\alpha = 9^\circ\, 30'$. Das Gewicht (Gewichtskraft) des Wagens beträgt $G = 45\,000$ N.

1. Wie groß ist der Normaldruck N auf die Straße?
2. Wie groß ist die Kraft F, die längs der Straße wirkt?

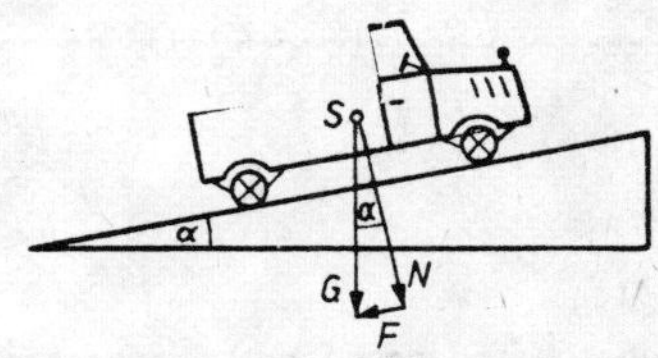

Lösung:

1. Mit der Kosinusfunktion kann man den Normaldruck berechnen. Bei einer Gewichtskraft $G = 45\,000$ N ist N = 44 380 N.

$$\begin{aligned} \cos \alpha = \frac{N}{G};\ N &= G \cdot \cos \alpha \\ &= 45\,000 \cdot \cos 9^\circ\, 30' \\ &= 45\,000 \cdot 0{,}9863 \\ \underline{\underline{N}} &\underline{\underline{= 44\,384}} \end{aligned}$$

2. Mit der Sinusfunktion kann man die Kraft F ausrechnen, die längs der Straße wirkt. $F = 7\,425$ N.

$$\begin{aligned} \sin \alpha = \frac{F}{G},\ F &= G \cdot \sin \alpha \\ &= 45\,000 \cdot \sin 9^\circ\, 30' \\ &= 45\,000 \cdot 0{,}1650 \\ \underline{\underline{F}} &\underline{\underline{= \ \ 7\,425}} \end{aligned}$$

Kosinuswerte besonderer Winkel

a) $x = \frac{\pi}{6}$

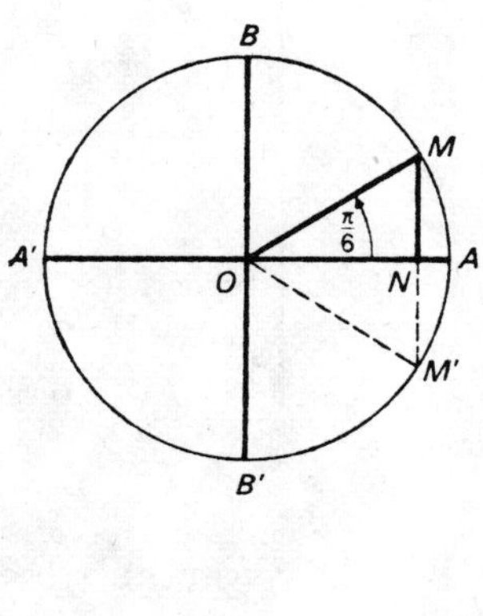

b) $x = \frac{\pi}{4}$

$\cos \frac{\pi}{4} = \frac{1}{2}\sqrt{2}$

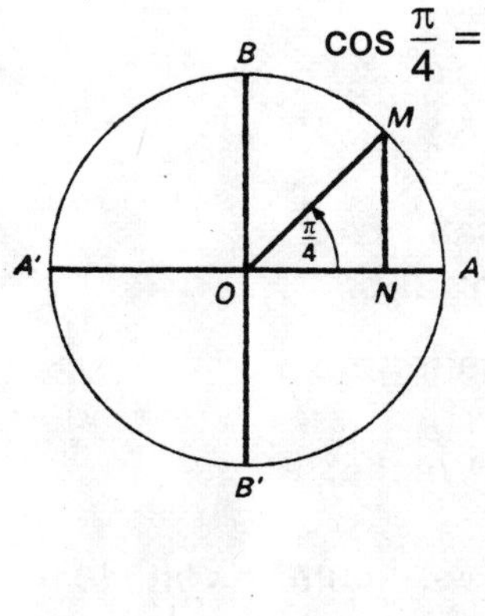

c) $x = \frac{\pi}{3}$

$\overline{ON} = \frac{1}{2}$

$\cos \frac{\pi}{3} = \frac{1}{2}$

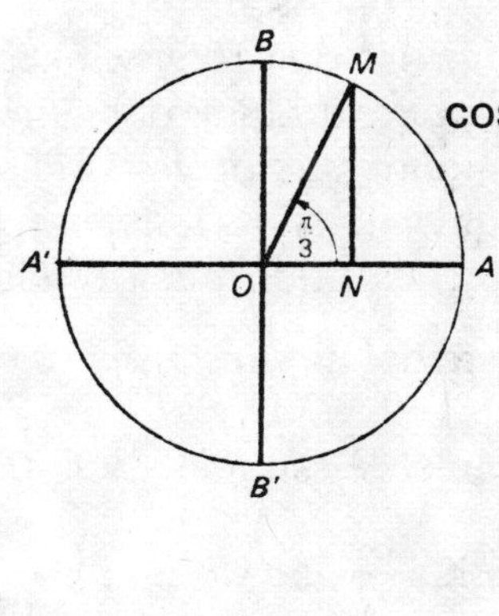

Bekannt ist $\overline{NM} = \sin\frac{\pi}{6} = \frac{1}{2}$

Nach dem Lehrsatz von Pythagoras

$\overline{ON}^2 = \overline{OM}^2 - \overline{NM}^2 \quad \Rightarrow$

$\overline{ON}^2 = 1 - \frac{1}{4} \quad \Leftrightarrow$

$\overline{ON}^2 = \frac{3}{4} \quad \Rightarrow$

$\overline{ON} = \frac{1}{2}\sqrt{3} \quad \Rightarrow$

$\cos\frac{\pi}{6} = \frac{1}{2}\sqrt{3}$

$\overline{ON} = \overline{MN} = \sin\frac{\pi}{4} = \frac{1}{2}\sqrt{2}$

Zusammenfassung:

x	$\frac{\pi}{6}$	$\frac{\pi}{4}$	$\frac{\pi}{3}$
$\cos x$	$\frac{1}{2}\sqrt{3}$	$\frac{1}{2}\sqrt{2}$	$\frac{1}{2}\sqrt{1}$

§ 4 Die Tangensfunktion

Definition der Tangensfunktion

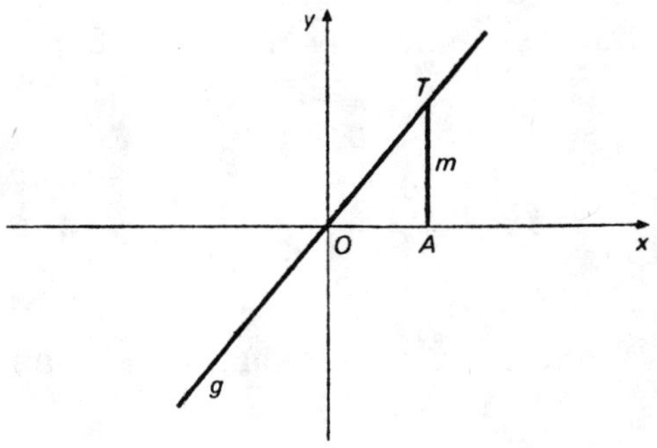

Zur Einführung wollen wir uns den Begriff des Steigungsfaktors einer Geraden in Erinnerung rufen. Wir wählen eine Gerade g, die durch den Ursprung des Koordinatensystems geht. Das rechtwinklige Dreieck OAT mit $\overline{OA} = 1$ und $\overline{AT} = m$ wurde Steigungsdreieck genannt. Die Zahl m ist der Steigungsfaktor der Geraden g. So hat z. B. die x-Achse den Steigungsfaktor $m = 0$, die erste Winkelhalbierende $m = 1$. Dreht man die Gerade g im positiven Sinn so, daß sie sich der y-Achse nähert, so wächst ihr Steigungsfaktor unbeschränkt (man sagt fälschlich, die y-Achse hätte den Steigungsfaktor unendlich).

Die zweite Winkelhalbierende hat den Steigungsfaktor $m = -1$. Dreht man diese nun im negativen Sinn so, daß sie sich der y-Achse nähert, so fällt ihr Steigungsfaktor unbeschränkt.

Nun zeichnen wir die Gerade g in einen Einheitskreis ein. Außerdem wird die Tangente t zum Kreis (die sog. Haupttangente) durch den Punkt A gezeichnet.

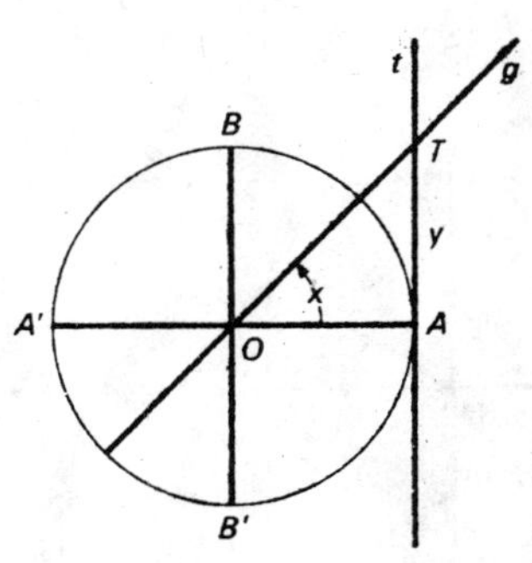

Auch hier ist das rechtwinklige Dreieck OAT ein Steigungsdreieck der Geraden g.

Der Steigungsfaktor $y = \overline{AT}$ ist eine Funktion des Drehwinkels AOT, dessen Bogenmaß x ist. Für $x = 0$ ist auch $y = 0$. Wächst x von 0 bis $\frac{\pi}{2}$, so wächst y von 0 bis $+\infty$. Fällt dagegen x von 0 bis $-\frac{\pi}{2}$, so fällt y von 0 bis $-\infty$. Wächst x von π bis $\frac{3\pi}{2}$, so wächst y von 0 bis $+\infty$. Nimmt x von π bis $\frac{\pi}{2}$ ab, so fällt y von 0 bis $-\infty$.

Folgende x-Werte sind ausgeschlossen, da keine y-Werte dafür eindeutig bestimmt werden können:

$$x = \pm\frac{\pi}{2}, \pm\frac{3\pi}{2}, \pm\frac{5\pi}{2}, \ldots \text{ oder kürzer}$$

$$x = \frac{(2k + 1)\pi}{2},\ k \in \mathbb{Z}$$

Unter der Tangensfunktion verstehen wir folgende Funktion:

$$f_t\colon x \to \tan x,\ x \in \mathbb{R} \quad \{x \mid x = \frac{2k + 1}{2}\pi \wedge k \in \mathbb{Z}\}$$

mit $\tan x = \overline{AT}$

Zur Erläuterung der Funktionsvorschrift

a)

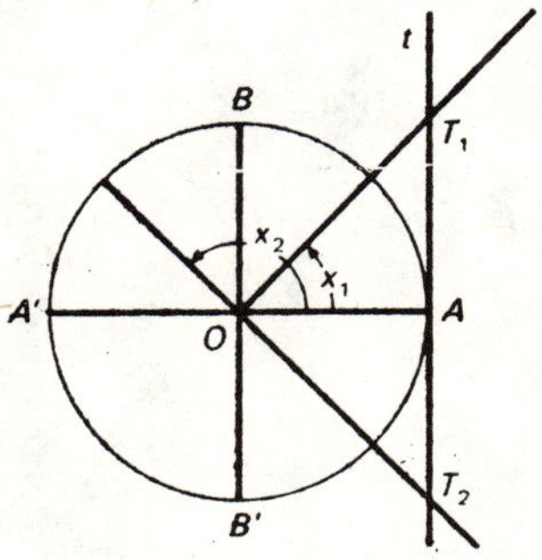

b)

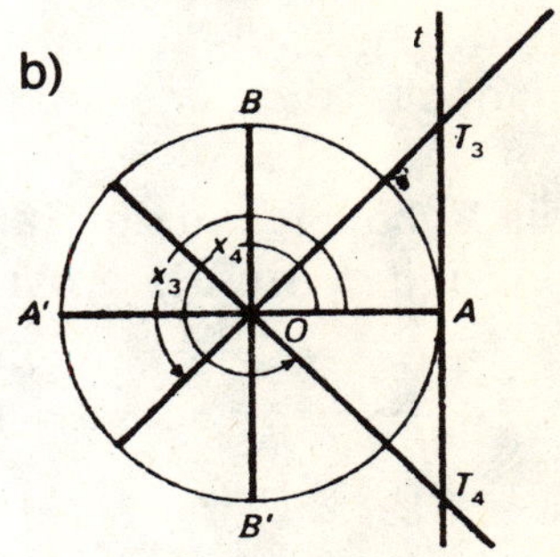

$0 \leq x_1 < \frac{\pi}{2}$ $\quad \tan x_1 = \overline{AT_1} \geq 0$

$\frac{\pi}{2} < x_2 \leq \pi$ $\quad \tan x_2 = \overline{AT_2} \leq 0$

$\pi \leq x_3 < \frac{2\pi}{2} \Rightarrow \tan x_3 = \overline{AT_3} \geq 0$

$\frac{3\pi}{2} < x_4 \leq 2\pi \Rightarrow \tan x_4 = \overline{AT_4} \geq 0$

Wertetafel:

x	-2π	$-\frac{3\pi}{2}$	$-\pi$	$-\frac{\pi}{2}$	0	$\frac{\pi}{2}$	π	$\frac{3\pi}{2}$	2π
$\tan x$	↗ 0 ↗	$+\infty$ / $-\infty$	↗ 0 ↗	$+\infty$ / $-\infty$	↗ 0 ↗	$+\infty$ / $-\infty$	↗ 0 ↗	$+\infty$ / $-\infty$	↗ 0 ↗ $+\infty$

Graphische Darstellung:

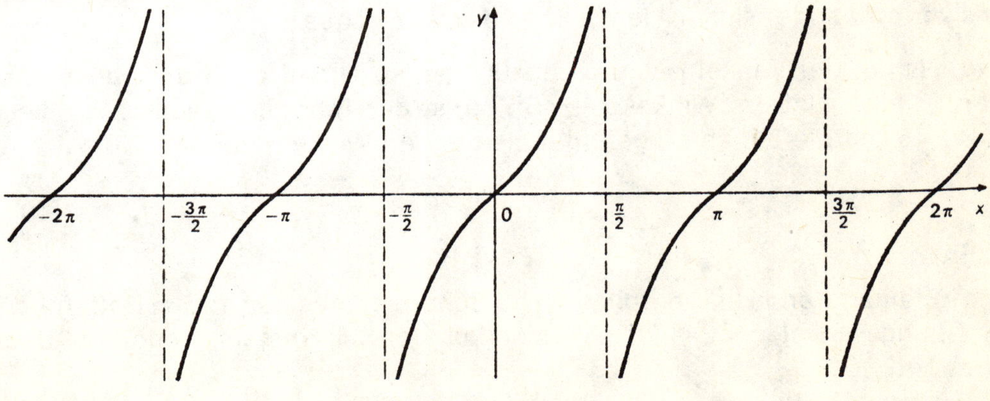

Aufgabe: Zeichne vier rechtwinklige Dreiecke mit demselben Winkel α. Vergleiche die Verhältnisse, gebildet aus der Gegenkathete und der Ankathete.

Erkenntnis: Auf Grund der Ähnlichkeit der Dreiecke ist:

$$\frac{a_1}{b_1} = \frac{a_2}{b_2} = \frac{a_3}{b_3} = \frac{a_4}{b_4}$$

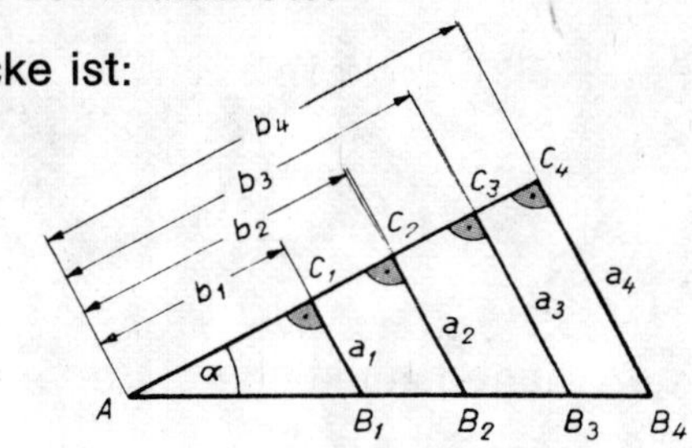

Erklärung: Man bezeichnet in einem rechtwinkligen Dreieck das Verhältnis der Gegenkathete zur Ankathete als den Tangens (tan) des Winkels.

$$\tan\alpha = \frac{a}{b}; \quad \tan\beta = \frac{b}{a}$$

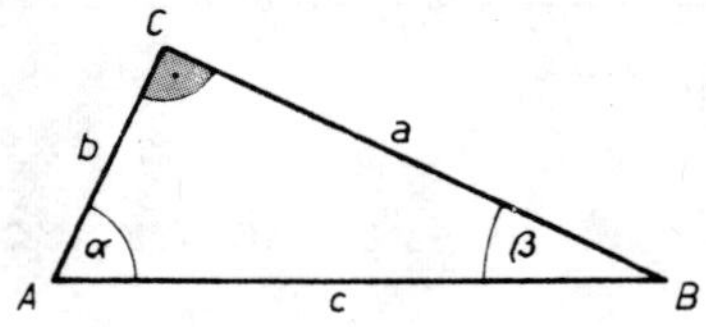

Der Wert der Tangensfunktion ist nur vom Öffnungswinkel abhängig.

Aufgabe: Stelle die Abhängigkeit des Tangens von dem Winkel α (0° ... 90°) am Einheitskreis graphisch dar und deute die entstehende Kurve.

Konstruktion:

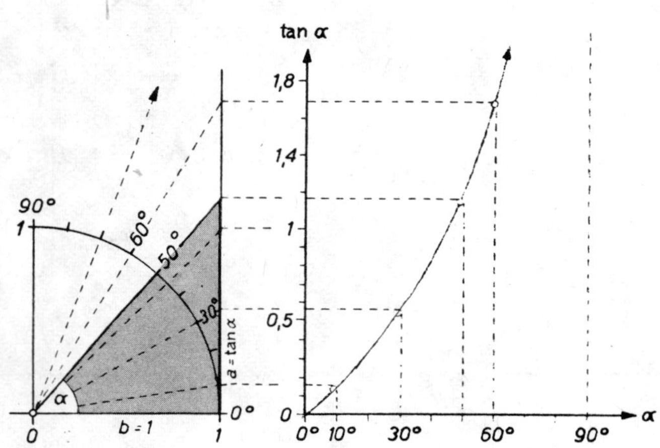

Da die Ankathete b am Einheitskreis immer den Wert 1 hat, entspricht die Länge der Gegenkathete a dem Tangens des Winkels α ($\tan\alpha = \frac{a}{b} = \frac{a}{1} = a$). Die Tabelle für die Tangenswerte befindet sich in der Beilage dieses Buches.

Deutung: Nimmt der Winkel α von 0° bis 90° zu, so nimmt auch der Tangens zu, und zwar von 0° bis ∞. Ist der Winkel α = 45°, so ist der Tangens gleich 1. Für die Winkel α = 0° ... 45° ist die Zunahme geringer als bei den Winkeln über 45°.

Aufgabe:

Beispiel: Jemand erblickt die Spitze eines Schornsteines aus 125 m Entfernung unter dem Erhebungswinkel α = 24° 20′. Wie hoch ist der Schornstein, wenn die Augenhöhe 1,4 m beträgt?

Lösung: Man kann ein rechtwinkliges Dreieck konstruieren und mit Hilfe der Tangensfunktion die Seite a berechnen.

$$\tan\alpha = \frac{a}{125};\quad a = 125\text{ m}\cdot\tan\alpha$$
$$= 125\text{ m}\cdot\tan 24^\circ\,20'$$
$$= 125\text{ m}\cdot 0{,}4522$$
$$\underline{\underline{a = 56{,}53\text{ m}}}$$

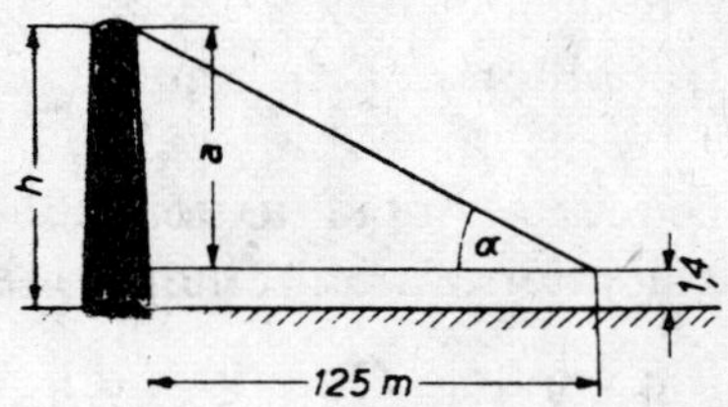

Um die Schornsteinhöhe h zu bestimmen, muß man zu a noch die Augenhöhe addieren.

$$h = 56{,}53\text{ m} + 1{,}4\text{ m} = \underline{\underline{57{,}93\text{ m}}}$$

Tangenswerte besonderer Winkel

a) $x = \frac{\pi}{6}$

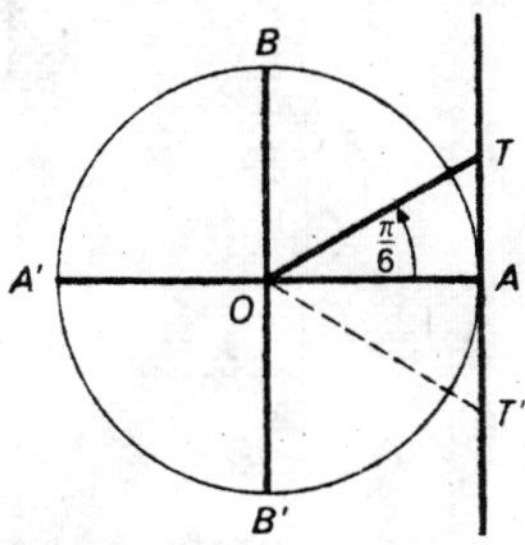

Das Dreieck $OT'T$ ist gleichseitig

$\overline{OT} = 2\overline{AT}$

$4\overline{AT}^2 = 1 + \overline{AT}^2 \quad\Leftrightarrow$

$\overline{AT}^2 = 1 \quad\Leftrightarrow$

$\overline{AT}^2 = \frac{1}{3} \quad\Rightarrow$

$\overline{AT} = \frac{1}{3}\sqrt{3} \quad\Rightarrow$

$\tan\frac{\pi}{6} = \frac{1}{3}\sqrt{3}$

b) $x = \frac{\pi}{4}$

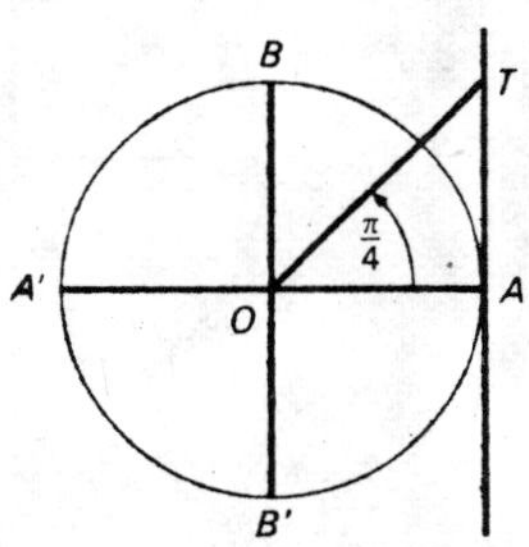

Das rechtwinklige $\triangle\, OAT$ ist gleichschenklig

$(\overline{AT} = \overline{OA} = 1) \quad\Rightarrow$

$\tan\frac{\pi}{4} = 1$

c) $x = \frac{\pi}{3}$

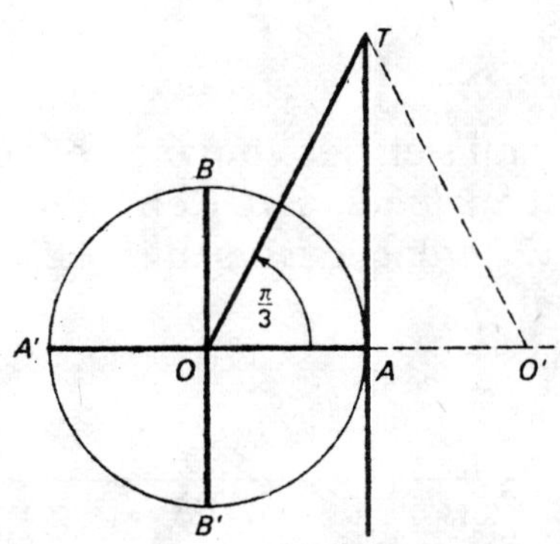

Wir wählen O' so, daß $\overline{OA} = \overline{AO'} = 1$ ist

$\triangle OO'T$ gleichseitig $\Leftrightarrow$

$\overline{OT} = 2\overline{OA} = 2 \quad\Leftrightarrow$

$4 = 1 + \overline{AT}^2 \quad\Leftrightarrow$

$3 = \overline{AT}^2 \quad\Rightarrow$

$\overline{AT} = \sqrt{3} \quad\Rightarrow$

$\tan\frac{\pi}{3} = \sqrt{3}$

Zusammenfassung:

x	$\frac{\pi}{6}$	$\frac{\pi}{4}$	$\frac{\pi}{3}$
$\tan x$	$\frac{1}{3}\sqrt{3}$	1	$\sqrt{3}$

§ 5 Die Kotangensfunktion

Definition der Kotangensfunktion

Die Kotangensfunktion läßt sich in Anlehnung an die Tangensfunktion definieren. Hierfür zeichnen wir am Einheitskreis die Tangente im Punkt *B* (Kotangente) ein.

Die variable Gerade *g* durch den Ursprung schneidet die Kotangente in dem variablen Punkt *C*. Wir interessieren uns für die Länge *y* der orientierten Strecke *BC* in Abhängigkeit des orientierten Winkels ∢ *AOC* mit dem Bogenmaß *x*.

a)

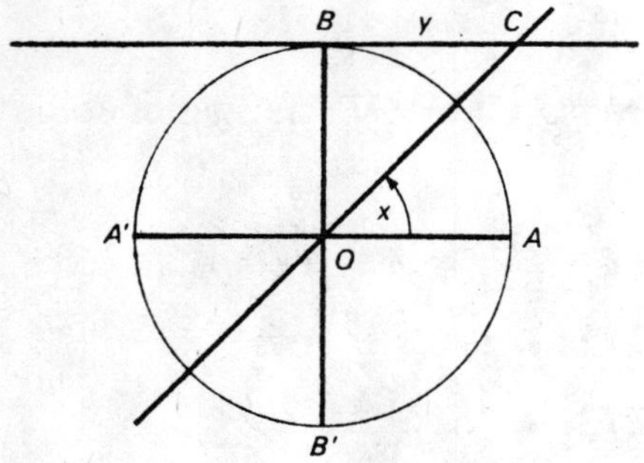

$0 < x \leq \frac{\pi}{2} \Rightarrow 0 \leq y < +\infty$

b)

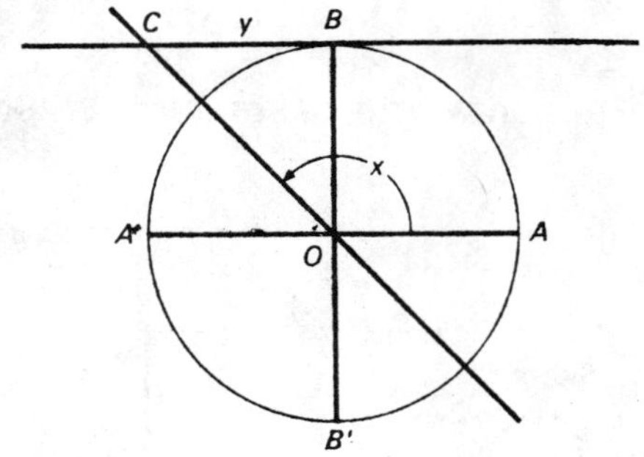

$\frac{\pi}{2} \leq x < \pi \Rightarrow -\infty < y \leq 0$

c)

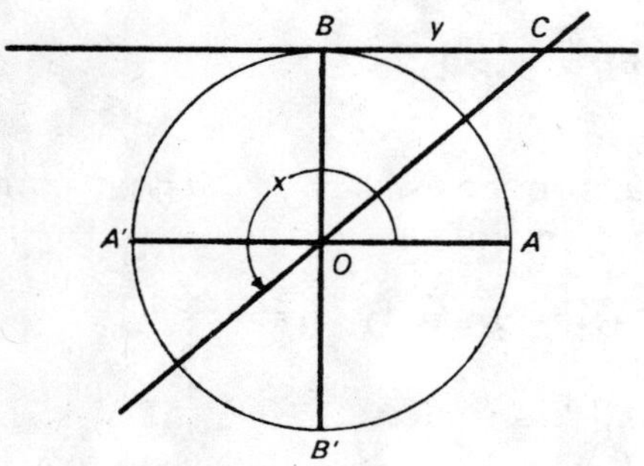

$\pi < x \leq \frac{3\pi}{2} \Rightarrow 0 \leq y < +\infty$

d)

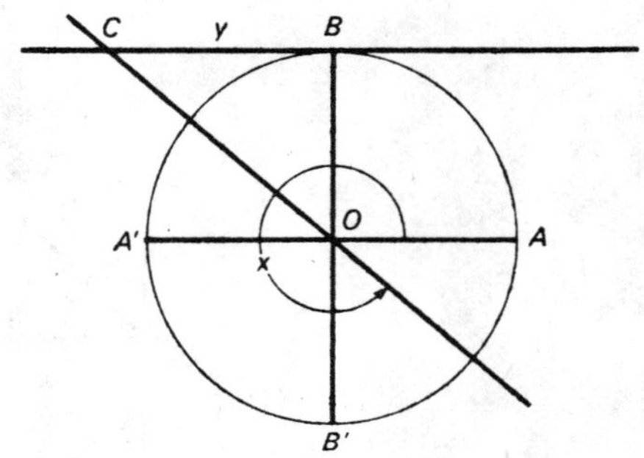

$\frac{3\pi}{2} \leq x < 2\pi \Rightarrow -\infty < y \leq 0$

Durch weiteres Drehen der Geraden *g* wiederholt sich der Vorgang periodisch. Für negative Drehwinkel wird die Zuordnungsvorschrift analog erklärt. Den *x*-Werten 0, $\pm 2\pi$, $\pm 3\pi$ oder kürzer $k\pi$, $k \in \mathbb{Z}$ können nach dieser Zuordnungsvorschrift keine *y*-Werte eindeutig zugeordnet werden.

Die Funktion

$$f_{ct}: x \rightarrow \cot x,\ x \in \mathbb{R} \setminus \{x \mid x = k\pi,\ k \in \mathbb{Z}\}$$

mit $\cot x = \overline{BC}$

nennen wir Kotangensfunktion.

Graphische Darstellung

Wertetafel:

x	...	-2π	$-\frac{3\pi}{2}$	$-\pi$	$-\frac{\pi}{2}$	0	$\frac{\pi}{2}$	π	$\frac{3\pi}{2}$	2π
$\cot x$	↘	$-\infty$ $+\infty$	↘ 0 ↘	$-\infty$ $+\infty$	↘ 0 ↘	$-\infty$ $+\infty$	↘ 0 ↘	$-\infty$ $+\infty$	↘ 0 ↘	$+\infty$ $+\infty$ ↘

Graphische Darstellung:

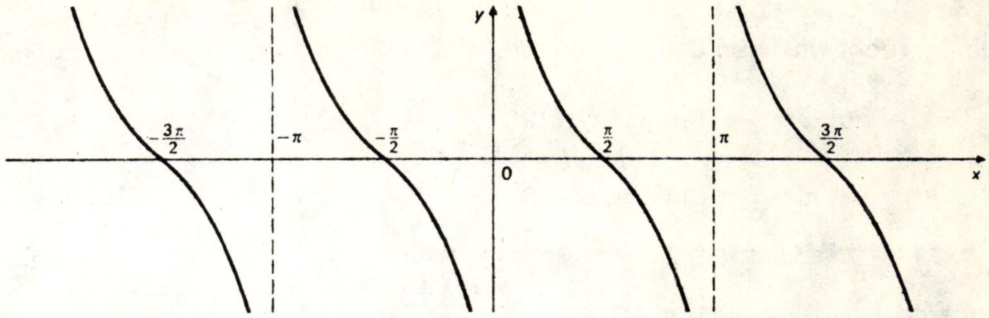

Aufgabe: Zeichne vier rechtwinklige Dreiecke mit demselben Winkel α. Vergleiche die Verhältnisse, gebildet aus der Ankathete und der Gegenkathete.

Erkenntnis: Auf Grund der Ähnlichkeit der Dreiecke ist:

$$\frac{b_1}{a_1} = \frac{b_2}{a_2} = \frac{b_3}{a_3} = \frac{b_4}{a_4}$$

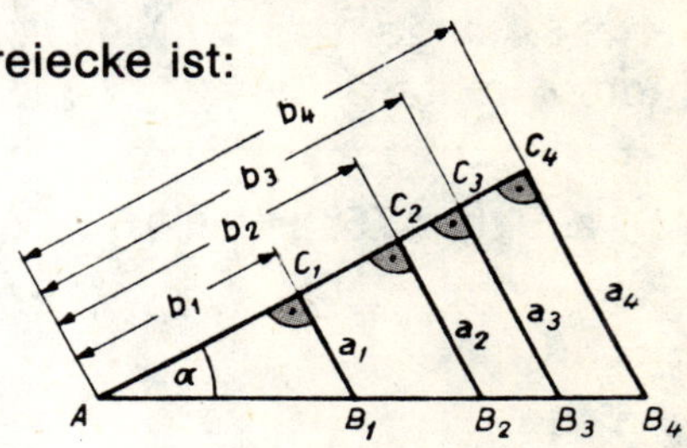

Erklärung: Man bezeichnet in einem rechtwinkligen Dreieck das Verhältnis der Ankathete zur Gegenkathete als den Kotangens (cot) des Winkels

$$\cot \alpha = \frac{b}{a}; \cot \beta = \frac{a}{b}$$

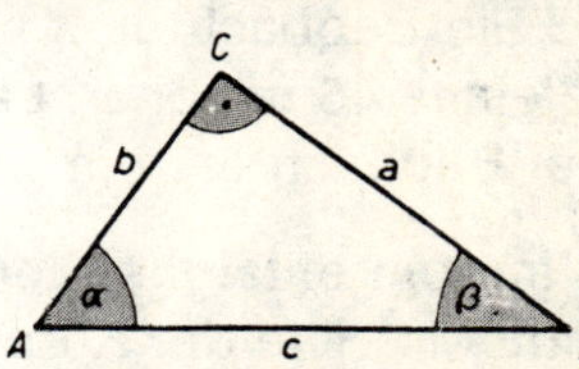

Aufgabe: Stelle die Abhängigkeit des Kotangens von dem Winkel α (0° . . . 90°) am Einheitskreis graphisch dar und deute die entstehende Kurve.

Konstruktion:

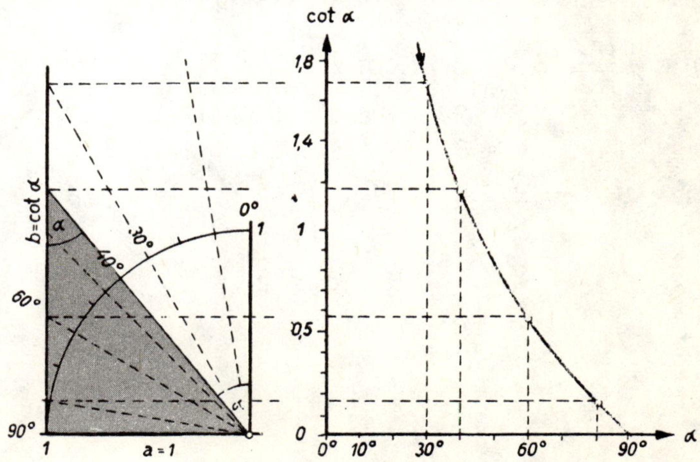

Die Gegenkathete a hat am Einheitskreis den Wert 1. Die Länge der Ankathete b entspricht also dem Kotangens des Winkels α ($\cot \alpha = \frac{b}{a} = \frac{b}{1} = b$). Die Tabelle für die Kotangenswerte befindet sich in der Beilage dieses Buches.

Deutung: Nimmt der Winkel α von 0° bis 90° zu, so nimmt der Kotangens ab, und zwar von ∞ bis 0. Ist der Winkel $\alpha = 45°$, so ist der Kotangens gleich 1. Für die Winkel $\alpha = 0°$ bis 45° ist die Abnahme größer als bei den Winkeln über 45°. Die Kotangensfunktion durchläuft die gleichen Zahlenwerte (von ∞ bis 0) wie die Tangensfunktion, jedoch in umgekehrter Reihenfolge.

Da in einem rechtwinkligen Dreieck die Winkel $\alpha + \beta = 90°$ sind, kann man auch sagen:

$$\cot \alpha = \frac{b}{a} = \tan \beta = \tan (90° - \alpha)$$

$$\tan \alpha = \frac{a}{b} = \cot \beta = \cot (90° - \alpha)$$

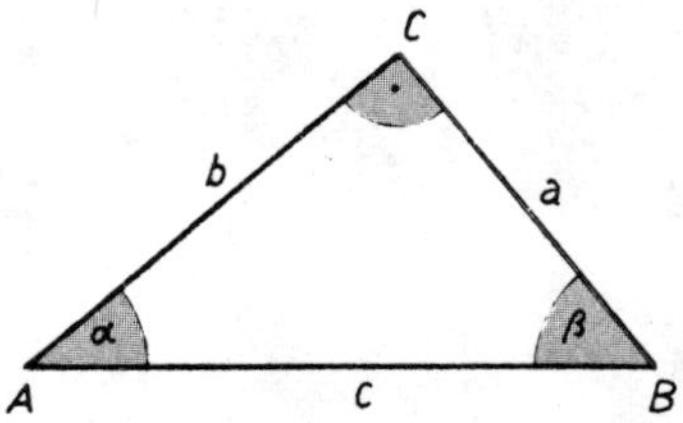

$\cot \alpha = \tan (90° - \alpha)$
$\tan \alpha = \cot (90° - \alpha)$

Lehrsatz: Der Kotangens eines Winkels ist gleich dem Tangens seines Ergänzungswinkels (Komplementwinkel);

z. B. $\cot 75° = \tan 15°$

Aufgaben:

Beispiel: Ein Beobachter B steht am Strand 6 m über dem Wasserspiegel und sieht die Spitze eines 45 m hohen Leuchtturmes unter dem Erhebungswinkel $\alpha = 3° 20'$. Wie weit ist der Beobachter vom Leuchtturm entfernt?

Lösung: In dem entstehenden Dreieck ABC sind der Winkel α und die Gegenkathete $\overline{AC}$ bekannt. Mit Hilfe der Kotangensfunktion kann man die unbekannte Entfernung $\overline{BC}$ berechnen.

$$\alpha = 3° 20'; \overline{AC} = 45 \text{ m} - 6 \text{ m} = 39 \text{ m}$$

$$\cot \alpha = \frac{\overline{BC}}{\overline{AC}}; \overline{BC} = \overline{AC} \cdot \cot \alpha$$

$$= 39 \text{ m} \cdot \cot 3° 20'$$

$$= 39 \text{ m} \cdot 17{,}1693$$

$$\overline{BC} = 669{,}6 \text{ m}$$

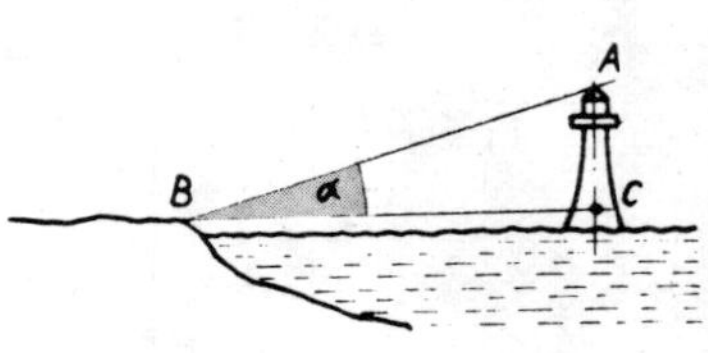

Kotangenswerte besonderer Winkel

a) $x = \frac{\pi}{6}$

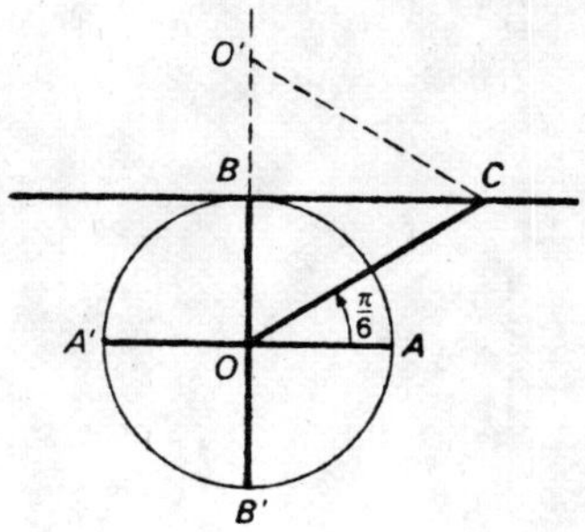

Wir wählen O' so, daß

$\overline{OB} = \overline{BO'} = 1$ ist. Das Dreieck

OCO' ist gleichseitig $\Rightarrow$

$\overline{OC} = 2 \Leftrightarrow$

$4 = 1 + \overline{BC}^2 \Leftrightarrow$

$\overline{BC}^2 = 3 \Rightarrow$

$\overline{BC} = \sqrt{3} \Rightarrow$

$\cot \frac{\pi}{6} = \sqrt{3}$

b) $x = \frac{\pi}{4}$

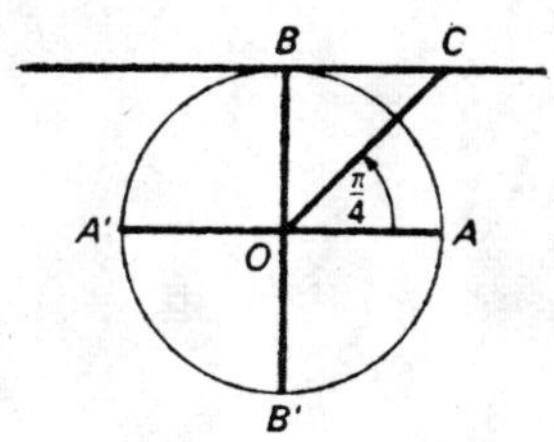

Das rechtwinklige Dreieck BOC

ist gleichschenklig $\Rightarrow$

$\overline{BC} = \overline{OB} = 1 \Rightarrow$

$\cot \frac{\pi}{4} = 1$

c) $x = \frac{\pi}{3}$

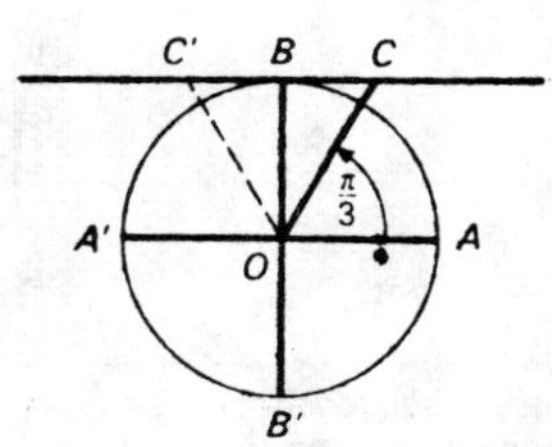

Wir wählen C' so, daß $\overline{C'B} = \overline{CB} \Rightarrow$

$\triangle C'OC$ gleichseitig

$\overline{OC} = 2\overline{BC} \Rightarrow$

$4\overline{BC}^2 = \overline{BC}^2 + 1 \Rightarrow$

$\overline{BC}^2 = \frac{1}{3} \Rightarrow$

$\overline{BC} = \frac{1}{3}\sqrt{3} \Leftrightarrow$

$\cot \frac{\pi}{3} = \frac{1}{3}\sqrt{3}$

Zusammenfassung:

x	$\frac{\pi}{6}$	$\frac{\pi}{4}$	$\frac{\pi}{3}$
$\cot x$	$\sqrt{3}$	1	$\frac{1}{3}\sqrt{3}$

§ 6 Wichtige Erkenntnisse

A) Wichtige Werte der vier Winkelfunktionen

Enthalten rechtwinklige Dreiecke die Winkel 30° und 60° oder 45°, so ergeben sich besondere Werte für die Winkelfunktionen.

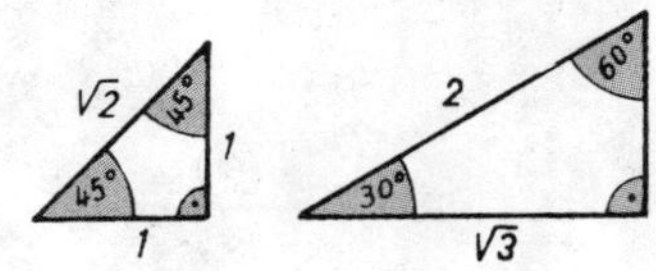

		$\frac{\pi}{6}$	$\frac{\pi}{4}$	$\frac{\pi}{3}$	$\frac{\pi}{2}$
Winkel	0°	30°	45°	60°	90°
$\sin\alpha$	0	$\frac{1}{2}$	$\frac{1}{2}\sqrt{2}$	$\frac{1}{2}\sqrt{3}$	1
$\cos\alpha$	1	$\frac{1}{2}\sqrt{3}$	$\frac{1}{2}\sqrt{2}$	$\frac{1}{2}$	0
$\tan\alpha$	0	$\frac{1}{3}\sqrt{3}$	1	$\sqrt{3}$	∞
$\cot\alpha$	∞	$\sqrt{3}$	1	$\frac{1}{3}\sqrt{3}$	0

Die vier Winkelfunktionen können auch wie nebenstehend am Einheitskreis dargestellt werden. Daraus ergeben sich leicht folgende Grundformeln:

$$\sin^2\alpha + \cos^2\alpha = 1 \qquad \tan\alpha \cdot \cot\alpha = 1$$

$$\tan\alpha = \frac{\sin\alpha}{\cos\alpha} \qquad \tan\alpha = \frac{1}{\cot\alpha}$$

$$\cot\alpha = \frac{\cos\alpha}{\sin\alpha} \qquad \cot\alpha = \frac{1}{\tan\alpha}$$

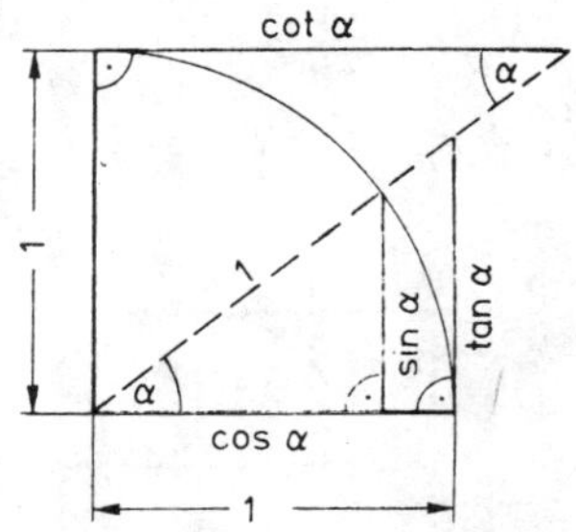

Zusammenhang zwischen den trigonometrischen Funktionen				
	$\sin\alpha$	$\cos\alpha$	$\tan\alpha$	$\cot\alpha$
$\sin\alpha =$	—	$\sqrt{1-\cos^2\alpha}$	$\frac{\tan\alpha}{\sqrt{1+\tan^2\alpha}}$	$\frac{1}{\sqrt{1+\cot^2\alpha}}$
$\cos\alpha =$	$\sqrt{1-\sin^2\alpha}$	—	$\frac{1}{\sqrt{1+\tan^2\alpha}}$	$\frac{\cot\alpha}{\sqrt{1+\cot^2\alpha}}$
$\tan\alpha =$	$\frac{\sin\alpha}{\sqrt{1-\sin^2\alpha}}$	$\frac{\sqrt{1-\cos^2\alpha}}{\cos\alpha}$	—	$\frac{1}{\cot\alpha}$
$\cot\alpha =$	$\frac{\sqrt{1-\sin^2\alpha}}{\sin\alpha}$	$\frac{\cos\alpha}{\sqrt{1-\cos^2\alpha}}$	$\frac{1}{\tan\alpha}$	—
	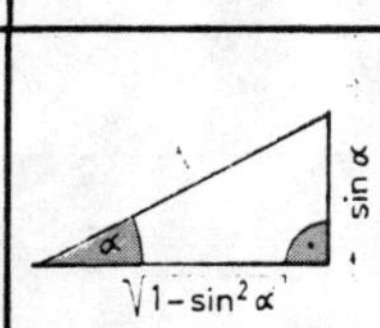	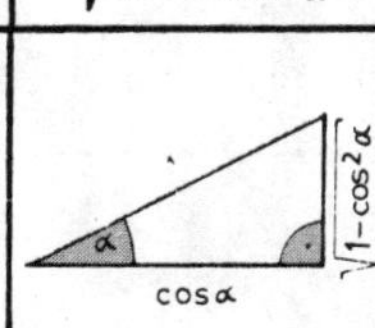	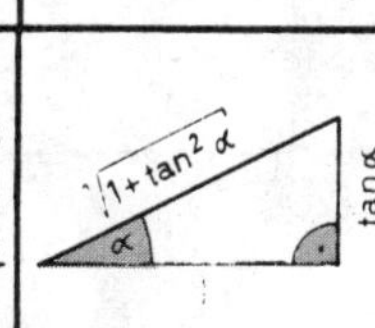	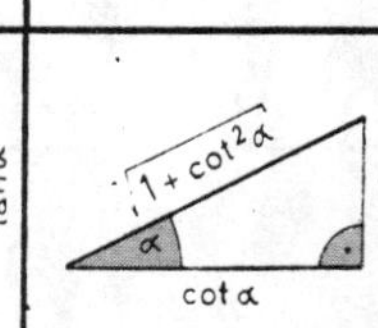

Beispiel: Berechne, ohne die Größe des Winkels zu bestimmen, die Werte für cos α, tan α und cot α aus sin α = 0,8949.

Lösung: Da sin α bekannt ist, kann man cos α, tan α und cot α mit Hilfe der Formeln aus obenstehender Tabelle berechnen. Geringe Abweichungen gegenüber der Tafel der numerischen Werte haben ihre Ursache in der Ungenauigkeit der vierten Stelle der einzelnen Werte, die durch Abrundung entstanden sind.

$$\cos\alpha = \sqrt{1-\sin^2\alpha} = \sqrt{1-0{,}8949^2} = \sqrt{1-0{,}8008} = \sqrt{0{,}1992}$$

$$\underline{\underline{\cos\alpha = 0{,}4463}}$$

$$\tan\alpha = \frac{\sin\alpha}{\sqrt{1-\sin^2\alpha}} = \frac{0{,}8949}{0{,}4463}$$

$$\underline{\underline{\tan\alpha = 2{,}005}}$$

$$\cot\alpha = \frac{\sqrt{1-\sin^2\alpha}}{\sin\alpha} = \frac{0{,}4463}{0{,}8949}$$

$$\underline{\underline{\cot\alpha = 0{,}4987}}$$

Aus den **vorhergehenden Ausführungen** ergeben sich somit die **vier verschiedenen Graphen** der Arkusfunktion.

B) Die vier Graphen der Winkelfunktionen

Graphen der Arkusfunktionen

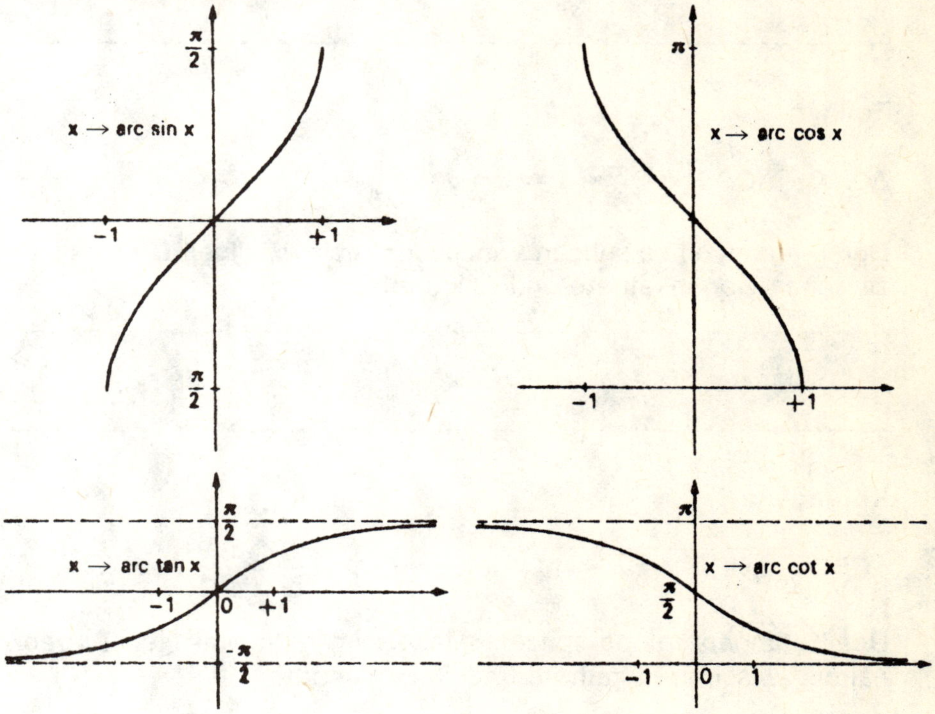

C) Ergebnis der Winkelfunktionen im rechtwinkligen Dreieck

Gegeben ist ein beliebiges rechtwinkliges Dreieck *OPQ* mit dem rechten Winkel in *P*. Anstelle des Bogenmaßes ist es hier vorteilhaft, mit dem Gradmaß des Winkels zu arbeiten. α sei das Gradmaß von ∢ *POQ*.

Um *O* zeichnen wir den Einheitskreis, der die Kathete *OP* (bzw. ihre Verlängerung) in *A* und die Hypotenuse *OQ* (bzw. ihre Verlängerung) in *M* schneidet.

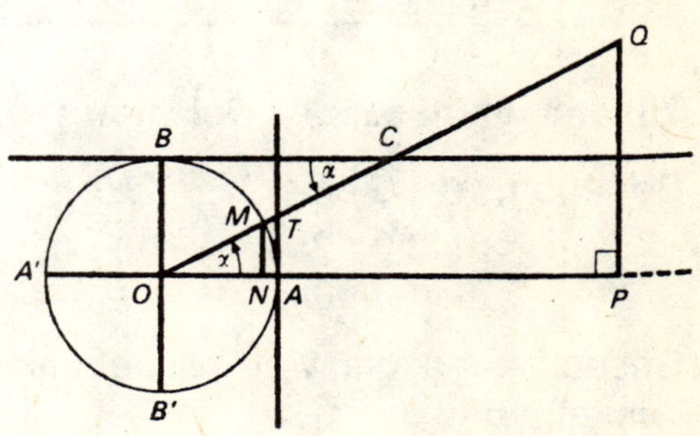

Sinus

$\triangle ONM \sim \triangle OPQ \wedge \overline{OM} = 1 \Rightarrow \sin a = \overline{NM} = \frac{\overline{NM}}{\overline{OM}} = \frac{\overline{PQ}}{\overline{OQ}}$

Anders ausgedrückt ist der Sinus eines spitzen Winkels im rechtwinkligen Dreieck gleich dem Verhältnis zwischen Gegenkathete und Hypotenuse.

$$\text{Sinus} = \frac{\text{Gegenkathete}}{\text{Hypotenuse}}$$

Kosinus

$\triangle ONM \sim \triangle OPQ \wedge \overline{OM} = 1 \Rightarrow \cos \alpha = \overline{ON} = \frac{\overline{ON}}{\overline{OM}} = \frac{\overline{OP}}{\overline{OQ}}$

Der Kosinus eines spitzen Winkels im rechtwinkligen Dreieck ist gleich dem Verhältnis zwischen Ankathete und Hypotenuse.

$$\text{Kosinus} = \frac{\text{Ankathete}}{\text{Hypotenuse}}$$

Tangens

$\triangle OAT \sim \triangle OPQ \wedge \overline{OA} = 1 \Rightarrow \tan \alpha = \frac{\overline{AT}}{\overline{OA}} = \frac{\overline{PQ}}{\overline{OP}}$

Der Tangens eines spitzen Winkels im rechtwinkligen Dreieck ist gleich dem Verhältnis zwischen Gegenkathete und Ankathete.

$$\text{Tangens} = \frac{\text{Gegenkathete}}{\text{Ankathete}}$$

Kotangens

$\triangle CBO \sim \triangle OPQ \wedge \overline{OB} = 1 \Rightarrow \cot \alpha = \overline{BC} = \frac{\overline{BC}}{\overline{OB}} = \frac{\overline{OP}}{\overline{PQ}}$

Der Kotangens eines spitzen Winkels im rechtwinkligen Dreieck ist gleich dem Verhältnis zwischen Ankathete und Gegenkathete.

$$\text{Kotangens} = \frac{\text{Ankathete}}{\text{Gegenkathete}}$$

Zusammenfassendes Beispiel:

Gegeben: $a = 3$ cm
$b = 4$ cm
$c = 5$ cm

Gesucht sind die vier Winkelfunktionen der Winkel α und β.

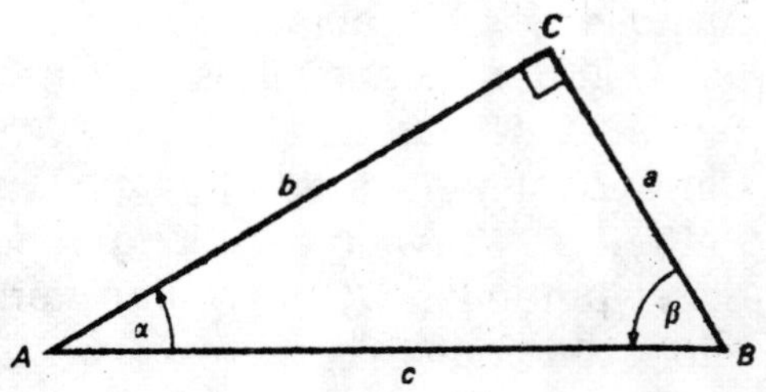

Lösung:

$\sin\alpha = \frac{a}{c} = \frac{3\text{ cm}}{5\text{ cm}} = \frac{3}{5} = 0{,}6$ $\qquad$ $\sin\beta = \frac{b}{c} = \frac{4\text{ cm}}{5\text{ cm}} = \frac{4}{5} = 0{,}8$

$\cos\alpha = \frac{b}{c} = \frac{4\text{ cm}}{5\text{ cm}} = \frac{4}{5} = 0{,}8$ $\qquad$ $\cos\beta = \frac{a}{c} = \frac{3\text{ cm}}{5\text{ cm}} = \frac{3}{5} = 0{,}6$

$\tan\alpha = \frac{a}{b} = \frac{3\text{ cm}}{4\text{ cm}} = \frac{3}{4} = 0{,}75$ $\qquad$ $\tan\beta = \frac{b}{a} = \frac{4\text{ cm}}{3\text{ cm}} = \frac{4}{3} = 1{,}3$

$\cot\alpha = \frac{b}{a} = \frac{4\text{ cm}}{3\text{ cm}} = \frac{4}{3} = 1{,}3$ $\qquad$ $\cot\beta = \frac{a}{b} = \frac{3\text{ cm}}{4\text{ cm}} = \frac{3}{4} = 0{,}75$

D) Die Logarithmen der Winkelfunktionen

Bisher haben wir nur die natürlichen Werte der Winkelfunktionen verwendet, es sind reine Zahlenwerte ohne Dimensionen.

$\sin 38^\circ = 0{,}6157$
$\tan 68^\circ = 2{,}4751$

Für die Rechnung ist es jedoch eine große Erleichterung, wenn man die Logarithmen gebraucht. Für diesen Zweck gibt es eine Reihe von Tafeln mit den vierstelligen Logarithmen der Winkelfunktionen.

$\lg\sin\alpha$, $\lg\cos\alpha$
$\lg\tan\alpha$, $\lg\cot\alpha$

Alle Sinus- und Kosinuswerte für Winkel zwischen 0° und 90° liegen zwischen 0 und 1; lg sin a und lg cos α sind daher stets negativ und haben aus praktischen Gründen die Kennzahl −10.

$\lg\sin\ 3^\circ 20' = 8{,}7645 - 10$
$\lg\cos 82^\circ 50' = 9{,}0961 - 10$
$\lg\tan 19^\circ 30' = 9{,}5492 - 10$
$\lg\cot 53^\circ 10' = 9{,}8745 - 10$
$\lg\tan 65^\circ 50' = 0{,}3480$ *oder* $= 10{,}3480 - 10$

Gleichfalls negativ sind:
1. lg tan α für $\alpha < 45^\circ$,
2. lg cot α für $\alpha > 45^\circ$ bis 90°.

Alle Werte für lg tan α; $\alpha > 45^\circ$; und lg cot α; $\alpha < 45^\circ$; sind positiv.

Beispiel: In einem beliebigen Dreieck sind bekannt:

$b = 14\text{ cm},\ \alpha = 40^\circ,\ \beta = 20^\circ.$

Berechne die Seiten a und c.

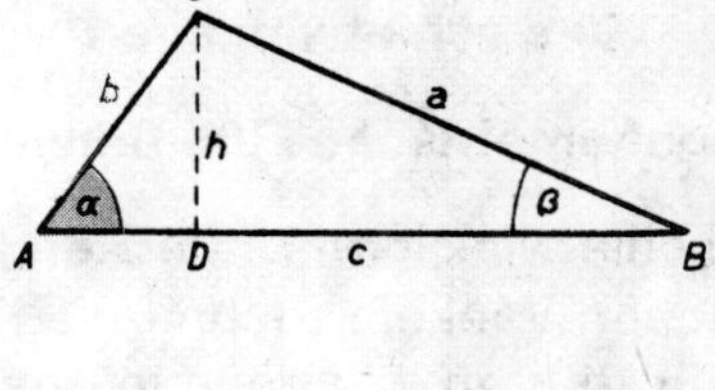

Lösung: Die Winkelfunktionen kann man nur im rechtwinkligen Dreieck anwenden. Durch die Höhe h wird das Dreieck ABC in zwei rechtwinklige Dreiecke ADC und DBC zerlegt. Um die Seite a berechnen zu können, muß man zunächst im Dreieck ADC die Höhe h durch die bekannten Stücke b und a ausdrücken.

Der Wert des Bruches für die Seite *a* läßt sich logarithmisch leicht berechnen.

$$\sin \beta = \frac{h}{a}; \; a = \frac{h}{\sin \beta}$$

$$\sin \alpha = \frac{h}{b}; \; h = b \cdot \sin \alpha$$

$$a = \frac{b \cdot \sin \alpha}{\sin \beta} = \frac{14 \cdot \sin 40°}{\sin 20°}$$

$$\begin{aligned} \lg a &= \lg 14 + \lg \sin 40° - \lg \sin 20° \\ &= 1{,}1461 + 9{,}8081 - 10 - (9{,}5341 - 10) \\ &= 1{,}4201 \\ a &= 26{,}31 \text{ cm} \end{aligned}$$

Die Seite *c* ist als Ganzes in keinem der beiden rechtwinkligen Dreiecke vorhanden. Sie besteht aus den Stücken $\overline{AD}$ und $\overline{DB}$. Mit Hilfe der Kosinusfunktion können diese Stücke einzeln berechnet werden.

$$c = \overline{AD} + \overline{DB}$$

$$\cos \alpha = \frac{\overline{AD}}{b}; \; \overline{AD} = b \cdot \cos \alpha = 14 \cdot \cos 40°$$

$$\begin{aligned} \lg \overline{AD} &= \lg 14 + \lg \cos 40° \\ &= 1{,}1461 + 9{,}8843 - 10 \\ &= 1{,}0304 \\ \overline{AD} &= 10{,}73 \text{ cm} \end{aligned}$$

Auch hierbei ist die Ausrechnung mit Logarithmen einfacher.

$$\cos \beta = \frac{\overline{DB}}{a}; \quad \overline{DB} = a \cdot \cos \beta = 26{,}31 \cdot \cos 20°$$

$$\begin{aligned} \lg \overline{DB} &= \lg 26{,}31 + \lg \cos 20° \\ &= 1{,}4201 + 9{,}9730 - 10 \\ &= 1{,}3931 \\ \overline{DB} &= 24{,}72 \text{ cm} \end{aligned}$$

$$\begin{aligned} c &= 10{,}73 \text{ cm} + 24{,}72 \text{ cm} \\ c &= 35{,}45 \text{ cm} \end{aligned}$$

E) Das schiefwinklige Dreieck

Trigonometrische Funktionen beliebiger Winkel

In schiefwinkligen Dreiecken kommen oft Winkel vor, die größer sind als 90°. Will man mit solchen Winkeln rechnen, so muß man deren Funktionen aus Funktionen spitzer Winkel zurückführen, die dann in den trigonometrischen Tafeln nachgeschlagen werden können.

Für die nachfolgenden Untersuchungen wird der Begriff der Winkelfunktionen über den bisherigen Bereich (0° . . . 90°) hinaus ausgedehnt und wie folgt festgesetzt:

$$\sin \alpha = \frac{y}{r}; \quad \cos \alpha = \frac{x}{r}$$

$$\tan \alpha = \frac{y}{x}; \quad \cot \alpha = \frac{x}{y}$$

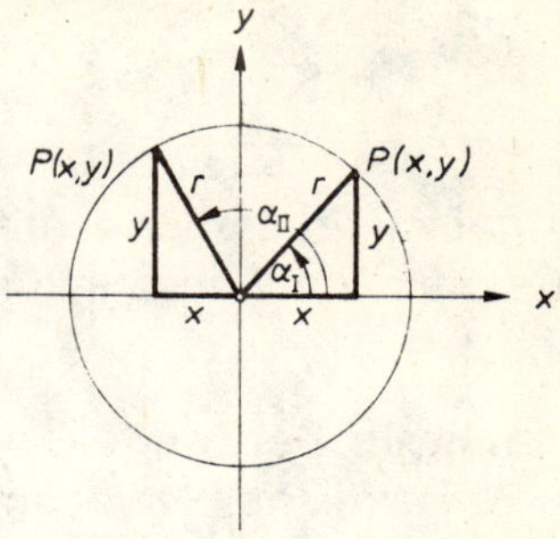

dabei sind die Vorzeichen von x und y zu berücksichtigen.

Aufgabe: Untersuche mit Hilfe des Einheitskreises, welche Werte der Sinus von stumpfen Winkeln (α_{II} = 90° . . . 180°) annimmt und durch welche spitzen Winkel er ausgedrückt werden kann.

Erkenntnis: Für α = 90° ist der sin α = 1. Wird der Winkel α größer, so wird der Sinus kleiner und erreicht bei α = 180° den Wert 0. Der Sinus von 140° ist genau so groß wie der Sinus von 40°, folglich ist

sin 140° = sin (180° − 40°) = sin 40°

$\sin \alpha_{II} = \sin (180° - \alpha_I) = \sin \alpha_I$

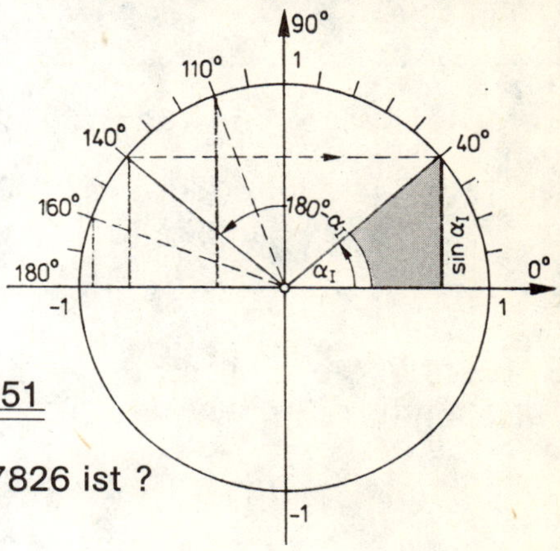

Beispiel: Wie groß ist sin 115°10'?

sin 115°10' = sin (180° − 64°50') = sin 64° 50' = $\underline{\underline{0{,}9051}}$

Beispiel: Wie groß ist der Winkel α, wenn sin α = 0,7826 ist?
Da sin α positiv ist, sind zwei Winkel möglich.

sin α = 0,7826
α_I = $\underline{\underline{51° 30'}}$
α_{II} = 180° − 51° 30' = $\underline{\underline{128° 30'}}$

Aufgabe: Untersuche mit Hilfe des Einheitskreises, welche Werte der Kosinus von stumpfen Winkeln (α_{II} = 90° . . . 180°) annimmt und durch welche spitzen Winkel er ausgedrückt werden kann.

Erkenntnis: Für α = 90° ist der cos α = 0. Wird der Winkel α größer, so wird der cos α immer kleiner und erreicht bei α = 180° den Wert −1. Der Kosinus von 140° ist negativ und zahlenmäßig genau so groß wie cos 40°. Folglich ist:

cos 140° = cos (180° − 40°) = −cos 40°.

$\cos \alpha_{II} = \cos (180° - \alpha_I) = -\cos \alpha_I$

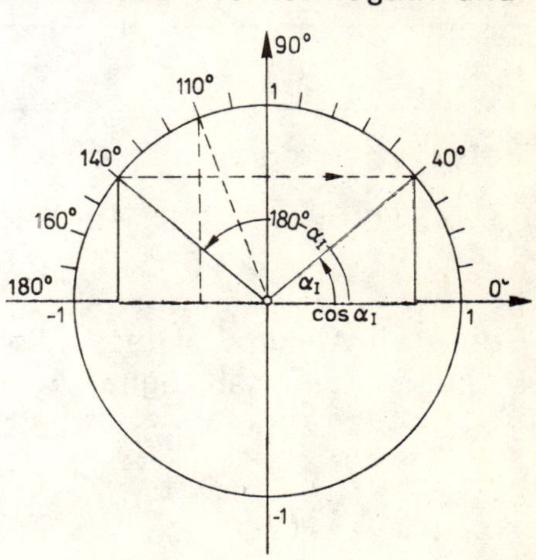

Beispiel: Wie groß ist cos 153° 40'?

cos 153° 40' = cos (180° − 26° 20')
= −cos 26° 20' = −0,8962

Beispiel: Wie groß ist α, wenn $\cos\alpha = -0{,}3773$ ist? Da $\cos\alpha$ negativ ist, liegt α_{II} zwischen 90° und 180°.

$$\cos\alpha_I = 0{,}3773 \qquad \alpha_I = 67°\,50'$$

$$\cos\alpha_{II} = -0{,}3773 \qquad \alpha_{II} = 180° - 67°\,50' \qquad \alpha_{II} = 112°\,10'$$

Aufgabe: Untersuche mit Hilfe des Einheitskreises, welche Werte der Tangens von stumpfen Winkeln annimmt und durch welche spitzen Winkel er ausgedrückt werden kann.

Erkenntnis: Der Tangens von stumpfen Winkeln wird negativ, da die Ankathete negativ (−1) ist. Es ist deshalb zweckmäßig, den Drehstrahl rückwärts (über 0 hinaus) zu verlängern. Dadurch erscheint die Tangensstrecke sofort mit dem richtigen Vorzeichen.

Wächst Winkel α von 90° bis 180°, so nimmt $\tan\alpha$ von $-\infty$ bis 0 zu. Der tan 140° ist negativ und zahlenmäßig genau so groß wie tan 40°. Folglich ist:

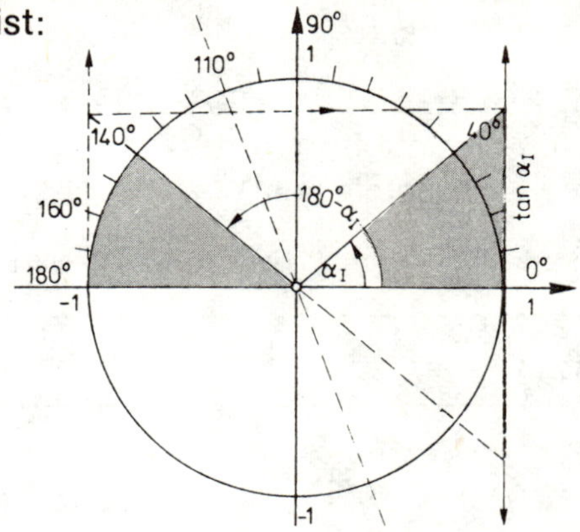

$$\tan 140° = \tan(180° - 40°) = -\tan 40°$$

$$\boxed{\tan\alpha_{II} = \tan(180° - \alpha_I) = -\tan\alpha_I}$$

Beispiel: Wie groß ist tan 122° 20'?

$$\tan 122°\,20' = \tan(180° - 57°\,40') = -\tan 57°\,40' = \underline{\underline{-1{,}5798}}$$

Beispiel: Wie groß ist α, wenn $\tan\alpha = -2{,}4142$ ist? Da $\tan\alpha$ negativ ist, liegt α_{II} zwischen 90° und 180°.

$$\tan\alpha = 2{,}4142 \qquad \alpha_I = 67°\,30'$$

$$\tan\alpha = -2{,}4142 \qquad \alpha_{II} = 180° - 67°\,30' \qquad \underline{\underline{\alpha_{II} = 112°\,30'}}$$

Aufgabe: Untersuche mit Hilfe des Einheitskreises, welche Werte der Kotangens von stumpfen Winkeln annimmt und durch welche spitzen Winkel er ausgedrückt werden kann.

Erkenntnis: Für $\alpha = 90°$ ist der $\cot\alpha = 0$. Wird der Winkel α größer, so wird der $\cot\alpha$ negativ und erreicht bei $\alpha = 180°$ den Wert $-\infty$. Der cot 140° ist negativ und zahlenmäßig genau so groß wie cot 40°. Folglich ist:

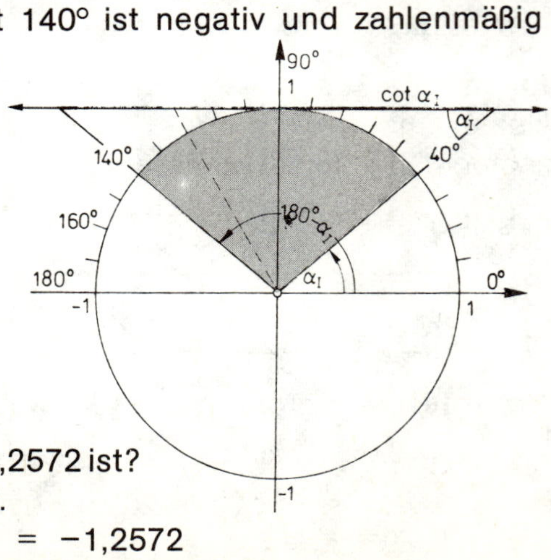

$$\cot 140° = \cot(180° - 40°) = -\cot 40°$$

$$\boxed{\cot\alpha_{II} = \cot(180° - \alpha_I) = -\cot\alpha_I}$$

Beispiel: Wie groß ist cot 97° 50'?

$$\cot 97°\,50' = \cot(180° - 82°\,10') = -\cot 82°\,10' = \underline{\underline{-0{,}1376}}$$

Beispiel: Wie groß ist der Winkel α, wenn $\cot\alpha = -1{,}2572$ ist?
Da $\cot\alpha$ negativ ist, liegt α_{II} zwischen 90° und 180°.

$$\cot\alpha = 1{,}2572 \qquad \alpha_I = 38°\,30'$$

$$\cot\alpha = -1{,}2572 \qquad \alpha_{II} = 180° - 38°\,30' \qquad \underline{\underline{\alpha_{II} = 141°\,30'}}$$

Bei zahlreichen Aufgaben der Mathematik, Naturwissenschaft und Technik kommen auch Winkel vor, die größer als 180° sind. Auf Grund der vorausgegangenen Kenntnisse am Einheitskreis können auch für diese Winkel die Funktionswerte berechnet werden.

Laut nebenstehender Zeichnung ist:

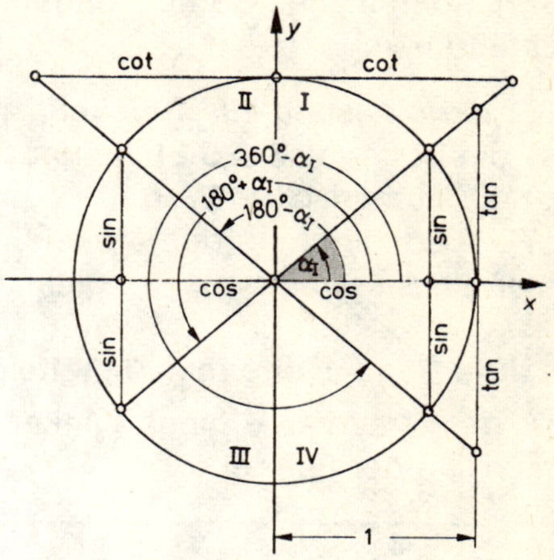

Für α_{III} = sin 180° . . . 270°

$\sin\ \alpha_{III} = \sin\ (180° + \alpha_I) = -\sin\ \alpha_I$
$\cos\ \alpha_{III} = \cos\ (180° + \alpha_I) = -\cos\ \alpha_I$
$\tan\ \alpha_{III} = \tan\ (180° + \alpha_I) = +\tan\ \alpha_I$
$\cot\ \alpha_{III} = \cot\ (180° + \alpha_I) = +\cot\ \alpha_I$

Für α_{IV} = 270° . . . 360°

$\sin\ \alpha_{IV} = \sin\ (360° - \alpha_I) = -\sin\ \alpha_I$
$\cos\ \alpha_{IV} = \cos\ (360° - \alpha_I) = +\cos\ \alpha_I$
$\tan\ \alpha_{IV} = \tan\ (360° - \alpha_I) = -\tan\ \alpha_I$
$\cot\ \alpha_{IV} = \cot\ (360° - \alpha_I) = -\cot\ \alpha_I$

Trägt man für alle Winkel (0° . . . 360°) die Funktionswerte in ein Schaubild ein, so erhält man ihre graphische Darstellung.

———— Sinuskurve
– – – – Kosinuskurve

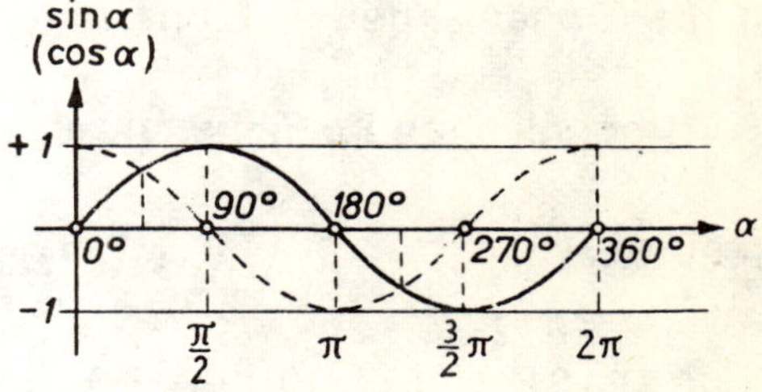

———— Tangenskurve
– – – – Kotangenskurve

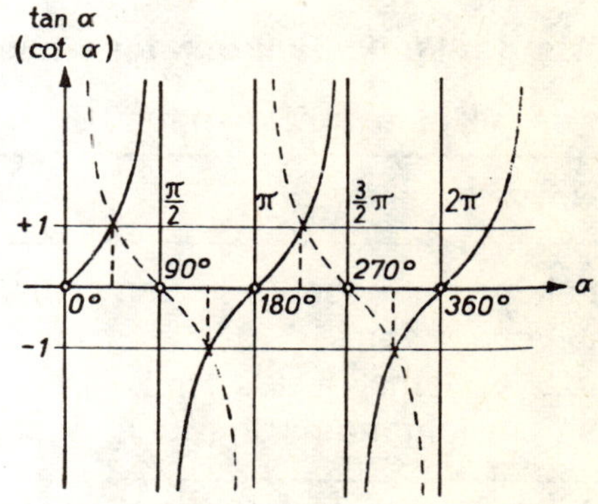

Zusammenfassung

	II	III	IV
	α_{II} = 90° . . . 180°	α_{III} = 180° . . . 270°	α_{IV} = 270° . . . 360°
wenn α	180° − α_I	180° + α_I	360° − α_I
dann ist sin α	+ sin α_I	− sin α_I	− sin α_I
dann ist cos α	− cos α_I	− cos α_I	+ cos α_I
dann ist tan α	− tan α_I	+ tan α_I	− tan α_I
dann ist cot α	− cot α_I	+ cot α_I	− cot α_I

§ 7 Anwendung der Winkelfunktionen

Der Gebrauch von Rechentafeln und Tabellen für trigonometrische Funktionen

Trigonometrische Berechnungen sind mit dem Rechenstab oder mittels Tabellen durchzuführen.

Für die Ablesung aus Tabellen, sind solche für
a) die Bogenmaße (5 Stellen nach dem Komma)
b) die numerischen Werte der Trigonom. Funktionen (4 Stellen nach dem Komma)
c) die Logarithmen der Winkel-Funktionen (5 Stellen nach dem Komma)
hier auszugsweise zur beispielhaften Ablesung angegeben.

1. Die Bogenlängen im Einheitskreis

Ist das Gradmaß α eines Winkels gegeben, so kann das entsprechende Bogenmaß x_B mit Hilfe der Formel

$$x_B = \frac{\pi}{180} \cdot \alpha$$

berechnet werden.
Für Winkel mit dem Gradmaß zwischen 0° und 180° liegen die entsprechenden Bogenmaße (Bogenlängen im Einheitskreis) tabelliert vor. (Siehe Tabelle **A**.)

Die Bogenlängen im Einheitskreise
0° . . . 180°

Beispiel

$\alpha = 7°17'24''$
$x_B = 0{,}12217 + 0{,}00495 + 0{,}00012 = 0{,}12724$

Werte der Winkelfunktion für Winkel mit Gradmaß $< 1°$

Für sehr kleine, im Bogenmaß α_B angegebene Winkel gilt:

$$\sin x_B \approx \tan x_B \approx x_B$$

Man kann in diesem Falle also anstelle des Sinus- oder Tangenswertes direkt das Bogenmaß verwenden.
Ist das Gradmaß α des Winkels gegeben, so genügt es, das entsprechende Bogenmaß nach der folgenden Umrechnungstabelle zu bestimmen.

Länge des Kreisbogens für r = 1			
α'	Zahlenwert	α''	Zahlenwert
1	0,0002 9089	1	0,0000 04848
2	0,0005 8178	2	0,0000 09696
3	0,0008 7266	3	0,0000 14544
4	0,0011 6355	4	0,0000 19393
5	0,0014 5444	5	0,0000 24240
6	0,0017 4533	6	0,0000 29089
7	0,0020 3622	7	0,0000 33937
8	0,0023 2711	8	0,0000 38785
9	0,0026 1799	9	0,0000 43633

Beispiel:

Um sin 18′23″ zu bestimmen, machen wir folgende Rechnung:

$$
\begin{array}{ll}
10' & = 0{,}00290890 \\
8' & = 0{,}00232711 \\
20'' & = 0{,}00009696 \\
3'' & = 0{,}000014544 \\
\hline
18'23'' & = 0{,}005347514
\end{array}
$$

sin 18′23″ $\approx$ 0,005347514

Tabelle A

Länge der Kreisbögen für den Halbmesser Eins.									
Grade						Minuten		Sekunden	
0	0,00 000	**60**	1,04 720	**120**	2,09 440	**0**	0,00 000	**0**	0,000 000 0
1	0,01 745	61	1,06 465	121	2,11 185	1	0,00 029	1	0,000 004 8
2	0,03 491	62	1,08 210	122	2,12 930	2	0,00 058	2	0,000 009 7
3	0,05 236	63	1,09 956	123	2,14 675	3	0,00 087	3	0,000 014 5
4	0,06 981	64	1,11 701	124	2,16 421	4	0,00 116	4	0,000 019 4
5	0,08 727	65	1,13 446	125	2,18 166	5	0,00 145	5	0,000 024 2
6	0,10 472	66	1,15 192	126	2,19 911	6	0,00 175	6	0,000 029 1
7	0,12 217	67	1,16 937	127	2,21 657	7	0,00 204	7	0,000 033 9
8	0,13 963	68	1,18 682	128	2,23 402	8	0,00 233	8	0,000 038 8
9	0,15 708	69	1,20 428	129	2,25 147	9	0,00 262	9	0,000 043 6
10	017,453	**70**	1,22 173	**130**	2,26 893	**10**	0,00 291	**10**	0,000 048 5
11	0,19 199	71	1,23 918	131	2,28 638	11	0,00 320	11	0,00 005
12	0,20 944	72	1,25 664	132	2,30 383	12	0,00 349	12	0,00 006
13	0,22 689	73	1,27 409	133	2,32 129	13	0,00 378	13	0,00 006
14	0,24 435	74	1,29 154	134	2,33 874	14	0,00 407	14	0,00 007
15	0,26 180	75	1,30 900	135	2,35 619	15	0,00 436	15	0,00 007
16	0,27 925	76	1,32 645	136	2,37 365	16	0,00 465	16	0,00 008
17	0,29 671	77	1,34 390	137	2,39 110	17	0,00 495	17	0,00 008
18	0,31 416	78	1,36 136	138	2,40 855	18	0,00 524	18	0,00 009
19	0,33 161	79	1,37 881	139	2,42 601	19	0,00 553	19	0,00 009
20	0,34 907	**80**	1,39 626	**140**	2,44 346	**20**	0,00 582	**20**	0,00 010
21	0,36 652	81	1,41 372	141	2,46 091	21	0,00 611	21	0,00 010
22	0,38 397	82	1,43 117	142	2,47 837	22	0,00 640	22	0,00 011
23	0,40 143	83	1,44 862	143	2,49 582	23	0,00 669	23	0,00 011
24	0,41 888	84	1,46 608	144	2,51 372	24	0,00 698	24	0,00 012
25	0,43 633	85	1,48 353	145	2,53 073	25	0,00 727	25	0,00 012
26	0,45 379	86	1,50 098	146	2,54 818	26	0,00 756	26	0,00 013
27	0,47 124	87	1,51 844	147	2,56 563	27	0,00 785	27	0,00 013
28	0,48 869	88	1,53 589	148	2,58 309	28	0,00 814	28	0,00 014
29	0,50 615	89	1,55 334	149	2,60 054	29	0,00 844	29	0,00 014
30	0,52 360	**90**	1,57 080	**150**	2,61 799	**30**	0,00 873	**30**	0,00 015
31	0,54 105	91	1,58 825	151	2,63 545	31	0,00 902	31	0,00 015
32	0,55 851	92	1,60 570	152	2,65 290	32	0,00 931	32	0,00 016
33	0,57 596	93	1,62 316	153	2,67 035	33	0,00 960	33	0,00 016
34	0,59 341	94	1,64 061	154	2,68 781	34	0,00 989	34	0,00 016
35	0,61 087	95	1,65 806	155	2,70 562	35	0,01 018	35	0,00 017
36	0,62 832	96	1,67 552	156	2,72 271	36	0,01 047	36	0,00 017
37	0,64 577	97	1,69 297	157	2,74 017	37	0,01 076	37	0,00 018
38	0,66 323	98	1,71 042	158	2,75 762	38	0,01 105	38	0,00 018
39	0,68 068	99	1,72 788	159	2,77 507	39	0,01 134	39	0,00 019
40	0,69 813	**100**	1,74 533	**160**	2,79 253	**40**	0,01 164	**40**	0,00 019
41	0,71 558	101	1,76 278	161	2,80 998	41	0,01 193	41	0,00 020
42	0,73 304	102	1,78 024	162	2,82 743	42	0,01 222	42	0,00 020
43	0,75 049	103	1,79 769	163	2,84 489	43	0,01 251	43	0,00 021
44	0,76 794	104	1,81 514	164	2,86 234	44	0,01 280	44	0,00 021
45	0,78 540	105	1,83 260	165	2,87 979	45	0,01 309	45	0,00 022
46	0,80 285	106	1,85 005	166	2,89 725	46	0,01 338	46	0,00 022
47	0,82 030	107	1,86 750	167	2,91 470	47	0,01 367	47	0,00 023
48	0,83 776	108	1,88 496	168	2,93 215	48	0,01 396	48	0,00 023
49	0,85 521	109	1,90 241	169	2,94 961	49	0,01 425	49	0,00 024
50	0,87 266	**110**	1,91 986	**170**	2,96 706	**50**	0,01 454	**50**	0,00 024
51	0,89 012	111	1,93 732	171	2,98 451	51	0,01 484	51	0,00 025
52	0,90 757	112	1,95 477	172	3,00 197	52	0,01 513	52	0,00 025
53	0,92 502	113	1,97 222	173	3,01 942	53	0,01 542	53	0,00 026
54	0,94 248	114	1,98 968	174	3,03 687	54	0,01 571	54	0,00 026
55	0,95 993	115	2,00 713	175	3,05 433	55	0,01 600	55	0,00 027
56	0,97 738	116	2,02 458	176	3,07 178	56	0,01 629	56	0,00 027
57	0,99 484	117	2,04 204	177	3,08 923	57	0,01 658	57	0,00 028
58	1,01 229	118	2,05 949	178	3,10 669	58	0,01 687	58	0,00 028
59	1,02 974	119	2,07 694	179	3,12 414	59	0,01 716	59	0,00 029
60	1,04 720	**120**	2,09 440	**180**	3,14 159	**60**	0,01 745	**60**	0,00 029

2. Numerische Werte trigonometrischer Funktionen

In der dargestellten Tabelle B finden Sie die Werte der trigonometrischen Funktionen (mit 4 Stellen nach dem Komma) für Winkel mit dem Gradmaß von 10 zu 10 Minuten.

Beispiele: (siehe Tabelle B)

a) sin 3° 20′ = 0,0581
   cot 3° 20′ = 17,1693

b) sin 88° 40′ = 0,9997
   cos 88° 40′ = 0,0233

$$\sin x = \frac{x}{1\,!} - \frac{x^3}{3\,!} + \frac{x^5}{5\,!} - \frac{x^7}{7\,!} + \ldots..$$

$$\cos x = 1 - \frac{x^3}{2\,!} + \frac{x^4}{4\,!} - \frac{x^6}{6\,!} + \frac{x^8}{8\,!} - \ldots..$$

$$\text{tang}\, x = x + \frac{x^3}{3} + \frac{2x^5}{15} + \frac{17x^7}{315} + \frac{62x^9}{2835} + \frac{1383x^{11}}{155925} + \frac{21844x^{13}}{6081075} + \ldots..$$

$$\cot x = \frac{1}{x} - \frac{x}{3} - \frac{x^3}{45} - \frac{2x^5}{945} - \frac{x^7}{4725} - \frac{2x^9}{93555} - \frac{1382x^{11}}{638512875} - \ldots..$$

Tabelle B

°	′	sin	Diff.	tan	Diff.	cot	Diff.	cos	Diff.	′	°
0	0	0.0000		0.0000				1.0000		0	90
	10	0.0029	29	0.0029	29	343.7737		1.0000		50	
	20	0.0058	29	0.0058	29	171.8854	171.8883	1.0000		40	
	30	0.0087	29	0.0087	29	114.5887	57.2967	1.0000		30	
	40	0.0116	29	0.0116	29	85.9398	28.6489	0.9999		20	
	50	0.0145	29	0.0145	29	68.7501	17.1897	0.9999		10	
1	0	0.0175	30	0.0175	30	57.2900	11.4601	0.9998		0	89
	10	0.0204	29	0.0204	29	49.1039	8.1861	0.9998		50	
	20	0.0233	29	0.0233	29	42.9641	6.1398	0.9997		40	
	30	0.0262	29	0.0262	29	38.1885	4.7756	0.9997		30	
	40	0.0291	29	0.0291	29	34.3678	3.8207	0.9996		20	
	50	0.0320	29	0.0320	29	31.2416	3.1262	0.9995		10	
2	0	0.0349	29	0.0349	29	28.6363	2.6053	0.9994		0	88
	10	0.0378	29	0.0378	29	26.4316	2.2047	0.9993		50	
	20	0.0407	29	0.0407	29	24.5418	1.8898	0.9992		40	
	30	0.0436	29	0.0437	30	22.9038	1.6380	0.9990		30	
	40	0.0465	29	0.0466	29	21.4704	1.4334	0.9989		20	
	50	0.0494	29	0.0495	29	20.2056	1.2648	0.9988		10	
3	0	0.0523	29	0.0524	29	19.0811	1.1245	0.9986		0	87
	10	0.0552	29	0.0553	29	18.0750	1.0061	0.9985		50	
	20	0.0581	29	0.0582	29	17.1693	9057	0.9983		40	
	30	0.0610	29	0.0612	30	16.3499	8194	0.9981		30	
	40	0.0640	30	0.0641	29	15.6048	7451	0.9980		20	
	50	0.0669	29	0.0670	29	14.9244	6804	0.9978		10	
4	0	0.0698	29	0.0699	29	14.3007	6237	0.9976		0	86
	10	0.0727	29	0.0729	30	13.7267	5740	0.9974		50	
	20	0.0756	29	0.0758	29	13.1969	5298	0.9971		40	
	30	0.0785	29	0.0787	29	12.7062	4907	0.9969		30	
	40	0.0814	29	0.0816	29	12.2505	4557	0.9967		20	
	50	0.0843	29	0.0846	30	11.8262	4243	0.9964		10	
5	0	0.0872	29	0.0875	29	11.4301	3961	0.9962		0	85
		cos	Diff.	cot	Diff.	tan	Diff.	sin	Diff.	′	°

P. P.

	2	3
1	0,2	0,3
2	0,4	0,6
3	0,6	0,9
4	0,8	1,2
5	1,0	1,5
6	1,2	1,8
7	1,4	2,1
8	1,6	
9	1,8	2,7

	29	30
1	2,9	3,0
2	5,8	6,0
3	8,7	9,0
4	11,6	12,0
5	14,5	15,0
6	17,4	18,0
7	20,3	21,0
8	23,2	24,0
9	26,1	27,0

↓ Fortsetzung der Tabelle

3. Die Logarithmen der trigonometrischen Funktionen

Die Werte sind aus Tabelle C zu entnehmen. (Jede Kennziffer ist um 10 vermehrt.)

Für 0°, 1° und 2° sind keine Proportionalteile angegeben, da wegen der raschen Änderung der Differenzen hier die einfache Interpolation nicht genügt.

Zur Berechnung der Logarithmen der Sinus und Tangenten kleiner Winkel dient eine spezielle Tabelle.

Tabelle C **0°**

Min.	Sinus	Diff.	Tangens	G.D.	Cotangens	Diff.	Cosinus	
0	−∞		−∞		+∞	0	10.00000	**60**
1	6.46373	30103	6.46373	30103	13.53627		10.00000	59
2	6.76476	17609	6.76476	17609	13.23524		10.00000	58
3	6.94085	12494	6.94085	12494	13.05915		10.00000	57
4	7.06579	9691	7.06579	9691	12.93421		10.00000	56
5	7.16270	7918	7.16270	7918	12.83730	0	10.00000	55
6	7.24188	6694	7.24188	6694	12.75812		10.00000	54
7	7.30882	5800	7.30882	5800	12.69118		10.00000	53
8	7.36682	5115	7.36682	5115	12.63318		10.00000	52
9	7.41797	4576	7.41797	4576	12.58203		10.00000	51
10	7.46373	4139	7.46373	4139	12.53627	0	10.00000	**50**
11	7.50512	3779	7.50512	3779	12.49488		10.00000	49
12	7.54291	3476	7.54291	3476	12.45709		10.00000	48
13	7.57767	3218	7.57767	3219	12.42233		10.00000	47
14	7.60985	2997	7.60986	2996	12.39014		10.00000	46
15	7.63982	2802	7.63982	2803	12.36018	0	10.00000	45
16	7.66784	2633	7.66785	2633	12.33215	1	10.00000	44
17	7.69417	2483	7.69418	2482	12.30582	0	9.99999	43
18	7.71900	2348	7.71900	2348	12.28100		9.99999	42
19	7.74248	2227	7.74248	2228	12.25752		9.99999	41
20	7.76475	2119	7.76476	2119	12.23524	0	9.99999	**40**
21	7.78594	2021	7.78595	2020	12.21405		9.99999	39
22	7.80615	1930	7.80615	1931	12.19385		9.99999	38
23	7.82545	1848	7.82546	1848	12.17454		9.99999	37
24	7.84393	1773	7.84394	1773	12.15606		9.99999	36
25	7.86166	1704	7.86167	1704	12.13833	0	9.99999	35
26	7.87870	1639	7.87871	1639	12.12129		9.99999	34
27	7.89509	1579	7.89510	1579	12.10490		9.99999	33
28	7.91088	1524	7.91089	1524	12.08911	1	9.99999	32
29	7.92612	1472	7.92613	1473	12.07387	0	9.99998	31
30	7.94084	1424	7.94086	1424	12.05914	0	9.99998	**30**
31	7.95508	1379	7.95510	1379	12.04490		9.99998	29
32	7.96887	1336	7.96889	1336	12.03111		9.99998	28
33	7.98223	1297	7.98225	1297	12.01775		9.99998	27
34	7.99520	1259	7.99522	1259	12.00478		9.99998	26
35	8.00779	1223	8.00781	1223	11.99219	0	9.99998	25
36	8.02002	1190	8.02004	1190	11.97996	1	9.99998	24
37	8.03192	1158	8.03194	1159	11.96806	0	9.99997	23
38	8.04350	1128	8.04353	1128	11.95647		9.99997	22
39	8.05478	1100	8.05481	1100	11.94519		9.99997	21
40	8.06578	1072	8.06581	1072	11.93419	0	9.99997	**20**
41	8.07650	1046	8.07653	1047	11.92347		9.99997	19
42	8.08696	1022	8.08700	1022	11.91300		9.99997	18
43	8.09718	999	8.09722	998	11.90278	1	9.99997	17
44	8.10717	976	8.10720	976	11.89280	0	9.99996	16
45	8.11693	954	8.11696	955	11.88304	0	9.99996	15
46	8.12647	934	8.12651	934	11.87349		9.99996	14
47	8.13581	914	8.13585	915	11.86415		9.99996	13
48	8.14495	896	8.14500	895	11.85500		9.99996	12
49	8.15391	877	8.15395	878	11.84605	1	9.99996	11
50	8.16268	860	8.16273	860	11.83727	0	9.99995	**10**
51	8.17128	843	8.17133	843	11.82867		9.99995	9
52	8.17971	827	8.17976	828	11.82024		9.99995	8
53	8.18798	812	8.18804	812	11.81196		9.99995	7
54	8.19610	797	8.19616	797	11.80384	1	9.99995	6
55	8.20407	782	8.20413	782	11.79587	0	9.99994	5
56	8.21189	796	8.21195	769	11.78805		9.99994	4
57	8.21958	755	8.21964	756	11.78036		9.99994	3
58	8.22713	743	8.22720	742	11.77280		9.99994	2
59	8.23456	730	8.23462	730	11.76538	1	9.99994	1
60	8.24186		8.24192		11.75808		9.99993	**0**
	Cosinus	Diff.	Cotangens	G.D.	Tangens	Diff.	Sinus	Min.

89°

zu Tabelle C

Für größere Winkel gilt als Regel:

1. Quadrant α	2. Quadrant $180° - \alpha$	3. Quadrant $180° + \alpha$	4. Quadrant $360° - \alpha$
$\sin \alpha$	$+ \sin \alpha$	$- \sin \alpha$	$- \sin \alpha$
$\cos \alpha$	$- \cos \alpha$	$- \cos \alpha$	$+ \cos \alpha$
$\text{tang}\, \alpha$	$- \text{tang}\, \alpha$	$+ \text{tang}\, \alpha$	$- \text{tang}\, \alpha$
$\cot \alpha$	$- \cot \alpha$	$+ \cot \alpha$	$- \cot \alpha$

Die Funktionen negativer Winkel sind dieselben wie die von $360° - \alpha$

4. Hilfswerte zur Trigonometrie

Kreiszahlen und deren Logarithmen.

Kreisbogen ρ, dessen Länge gleich dem Halbmesser ist:

in Graden: 57,29 578° 1,75 812
in Minuten: 3 437,7 468′ 3,53 627
in Sekunden: 206 264,806″ 5,31 443

arc 1° = π:180 = 0.017 453 2925 . . . . 8.24 188−10
arc 1′ = π:10800 = 0.000 290 8882 . . . . 6.46 373−10
arc 1″ = π:648000 = 0.000 004 8481 . . . . 4,68 557−10

π	= 3,14 159 265	0,49714987
$\frac{4}{3}\pi$	= 4,18 879	0,62 209
$\frac{1}{\pi}$	= 0,31 831	9,50 285-10
$\frac{3}{4\pi}$	= 0,23 873	9,37 791-10
π^2	= 9,86 960	0,99 430
$\frac{1}{\pi^2}$	= 0,10 132	9,00 570-10
$\sqrt{\pi}$	= 1,77 245	0,24 857
$\frac{1}{\sqrt{\pi}}$	= 0,56 419	9,75 143-10
$\pi\sqrt{\pi}$	= 5,56 833	0,74 572
$\sqrt{\frac{3}{\pi}}$	= 0,97 721	9,98 999-10
$\sqrt{\frac{4}{\pi}}$	= 1,12 838	0,05 246
$\sqrt[3]{\pi}$	= 1,46459	0,16 572
$\frac{1}{\sqrt[3]{\pi}}$	= 0,68 278	9,83 428-10
$\sqrt[3]{\pi^2}$	= 2,14 503	0,33 143
$\sqrt[3]{\frac{3}{4\pi}}$	= 0,62 035	9,79 264-10
$\sqrt[3]{\frac{6}{\pi}}$	= 1,24 070	0,09 367
$\sqrt[3]{\frac{\pi}{6}}$	= 0,80 600	9,90 633-10

5. Der Gebrauch des Rechenstabes für trigonometrische Funktionen

Die Skalen S, T 1 und T 2 werden in Verbindung mit der Grundskala D zur Ermittlung der Werte der Winkelfunktionen Sinus und Tangens benützt.

Siehe auch Kapitel „Der Rechenstab", S. 265

Beispiel:

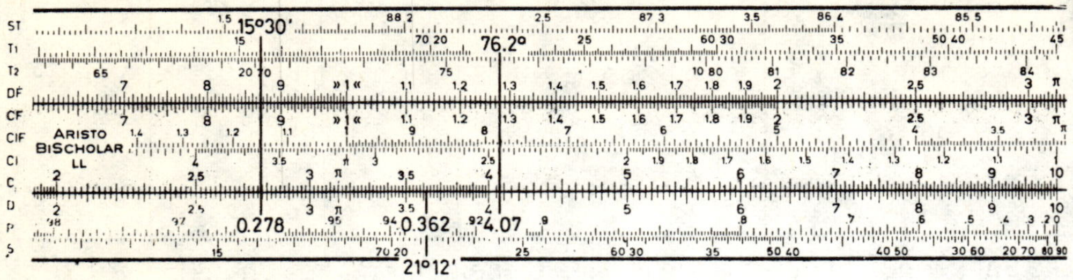

a) sin 21° 12' = 0,362 (S) b) tan 76,2° = 4,07 (T 2) c) tan 15° 30' = 0,277 (T 1)

Lösung:

1. Gradmaß bei S, T 1, T 2 mit dem Läufer einstellen.
2. Ergebnis bei Skala D unter dem Läuferstrich ablesen.

Da der Kosinus eines Winkels gleich dem Sinus des Komplementärwinkels ist, stellt die Sinusskala auch eine Kosinusskala für Winkel dar, die mit Hilfe der rückläufigen roten Bezifferung eingestellt werden.
Der Kotangens ist der Kehrwert des Tangens. Die Tangensskalen sind zugleich auch Kotangensskalen für Winkel, die mit Hilfe der rückläufigen Bezifferung eingestellt werden.

Beispiele:

a) cot 66° = 0,445 (T 1) b) cot 28,4° = 1,85 (T 2) c) cos 36° 30' = 0,804 (S)

Lösung:

1. Gradmaß bei S, T 1, T 2 (rote Zahlen) mit dem Läufer einstellen.
2. Ergebnis bei Skala D unter dem Läuferstrich ablesen.

Die Skala ST ist dezimal unterteilt, jedoch im Gradmaß beziffert. Nach der Gleichung $x_B = \frac{\pi}{180}\,\alpha$ wird deutlich, daß die Skala ST eine um den Faktor $\frac{\pi}{180} \approx 0{,}01745$ versetzte Grundskala D ist. Beim Übergang von ST nach D wird ein Gradmaß ins Bogenmaß und in der umgekehrten Richtung ein Bogenmaß ins Gradmaß umgerechnet.

Beispiele:

a) 1,9° = 0,0332 b) 19° = 0,332 c) 190° = 3,32

Lösung:

1. Gradmaß bei ST mit dem Läufer einstellen.
2. Ziffernfolge des Ergebnisses bei Skala D unter dem Läuferstrich ablesen.
3. Komma nach einer Überschlagsrechnung einsetzen.

§ 8 Beispiele und Aufgaben

Berechnungen am rechtwinkligen Dreieck

1. Eine Kathete und der anliegende Winkel sind gegeben

Ein Beobachter (1,5 m Augenhöhe), der 55 m vom Fuße eines Turmes entfernt ist, sieht die Turmspitze unter dem Erhebungswinkel $\beta = 69° \, 14'$. Man berechne die Höhe des Turmes. Von den konkreten Angaben abgesehen, handelt es sich hier zunächst um die Berechnung einer Kathete, wenn die andere Kathete und ihr anliegender Winkel gegeben sind.

Gegeben: $a = 55 \text{ m}$, $\beta = 69° \, 14'$

Gesucht: b

Allgemein: $\tan \beta = \frac{b}{a} \Leftrightarrow b = a \tan \beta$

$\Leftrightarrow \lg b = \lg a + \lg \tan \beta$

Rechnung: $b = 55 \text{ m} \cdot \tan 69° \, 14'$

$b = 145 \text{ m}$

Turmhöhe: $h = 145 \text{ m} + 1{,}5 \text{ m} = 146{,}5 \text{ m}$.

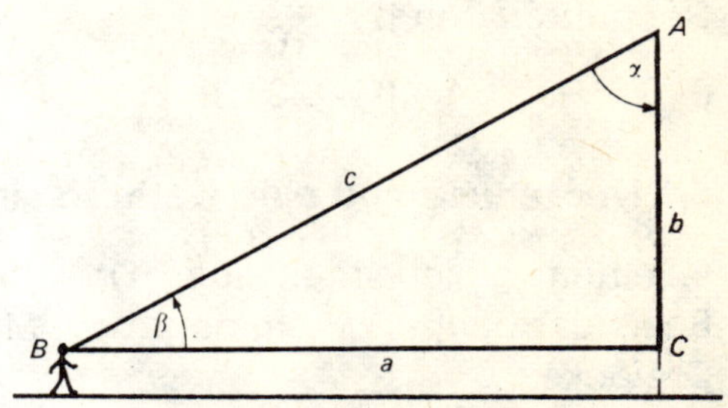

2. Eine Kathete und der gegenüberliegende Winkel sind gegeben

Ein 78 m hoher Turm wird unter einem Erhebungswinkel von 36° 23' gesehen. Zwischen dem Beobachter (1,5 m Augenhöhe) und dem Turm liegen mehrere Hindernisse, so daß die Entfernung zum Turmfuß nicht direkt gemessen werden kann. Man berechne diese aus den gegebenen Daten.

Gegeben: $b = 78 \text{ m} - 1{,}5 \text{ m} = 76{,}5 \text{ m}$, $\beta = 36° \, 23'$

Gesucht: a

Allgemein: $\cot \beta = \frac{a}{b} \Leftrightarrow a = b \cot \beta$

Rechnung: $a = 76{,}5 \text{ m} \cdot \cot 36° \, 23'$

$a = 104 \text{ m}$

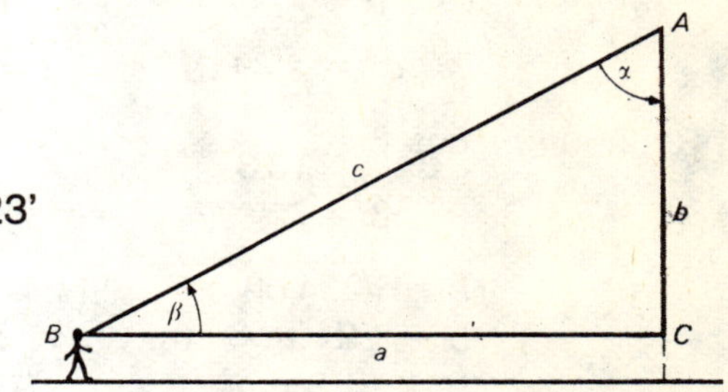

3. Die Hypotenuse und ein spitzer Winkel sind gegeben

Auf einer schiefen Ebene mit dem Neigungswinkel 25° befindet sich ein Körper mit dem Gewicht $G = 78$ N. Man berechne die Normalkraft F_N und die Hangabtriebskraft F_H.

Im rechtwinkligen Dreieck ABC ist $\alpha = 25°$ und die Hypotenuse $c = 78$. Die Katheten a und b geben uns die Beträge von Hangabtriebskraft und Normalkraft an.

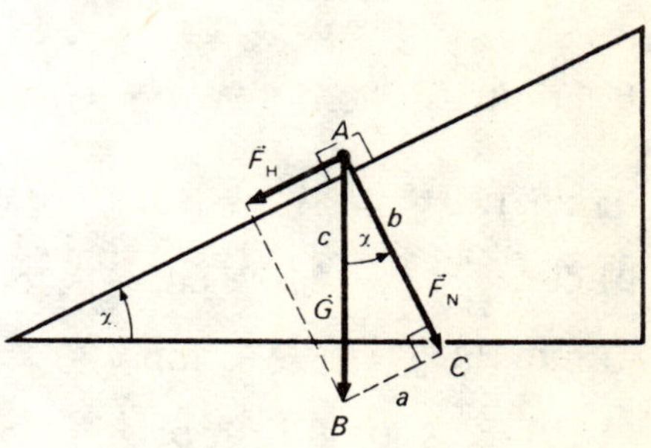

Gegeben: $c = 78$, $\alpha = 25°$

Gesucht: a, b

Allgemein: $\sin \alpha = \frac{a}{c} \Leftrightarrow a = c \sin \alpha$

$\cos \alpha = \frac{b}{c} \Leftrightarrow b = c \cos \alpha$

Rechnung: $a = 78 \cdot \sin 25°$ $\qquad b = 78 \cdot \cos 25°$

(Zahlenwerte) $a = 32{,}96$ $\qquad b = 70{,}7$

Die Hangabtriebskraft hat den Betrag $F_H \approx 33$ N, die Normalkraft $F_N \approx 71$ N.

4. Die beiden Katheten sind gegeben

Auf eine Glasplatte mit der Dicke 16 mm fällt schräg ein Lichtstrahl ein, der die Glasplatte parallel zur Einfallsrichtung mit einer Verschiebung von 7 mm wieder verläßt. Man berechne den Brechungswinkel.

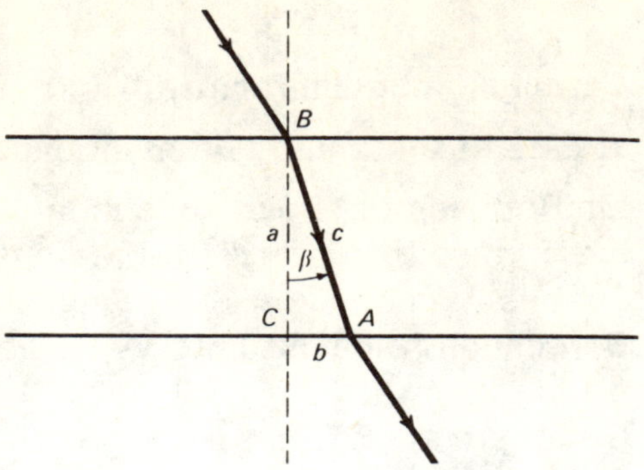

Gegeben: $a = 16$ mm, $b = 7$ mm
Gesucht: β
Allgemein: $\tan \beta = \frac{b}{a}$

Rechnung: $\tan \beta = \frac{7}{16}$

$\beta = 23° \, 38'$

Der Brechungswinkel beträgt 23° 38'.

5. Hypotenuse und eine Kathete sind gegeben.

In einem gleichschenkligen Dreieck *ABD* sind ein Schenkel der Länge 15,3 und die Basis der Länge 7,6 cm gegeben. Man berechne den Basiswinkel und die Höhe $\overline{AC}$ des Dreiecks.

Die Höhe *AC* teilt das gleichschenklige Dreieck in zwei kongruente rechtwinklige Dreiecke. Wir führen unsere Berechnungen im Dreieck *ABC* durch.

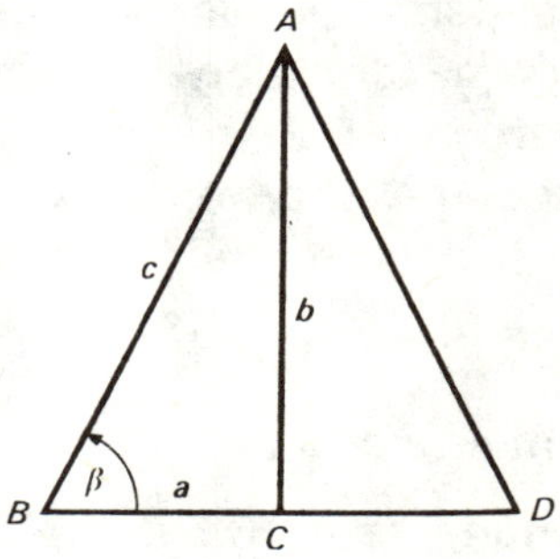

Gegeben: $c = 15{,}3$ cm, $a = 3{,}8$ cm
Gesucht: β, b
Allgemein: $\cos \beta = \frac{a}{c} \Leftrightarrow \lg \cos \beta = \lg a - \lg c$

$c^2 = a^2 + b^2 \Leftrightarrow b = \sqrt{c^2 - a^2}$

Rechnung: $\cos \beta = \frac{3{,}8}{15{,}3}$

$\beta = 75° \, 37'$

$b = \sqrt{234{,}09 \text{ cm}^2 - 14{,}44 \text{ cm}^2}$
$b = \sqrt{219{,}65 \text{ cm}^2}$
$b = 14{,}8$ cm

6. Bestimmen Sie das Bogenmaß der Winkel von 15°, 42°, 56°, 60°, 126°, 270°, 390°, 405°.

7. Welches Gradmaß haben die Winkel mit dem Bogenmaß
$\frac{\pi}{8}$, 1, $\frac{5\pi}{12}$, 2,71, $\frac{3\pi}{4}$, $\frac{13}{4}$, $\frac{10\pi}{8}$?

8. Ermitteln Sie die Werte der Winkelfunktionen:

a) $\sin 120°$, $\sin \frac{3\pi}{4}$, $\sin 300°$, $\sin \frac{11\pi}{3}$, $\sin \left(-\frac{7\pi}{4}\right)$
b) $\cos \frac{2\pi}{3}$, $\cos 210°$, $\cos \frac{5\pi}{4}$, $\cos 390°$, $\cos (-240°)$
c) $\tan 150°$, $\tan \frac{13\pi}{3}$, $\tan 420°$, $\tan \left(-\frac{3\pi}{4}\right)$
d) $\cot \frac{5\pi}{3}$, $\cot 405°$, $\cot \frac{7\pi}{2}$, $\cot (-765°)$

9. In einem rechtwinkligen Dreieck ist die Länge einer Kathete 4 cm und die der Hypotenuse $2\sqrt{5}$ cm. Berechnen Sie die Werte der trigonometrischen Funktionen beider spitzer Winkel.

10. Ergänzen Sie folgende Tabelle:

a	b	c	α	β
43 cm				64° 20'
	72 cm			34° 18'
		75 cm	24°	
14 cm	8 cm			
3,5 cm		16,8 cm		

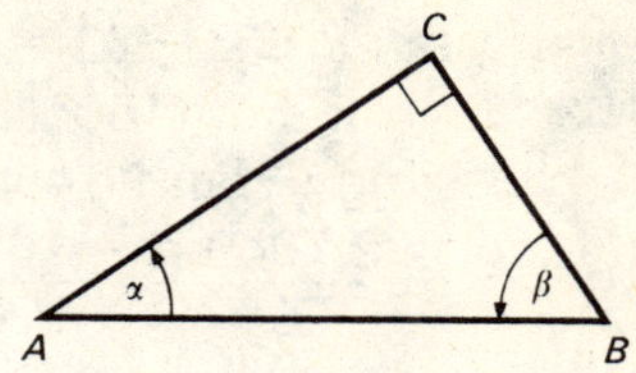

11. Ergänzen Sie folgende Tabelle:

a	c	h	α	γ
14 cm				44° 20'
12,7 cm			35°	
	40,5 cm		42° 20'	
30,4 cm				30° 30'
26 cm	14,7 cm			
		17,5 cm		24°
20 cm		12 cm		
	32 cm	10,8 cm		

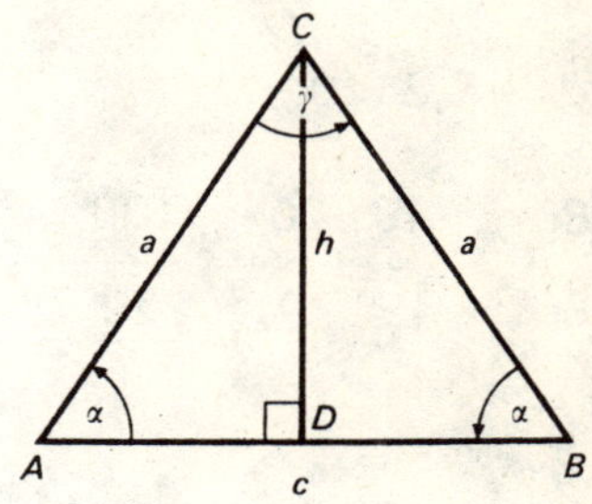

Beispiel 12: Wie groß ist sin 230° 20'? Der Winkel liegt im III. Quadranten.

$$\sin \alpha_{III} = \sin(180° + \alpha_I) = -\sin \alpha_I$$
$$\sin 230° 20' = \sin(180° + 50° 20')$$
$$= -\sin 50° 20'$$
$$= \underline{\underline{-0{,}7698}}$$

Beispiel 13: Wie groß ist α, wenn $\cot \alpha = 1{,}0786$ ist? Da der Kotangens im I. und III. Quadranten positiv ist, gibt es zwei Winkel.

$$\cot \alpha = 1{,}0786$$
$$\underline{\underline{\alpha_I = 42° 50'}}$$
$$\alpha_{III} = 180° + 42° 50' = \underline{\underline{222° 50'}}$$

Beispiel 14: Wie groß ist α, wenn $\tan \alpha = -0{,}5169$ ist? Die Winkel müssen im II. und IV. Quadranten liegen, da $\tan \alpha$ negativ ist.

$$\tan \alpha = 0{,}5169$$
$$\alpha_I = 27° 20'$$

$$\tan \alpha = -0{,}5169$$
$$\alpha_{II} = 180° - 27° 20'$$
$$= \underline{\underline{152° 40'}}$$
$$\alpha_{IV} = 360° - 27° 20'$$
$$= \underline{\underline{332° 40'}}$$

Beispiel 15: Wie groß ist cos 310° 40'? Der Winkel liegt im IV. Quadranten.

$$\cos \alpha_{IV} = \cos(360° - \alpha_I) = \cos \alpha_I$$
$$\cos 310° 40' = \cos(360° - 49° 20')$$
$$= \cos 49° 20' = \underline{\underline{0{,}6517}}$$

Beispiel 16: Wie groß ist lg tan 153° 10'? Der Winkel liegt im II. Quadranten. Das der Mantisse beigefügte n bedeutet, daß der zugehörige Numerus negativ ist.

$$\lg \tan \alpha_{II} = \lg \tan (180° - \alpha_I) = \lg (-\tan \alpha_I)$$

$$\begin{aligned} \lg \tan 153° 10' &= \lg \tan (180° - 26° 50') \\ &= \lg (-\tan 26° 50') \\ &= \underline{\underline{9{,}7040\ n - 10}} \end{aligned}$$

Beispiel 17: Wie groß ist α, wenn $\lg \cos \alpha = 9{,}8140\ n - 10$ ist? Da der Kosinus negativ ist, liegen die Winkel im II. und III. Quadranten.

$$\begin{aligned} \lg \cos \alpha &= 9{,}8140 - 10 \\ \alpha_I &= 49° 20' \\ \alpha_{II} &= 180° - 49° 20' = \underline{\underline{130° 40'}} \\ \alpha_{III} &= 180° + 49° 20' = \underline{\underline{229° 20'}} \end{aligned}$$

DIFFERENTIALRECHNUNG

1. Kapitel

Grundaufgabe der Differentialrechnung

§ 1 Einleitung

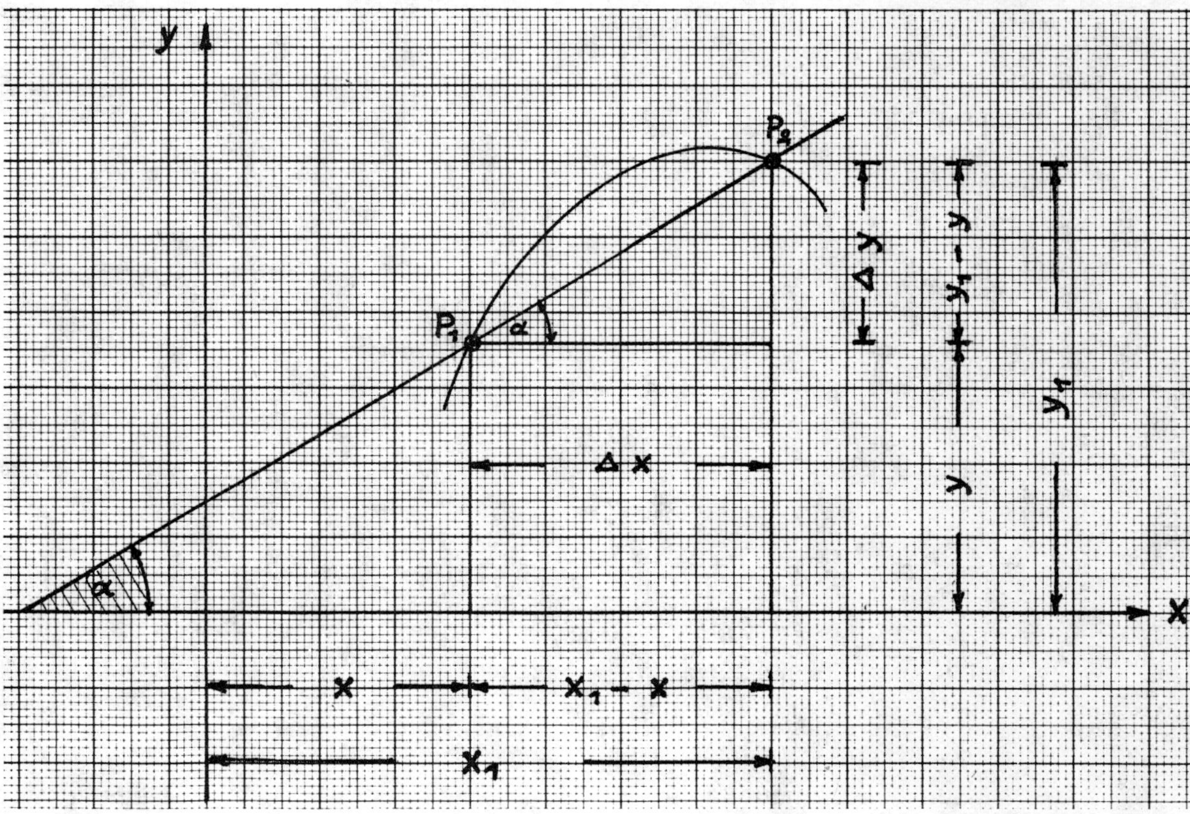

Punkt P_1 ist festgelegt durch die Strecken x und y
Punkt P_2 ist festgelegt durch die Strecken x_1 und y_1

Die Strecke $P_1 - P_2$ ist eine Gerade. Die Steigung zwischen den beiden Punkten ist die Steigung der Sekante und kann durch den Tangens ausgedrückt werden.

Verkleinert man den Abstand der Punkte P_1 und P_2 auf dem Kurvenstück so sehr, daß dieser „unendlich" klein wird, so werden auch die Strecken Δx und Δy unendlich klein und die Hypothenuse des Dreiecks zur „Punktstrecke".

Die Sekante wird dann zur Tangente. Sie gibt bei einer beliebigen Kurve an einem Punkt die Steigung, also den Tangens des Winkels α an.

Durch die Differentialrechnung erhält man also die Steigung der Kurve in einem beliebigen Punkt.

Auch die Bestimmung von lokalen Extrempunkten (Minimum–Maximum) sowie die Festlegung von Wendepunkten ist durch die Differentialrechnung möglich (siehe 11. Kapitel § 26).

§ 2 Differenzenquotient und Differentialquotient

An einem Kurvenpunkt einer bestimmten Funktion ist die Steigung der Tangente zu ermitteln.

Beachte:

Es gelten die Bezeichnungen

Δy = die Differenz $y_1 - y$
Δx = die Differenz $x_1 - x$

daraus folgt:

$$\tan\alpha = \frac{y_1 - y}{x_1 - x} = \frac{\Delta y}{\Delta x} = \textbf{Differenzenquotient}$$

A) Differenzenquotient

Funktionsgleichung: y = **f(x)**

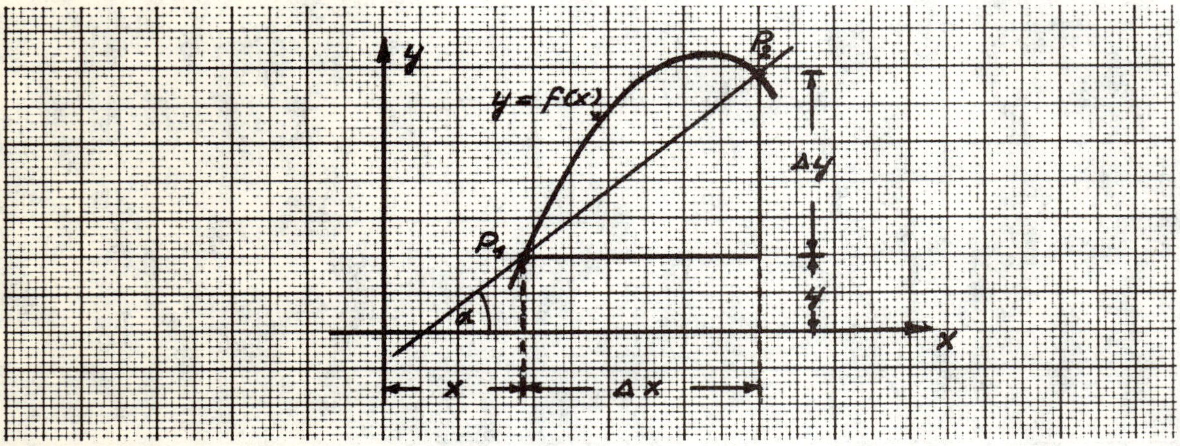

Lösung: Im Punkt P_1 ist der Wert der Funktion $y = f(x)$
Werterhöhung im Punkt $P_2 = +\Delta y$ bzw. $+\Delta x$.
Nun dividiert man durch Δx, stellt um und erhält den **Differenzenquotienten.**

$$\begin{aligned} y &= f(x) \\ y + \Delta y &= f(x + \Delta x) \\ \Delta y &= f(x + \Delta x) - y \\ \Delta y &= f(x + \Delta x) - f(x) \end{aligned}$$

Da der Differenzenquotient gleich dem Tangens ist und

$$\tan\alpha = \frac{\Delta y}{\Delta x}$$

ergibt sich: $$\tan\alpha = \frac{\Delta y}{\Delta x} = \frac{f(x + \Delta x) - f(x)}{\Delta x}$$

Schiebt man gedanklich den Punkt P_2 grenzenlos nahe an den Punkt P_1 heran, wird die Steigung der Sekante ($\tan\alpha$) zur Steigung der Tangente ($\tan\tau$)

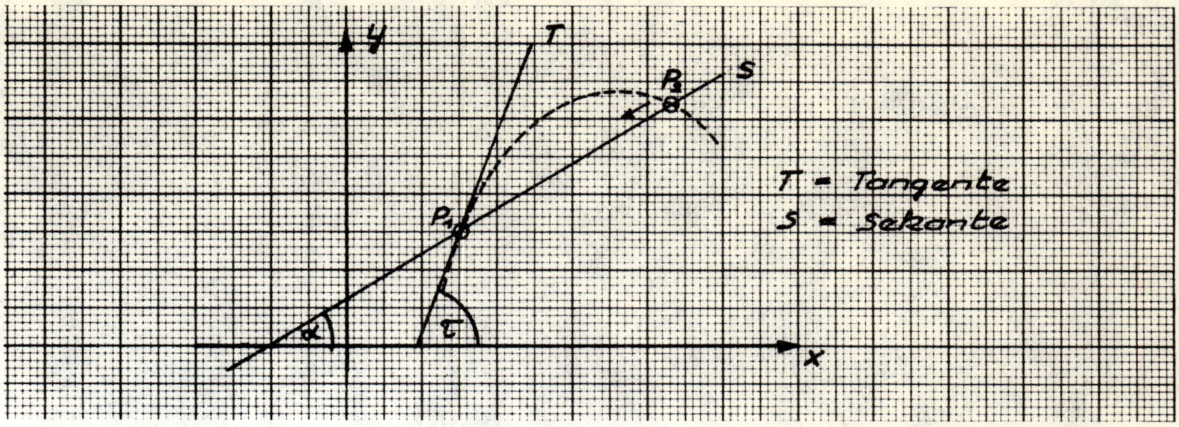

Die Strecken Δy und Δx werden somit unendlich kleine Größen, die man Differentiale nennt.

Δy wird dy und Δx wird dx.

Der Differenzenquotient $\dfrac{\Delta y}{\Delta x}$

geht über in den

Differentialquotienten $\dfrac{dy}{dx}$

Man heißt diese Überlegung Grenzwertbestimmung oder auch Grenzprozeß.

B) Differentialquotient

Die kurze Schreibweise nach Leibniz ist:

$$\tan \tau = \frac{dy}{dx} \rightarrow \textbf{Differentialquotient.}$$

(man spricht: dy nach dx)

Weitere Schreibweisen:

$$\tan \tau = \frac{d\,[f(x)]}{dx} \quad \text{oder: } \tan \tau = f'(x) = y'$$

§ 3 Berechnung des Differentialquotienten mit Hilfe des Differenzenquotienten

Unter den Begriffen „Differenzieren“ oder „Ableiten“ einer Funktion **y = f (x)** versteht man die Errechnung des Differentialquotienten.

Schreibweise:

$$y' = \lim_{\Delta x \to 0} \frac{f(x + \Delta x) - f(x)}{\Delta x}$$

Beispiel:

Gegeben: Funktion $y = x^2$

Gesucht: Der Differentialquotient y' aus dem Differenzenquotienten $\frac{\Delta y}{\Delta x}$ für den beliebigen Punkt P(x/y).

Lösung:

$$y = x^2$$
$$y + \Delta y = (x + \Delta x)^2$$
$$\Delta y = (x + \Delta x)^2 - y$$

Da $y = x^2$ kann eingesetzt werden:

$$\Delta y = (x + \Delta x)^2 - x^2$$
$$\frac{\Delta y}{\Delta x} = \frac{(x + \Delta x)^2 - x^2}{\Delta x}$$
$$\frac{dy}{dx} = y' = \lim_{\Delta x \to 0} \frac{x^2 + 2x\,\Delta x + \Delta x^2 - x^2}{\Delta x}$$
$$y' = \lim_{\Delta x \to 0} \frac{2x\,\Delta x + \Delta x^2}{\Delta x}$$
$$y' = \lim_{\Delta x \to 0} \frac{\Delta x \cdot (2x + \Delta x)}{\Delta x}$$
$$y' = \lim_{\Delta x \to 0} 2x + \Delta x$$

An dieser Stelle kann ohne Schwierigkeit der Grenzübergang ($\Delta x \to 0$) erfolgen:

$$\mathbf{y' = 2x}$$

Die Ableitung (y') von $y = x^2$ ist daher 2x

$$\boxed{y = x^2 \to y' = 2x}$$

Beispiel:

Welchen Steigungswinkel hat die Funktion: $y = x^2$ an den Stellen:

1. $x_1 = 1{,}50$
2. $x_2 = 0$
3. $x_3 = -2{,}00$

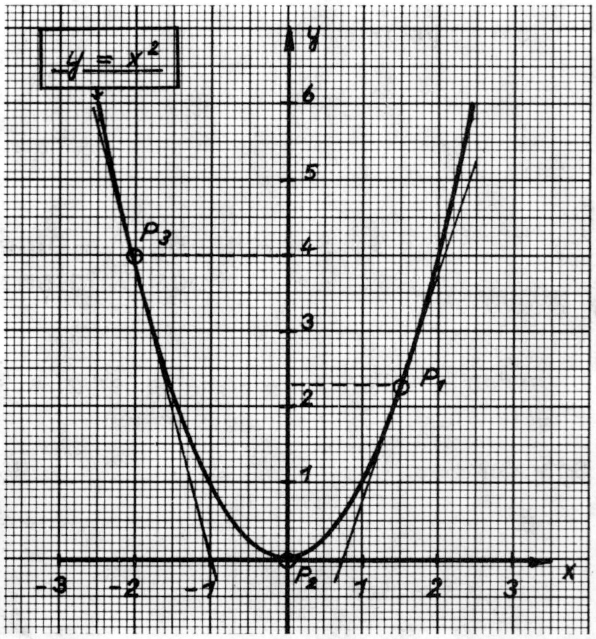

Die Steigung an einer beliebigen Stelle x ist gleich der Ableitung f′(x) der Funktion f(x).

$$\mathbf{y' = \tan\tau = 2x}$$

1. Für den Punkt:

$x_1 = 1{,}50 \rightarrow y'_1 = \tan\tau_1 = 2 \cdot 1{,}50 = \mathbf{3{,}00};\ \tau_1 = 71{,}57°$

2. Für den Punkt:

$x_2 = 0 \rightarrow y'_2 = \tan\tau_2 = 2 \cdot 0 = \mathbf{0};\ \tau_2 = 0°$

3. Für den Punkt:

$x_3 = -2{,}00 \rightarrow y'_3 = \tan\tau_3 = 2 \cdot (-2) = \mathbf{-4{,}00};\ \tau_3 = 104{,}04°$

Ergebnis: Überträgt man alle Punkte der abgeleiteten Funktion $y' = f'(x)$ in ein Koordinatensystem mit den Achsen x und y, so erhält man das Bild dieser Ableitungsfunktion.

Beispiel:

Gesucht: Steigungswinkel der Funktion **y = x?**

$$y = x$$

$$y + \Delta y = x + \Delta x$$

$$\Delta y = x + \Delta x - y$$

$$\Delta y = x + \Delta x - x$$

$$\tan\tau = \frac{\Delta y}{\Delta x} = \frac{x + \Delta x - x}{\Delta x}$$

$$\frac{dy}{dx} = y' \lim_{\Delta x \to 0} = \frac{\Delta x}{\Delta x}$$

$$y' = \tan\tau = 1;\ \tau = 45°$$

2. Kapitel

Grenzwerte

§ 4 Erklärung des Grenzwertes

Strebt eine Zahlenfolge mit wachsenden „n“ immer mehr einer konstanten Größe zu, so nennt man diese Größe den limes oder Grenzwert der Zahlenfolge.

Die mathematische Kurzform:

$$\lim_{n \to \infty} x_n = k$$

man spricht: „limes x_n für n gegen unendlich ist k“.
Hierbei bedeutet:
„lim“ = limes = Grenzwert
„$n \to \infty$“ = n strebt immer näher dem Wert ∞ zu.

Beispiel:

Schreibe in mathematischer Kurzform nachstehende Zahlenfolgen:

$\frac{1}{2}, \frac{1}{3}, \frac{1}{4}, \frac{1}{5} \ldots \frac{1}{n}$

Lösung: $\lim\limits_{n \to \infty} \frac{1}{n} = 0$

$\frac{1}{0{,}1} \quad \frac{1}{0{,}01} \quad \frac{1}{0{,}001} \quad \frac{1}{0{,}0001} \ldots \frac{1}{n}$

Lösung: $\lim\limits_{n \to 0} \frac{1}{n} = \infty$

§ 5 Geometrische Folgen

Hinweis:

Eine geometrische Folge hat stets diese Form:

$S = a + a \cdot q + (a \cdot q) \cdot q + (a \cdot q \cdot q) \cdot q + \ldots = a + a \cdot q + a \cdot q^2 + a \cdot q^3 + \ldots a \cdot q^{n-1}$

Die Berechnung der n-ten Teilsumme einer geometrischen Folge ergibt sich zu:

$$\boxed{S_n = a \cdot \frac{1-q^n}{1-q}}$$

Diese Berechnungsformel hat allgemeine Gültigkeit, egal ob
$|q| > 1$ oder $|q| < 1$ ist.

Betrachten wir nun den Fall q^n mit $|q| < 1$ z. B.: mit $q = \frac{1}{2}$

$$\left(\frac{1}{2}\right)^1 = \frac{1}{2} \qquad n = 1$$

$$\left(\frac{1}{2}\right)^2 = \frac{1}{4} \qquad n = 2$$

$$\left(\frac{1}{2}\right)^3 = \frac{1}{8} \qquad n = 3$$

$$\left(\frac{1}{2}\right)^4 = \frac{1}{16} \qquad n = 4$$

usw.

Man sieht also schon nach ein paar Schritten, daß q^n umso kleiner wird, je größer die Potenz n wird.

Für $n \to \infty$ gilt also $q^n \to 0$ für $|q| < 1$

Folgerung:

Damit folgt eine Vereinfachung für die Berechnung der geometrischen Folge für $|q| < 1$ und $n \to \infty$

$$S_n = a \cdot \frac{1-q^n}{1-q} = a \cdot \frac{1-0}{1-q} = \frac{a}{1-q}$$

es gilt

$$\boxed{S_{n \to \infty} = S = \frac{a}{1-q}}$$

Merke: Vereinfachung nur gültig für $|q| < 1$

Satz:

Die Summe $S_n = a \cdot \frac{1-q^n}{1-q}$ der geometrischen Folge $a + a \cdot q + a \cdot q^2 + a \cdot q^3 + \ldots a \cdot q^{n-1}$ strebt für $|q| < 1$ mit wachsendem n gegen den Grenzwert:

$$S = \frac{a}{1-q}$$

Es ist also: $\lim\limits_{n \to \infty} S_n = S$ oder $\lim\limits_{n \to \infty} a \cdot \frac{1-q^n}{1-q} = \frac{a}{1-q}$

Geometrischer Beweis

Für $|q| < 1$

Nach dem Strahlensatz ist:

$(s-a): s = aq : a$

oder: $\dfrac{(s-a)}{s} = \dfrac{aq}{a}$

$$\frac{(s-a)}{s} = q$$

$$\begin{aligned} s-a &= q \cdot s \\ -a &= q \cdot s - s \\ a &= s - qs \\ a &= s(1-q) \\ \frac{a}{1-q} &= s \\ \mathbf{S} &= \frac{\mathbf{a}}{\mathbf{1-q}} \end{aligned}$$

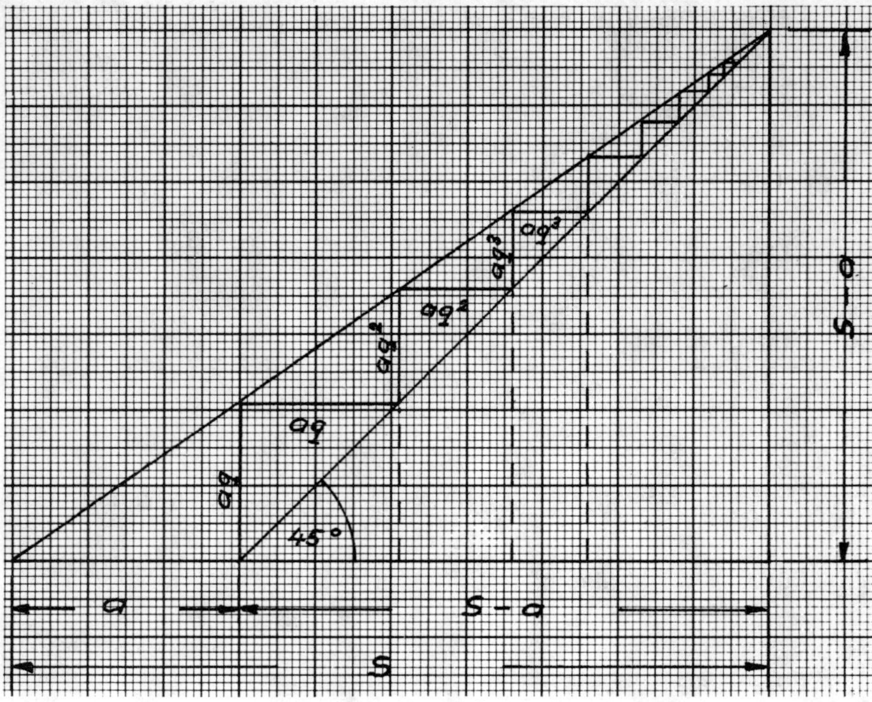

$$s = a + aq + aq^2 + \ldots = \frac{a}{1-q}$$

Beispiel 1:

Suche den Grenzwert der Summe für nachstehende geometrische Folge.

$$\frac{1}{2} + \frac{1}{2^2} + \frac{1}{2^3} + \frac{1}{2^4} + \ldots \frac{1}{2^n} = ?$$

Umformen auf allgemeine Form:

$$\frac{1}{2} + \frac{1}{2} \cdot \frac{1}{2} + \frac{1}{2} \cdot \left(\frac{1}{2}\right)^2 + \frac{1}{2} \cdot \left(\frac{1}{2}\right)^3 + \ldots + \frac{1}{2} \cdot \left(\frac{1}{2}\right)^{n-1} = ?$$

Hier ist also: $a = \frac{1}{2}$ $\quad q = \frac{1}{2}$ $\quad$ damit $|q| < 1$

Lösung: $\quad S = \dfrac{a}{1-q} = \dfrac{\frac{1}{2}}{1-\frac{1}{2}} = 1$

Die Grenzschreibweise hierfür ist: $\lim\limits_{n \to \infty} \left(\dfrac{1}{2} + \dfrac{1}{2^2} + \dfrac{1}{2^3} + \ldots + \dfrac{1}{2^n}\right) = 1$

Erkenntnis:

Mit wachsendem n strebt die Folge dem Grenzwert 1 zu.

Beispiel 2:

Berechne den Grenzwert des periodischen Dezimalbruchs $0{,}\overline{3}$

dazugehörige geometrische Folge: $\dfrac{3}{10} + \dfrac{3}{100} + \dfrac{3}{1000} + \ldots + \dfrac{3}{10^n}$

Umformen auf allgemeine Form: $\dfrac{3}{10} + \dfrac{3}{10} \cdot \dfrac{1}{10} + \dfrac{3}{10} \cdot \left(\dfrac{1}{10}\right)^2 + \ldots + \dfrac{3}{10} \cdot \left(\dfrac{1}{10}\right)^{n-1} = ?$

Hier ist also: $a = \frac{3}{10}$ $q = \frac{1}{10}$ damit $|q| < 1$

Lösung: $S = \frac{a}{1-q} = \frac{\frac{3}{10}}{1-\frac{1}{10}} = \frac{\frac{3}{10}}{\frac{9}{10}} = \frac{1}{3}$

Erkenntnis:

Mit wachsendem n strebt die Folge dem Grenzwert $\frac{1}{3}$ zu.

§ 6 Grenzwertbestimmung eines „unbestimmten Ausdrucks"

(an einer Lücke im Definitionsbereich)

A) Unbestimmte Formen

Beispiel:

Bereche den Wert y für x = 3

der Funktion: $y = \frac{x^2-x-6}{x-3}$

Lösung:

$$y = \frac{x^2-x-6}{x-3} \quad \rightarrow x = 3$$

$$= \frac{3^2-3-6}{3-3} = \frac{9-9}{0} = \frac{0}{0} \quad \rightarrow \text{unbestimmter Ausdruck}$$

Erkenntnis:

Da diese Funktion für x = 3 einen unbestimmten Ausdruck ergibt, hat sie an dieser Stelle eine Lücke.

Beispiel:

Bestimme den Grenzwert vorstehender Funktion für $x \rightarrow 3$.

Lösung:

$$\lim_{x\rightarrow 3} \frac{x^2-x-6}{x-3} = \lim_{x\rightarrow 3} \frac{(x+2)\cdot(x-3)}{x-3} = \lim_{x\rightarrow 3} (x+2) = \mathbf{5}$$

Erkenntnis:

Auch hier erscheint der Grenzwert dieses Bruches in der Form $\frac{0}{0}$.

Vereinfacht man jedoch vorher den Bruch durch Ausklammern, so kann der Grenzwert berechnet werden.

Beispiel:

Bestimme den Grenzwert der Funktion:

$$y = \frac{x + 2}{2x-1} \text{ für } x \to \infty!$$

Lösung:

$$y = \frac{x + 2}{2x-1} \quad \to x = \infty$$

$$= \frac{\infty + 2}{2\,\infty - 1} = \frac{\infty}{\infty} \quad \to \text{unbestimmter Ausdruck}$$

Kürzt man jedoch den Bruch durch x ergibt dies die Lösung:

$$\lim_{x\to\infty} \frac{x + 2}{2x-1} = \lim_{x\to\infty} \frac{1 + \frac{2}{x}}{2 - \frac{1}{x}} = \frac{1+0}{2-0} = \frac{\mathbf{1}}{\mathbf{2}}!$$

Erkenntnis:

Auch hier führt erst die Umwandlung des Bruches zum Ergebnis.

Beispiel:

Bestimme den Grenzwert der Funktion:

$$y = \frac{6}{1-x} - \frac{5 + 7x}{1-x^2} \text{ für } x \to 1$$

Lösung:

$$y = \frac{6}{1-x} - \frac{5 + 7x}{1-x^2} \quad \to x = 1$$

$$= \frac{6}{1-1} - \frac{5 + 7 \cdot 1}{1-1^2} = \frac{6}{0} - \frac{12}{0} = \infty - \infty \quad \to \text{unbestimmter Ausdruck.}$$

Bringt man den Bruch auf den Hauptnenner $1-x^2$ und kürzt dann durch $1-x$, so läßt sich die Funktionsgleichung lösen und führt zum Grenzwert!

$$\lim_{x\to 1} \left[\frac{6}{1-x} - \frac{5 + 7x}{1-x^2}\right]$$

$$= \lim_{x\to 1} \left[\frac{6 \cdot (1 + x)}{(1-x) \cdot (1 + x)} - \frac{5 + 7x}{1 - x^2}\right]$$

$$= \lim_{x\to 1} \left[\frac{6 \cdot (1 + x)}{1 - x^2} - \frac{5 + 7x}{1 - x^2}\right]$$

$$= \lim_{x\to 1} \frac{6 \cdot (1 + x) - (5 + 7x)}{1 - x^2}$$

$$= \lim_{x\to 1} \frac{6 + 6x - 5 - 7x}{1 - x^2}$$

$$= \lim_{x\to 1} \frac{1 - x}{1 - x^2}$$

$$= \lim_{x \to 1} \frac{1-x}{(1-x) \cdot (1+x)}$$

$$= \lim_{x \to 1} \frac{1}{1+x} = \frac{1}{2}$$

Trotz bestimmter x-Werte ergeben oft Funktionen Ausdrücke, die nicht sinnvoll erscheinen, wie zum Beispiel:

$$\infty - \infty; \quad \frac{\infty}{\infty}; \quad 1^{\infty}; \quad \infty \cdot 0; \quad \infty^{0}; \quad 0^{0}; \frac{0}{0}$$

Für einen Wert z. B. x = b kann auch die Funktion f(b) gar nicht existieren.

$$\lim_{x \to b} f(x) = c \to f(x) = \frac{x^2-b^2}{b-x}$$

$$y = \frac{x^2-b^2}{b-x}$$

falls x = b entsteht

$$y = \frac{b^2-b^2}{b-b} = \frac{0}{0} \to \text{unbestimmter Ausdruck}$$

Strebt x jedoch immer mehr dem b zu, dann nähert sich ebenfalls die Funktion f(x) einem festen Grenzwert C.

Zum Beispiel:

$$\lim_{x \to b} \frac{x^2-b^2}{b-x}$$

$$= \lim_{x \to b} \frac{(x+b) \cdot (x-b)}{-(x-b)}$$

$$= \lim_{x \to b} \frac{x+b}{-1} = \lim_{x \to b} \frac{b+b}{-1} = \mathbf{-2b} \to \text{Grenzwert C.}$$

Beispiel:

Für die Funktion $y = \frac{x^n-c^n}{x-c}$ soll der Grenzwert für x = c bestimmt werden.

Lösung:

$$y_{x=c} = \frac{c^n-c^n}{c-c} = \frac{0}{0} \quad \to \text{unbestimmter Ausdruck!}$$

Jeder der n Summanden strebt jedoch dem Wert c^{n-1} zu, wenn man vorher ausdividiert und dann $x \to c$ gehen läßt.

Lösung:

$$(x^n - c^n) : (x - c) =$$
$$= x^{n-1} + cx^{n-2} + c^2x^{n-3} + c^3x^{n-4} + \ldots + c^{n-1}$$

für $x \to c$ ergibt sich:

$$= c^{n-1} + c^{n-1} + c^{n-1} + c^{n-1} + \ldots c^{n-1}$$

daher: $\lim_{x \to c} \frac{x^n-c^n}{x-c} = \mathbf{n} \cdot \mathbf{c}^{n-1}$

Beispiel:

Welchen Grenzwert hat $\frac{\sin x}{x}$ für $x \to 0$?

x sei der zu sin x gehörige Bogen am Einheitskreis.

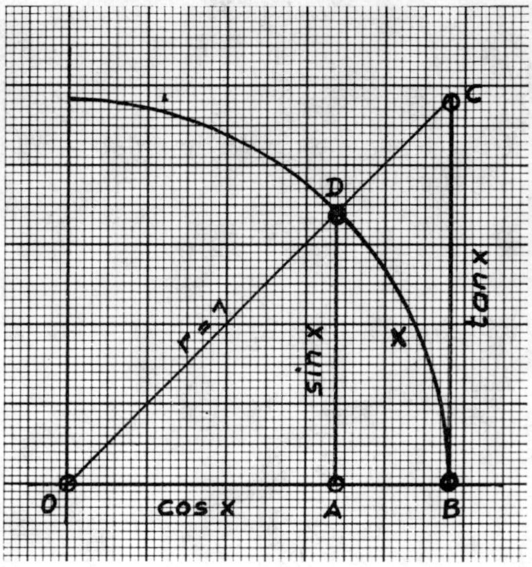

Lösung:

$$y_{x=0} = \frac{\sin 0}{0} = \frac{0}{0}$$

unbestimmter Ausdruck!

Aus der Zeichnung ist zu ersehen, daß die Fläche des Kreisausschnittes OBD größer ist als die Fläche des Dreiecks OAD und kleiner als die Fläche des Dreiecks OBC.

Fläche des Ausschnittes: $A = \frac{b \cdot r}{2}$

für b = x und r = 1 $\to A = \frac{1}{2}x$

Lösung:

$$\Delta \text{ OAD} < \text{Ausschnitt OBD} < \Delta \text{ OBC}$$

$$\tfrac{1}{2} \sin x \cdot \cos x < \tfrac{1}{2}x < \tfrac{1}{2} \tan x$$

Zur Vereinfachung kürzt man durch $\frac{1}{2} \cdot \sin x$

$$\cos x < \frac{x}{\sin x} < \frac{1}{\cos x}$$

Vertauscht man Zähler und Nenner, entsteht die Ausgangsform

$$\frac{1}{\cos x} > \frac{\sin x}{x} > \cos x$$

Wenn man nun $x \to 0$ gehen läßt, nähern sich cos x und $\frac{1}{\cos x}$ dem Wert 1.

Folglich muß auch $\frac{\sin x}{x}$ den Wert 1 erreichen.

Ergebnis: $\lim\limits_{x \to 0} \frac{\sin x}{x} = \mathbf{1.}$

B) Besonders bekannte und in der Technik wichtige Grenzwerte

a) Die Zahl π

ergibt sich als Grenzwert nachstehender Reihe:

$$\lim_{x \to \infty} \frac{x}{1} - \frac{x^3}{3} + \frac{x^5}{5} - \frac{x^7}{7} + - \ldots + - \frac{x^{2n-1}}{2n-1} = \text{arc tan } 1 = \frac{\pi}{4}; \qquad \boldsymbol{\pi = 4 \cdot \text{arc tan } 1}$$

b) Die Basis e

des natürlichen Logarithmus erklärt sich durch nachstehende Grenzwertschreibweise:

$$\lim_{x \to \infty} \left(1 + \frac{1}{n}\right)^n = 2{,}71828 \ldots = \mathbf{e.}$$

3. Kapitel

Differentiation algebraischer Funktionen

§ 7 Die Potenzregel

Aufgabe: Berechne den Differentialquotienten der Potenzfunktion $y = x^n$ mit Hilfe des Differenzquotienten.

Lösung:

$y = x^n \rightarrow y' = ?$

$$y' = \lim_{\Delta x \to 0} \frac{f(x + \Delta x) - f(x)}{\Delta x}$$

$$y' = \lim_{\Delta x \to 0} \frac{(x + \Delta x)^n - x^n}{\Delta x}$$

$\Delta x \rightarrow 0$ würde die unbestimmte Form $\frac{0}{0}$ ergeben, daher Grenzwertbestimmung!

Nennerveränderung durch Hinzufügung von $+x$ und $-x$.

$$y' = \lim_{\Delta x \to 0} \frac{(x + \Delta x)^n - x^n}{(x + \Delta x) - x}$$

Nun wird $x + \Delta x = z$ gesetzt und der Bruch durch Division $(z^n - x^n) : (z - x)$ aufgelöst.

$$y' = \lim_{z \to x} \frac{z^n - x^n}{z - x}$$

$$y' = \lim_{z \to x} [z^{n-1} + x \cdot z^{n-2} + x^2 \cdot z^{n-3} + x^3 \cdot z^{n-4} + \ldots + x^{n-2} \cdot z + x^{n-1}]$$

Geht dann $z \rightarrow x$, so wird jedes Glied in der [ ] die Form x^{n-1} annehmen, und da im ganzen n solcher Glieder vorhanden sind, ergibt sich:

$\mathbf{y' = n \cdot x^{n-1}}$

Beispiel:

Berechnung des Differentialquotienten mit Hilfe des Differenzenquotienten der Potenzfunktion $\mathbf{y = 0{,}5\,x^3}$

$$\begin{aligned} y &= 0{,}5\,x^3 \\ y + \Delta y &= 0{,}5\,(x + \Delta x)^3 \\ \Delta y &= 0{,}5\,(x + \Delta x)^3 - y \\ \Delta y &= 0{,}5\,(x + \Delta x)^3 - 0{,}5\,x^3 \end{aligned}$$

$$\frac{\Delta y}{\Delta x} = \frac{0{,}5 \cdot [x^3 + 3\,x^2 \Delta x + 3\,x(\Delta x)^2 + (\Delta x)^3] - 0{,}5\,x^3}{\Delta x}$$

$$y' = \lim_{\Delta x \to 0} \frac{0{,}5x^3 + 1{,}5x^2 \Delta x + 1{,}5\,x(\Delta x)^2 + 0{,}5(\Delta x)^3 - 0{,}5x^3}{\Delta x}$$

$$y' = \lim_{\Delta x \to 0} \frac{1{,}5\,x^2\,\Delta x + 1{,}5\,x\,(\Delta x)^2 + 0{,}5\,(\Delta x)^3}{\Delta x}$$

$$y' = \lim_{\Delta x \to 0} \frac{\Delta x\,[1{,}5\,x^2 + 1{,}5\,x\,\Delta x + 0{,}5\,(\Delta x)^2]}{\Delta x}$$

$$y' = \lim_{\Delta x \to 0} \quad 1{,}5\,x^2 + 1{,}5\,x\,\Delta x + 0{,}5\,(\Delta x)^2$$

An dieser Stelle kann der Grenzübergang $\Delta x \to 0$ erfolgen:

$$\mathbf{y' = 1{,}5\,x^2}$$

Probe mit der Potenzregel:

$$y = 0{,}5\,x^3; \quad y' = 3 \cdot 0{,}5 \cdot x^3\lambda^{3-1}; \quad \mathbf{y' = 1{,}5\,x^2}$$

Differenziere nachstehende Funktionen nach der abgeleiteten Potenzregel:

$$\mathbf{y = x^n \to y' = n \cdot x^{n-1}}$$

Aufgaben:

1. $y = x^8$
2. $y = x^{3b}$
3. $y = x^{2n+1}$
4. $y = \frac{1}{x} = x^{-1}$
5. $y = \frac{1}{x^4} = x^{-4}$
6. $y = \sqrt{x} = x^{\frac{1}{2}}$
7. $y = \sqrt[3]{x} = x^{\frac{1}{3}}$
8. $y = \sqrt[3]{x^8} = x^{\frac{8}{3}}$
9. $y = x^{\frac{6}{5}}$
10. $y = x^{(1+a)^2}$
11. $y = \frac{1}{x^3} = x^{-3}$
12. $y = \frac{1}{x^{3b}} = x^{-3b}$
13. $y = \frac{1}{x^a} = x^{-a}$
14. $y = \frac{1}{x^{-b^2-1}} = x^{b^2+1}$

Lösungen:

1. $y' = 8\,x^{8-1} = \mathbf{8\,x^7}$
2. $y' = \mathbf{3bx^{3b-1}}$
3. $y' = \mathbf{(2n + 1) \cdot x^{2n}}$
4. $y' = (-1) \cdot x^{-1-1} = -\frac{\mathbf{1}}{\mathbf{x^2}}$
5. $y' = -4\,x^{-5} = \frac{\mathbf{-4}}{\mathbf{x^5}}$
6. $y' = \frac{1}{2} x^{\frac{1}{2}-1} = \frac{x^{-\frac{1}{2}}}{2} = \frac{1}{2 \cdot \sqrt{x}} = \frac{\mathbf{\sqrt{x}}}{\mathbf{2x}}$
7. $y' = \frac{1}{3} x^{-\frac{2}{3}} = \frac{1}{3\sqrt[3]{x^2}} = \frac{\mathbf{\sqrt[3]{x}}}{\mathbf{3x}}$
8. $y' = \frac{8}{3} x^{\frac{5}{3}} = \frac{8}{3} \cdot \sqrt[3]{x^5} = \frac{\mathbf{8}}{\mathbf{3}}\mathbf{x} \cdot \mathbf{\sqrt[3]{x^2}}$
9. $y' = \frac{6}{5} x^{\frac{1}{5}} = \frac{\mathbf{6}}{\mathbf{5}} \cdot \mathbf{\sqrt[5]{x}}$
10. $y' = (1 + a)^2 \cdot x^{1 + 2a + a^2 - 1} = \mathbf{(1 + a)^2 \cdot x^{a \cdot (2 + a)}}$
11. $y' = -3 \cdot x^{-4} = -\frac{\mathbf{3}}{\mathbf{x^4}}$
12. $y' = -3bx^{-3b-1} = -\frac{\mathbf{3b}}{\mathbf{x^{3b+1}}}$
13. $y' = -a \cdot x^{-a-1} = \frac{\mathbf{1-a}}{\mathbf{x^a}}$
14. $y' = \mathbf{(b^2 + 1) \cdot x^{b^2}}$

15. $y = \sqrt{x^7} = x^{\frac{7}{2}}$

16. $y = \sqrt[4]{x^3} = x^{\frac{3}{4}}$

17. $y = \sqrt[b-4]{x^5} = x^{\frac{5}{b-4}}$

18. $y = \sqrt[-a]{x^2} = x^{\frac{-2}{a}}$

19. $y = \frac{1}{\sqrt[1-a]{x^{a-1}}} = x^{\frac{1-a}{1-a}} = x^1$

20. $y = \frac{\sqrt[5]{x^6}}{\sqrt[3]{x^2}} = x^{\frac{6}{5}-\frac{2}{3}} = x^{\frac{8}{15}}$

15. $y' = \frac{7}{2} \cdot x^{\frac{5}{2}} = \frac{\mathbf{7}}{\mathbf{2}} \cdot \mathbf{x^2} \cdot \sqrt{\mathbf{x}}$

16. $y' = \frac{3}{4} \cdot x^{-\frac{1}{4}} = \frac{\mathbf{3}}{\mathbf{4} \cdot \sqrt[4]{\mathbf{x}}}$

17. $y' = \frac{5}{b-4} \cdot x^{\frac{q-b}{b-4}}$ $\quad \sqrt[b-4]{\mathbf{x}^{q-b}}$

18. $y' = \frac{2}{a} \cdot x^{-\frac{2}{a}-1} = -\frac{\mathbf{2}}{\mathbf{a} \cdot \mathbf{x} \cdot \sqrt[a]{\mathbf{x}^2}}$

19. $y' = 1 \cdot x^{1-1} = 1 \cdot x^0 = \mathbf{1}$

20. $y' = \frac{8}{15} \cdot x^{-\frac{7}{15}} = \frac{8}{\mathbf{15} \cdot \sqrt[15]{\mathbf{x}^7}}$

Beispiel:

Berechne die Steigung der Tangenten der Funktion $y = x^{\frac{1}{2}}$ für die Punkte:
$x_1 = 0$; $x_2 = 1$; $x_3 = 4$.

Lösung:

$$y = x^{\frac{1}{2}}$$

$$y' = \frac{dy}{dx} = \tan \tau = \frac{1}{2 \cdot \sqrt{x}}$$

Der Differentialquotient $\frac{dy}{dx}$ gibt den Tangenswert des Winkels an, den eine Tangente mit der positiven Richtung der X-Achse bildet.

$x_1 = 0 \rightarrow \tan \tau_1 = \frac{1}{0} = \infty \quad \boldsymbol{\tau_1} = \mathbf{90}°$

$x_2 = 1 \rightarrow \tan \tau_2 = \frac{1}{2} = \quad \boldsymbol{\tau_2} = \mathbf{26{,}57}°$

$x_3 = 4 \rightarrow \tan \tau_3 = \frac{1}{4} = \quad \boldsymbol{\tau_3} = \mathbf{14{,}04}°$

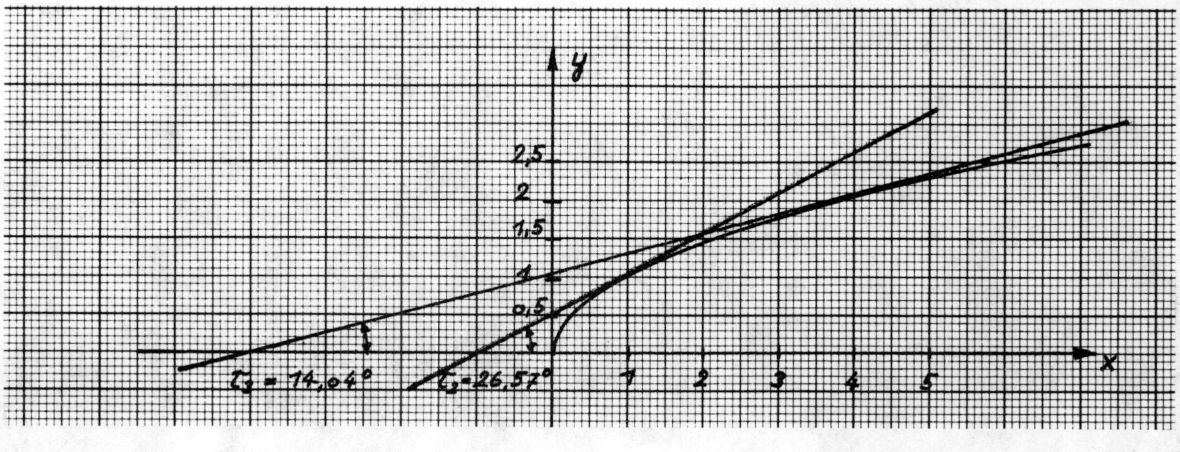

§ 8 Die Konstantenregel

Aufgabe:

Berechne für einen beliebigen Punkt P(x / y) mit Hilfe des Differenzenquotienten $\frac{\Delta y}{\Delta x}$ den Differentialquotienten $\frac{dy}{dx}$ der Funktionen:

1. $y = ax$
2. $y = ax^2$

1. Lösung:

$$y = ax$$

$$y' = \lim_{\Delta x \to 0} \frac{f(x + \Delta x) - f(x)}{\Delta x}$$

$$y' = \lim_{\Delta x \to 0} \frac{a(x + \Delta x) - ax}{\Delta x}$$

$$y' = \lim_{\Delta x \to 0} \frac{ax + a \cdot \Delta x - ax}{\Delta x}$$

$$\mathbf{y' = a}$$

2. Lösung:

$$y = ax^2$$

$$y' = \lim_{\Delta x \to 0} \frac{a(x + \Delta x)^2 - ax^2}{\Delta x}$$

$$y' = \lim_{\Delta x \to 0} \frac{ax^2 + a \cdot 2 \cdot x \cdot \Delta x - ax^2}{\Delta x}$$

$$\mathbf{y' = a \cdot 2x}$$

Beachte: Bei der Differentiation bleibt ein konstanter Faktor erhalten!

Aufgabe:

1. Differenziere die Funktion $y = h$

Hinweis: Multipliziere h mit 1 und schreibe statt $1 = x^0$.

1. Lösung:

$$y = h$$
$$y = h \cdot 1$$
$$y = h \cdot x^0$$
$$y' = 0 \cdot h \cdot x^{0-1}$$
$$\mathbf{y' = 0}$$

2. Stelle die Funktion $y = h$ graphisch dar.
Nimm aus der Darstellung für einen Kurvenpunkt die Steigung der Kurve und deute geometrisch den Wert ihres Differentialquotienten.

2. Lösung:

$$y' = 0 \rightarrow \tan \tau = 0$$

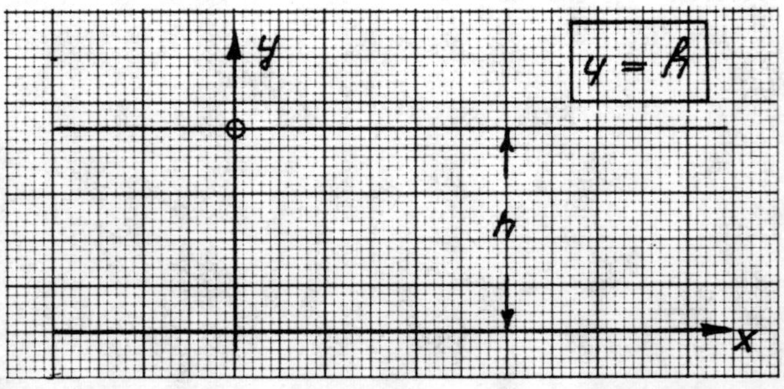

Die Steigung ist in jedem Punkt Null.
Es zeigt sich eine Gerade parallel und im Abstand h zur x-Achse.
Der Differentialquotient einer Konstanten hat also den Wert Null.

Die Konstantenregel besagt,

daß der konstante Faktor einer Funktion auf den Differentialquotienten übergeht.

$$y = a \cdot x^n \rightarrow y' = a \cdot n \cdot x^{n-1}$$

$$y = a \rightarrow y' = 0$$

Beispiele:	**Lösung:**
1. $y = 9$	$y' = 0$
2. $y = \pm b$	$y' = 0$
3. $y = a_1 \cdot x$	$y' = a_1$
4. $y = a_3 \cdot x^3$	$y' = 3 \cdot a_3 \cdot x^2$
5. $y = m \cdot x^n$	$y' = m \cdot n \cdot x^{n-1}$
6. $y = 3{,}2 \cdot x^{1,5}$	$y' = 4{,}8 \cdot x^{0,5} = 4{,}8 \cdot \sqrt{x}$
7. $y = x^2 \cdot \sqrt{3}$	$y' = 2x \cdot \sqrt{3}$
8. $y = 3x \cdot \sqrt{3}$	$y' = 3 \cdot \sqrt{3}$
9. $y = \frac{x^2}{\sqrt{2}}$	$y' = \frac{2x}{\sqrt{2}} = \frac{2x \cdot \sqrt{2}}{\sqrt{2} \cdot \sqrt{2}} = \frac{2x \cdot \sqrt{2}}{2} = x \cdot \sqrt{2}$
10. $y = \frac{2}{x} = 2 \cdot x^{-1}$	$y' = -1 \cdot 2 \cdot x^{-1-1} = -2 \cdot x^{-2} = -\frac{2}{x^2}$
11. $y = \frac{3}{x^2} = 3 \cdot x^{-2}$	$y' = -2 \cdot 3 \cdot x^{-2-1} = -6 \cdot x^{-3} = -\frac{6}{x^3}$
12. $y = \frac{a^2}{x} = a^2 \cdot x^{-1}$	$y' = -a^2 \cdot x^{-2} = -\left(\frac{a}{x}\right)^2$
13. $y = 4 \cdot x^a \cdot x^b = 4 \cdot x^{a+b}$	$y' = 4 \cdot (a+b) \cdot x^{a+b-1}$
14. $y = \frac{3}{5} \cdot \sqrt[3]{x^5} = \frac{3}{5} \cdot x^{\frac{5}{3}}$	$\mathbf{y' = \frac{3}{5} \cdot \frac{5}{3} \cdot x^{\frac{2}{3}} = \sqrt[3]{x^2}}$

§ 9 Die Summenregel

Aufgabe:

Bilde die 1. Ableitung der Funktion
$\mathbf{y = 3x^5 + 5x^2}$

Hinweis:

Zur allgemeinen Lösung setzt man $3x^5 = u$ und $5x^2 = v$;
in der Funktion $y = u + v$ sind dann u und v Funktionen von x.
Wächst x um Δx, so nehmen auch u um Δu und v um Δv zu.
Die Zunahme $\Delta u + \Delta v = \Delta y$ entspricht der Zunahme der abhängigen Variablen y.

Hieraus ergibt sich die Beziehung:

$$\frac{\Delta y}{\Delta x} = \frac{\Delta u + \Delta v}{\Delta x}$$

Lösung:

$$y = 3x^5 + 5x^2$$

$$3x^5 = u; \; 5x^2 = v$$

$$y = u + v$$

$$y = u(x) + v(x)$$

$$y' = \lim_{\Delta x \to 0} \frac{f(x + \Delta x) - f(x)}{\Delta x}$$

$$y' = \lim_{\Delta x \to 0} \frac{[(u + \Delta u) + (v + \Delta v)] - [u + v]}{\Delta x}$$

$$y' = \lim_{\Delta x \to 0} \frac{u + \Delta u + v + \Delta v - u - v}{\Delta x}$$

$$y' = \lim_{\Delta x \to 0} \frac{\Delta u + \Delta v}{\Delta x}$$

$$y' = \lim_{\Delta x \to 0} \left[\frac{\Delta u}{\Delta x} + \frac{\Delta v}{\Delta x}\right]$$

$$y' = \lim_{\Delta x \to 0} \frac{\Delta u}{\Delta x} + \lim_{\Delta x \to 0} \frac{\Delta v}{\Delta x}$$

$$y' = \frac{du}{dx} + \frac{dv}{dx}$$

$$y' = u' + v'$$

$$\mathbf{y' = 15x^4 + 10x}$$

Beachte:

Der Differentialquotient einer algebraischen Summe ist gleich der Summe der Differentialquotienten der einzelnen Summanden.

Allgemein:

$$y = f_1(x) \pm f_2(x) \pm f_3(x) \pm \ldots$$
$$y' = f_1'(x) \pm f_2'(x) \pm f_3'(x) \pm \ldots$$

Beispiele:	**Lösung:**
1. $y = x^2 + x^4$	$y' = 2x + 4x^3$
2. $y = x^3 - x + 7$	$y' = 3x^2 - 1$
3. $y = ax^4 + 21b$	$y' = 4ax^3$
4. $y = a^3 \cdot x^7 - a^5$	$y' = 7a^3 \cdot x^6$
5. $y = a + 2bx$	$y' = 2b$
6. $y = \frac{5}{8} x^{-2} + 4$	$y' = -\frac{5}{4} \cdot x^3 = -\frac{5}{4 \cdot x^3}$

§ 10 Die Produktregel

Allgemeine Lösung:

$$y = u \cdot v$$

$$y' = \lim_{\Delta x \to 0} \frac{f(x + \Delta x) - f(x)}{\Delta x}$$

Man setze $f(x) = u \cdot v$ sowie $f(x + \Delta x) = (u + \Delta u) \cdot (v + \Delta v)$

$$y' = \lim_{\Delta x \to 0} \frac{(u + \Delta u) \cdot (v + \Delta v) - u \cdot v}{\Delta x}$$

aufgelöst erhält man:

$$y' = \lim_{\Delta x \to 0} \frac{u \cdot v + u \cdot \Delta v + v \cdot \Delta u + \Delta u \cdot \Delta v - u \cdot v}{\Delta x}$$

Umformen des Bruches

$$y' = \lim_{\Delta x \to 0} \left[u \cdot \frac{\Delta v}{\Delta x} + v \cdot \frac{\Delta u}{\Delta x} + \Delta u \cdot \frac{\Delta v}{\Delta x}\right]$$

Beim Grenzübergang ($\Delta x \to 0$) streben Δu und Δv gegen Null.

Die beiden Werte $\frac{\Delta v}{\Delta x}$ und $\frac{\Delta u}{\Delta x}$ nehmen die Form der ersten Ableitung (v' und u') an.
Das letzte Glied strebt gegen Null, da $\Delta u \to 0$.

$$y' = u \cdot \frac{dv}{dx} + \frac{du}{dx}$$

$$y' = \mathbf{u} \cdot \mathbf{v}' + \mathbf{v} \cdot \mathbf{u}'$$

Beispiel:

Gesucht: Erste Ableitung der Funktion $y = x^3 \cdot x^4$

Normallösung:

$$x^3 \cdot x^4 = x^7$$
$$y = x^7$$
$$\mathbf{y' = 7x^6}$$

Viele Funktionen lassen sich jedoch nicht auf die Form $y = a \cdot x^n$ zurückführen, dann ist die Produktenregel anzuwenden.

Lösung nach der Produktregel:

$$y = x^3 \cdot x^4$$
$$y = u \cdot v;\ u = x^3 \to u' = 3x^2;\ v = x^4 \to v' = 4x^3$$
$$y' = u \cdot v' + v \cdot u'$$
$$y' = x^3 \cdot 4x^3 + x^4 \cdot 3x^2;\ y' = 4x^6 + 3x^6;\ \mathbf{y' = 7x^6}$$

Regel: Man erhält den Differentialquotienten eines Produktes $(u \cdot v)$, wenn man die Summe bildet aus:

Produkt erster Faktor (u) mal Differentialquotient zweiter Faktor (v′) plus

Produkt zweiter Faktor (v) mal Differentialquotient erster Faktor (u′).

Allgemein:

$$y = u \cdot v \rightarrow y' = u \cdot v' + v \cdot u'$$

Graphische Darstellung der Ableitung

Der Flächeninhalt y des Rechtecks vermehrt sich um Δy wenn man seine Seiten u um Δu und v um Δv vergrößert.

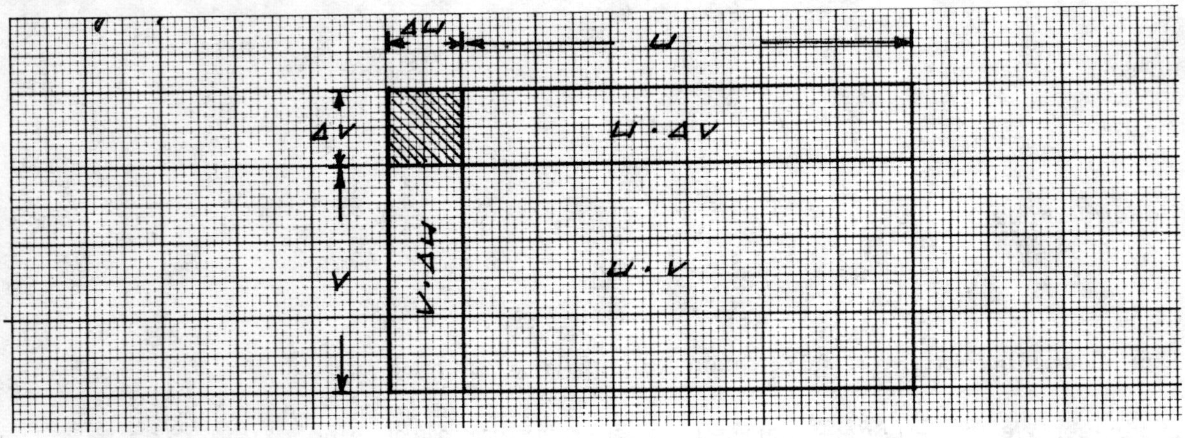

Beachte:

Die Flächenvergrößerung um Δy besteht aus den Teilflächen $u \cdot \Delta v + v \cdot \Delta u + \Delta u \cdot \Delta v$.

Das Quadrat $\Delta u \cdot \Delta v$ wird eine unendlich kleine Größe zweiter Ordnung, wenn die Zunahme Δu und Δv über alle Grenzen klein wird.

Lösung:

$$\Delta y = u \cdot \Delta v + v \cdot \Delta u + \Delta u \cdot \Delta v \rightarrow \Delta x$$

$$\frac{\Delta y}{\Delta x} = u \cdot \frac{\Delta v}{\Delta x} + v \cdot \frac{\Delta u}{\Delta x} + \frac{\Delta u \cdot \Delta v}{\Delta x}$$

$$y' = \lim_{\Delta x \to 0} \frac{\Delta y}{\Delta x}$$

$$= \mathbf{u} \cdot \mathbf{v}' + \mathbf{v} \cdot \mathbf{u}'$$

Aufgabe:

Differenziere die Funktionen nach der Produktregel:

1. Beispiel: $y = (x^2 + c) \cdot (x^2 - c)$

Lösung:

$$y' = u \cdot v' + v \cdot u'$$

$$u = x^2 + c \rightarrow u' = 2x$$

$$v = x^2 - c \rightarrow v' = 2x$$

$$y' = (x^2 + c) \cdot 2x + (x^2 - c) \cdot 2x$$

$$y' = 2x^3 + 2cx + 2x^3 - 2cx$$

$$y' = \mathbf{4x^3}$$

2. Beispiel:

$$y = (x^2 + x^3) \cdot \sqrt[4]{x} = (x^2 + x^3) \cdot x^{\frac{1}{4}}$$

Lösung:

$$y' = u \cdot v' + v \cdot u'$$
$$u = x^2 + x^3 \rightarrow u' = 2x + 3x^2$$
$$v = x^{\frac{1}{4}} \rightarrow v' = \frac{1}{4} x^{\frac{1}{4}-1} = \frac{1}{4} x^{-\frac{3}{4}}$$

$$y' = (x^2 + x^3) \cdot \frac{1}{4} x^{-\frac{3}{4}} + x^{\frac{1}{4}} \cdot (2x + 3x^2)$$

$$y' = \frac{1}{4} \cdot x^{\frac{5}{4}} + \frac{1}{4} \cdot x^{\frac{9}{4}} + 2x^{\frac{5}{4}} + 3x^{\frac{9}{4}}$$

$$y' = \frac{9}{4} x^{\frac{5}{4}} + \frac{13}{4} x^{\frac{9}{4}}$$

$$y' = x^{\frac{5}{4}} \cdot \left(\frac{9}{4} + \frac{13}{4} x^{\frac{4}{4}}\right)$$

$$y' = \sqrt[4]{x^5} \cdot \left(\frac{9}{4} + \frac{13}{4} x\right)$$

$$y' = \sqrt[4]{x^4} \cdot x \cdot \left(\frac{9}{4} + \frac{13}{4} x\right)$$

$$y' = \mathbf{x \cdot \sqrt[4]{x} \cdot \left(\frac{9}{4} + \frac{13}{4} x\right)}$$

3. Beispiel: $y = (2x^3 + 5) \cdot (3x^2 - 3)$

Lösung:

$$u = 2x^3 + 5 \rightarrow u' = 6x^2$$
$$v = 3x^2 - 3 \rightarrow v' = 6x$$
$$y' = (2x^3 + 5) \cdot 6x + (3x^2 - 2) \cdot 6x^2$$
$$y' = 12x^4 + 30x + 18x^4 - 12x^2$$
$$y' = 30x^4 - 12x^2 + 30x$$
$$y' = \mathbf{6x \cdot (5x^3 - 2x + 5)}$$

4. Beispiel:

Gesucht: Die erste Ableitung der Funktion

$$y = x^2 \cdot x^3 \cdot x^4$$

1. Lösung: Nach Zusammenfassung

$$y = x^2 \cdot x^3 \cdot x^4 = x^9$$
$$y' = \mathbf{9x^8}$$

2. Lösung: Nach Produktregel

$$y = \underbrace{x^2 \cdot x^3}_{} \cdot x^4 \qquad u = x^2 \cdot x^3$$
$$y = u \cdot v \qquad r = x^2 \rightarrow r' = 2x$$
$$u = r \cdot s \qquad s = x^3 \rightarrow s' = 3x^2$$
$$v = x^4 \rightarrow v' = 4x^3$$

$$y' = u \cdot v' + v \cdot u'$$
$$y' = u \cdot v' + v \cdot [r \cdot s' + s \cdot r']$$
$$y' = x^2 \cdot x^3 \cdot 4x^3 + x^4 \cdot [x^2 \cdot 3x^2 + x^3 \cdot 2x]$$
$$y' = 4x^8 + x^4 \cdot [3x^4 + 2x^4]$$
$$y' = 4x^8 + 3x^8 + 2x^8$$
$$y' = \mathbf{9x^8}$$

Beachte:

Auch bei Produkten, die aus mehreren Faktoren bestehen, läßt sich die Produktregel entsprechend anwenden.

Die erste Ableitung eines Produktes aus drei Faktoren erfolgt analog derjenigen aus zwei Faktoren.

Allgemein:

$$y = u \cdot v \cdot w \rightarrow \begin{cases} y' = u' \cdot v \cdot w + u \cdot v' \cdot w + u \cdot v \cdot w' \\ y' = u \cdot v \cdot w \cdot \left[\dfrac{u'}{u} + \dfrac{v'}{v} + \dfrac{w'}{w}\right] \end{cases}$$

Für nachstehende Funktionen soll die erste Ableitung unter Anwendung der Produktregel berechnet werden.

1. Beispiel: $y = (x^2 + a) \cdot (x^3 - b) \cdot (c + x)$

Lösung:

$$y = (x^2 + a) \cdot (x^3 - b) \cdot (c + x)$$
$$y = u \cdot v \cdot w$$
$$u = x^2 + a \rightarrow u' = 2x$$
$$v = x^3 - b \rightarrow v' = 3x^2$$
$$w = c + x \rightarrow w' = 1$$

$$y' = u' \cdot v \cdot w + u \cdot v' \cdot w + u \cdot v \cdot w'$$
$$y' = 2x \cdot (x^3 - b) \cdot (c + x) + (x^2 + a) \cdot 3x^2 \cdot (c + x) + (x^2 + a) \cdot (x^3 - b) \cdot 1$$
$$y' = \mathbf{6x^5 + 5cx^4 + 4ax^3 + 3x^2 \cdot (ac - b) - 2bcx - ab}$$

2. Beispiel: $y = (x^2 - 1) \cdot (x^2 - x + 1) \cdot (x + 1)$

Lösung:

$$y = (x^2 - 1) \cdot (x^2 - x + 1) \cdot (x + 1)$$
$$y = u \cdot v \cdot w$$
$$u = x^2 - 1 \rightarrow u' = 2x$$
$$v = x^2 - x + 1 \rightarrow v' = 2x - 1$$
$$w = x + 1 \rightarrow w' = 1$$

$$y' = u' \cdot v \cdot w + u \cdot v' \cdot w + u \cdot v \cdot w'$$
$$y' = 2x \cdot (x^2 - x + 1) \cdot (x + 1) + (x^2 - 1) \cdot (2x - 1) \cdot (x + 1) + (x^2 - 1) \cdot (x^2 - x + 1) \cdot 1$$
$$y' = 2x^4 + 2x + 2x^4 + x^3 - 3x^2 - x + 1 + x^4 - x^3 + x - 1$$
$$y' = \mathbf{5x^4 - 3x^2 + 2x}$$

Hinweis:

Bei diesem und ähnlichen Beispielen führt die Differentiation mit Hilfe der Summenformel schneller zum Ergebnis.

Es ist daher sinnvoller, diese Methode in derartigen Fällen zu bevorzugen.

Beispiel:

$$y = (x^2 - 1) \cdot (x^2 - x + 1) \cdot (x + 1)$$

Lösung:

$$y = x^5 + x^4 - x^4 - x^3 + x^2 + x - x - 1$$
$$y = x^5 - x^3 + x^2 - 1$$
$$y' = \mathbf{5x^4 - 3x^2 + 2x}$$

3. Beispiel: $y = (x^2 + px + q) \cdot (x^2 - px - q)$

Lösung:

$$y = (x^2 + px + q) \cdot (x^2 - px - q)$$
$$y = u \cdot v$$
$$u = x^2 + px + q \rightarrow u' = 2x + p$$
$$v = x^2 - px - q \rightarrow v' = 2x - p$$

$$y' = u \cdot v' + v \cdot u'$$
$$y' = (x^2 + px + q) \cdot (2x - p) + (x^2 - px - q) \cdot (2x + p)$$
$$y' = 2x^3 - px^2 + 2px^2 - p^2x - pq + 2qx + 2x^3 + px^2 - 2px^2 - p^2x - 2qx - pq$$
$$y' = \mathbf{4x^3 - 2p^2x - 2pq}$$

4. Beispiel: $y = (x + 1) \cdot (x^2 + 2) \cdot (x^3 + 3) \cdot (x^4 + 4)$

$y = \quad u \quad \cdot \quad v \quad \cdot \quad w \quad \cdot \quad z$

Lösung:

$$u = x + 1 \rightarrow u' = 1$$
$$v = x^2 + 2 \rightarrow v' = 2x$$
$$w = x^3 + 3 \rightarrow w' = 3x^2$$
$$z = x^4 + 4 \rightarrow z' = 4x^3$$

$$y' = u' \cdot v \cdot w \cdot z + u \cdot v' \cdot w \cdot z + u \cdot v \cdot w' \cdot z + u \cdot v \cdot w \cdot z'$$
$$y' = 1 \cdot (x^2 + 2) \cdot (x^3 + 3) \cdot (x^4 + 4) + (x + 1) \cdot 2x \cdot (x^3 + 3) \cdot (x^4 + 4) + (x + 1) \cdot (x^2 + 2) \cdot 3x^2 \cdot (x^4 + 4) + (x + 1) \cdot (x^2 + 2) \cdot (x^3 + 3) \cdot 4x^3$$
$$y' = \mathbf{10x^9 + 9x^8 + 16x^7 + 35x^6 + 42x^5 + 50x^4 + 56x^3 + 60x^2 + 24x + 24}$$

§ 11 Die Quotientenregel

Allgemeine Lösung:

$$y = \frac{u}{v}$$

$$y' = \lim_{\Delta x \to 0} \frac{f(x + \Delta x) - f(x)}{\Delta x}$$

Man setze $f(x) = \frac{u}{v}$ sowie $f(x + \Delta x) = \frac{u + \Delta u}{v + \Delta v}$

$$y' = \lim_{\Delta x \to 0} \frac{\frac{u + \Delta u}{v + \Delta v} - \frac{u}{v}}{\Delta x}$$

Vereinigung der beiden Zählerbrüche

$$y' = \lim_{\Delta x \to 0} \frac{\frac{v \cdot (u + \Delta u)}{v \cdot (v + \Delta v)} - \frac{u \cdot (v + \Delta v)}{v \cdot (v + \Delta v)}}{\Delta x}$$

Man dividiere Zähler und Nenner durch Δx

$$y' = \lim_{\Delta x \to 0} \frac{u \cdot v + v \cdot \Delta u - u \cdot v - u \cdot \Delta v}{\Delta x \cdot v \cdot (v + \Delta v)}$$

$$y' = \lim_{\Delta x \to 0} \frac{v \cdot \Delta u - u \cdot \Delta v}{\Delta x \cdot v \cdot (v + \Delta v)}$$

$$y' = \lim_{\Delta x \to 0} \frac{v \cdot \frac{\Delta u}{\Delta x} - u \cdot \frac{\Delta v}{\Delta x}}{v^2 + v \cdot \Delta v}$$

Beim Grenzübergang ($\Delta x \to 0$) streben Δu und Δv gegen Null.

Die beiden Werte $\frac{\Delta u}{\Delta x}$ und $\frac{\Delta v}{\Delta x}$ nehmen die Form der ersten Ableitung (u' und v') an.

Das Produkt $v \cdot \Delta v$ im Nenner strebt gegen Null.

$$y' = \frac{v \cdot u' - u \cdot v'}{v^2}$$

Beispiel:

Gesucht: Erste Ableitung der Funktion $y = \frac{x^8}{x^3}$

Lösung:

$$y = \frac{x^8}{x^3}$$

$$y = x^{8-3} = x^5$$

$$y' = \mathbf{5x^4}$$

Viele Funktionen lassen sich jedoch nicht auf die Form $y = a \cdot x^n$ zurückführen, dann ist die Quotientenregel anzuwenden.

Lösung nach der Quotientenregel:

$$y = \frac{x^8}{x^3}$$

$$y = \frac{u}{v}$$

$$u = x^8 \rightarrow u' = 8x^7$$
$$v = x^3 \rightarrow v' = 3x^2$$

$$y' = \frac{v \cdot u' - u \cdot v'}{v^2}$$

$$y' = \frac{x^3 \cdot 8x^7 - x^8 \cdot 3x^2}{x^6}$$

$$y' = \frac{8x^{10} - 3x^{10}}{x^6}$$

$$y' = \frac{5x^{10}}{x^6}$$

$$y' = \mathbf{5x^4}$$

Beachte:

Der Differentialquotient eines Bruches ($\frac{u}{v}$) ist gleich:

Nenner mal erste Ableitung des Zählers

minus

Zähler mal erste Ableitung des Nenners

dividiert

durch das Quadrat des Nenners.

Allgemein:

$$\boxed{y = \frac{u}{v} \rightarrow y' = \frac{v \cdot u' - u \cdot v'}{v^2}}$$

Aufgabe:

Differenziere folgende Funktionen nach der Quotientenregel.

1. Beispiel: $y = \frac{1}{1-x}$

Lösung:

$$y = \frac{1}{1-x}$$

$$y' = \frac{v \cdot u' - u \cdot v'}{v^2}$$

$$u = 1 \rightarrow u' = 0$$

$$v = 1-x \rightarrow v' = -1$$

$$y' = \frac{(1-x) \cdot 0 - 1 \cdot (-1)}{(1-x)^2}$$

$$y' = \mathbf{\frac{1}{(1-x)^2}}$$

2. Beispiel: $y = \frac{x^5 + 1}{x + 1}$

Lösung:

$$y = \frac{x^5 + 1}{x + 1}$$

$$u = x^5 + 1 \rightarrow u' = 5x^4$$

$$v = x + 1 \rightarrow v' = 1$$

$$y' = \frac{(x + 1) \cdot 5x^4 - (x^5 + 1) \cdot (+1)}{(x + 1)^2}$$

$$y' = \frac{4x^5 + 5x^4 - 1}{x^2 + 2x + 1}$$

$$y' = (4x^5 + 5x^4 - 1) : (x^2 + 2x + 1)$$

$$y' = \mathbf{4x^3 - 3x^2 + 2x - 1}$$

Bestätigung der Richtigkeit durch **Normallösung:**

$$y = \frac{x^5 + 1}{x + 1}$$

$$y = (x^5 + 1) : (x + 1)$$

$$y = x^4 - x^3 + x^2 - x + 1$$

$$y' = \mathbf{4x^3 - 3x^2 + 2x - 1}$$

3. Beispiel: $y = \frac{4x^3 + 3}{x^3 + 2}$

$$y = \frac{u}{v}$$

$$y' = \frac{v \cdot u' - u \cdot v'}{v^2}$$

Lösung:

$$u = 4x^3 + 3 \rightarrow u' = 12x^2$$
$$v = x^3 + 2 \rightarrow v' = 3x^2$$

$$y' = \frac{(x^3 + 2) \cdot 12x^2 - (4x^3 + 3) \cdot 3x^2}{(x^3 + 2)^2}$$

$$y' = \frac{12x^5 + 24x^2 - 12x^5 - 9x^2}{(x^3 + 2)^2}$$

$$y' = \mathbf{\frac{15x^2}{(x^3 + 2)^2}}$$

4. Beispiel: $y = \frac{1 - x}{1 + x}$

Lösung:

$$u = 1 - x \rightarrow u' = -1$$
$$v = 1 + x \rightarrow v' = 1$$

$$y' = \frac{-1 \cdot (1 + x) - (1 - x) \cdot 1}{(1 + x)^2}$$

$$y' = \mathbf{\frac{-2}{(1 + x)^2}}$$

5. Beispiel: $y = \dfrac{x^2 - 2x + 4}{x^2 + 2x - 4}$

Lösung:

$u = x^2 - 2x + 4 \rightarrow u' = 2x - 2$

$v = x^2 + 2x - 4 \rightarrow v' = 2x + 2$

$$y' = \frac{(2x-2) \cdot (x^2+2x-4) - (x^2-2x+4) \cdot (2x+2)}{(x^2 + 2x - 4)^2}$$

$$y' = \mathbf{\frac{4x^2 - 16x}{(x^2 + 2x - 4)^2}}$$

6. Beispiel: $y = \dfrac{1}{1 + \sqrt[4]{x}}$

Lösung:

$u = 1 \rightarrow u' = 0$

$v = 1 + \sqrt[4]{x}; \rightarrow v' = \dfrac{1}{4 \cdot \sqrt[4]{x^3}} = \left(4 \cdot \sqrt[4]{x^3}\right)^{-1}$

$$y' = \frac{0 \cdot \left(1 + \sqrt[4]{x}\right) - 1 \cdot \left(4 \cdot \sqrt[4]{x^3}\right)^{-1}}{\left(1 + \sqrt[4]{x}\right)^2}$$

$$y' = \mathbf{\frac{1}{4 \cdot \left(1 + \sqrt[4]{x}\right)^2 \cdot \sqrt[4]{x^3}}}$$

7. Beispiel: $y = \dfrac{x^3}{9+x} + \dfrac{9}{x-1}$

Lösung:

$$y = \frac{x^3}{9+x} + \frac{9}{x-1}$$

$$y = \frac{u}{v} + \frac{s}{t}$$

$u = x^3 \rightarrow u' = 3x^2$

$v = 9 + x \rightarrow v' = 1$

$s = 9 \rightarrow s' = 0$

$t = x-1 \rightarrow t' = 1$

$$y' = \frac{v \cdot u' - u \cdot v'}{v^2} + \frac{t \cdot s' - s \cdot t'}{t^2}$$

$$y' = \frac{(9+x) \cdot 3x^2 - x^3 \cdot 1}{(9+x)^2} + \frac{(x-1) \cdot 0 - 9 \cdot 1}{(x-1)^2}$$

$$y' = \mathbf{\frac{2x^3 + 27x^2}{(9+x)^2} - \frac{9}{(x-1)^2}}$$

8. Beispiel: $y = \frac{(x^2 + 3x)^3}{\sqrt{x}} = \frac{u}{v}$

Lösung:

$$u = (x^2 + 3x)^3 = (x^2 + 3x) \cdot (x^2 + 3x) \cdot (x^2 + 3x)$$
$$= u_1 \cdot s_1 \cdot t_1$$

nach der Produktenregel:

$$u_1 \cdot s_1 \cdot t_1 = u_1' \cdot s_1 \cdot t_1 + u_1 \cdot s_1' \cdot t_1 + u_1 \cdot s_1 \cdot t_1'$$

da:

$$u_1 = s_1 = t_1 = (x^2 + 3x)$$

ist auch:

$$u_1' = s_1' = t_1' = (2x + 3)$$

so ergibt sich:

$$u' = 3 \cdot [u_1^2 \cdot u_1']$$
$$u' = 3 \cdot (x^2 + 3x)^2 \cdot (2x + 3)$$

$$v = \sqrt{x} = x^{\frac{1}{2}}$$

$$v' = \frac{1}{2}x^{\frac{1}{2}-1} = \frac{x^{-\frac{1}{2}}}{2} = \frac{1}{2 \cdot \sqrt{x}}$$

$$y' = \frac{v \cdot u' - u \cdot v'}{v^2}$$

$$y' = \frac{\sqrt{x} \cdot 3(x^2 + 3x)^2 \cdot (2x + 3) - (x^2 + 3x)^3 \cdot \frac{1}{2 \cdot \sqrt{x}}}{\sqrt{x} \cdot \sqrt{x}}$$

$$y' = \frac{3 \cdot (x^2 + 3x)^2 \cdot (2x + 3) \cdot \sqrt{x} - (x^2 + 3x)^3 \cdot \frac{x^{-\frac{1}{2}}}{2}}{x}$$

$$\mathbf{y' = \frac{(11x + 15) \cdot (x^2 + 3x)^2 \cdot \sqrt{x}}{2x}}$$

§ 12 Die Kettenregel

Kann eine Funktion nicht nach einer der bisher aufgezeigten Regeln differenziert werden, so wendet man die Kettenregel an.

Zum Beispiel: $y = (x^2 - 2)^2$

statt: $(x^2 - 2)$ setzt man z als neue Veränderliche ein und erhält: $y = z^2$.

Dann ist y eine Funktion von z und der Wert z eine Funktion von x.

In diesem Fall ist y die „Funktion einer Funktion". Man nennt dies eine „mittelbare Funktion".

Die zwei Funktionsgleichungen heißen:

$y = f(z)$ und $z = \varphi(x)$
somit: $y = f[\varphi(x)] = y = f[z]$.

Aus der Funktionsgleichung $y = f(z)$ kann man nur den Differentialquotienten von y nach z bilden, da in ihr nur die Veränderlichen y und z vorkommen.

Aus $y = f(z)$ erhält man also $\frac{dy}{dz}$

Die Funktionsgleichung $z = \varphi(x)$ gestattet nur die Bildung des Differentialquotienten von z nach x, da dort nur die Veränderlichen z und x vorkommen.

Also erhält man aus $z = \varphi(x)$: $\frac{dz}{dx}$

Der Differentialquotient $\frac{dy}{dx}$ ergibt sich als Produkt von $\frac{dy}{dz}$ und $\frac{dz}{dy}$

Merke: $\mathbf{\frac{dy}{dx} = \frac{dy}{dz} \cdot \frac{dz}{dx}}$

Genügt die Einführung einer einzigen Veränderlichen z nicht, so ist unter Einführung neuer Veränderlichen die Kettenregel wiederholt anzuwenden.

1. Beispiel: $y = (x^2 - 2)^2$

Gesucht: Die erste Ableitung durch Bildung einer mittelbaren Funktion.

Lösung:

$$y = (x^2 - 2)^2$$
$$y = z^2; \rightarrow z = x^2 - 2$$
$$\frac{dy}{dz} = 2\,z$$
$$= 2 \cdot (x^2 - 2)$$
$$z = x^2 - 2$$
$$\frac{dz}{dx} = 2x$$
$$\frac{dy}{dz} \cdot \frac{dz}{dx} = 2z \cdot 2x$$

Durch Kürzen von dz erhält man:

$$\frac{dy}{dx} = y' = 2 \cdot (x^2 - 2) \cdot 2x$$
$$y' = \mathbf{4x^3 - 8x}$$

Eine verkürzte Form der Lösung erhält man durch Einführung der Begriffe „innere Ableitung" und „äußere Ableitung".

$$y = (x^2 - 1)^2 \rightarrow x^2 - 1 = z$$
$$y = z^2$$

Äußere Ableitung:

$$\frac{dy}{dz} = 2z$$
$$= 2 \cdot (x^2 - 1)$$
$$z = x^2 - 1$$

Innere Ableitung:

$$\frac{dz}{dx} = 2x$$

Innere Ableitung mal äußere Ableitung:

$$y' = 2x \cdot 2 \cdot (x^2 - 1)$$
$$y' = \mathbf{4x^3 - 4x.}$$

Allgemeine Lösung:

$$y = f[\varphi(x)]$$
$$\varphi(x) = z \to y = f[z]$$
$$\frac{dy}{dz} = f'[z] \to \text{äußere Ableitung}$$
$$z = \varphi(x)$$
$$\frac{dz}{dx} = \varphi'(x) \to \text{innere Ableitung}$$
$$\mathbf{\frac{dy}{dz} \cdot \frac{dz}{dx} = y' = f'[z] \cdot \varphi'(x)}$$

Allgemein:

$$\boxed{y = f[\varphi(x)] \to \varphi(x) = z \to y' = f'[z] \cdot \varphi'(x)}$$

2. Beispiel: $y = \sqrt[4]{(x^3 + 2)^2}$

Gesucht: Die erste Ableitung.

1. Durch Einführung **einer** neuen Veränderlichen z

Lösung:

$$y = \sqrt[4]{(x^3 + 2)^2}$$
$$y = (x^3 + 2)^{\frac{2}{4}} = (x^3 + 2)^{\frac{1}{2}}$$
$$y = z^{\frac{1}{2}} \to z = x^3 + 2$$
$$\frac{dy}{dz} = \frac{1}{2} \cdot z^{-\frac{1}{2}} = \frac{1}{2 \cdot \sqrt{z}}$$
$$z = x^3 + 2$$
$$\frac{dy}{dz} = \frac{1}{2 \cdot \sqrt{x^3 + 2}}$$
$$\frac{dz}{dx} = 3x^2$$
$$\frac{dy}{dz} \cdot \frac{dz}{dx} = \frac{1}{2 \cdot \sqrt{x^3 + 2}} \cdot 3x^2$$
$$\frac{dy}{dx} = y' = \mathbf{\frac{3x^2}{2 \cdot \sqrt{x^3 + 2}}}$$

2. Mit Hilfe der verkürzten Form innere mal äußere Ableitung:

$$y' = 3x^2 \cdot \frac{1}{2 \cdot \sqrt{x^3 + 2}}$$
$$y' = \mathbf{\frac{3x^2}{2 \cdot \sqrt{x^3 + 2}}}$$

3. Durch Einführung von **zwei** neuen Veränderlichen z und t.

Lösung:

$$y = \sqrt[4]{(x^3+2)^2} = [(x^3+2)^2]^{\frac{1}{4}}$$

$$(x^3+2) = z \rightarrow \frac{dz}{dx} = 3x^2$$

$$z^2 = t \rightarrow \frac{dt}{dz} = 2z = 2 \cdot (x^3+2)$$

$$t^{\frac{1}{4}} = y \rightarrow \frac{dy}{dt} = \frac{1}{4} \cdot t^{\frac{1}{4}-1} = \frac{1}{4} \cdot t^{-\frac{3}{4}} = \frac{1}{4 \cdot \sqrt[4]{t^3}} = \frac{1}{4 \cdot \sqrt[4]{z^6}}$$

$$t^{\frac{1}{4}} = y \rightarrow \frac{dy}{dt} = \frac{1}{4 \cdot \sqrt[4]{(x^3+2)^6}}$$

Das Produkt aus $\frac{dy}{dt} \cdot \frac{dt}{dz} \cdot \frac{dz}{dx}$ (Kette!) ergibt durch Kürzung die gesuchte Ableitung:

$$y' = \frac{dy}{dx}$$

$$\frac{dy}{dt} \cdot \frac{dt}{dz} \cdot \frac{dz}{dx} = \frac{1}{4 \cdot \sqrt[4]{(x^3+2)^6}} \cdot 2 \cdot (x^3+2) \cdot 3x^2$$

$$\frac{dy}{dx} = y' = \frac{6x^2 \cdot (x^3+2)}{4 \cdot \sqrt[4]{(x^3+2)^6}}$$

$$y' = \frac{6x^2 \cdot (x^3+2)}{4 \cdot \sqrt[4]{(x^3+2)^4 \cdot (x^3+2)^2}}$$

$$y' = \frac{6x^2 \cdot (x^3+2)}{4 \cdot (x^3+2) \cdot \sqrt[4]{(x^3+2)^2}}$$

$$\frac{dy}{dx} = y' = \frac{\mathbf{3x^2}}{\mathbf{2 \cdot \sqrt{x^3+2}}}$$

Die Übereinstimmung der Ergebnisse beweist die Richtigkeit der Überlegung.

Beachte:

Das gezeigte Verfahren ist wiederholt anzuwenden, falls die Einführung einer einzigen Veränderlichen z nicht genügt.

Aus dem Produkt aller Differentialquotienten erhält man schließlich den gesuchten Differentialquotienten.

Allgemein:

Kettenregel: $y' = \frac{dy}{dx} = \frac{dy}{da} \cdot \frac{da}{db} \cdots \frac{dw}{dz} \cdot \frac{dz}{dx}$

Aufgabe:

Differenziere folgende Funktionen nach der Kettenregel:

1. Beispiel: $y = (bx + c)^n$

Lösung:

$$y = (bx + c)^n = z^n$$

$$\frac{dy}{dx} = n \cdot z^{n-1}$$

$$z = bx + c$$

$$\frac{dz}{dx} = b$$

$$\frac{dz}{dx} \cdot \frac{dy}{dz} = b \cdot n \cdot z^{n-1}$$

$$\frac{dy}{dx} = y' = \mathbf{b \cdot n \cdot (bx + c)^{n-1}}$$

2. Beispiel: $y = \frac{1}{(4x-3)^2}$

Lösung:

$$y = \frac{1}{(4x-3)^2} = (4x - 3)^{-2} = z^{-2}$$

$$\frac{dy}{dz} = -2z^{-3} = \frac{-2}{z^3}$$

$$z = 4x - 3$$

$$\frac{dz}{dx} = 4$$

$$\frac{dz}{dx} \cdot \frac{dy}{dz} = 4 \cdot \frac{-2}{z^3}$$

$$\frac{dy}{dx} = y' = -\frac{\mathbf{8}}{\mathbf{(4x-3)^3}}$$

3. Beispiel: $y = \sqrt[n]{2px + q}$

Lösung:

$$y = \sqrt[n]{2px + q} = (2px + q)^{\frac{1}{n}} = z^{\frac{1}{n}}$$

$$\frac{dy}{dz} = \frac{1}{n} \cdot z^{\frac{1}{n}-1}$$

$$\frac{dy}{dz} = \frac{1}{n} \cdot z^{\frac{1-n}{n}}$$

$$z = (2px + q)$$

$$\frac{dz}{dx} = 2p$$

$$\frac{dz}{dx} \cdot \frac{dy}{dz} = 2p \cdot \frac{1}{n} \cdot z^{\frac{1-n}{n}}$$

$$\frac{dy}{dx} = y' = 2p \cdot \frac{1}{n} \cdot (2px + q)^{\frac{1-n}{n}}$$

$$y' = \frac{\mathbf{2p}}{\mathbf{n}} \cdot \sqrt[n]{\mathbf{(2px + q)^{1-n}}}$$

§ 13 Zusammenstellung der Regeln

1. Potenzregel

$$y = x^n \rightarrow y' = n \cdot x^{n-1}$$

2. Konstantenregel

$$y = a \cdot x^n \rightarrow y' = a \cdot n \cdot x^{n-1}$$

3. Summenregel

$$y = f_1(x) \pm f_2(x) \pm \ldots \rightarrow y' = f_1'(x) \pm f_2'(x) \pm \ldots$$

4. Produktregel

$$y = u \cdot v \rightarrow y' = u \cdot v' + v \cdot u'$$
$$y = u \cdot v \cdot w \rightarrow y' = u' \cdot v \cdot w + u \cdot v' \cdot w + u \cdot v \cdot w'$$

5. Quotientenregel

$$y = \frac{u}{v} \rightarrow y' = \frac{u' \cdot v - v' \cdot u}{v^2}$$

6. Kettenregel

$$y = f[\varphi(x)] = f[z] \rightarrow y' = f[z] \cdot \varphi'(x)$$

4. Kapitel

Differentiation von trigonometrischen Funktionen

§ 14 Ableitung aus den Beziehungen am Einheitskreis

A) Erste Ableitung der Funktion y = sin x

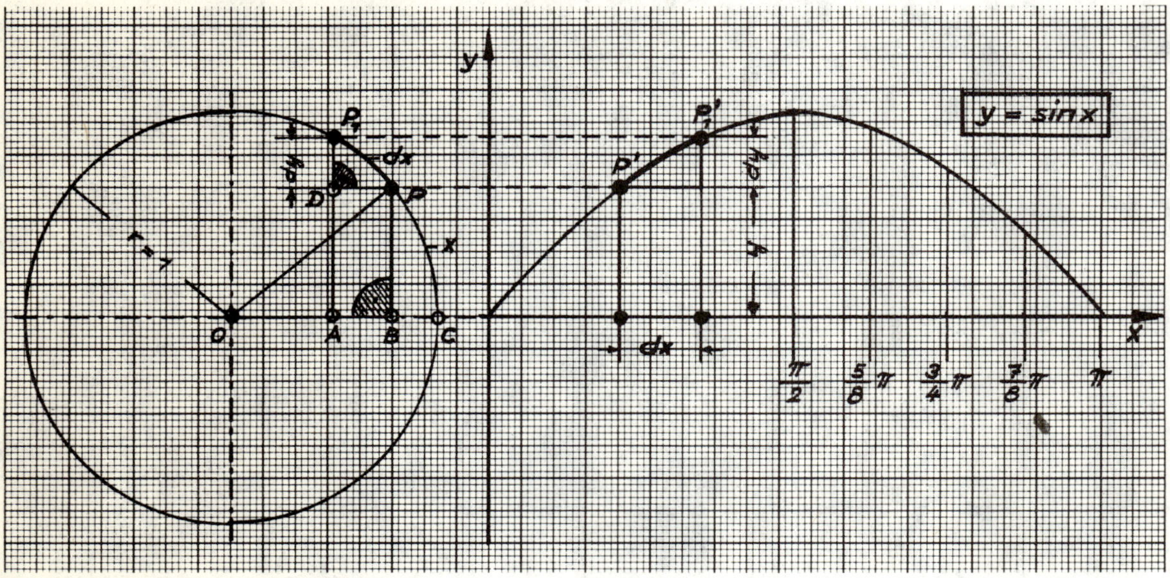

Maßzahl des Bogens: $x = \overset{\frown}{CP}$

Zu x gehörender Sinuswert $= \overline{BP}$

Ändert sich x um $dx = \overset{\frown}{PP_1}$
so ändert sich y um $dy = \overline{DP_1}$

Infolge der unendlichen Kleinheit des

Bogen $\overset{\frown}{PP_1}$ = Gerade $\overline{PP_1} = dx$

Die Proportion, welche zur ersten Ableitung führt,

$$y' = \cos x$$

erhält man aus den ähnlichen Dreiecken: OBP und P_1DP.

$y = \sin x$
$y = \overline{BP}$; $x = \overset{\frown}{CP}$
$dy = DP_1$; $dx = PP_1$

$$\frac{DP_1}{PP_1} = \frac{\overline{BO}}{\overline{PO}}$$

oder:

$$\frac{dy}{dx} = \frac{\cos x}{1}$$

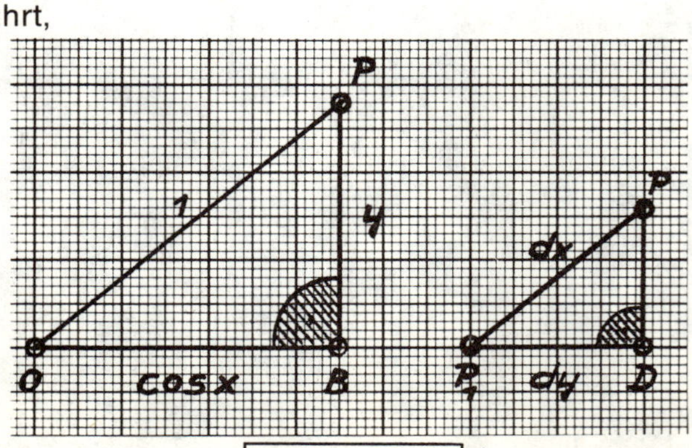

$y' = \cos x$

B) Erste Ableitung der Funktion: y = cos x

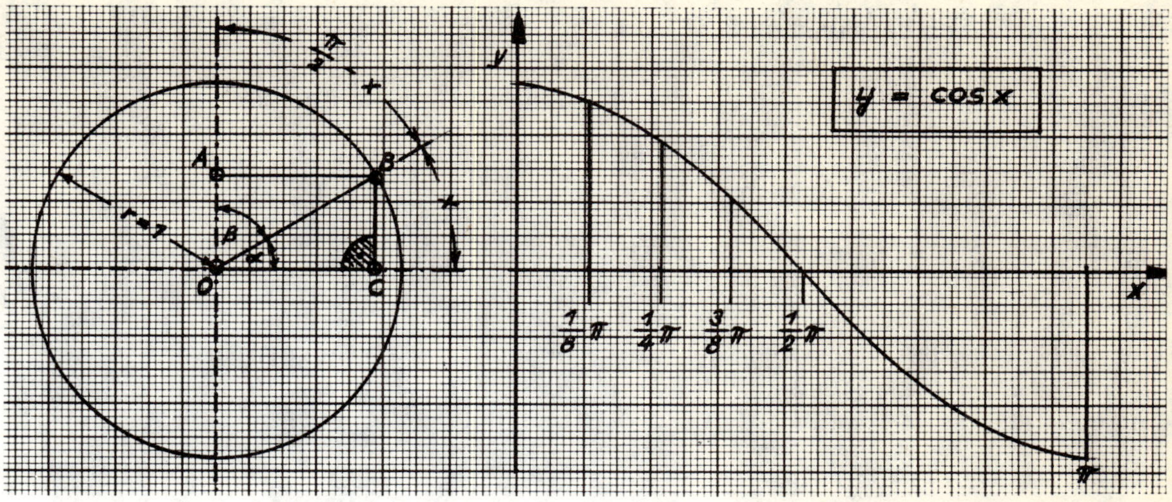

Der Kosinus des Winkels α entspricht dem Sinus des Winkels β.

Daher: $\cos x = \sin\left(\frac{\pi}{2} - x\right)$

Differenziert man nach der Kettenregel:

$\cos x = \sin\left(\frac{\pi}{2} - x\right) \rightarrow \frac{\pi}{2} - x = z$

dann ist: $y = \sin z$ und $\rightarrow \frac{dy}{dz} = \cos z$

oder auch: $\frac{dy}{dz} = \cos\left(\frac{\pi}{2} - x\right)$ = äußere Ableitung!

desweiteren: $z = \frac{\pi}{2} - x \rightarrow \frac{dz}{dx} = -1$ = innere Ableitung!

Nach der Kettenregel:

$$\frac{dz}{dx} \cdot \frac{dy}{dz} = y' = -1 \cdot \cos\left(\frac{\pi}{2} - x\right) = -1 \cdot \sin x$$

$$\mathbf{y' = -\sin x}$$

Lösung:

$y = \cos x \rightarrow y' = -\sin x$

Folgerung:

Aus den Ableitungen von Seite 124 und 125 ist zu erkennen:

a) für y = sin x

Der Wendepunkt der Kurve liegt bei $\tan \tau = 0$, das heißt, wenn $y' = 0$

da $y' = \cos x$ folgt daraus:

$\cos x = 0$, wenn sinx seinen Maximalwert erreicht hat.

b) für y = cos x

cos x erreicht seinen Maximalwert, wenn sin x den Wert Null hat.

§ 15 Ableitung der Tangens- und Cotangens-Funktion

A) Erste Ableitung der Funktion: $y = \tan x$

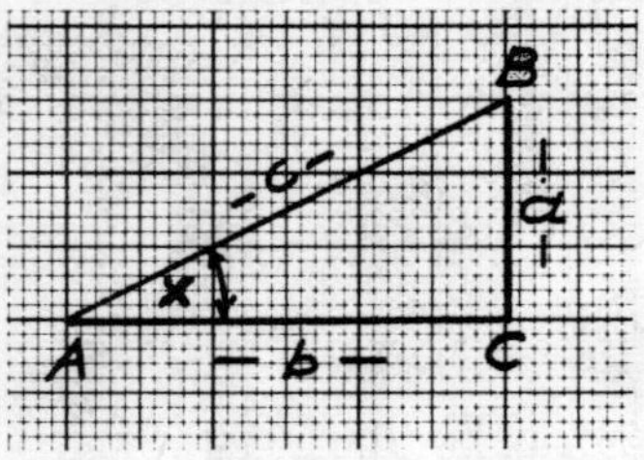

$\tan x = \frac{a}{b} = \frac{\sin x}{\cos x}$, denn $\sin x = \frac{a}{c}$ und $\cos x = \frac{b}{c}$

folglich $\frac{a}{c} : \frac{b}{c} = \frac{a}{c} \cdot \frac{c}{b} = \frac{a}{b} = \mathbf{\tan x}$ **!**

somit ist: $y = \tan x$ gleich $y = \frac{\sin x}{\cos x} \rightarrow \ y = \frac{u}{v}$

Unter Anwendung der Quotientenregel und Verwendung der Ableitungen für
$y = \sin x$ und $y = \cos x$
kann dann differenziert werden:

$$y = \frac{u}{v}; \ y' = \frac{u' \cdot v - v' \cdot u}{v^2}$$

$$u = \sin x; \quad u' = \cos x$$
$$v = \cos x; \ v' = -\sin x; \ v^2 = \cos^2 x$$
$$y' = \frac{\cos x \cdot \cos x - (-\sin x) \cdot \sin x}{\cos^2 x}$$

$$y' = \frac{\cos^2 x + \sin^2 x}{\cos^2 x}$$

Nach der goniometrischen Beziehung ergibt $\cos^2\alpha + \sin^2\alpha$ immer 1.

folglich: $y' = \frac{1}{\cos^2 x}$

Nun ist $\cos x$ gleich $\frac{b}{c}$ und $\cos^2 x = \frac{b^2}{c^2}$

da aber $c^2 = a^2 + b^2$ ist $\cos^2 x = \frac{b^2}{a^2 + b^2}$

und: $\frac{1}{\cos^2 x} = 1 : \frac{b^2}{a^2 + b^2} = 1 \cdot \frac{a^2 + b^2}{b^2}$

$$\frac{1}{\cos^2 x} = \frac{a^2}{b^2} + \frac{b^2}{b^2} = \frac{a^2}{b^2} + 1 = 1 + \frac{a^2}{b^2}$$

da $\frac{a}{b}$ gleich tan, ist $\frac{a^2}{b^2}$ gleich $\tan^2$.

$\frac{1}{\cos^2 x}$ ist daher auch $\mathbf{1 + \tan^2 x}$

Lösung:

$$\boxed{y = \tan x \rightarrow y' = \frac{1}{\cos^2 x} = 1 + \tan^2 x}$$

B) Erste Ableitung der Funktion: y = cot x

$$\cot x = \frac{b}{a} = \frac{\cos x}{\sin x}$$

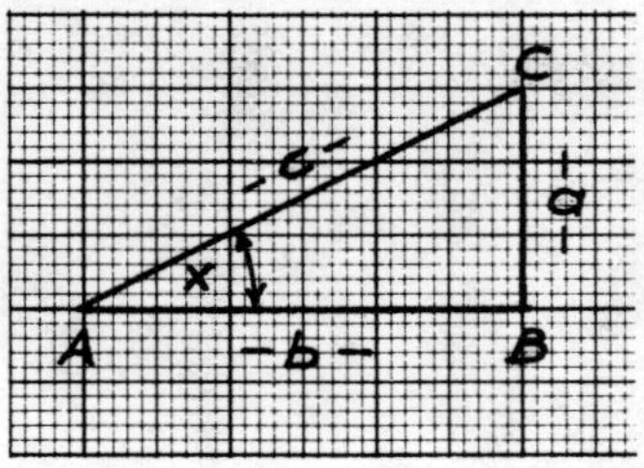

$$\text{denn } \cos x = \frac{b}{c} \text{ und } \sin x = \frac{a}{c}$$

$$\text{folglich: } \frac{b}{c} : \frac{a}{c} = \frac{b}{c} \cdot \frac{c}{a} = \frac{b}{a} = \cot x$$

$$\text{somit ist } y = \cot x \text{ gleich } y = \frac{\cos x}{\sin x} \rightarrow \frac{u}{v}$$

Unter Anwendung der Quotientenregel und Verwendung der Ableitungen für y = cos x und y = sin x, kann differenziert werden.

$$y = \frac{u}{v};\; y' = \frac{u' \cdot v - v' \cdot u}{v^2}$$

$$u' = -\sin x;\; v = \sin x;\; v' = \cos x;\; u = \cos x;\; v^2 = \sin^2 x$$

$$y' = \frac{(-\sin x) \cdot \sin x - \cos x \cdot \cos x}{\sin^2 x}$$

$$y' = \frac{-\sin^2 x - \cos^2 x}{\sin^2 x};\; y' = -\frac{(\sin^2 x + \cos^2 x)}{\sin^2 x}$$

Nach der goniometrischen Beziehung: $\sin^2 x + \cos^2 x = 1$.

$$\text{folglich: } y' = \frac{1}{\sin^2 x}$$

$$\text{Nun ist } \sin x \text{ gleich } \frac{a}{c} \text{ und } \sin^2 x = \frac{a^2}{c^2}$$

$$\text{da aber } c^2 = a^2 + b^2, \text{ ist } \sin^2 x = \frac{a^2}{a^2 + b^2}$$

$$\text{und } \frac{1}{\sin^2 x} = 1 : \frac{a^2}{a^2 + b^2} = 1 \cdot \frac{a^2 + b^2}{a^2}$$

$$\frac{1}{\sin^2 x} = \frac{a^2}{a^2} + \frac{b^2}{a^2} = 1 + \frac{b^2}{a^2}$$

$$\text{da } \frac{b}{a} \text{ gleich cot, ist } \frac{b^2}{a^2} \text{ gleich } \cot^2$$

$$\frac{1}{\sin^2 x} \text{ ist daher auch } 1 + \cot^2 x$$

$$\text{und } -\frac{1}{\sin^2 x} = -\mathbf{(1 + \cot^2 x)}$$

Lösung:

$$y = \cot x \rightarrow y' = -\frac{1}{\sin^2 x} = -(1 + \cot^2 x)$$

Übungen:

Nachstehende trigonometrische Funktionen sind zu differenzieren:

1. $\mathbf{y = \sin(3x)}$

$3x = z \rightarrow y = \sin z$

$z = 3x \rightarrow \frac{dz}{dx} = 3$

$y = \sin z \rightarrow \frac{dy}{dz} = \cos z = \cos(3x)$

$\frac{dz}{dx} \cdot \frac{dy}{dz} = y' = \mathbf{3 \cdot \cos(3x)}$

2. $\mathbf{y = a \cdot \sin \frac{x}{a}}$

$\frac{x}{a} = z \rightarrow y = a \cdot \sin z$

$z = \frac{x}{a} \rightarrow \frac{dz}{dx} = 1 \cdot \frac{x^{1-1}}{a} = \frac{x^0}{a} = \frac{1}{a}$

$y = a \cdot \sin z \rightarrow \frac{dy}{dz} = a \cdot \cos z = a \cdot \cos \frac{x}{a}$

$\frac{dz}{dx} \cdot \frac{dy}{dz} = y' = \frac{1}{a} \cdot a \cdot \cos \frac{x}{a} = \mathbf{\cos \frac{x}{a}}$

3. $\mathbf{y = \frac{\sin x}{x}}$

$y = \frac{u}{v}$; $u = \sin x$; $u' = \cos x$; $v = x$; $v' = 1$; $v^2 = x^2$

$y' = \frac{v \cdot u' - v' \cdot u}{v^2}$; $y' = \frac{x \cdot \cos x - 1 \cdot \sin x}{x^2}$

$y' = \mathbf{\frac{x \cdot \cos x - \sin x}{x^2}}$

4. $\mathbf{y = \sqrt{\cos x}}$

$\cos x = z \rightarrow y = \sqrt{z}$

$z = \cos x \rightarrow \frac{dz}{dx} = -\sin x$

$y = \sqrt{z} = z^{\frac{1}{2}} \rightarrow \frac{dy}{dx} = \frac{z^{-\frac{1}{2}}}{2} = \frac{1}{2\sqrt{z}} = \frac{\sqrt{z}}{2z}$

$\frac{dy}{dz} = \frac{\sqrt{\cos x}}{2 \cdot \cos x}$

$\frac{dz}{dx} \cdot \frac{dy}{dx} = y' = -\sin x \cdot \frac{\sqrt{\cos x}}{2 \cdot \cos x} = -\frac{1}{2} \cdot \frac{\sin x}{\cos x} \cdot \sqrt{\cos x}$

$\mathbf{y' = -\frac{1}{2} \cdot \tan x \cdot \sqrt{\cos x}}$

5. $\mathbf{y = \cot\sqrt{\cot x}}$

$\cot x = u \rightarrow y = \cot\sqrt{u};\ \sqrt{u} = z \rightarrow y = \cot z$

$$u = \cot x \rightarrow \frac{du}{dx} = \frac{-1}{\sin^2 x}$$

$$z = \sqrt{u} \rightarrow \frac{dz}{du} = \frac{u^{\frac{1}{2}-1}}{2} = \frac{1}{2 \cdot \sqrt{u}} = \frac{\sqrt{u}}{2u} = \frac{\sqrt{\cot x}}{2\cot x}$$

$$y = \cot z \rightarrow \frac{dy}{dz} = \frac{-1}{\sin^2 z} = \frac{-1}{\sin^2\sqrt{u}} = \frac{-1}{\sin^2\sqrt{\cot x}}$$

$$\frac{du}{dx} \cdot \frac{dz}{du} \cdot \frac{dy}{dz} = y' = \frac{-1}{\sin^2 x} \cdot \frac{\sqrt{\cot x}}{2\cot x} \cdot \frac{-1}{\sin^2\sqrt{\cot x}}$$

$$y' = \frac{\sqrt{\cot x}}{\sin^2 x \cdot 2 \cdot \frac{\cos x}{\sin x} \cdot \sin^2\sqrt{\cot x}}$$

$$y' = \frac{\sqrt{\cot x} \cdot \sin x}{\sin^2 x \cdot 2 \cdot \cos x \cdot \sin^2\sqrt{\cot x}}$$

$$\mathbf{y' = \frac{\sqrt{\cot x}}{\sin(2x) \cdot \sin^2\sqrt{\cot x}}}$$

5. Kapitel

Differentiation logarithmischer und exponentialer Funktionen

§ 16 Ableitung über den Differenzenquotienten mit $\Delta x \to 0$ bei logarithmischen Funktionen

Ableitung über den Differenzenquotienten mit $\Delta x \to 0$.

Lösung:

$$y = \log_b x \quad \to y' = ?$$

$$y' = \lim_{\Delta x \to 0} \frac{f(x + \Delta x) - f(x)}{\Delta x}$$

$$y' = \lim_{\Delta x \to 0} \frac{\log_b (x + \Delta x) - \log_b x}{\Delta x}$$

Man setze für Δx den n-ten Teil von x ein: $\Delta x = \frac{x}{n}$, dann muß beim Grenzübergang $n \to \infty$ gehen, damit $\Delta x \to 0$ geht.

$$y' = \lim_{n \to \infty} \frac{\log_b\left(x + \frac{x}{n}\right) - \log_b x}{\frac{x}{n}}$$

Nach den Logarithmengesetzen schreibt man für

$$\log u - \log v = \log\left(\frac{u}{v}\right) \text{ und}$$

$$n \cdot \log b = \log b^n.$$

$$y' = \lim_{n \to \infty} \frac{\log_b \frac{\left(x + \frac{x}{n}\right)}{x}}{\frac{x}{n}}$$

$$y' = \lim_{n \to \infty} \frac{n \cdot \log_b\left(1 + \frac{1}{n}\right)}{x}$$

$$y' = \lim_{n \to \infty} \frac{\log_b\left(1 + \frac{1}{n}\right)^n}{x}$$

Führt man den Grenzprozeß durch, so wird

$$\lim_{n \to \infty} \left(1 + \frac{1}{n}\right)^n = 2{,}718 \ldots = e!$$

Hieraus ergibt sich der Differentialquotient:

$$y' = \frac{\mathbf{log_b e}}{\mathbf{x}}$$

Eine andere Form erhält man durch Einsetzen der Beziehung:

$$\log_b N = y \rightarrow b^y = N$$
$$\ln b^y = \ln N$$
$$y \cdot \ln b = \ln N$$
$$y = \frac{\ln N}{\ln b}$$

$$\log_b N = \frac{\ln N}{\ln b}$$

Daraus folgt dann:

$$y' = \frac{\log_b e}{x} \rightarrow \log_b N = \frac{\ln N}{\ln b}$$

Setzt man statt **N** den Wert **e** ein so folgt:

$$\log_b e = \frac{\ln e}{\ln b} = \frac{1}{\ln b}$$

und der Differentialquotient:

$$y' = \frac{\mathbf{1}}{\mathbf{x \cdot \ln b}}$$

Allgemein:

$$y = \log_b x \rightarrow y' = \frac{1}{x \cdot \ln b} \text{ oder: } y' = \frac{\log_b e}{x}$$

Die Ableitung über den Differenzenquotienten der Funktion: $y = \ln x$ erfolgt auf gleiche Weise und ergibt:

$$y = \ln x$$
$$y' = \frac{\ln e}{x} \rightarrow \ln e = 1$$
$$y' = \frac{\mathbf{1}}{\mathbf{x}}$$

Analog:

Funktion f(y) nach y differenziert ergibt:

$$\frac{d(\ln y)}{dy} = \frac{\mathbf{1}}{\mathbf{y}}$$

Nachstehende Funktionen sind zu differenzieren:

1. Beispiel: $y = \log_b x^2$

Lösung:

$$y = \log_b x^2$$

$$x^2 = z \rightarrow y = \log_b z$$

$$z = x^2 \rightarrow \frac{dz}{dx} = 2x$$

$$y = \log_b z \rightarrow \frac{dy}{dz} = \frac{1}{z \cdot \ln b}$$

$$= \frac{1}{x^2 \cdot \ln b}$$

$$y' = \frac{dy}{dz} \cdot \frac{dz}{dx} = \frac{1}{x^2 \cdot \ln b} \cdot 2x$$

$$y' = \mathbf{\frac{2}{x \cdot \ln b}}$$

2. Beispiel:

$y = \log_a (u \cdot v)$

$u \cdot v = z \rightarrow y = \log_a z$

Lösung:

$$z = u \cdot v \rightarrow \frac{dz}{d(u \cdot v)} = u' \cdot v + u \cdot v'$$

$$y = \log_a z \rightarrow \frac{dy}{dz} = \frac{1}{z \cdot \ln a}$$

$$= \frac{1}{u \cdot v \cdot \ln a}$$

$$y' = \frac{dz}{d(u \cdot v)} \cdot \frac{dy}{dz} = \mathbf{\frac{u' \cdot v + u \cdot v'}{u \cdot v \cdot \ln a}}$$

3. Beispiel: $y = \ln\sqrt{x}$

Lösung:

$$y = \ln\sqrt{x} = \ln x^{\frac{1}{2}}$$

$$y = \frac{1}{2} \ln x$$

$$y' = \frac{1}{2} \cdot \frac{1}{x}$$

$$y' = \mathbf{\frac{1}{2x}}$$

4. Beispiel: $y = \ln (1 + x^3)$

Lösung:

$$y = \ln (1 + x^3)$$

$$1 + x^3 = z \rightarrow y = \ln z$$

$$z = 1 + x^3 \rightarrow \frac{dz}{dx} = 3x^2$$

$$y = \ln z \rightarrow \frac{dy}{dz} = \frac{1}{z}$$

$$= \frac{1}{1 + x^3}$$

$$y' = \frac{dz}{dx} \cdot \frac{dy}{dz} = 3x^2 \cdot \frac{1}{1 + x^3} = \mathbf{\frac{3x^2}{1 + x^3}}$$

§ 17 Differentiation von Exponentialfunktionen

1. **Gesucht:** Erste Ableitung von: $\mathbf{y = b^x}$

Bekannt ist, daß:

$$y = \log_b x \rightarrow \frac{dy}{dx} = y' = \frac{1}{x \cdot \ln b};$$

ebenso ist auch:

$$x = \log_b y \rightarrow \frac{dx}{dy} = \frac{1}{y \cdot \ln b};$$

Der Kehrwert ist:

$\frac{dy}{dx} = y \cdot \ln b$; und da $y = b^x$

ist schließlich: $\frac{dy}{dx} = y' = \mathbf{b^x \cdot \ln b}$

Regel: $y = b^x \rightarrow y' = b^x \cdot \ln b$

2. **Gesucht:** Erste Ableitung von: $\mathbf{y = e^x}$

Aus der vorstehenden Aufgabe ergibt sich die Lösung, wenn man $b = e$ setzt:

$y = b^x \rightarrow y' = b^x \cdot \ln b;$

setzt man $b = e$, so ergibt sich:
$y = e^x \rightarrow y' = e^x \cdot \ln e$; und da $\ln e = 1$ folgt: $y' = e^x \cdot 1 = \mathbf{e^x}$

Regel: $y = e^x \rightarrow y' = e^x$

3. **Differenziere:** $\mathbf{y = e^{bx}}$

setze: $bx = z \rightarrow y = e^z;$

$$z = bx \rightarrow \frac{dz}{dx} = b;$$

$$y = e^z \rightarrow \frac{dy}{dz} = e^z = e^{bx}$$

denn $y = e^x$ und $\rightarrow y' = e^x$ wie vor!

folglich ist: $\frac{dz}{dx} \cdot \frac{dy}{dz} = y' = \mathbf{b \cdot e^{bx}}$

4. **Differenziere:** $\mathbf{y = e^{-x}}$

Man kann auch schreiben: $y = e^{-1 \cdot x}$, dann entspricht -1 dem Wert b in der vorhergehenden Aufgabe. Somit ist: $-1 \cdot x = z \rightarrow y = e^z;$

$$z = -1 \cdot x \rightarrow \frac{dz}{dx} = -1;$$

$$y = e^z \rightarrow \frac{dy}{dz} = e^z = e^{-1 \cdot x}$$

folglich ist: $\frac{dz}{dx} \cdot \frac{dy}{dz} = y' = -1 \cdot e^{-1 \cdot x}$; $y' = \mathbf{-e^{-x}}$

5. **Differenziere:** $\mathbf{y = \ln e^x}$

setze: $e^x = z \rightarrow y = \ln z$;

$$z = e^x \rightarrow \frac{dz}{dx} = e^x;$$

$$y = \ln z \rightarrow \frac{dy}{dz} = \frac{1}{z} = \frac{1}{e^x};$$

$$\frac{dz}{dx} \cdot \frac{dy}{dz} = y' = e^x \cdot \frac{1}{e^x} = \frac{e^x}{e^x} = 1;$$

$\mathbf{y' = 1}$

6. **Differenziere:** $\mathbf{y = x^2 \cdot e^x}$

$= u \cdot v;\ u = x^2 \rightarrow u' = 2x;$

$v = e^x \rightarrow v' = e^x;$

$y' = u \cdot v' + v \cdot u';$

$y' = x^2 \cdot e^x + e^x \cdot 2x;$

$y' = \mathbf{x \cdot e^x (2 + x)}$

7. **Differenziere:** $\mathbf{y = \dfrac{e^x}{x^2}}$

$$= \frac{u}{v};\ u = e^x \rightarrow u' = e^x;$$

$$v = x^2 \rightarrow v' = 2x;$$

$$y' = \frac{u' \cdot v - u \cdot v'}{v^2};$$

$$y' = \frac{e^x \cdot x^2 - e^x \cdot 2x}{x^4};$$

$$y' = \frac{e^x \cdot x^2}{x^4} - \frac{e^x \cdot 2x}{x^4};$$

$$y' = \frac{e^x \cdot x}{x^3} - \frac{e^x \cdot 2}{x^3} = \mathbf{\frac{e^x(x-2)}{x^3}}$$

8. **Differenziere:** $\mathbf{y = e^{\ln x}}$

$\ln x = z \rightarrow y = e^z;$

$$z = \ln x \rightarrow \frac{dz}{dx} = \frac{1}{x};$$

$$y = e^z \rightarrow \frac{dy}{dz} = e^z = e^{\ln x};$$

$$\frac{dz}{dx} \cdot \frac{dy}{dz} = y' = \frac{1}{x} \cdot e^{\ln x};\ y' = \mathbf{\frac{e^{\ln x}}{x}}$$

6. Kapitel

Differentiation von zyklometrischen Funktionen (Arcus Funktionen)

§ 18 Graphische Darstellung und Bildung der ersten Ableitung durch Differentiation der impliziten Form der zyklometrischen Funktion

Beispiel:

Gegeben: $y = \text{arc}\sin x$

Hinweis zur graphischen Darstellung

Die Kurve windet sich nicht um die x-Achse, sondern um die y-Achse. Sie hat die Gestalt einer Sinuskurve.

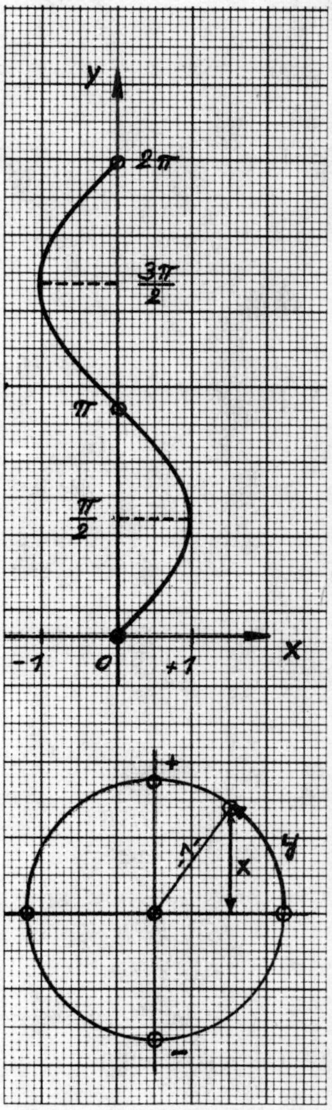

Bedeutung:

„arc" = Abkürzung von arcus = „Bogen".

$y = \text{arc}\sin x$ bedeutet:
y = der Bogen des Winkels, dessen Sinus den Wert x hat.

Hierbei ist y das Bogenmaß eines Winkels und x ist der Sinus dieses Winkels.

Auflösung der Gleichung nach x:

$y = \text{arc}\sin x$ → explizite Form
$x = \sin y$ → implizite Form

1. Aufgabe:

Bilde die erste Ableitung durch Differentiation der impliziten Form der zyklometrischen Funktion:

$\mathbf{y = arc\,sin x}$

Lösung:

$y = \text{arc}\sin x$ → explizite Form
$x = \sin y$ → implizite Form

$$\frac{dx}{dy} = \cos y = \sqrt{1 - \sin^2 y}$$

da nun $\sin y = x$
ist $\sin^2 y = x^2$

daher $\dfrac{dx}{dy} = \sqrt{1 - x^2}$

$$\frac{dy}{dx} = y' = \frac{\mathbf{1}}{\sqrt{\mathbf{1 - x^2}}}$$

Beispiel:

Gegeben: $y = \arccos x$

Hinweis:

Die Kurve in der graphischen Darstellung hat die Gestalt einer Cosinuskurve.

Im Einheitskreis ist y das Bogenmaß eines Winkels und x der Cosinus des Winkels.

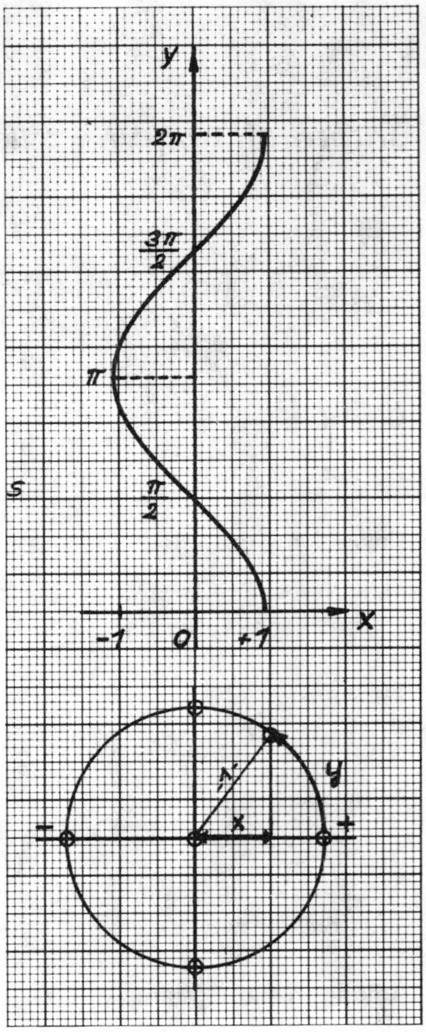

Auflösung der Gleichung nach x:

$y = \arccos x$ → explizite Form
$x = \cos y$ → implizite Form

2. Aufgabe:

Bilde die erste Ableitung durch Differentiation der impliziten Form der zyklometrischen Funktion:

$\mathbf{y = \arccos x}$

Lösung:

$y = \arccos x$ → explizite Form
$x = \cos y$ → implizite Form

$$\frac{dx}{dy} = -\sin y = -\sqrt{1 - \cos^2 y}$$

da nun $\cos y = x$
ist $\cos^2 y = x^2$

$$\text{daher } \frac{dx}{dy} = -\sqrt{1 - x^2}$$

$$\frac{dy}{dx} = y' = \frac{\mathbf{-1}}{\sqrt{\mathbf{1 - x^2}}}$$

Beispiel:

Gegeben: $y = \arctan x$

Hinweis

Die impliziten Formen der Funktion werden aus den Beziehungen am Einheitskreis gebildet.

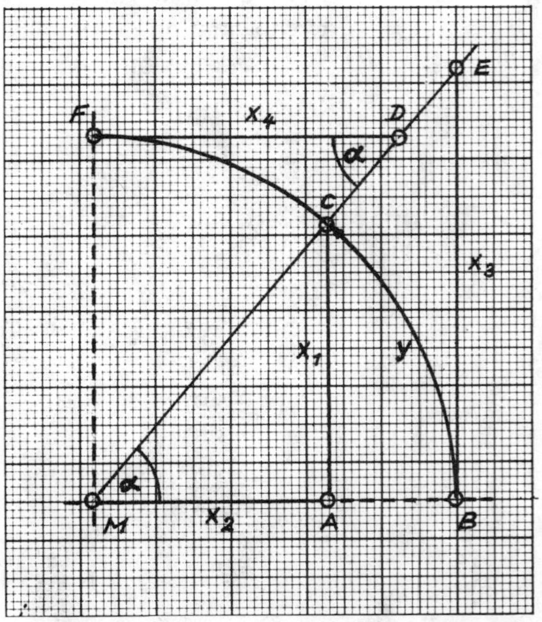

$\overline{AC} = x_1 = \sin y$ $\qquad \overline{MA} = x_2 = \cos y$
$\overline{BE} = x_3 = \tan y$ $\qquad \overline{FD} = x_4 = \cot y$

Auflösung der Gleichung nach x:

$y = \arctan x$ → explizite Form
$x = \tan y$ → implizite Form

3. Aufgabe:

Bilde die erste Ableitung durch Differentiation der impliziten Form der zyklometrischen Funktion:

$\mathbf{y = arc\ tan x}$

Lösung:

$y = \text{arc tan} x \quad \rightarrow$ explizite Form
$x = \tan y \quad \rightarrow$ implizite Form

$$\frac{dx}{dy} = \frac{1}{\cos^2 y}$$

$$= 1 + \tan^2 y$$

da nun $\tan y = x$
ist $\tan^2 y = x^2$

daher $\frac{dx}{dy} = 1 + x^2$

$$\frac{dy}{dx} = \mathbf{y'} = \frac{\mathbf{1}}{\mathbf{1 + x^2}}$$

4. Aufgabe:

Wie 3. Aufgabe, jedoch für die Funktion:

$\mathbf{y = arc\ cot x}$

Lösung:

$y = \text{arc cot} x \quad \rightarrow$ explizite Form
$x = \cot y \quad \rightarrow$ implizite Form

$$\frac{dx}{dy} = \frac{-1}{\sin^2 y}$$

$$= -(1 + \cot^2 y)$$

da nun $\cot y = x$
ist $\cot^2 y = x^2$

daher $\frac{dx}{dy} = -(1 + x^2)$

$$\frac{dy}{dx} = \mathbf{y'} = \frac{\mathbf{-1}}{\mathbf{1 + x^2}}$$

§ 19 Zusammenfassung der Differentiationsregeln für zyklometrische Funktionen

$$y = \text{arc}\sin x \rightarrow y' = \frac{1}{\sqrt{1 - x^2}}$$

$$y = \text{arc}\tan x \rightarrow y' = \frac{1}{1 + x^2}$$

$$y = \text{arc}\cos x \rightarrow y' = -\frac{1}{\sqrt{1 - x^2}}$$

$$y = \text{arc}\cot x \rightarrow y' = \frac{-1}{1 + x^2}$$

Daraus ist ersichtlich, daß das gleiche Prinzip der Lösung allen vier Aufgaben zu Grunde liegt.

Nachstehende Funktionen sind zu differenzieren:

1. Beispiel:

$$y = \text{arc}\sin\frac{1}{x}$$

$$\frac{1}{x} = z \rightarrow y = \text{arc}\sin z$$

Lösung:

$$z = \frac{1}{x}$$

$$\frac{dz}{dx} = -\frac{1}{x^2}$$

$$y = \text{arc}\sin z$$

$$\frac{dy}{dz} = \frac{1}{\sqrt{1 - z^2}} = \frac{1}{\sqrt{1 - \left(\frac{1}{x}\right)^2}} = \frac{1}{\frac{1}{x} \cdot \sqrt{x^2 - 1}}$$

$$\frac{dz}{dx} \cdot \frac{dy}{dz} = y' = -\frac{1}{x^2} \cdot \frac{1}{\frac{1}{x}\sqrt{x^2 - 1}}$$

$$\mathbf{y' = -\frac{1}{x\sqrt{x^2 - 1}}}$$

2. Beispiel:

$$y = \text{arc}\cos(ax + b)$$

$$ax + b = z \rightarrow \text{arc}\cos z$$

Lösung:

$$z = ax + b$$

$$\frac{dz}{dx} = a \cdot x^0 = a$$

$$y = \text{arc}\cos z$$

$$\frac{dy}{dz} = -\frac{1}{\sqrt{1 - z^2}} = \frac{1}{\sqrt{1 - (ax + b)^2}}$$

$$\frac{dz}{dx} \cdot \frac{dy}{dz} = y' = a \cdot \frac{-1}{\sqrt{1 - (ax + b)^2}}$$

$$\mathbf{y' = -\frac{a}{\sqrt{1 - (ax + b)^2}}}$$

3. Beispiel:

$y = \text{arc}\tan(1-x)$
$1-x = z \rightarrow y = \text{arc}\tan z$

Lösung:

$z = 1-x$

$\frac{dz}{dx} = -1$

$y = \text{arc}\tan z$

$\frac{dy}{dz} = \frac{1}{1+z^2} = \frac{1}{1+(1-x)^2}$

$\frac{dz}{dx} \cdot \frac{dy}{dz} = y' = -1 \cdot \frac{1}{1+(1-x)^2}$

$$\mathbf{y' = \frac{-1}{x^2 - 2x + 2}}$$

4. Beispiel:

$y = \text{arc}\cot\sqrt{x}$
$\sqrt{x} = z \rightarrow y = \text{arc}\cot z$

Lösung:

$z = \sqrt{x} = x^{\frac{1}{2}}$

$\frac{dz}{dx} = \frac{1}{2 \cdot \sqrt{x}} = \frac{\sqrt{x}}{2x}$

$y = \text{arc}\cot z$

$\frac{dy}{dz} = -\frac{1}{1+z^2} = -\frac{1}{1+x}$

$\frac{dz}{dx} \cdot \frac{dy}{dz} = y' = \frac{\sqrt{x}}{2x} \cdot \frac{-1}{1+x}$

$$y' = -\frac{\sqrt{x}}{2x(1+x)} = -\mathbf{\frac{\sqrt{x}}{2x^2 + 2x}}$$

5. Beispiel:

$y = \text{arc}\sin^2 x$
$\text{arc}\sin x = z \rightarrow y = z^2$

Lösung:

$z = \text{arc}\sin x$

$\frac{dz}{dx} = \frac{1}{\sqrt{1-x^2}}$

$y = z^2$

$\frac{dy}{dz} = 2z = 2 \cdot \text{arc}\sin x$

$\frac{dz}{dx} \cdot \frac{dy}{dz} = \mathbf{y' = \frac{2 \cdot \text{arc}\sin x}{\sqrt{1-x^2}}}$

6. Beispiel:

$y = \text{arc}\tan\frac{1+x}{1-x}$

$\frac{1+x}{1-x} = z \rightarrow y = \text{arc}\tan z$

$= \frac{u}{v}$

Lösung:

$u = 1 + x \rightarrow u' = 1$
$v = 1 - x \rightarrow v' = -1$

$$\frac{dz}{dx} = \frac{u' \cdot v - u \cdot v'}{v^2} = \frac{(1-x) \cdot 1 - (1+x) \cdot -1}{(1-x)^2} = \frac{2}{(1-x)^2}$$

$$y = \arctan z \rightarrow \frac{dy}{dz} = \frac{1}{1+z^2} = \frac{1}{1 + \left(\frac{1+x}{1-x}\right)^2}$$

$$\frac{dy}{dz} = \frac{(1-x)^2}{(1-x)^2 + (1+x)^2} = \frac{(1-x)^2}{2 \cdot (1+x^2)}$$

$$\frac{dz}{dx} \cdot \frac{dy}{dz} = y' = \frac{2}{(1-x)^2} \cdot \frac{(1-x)^2}{2 \cdot (1+x^2)}$$

$$\mathbf{y' = \frac{1}{1+x^2}}$$

7. Beispiel:

$$y = \arcsin \frac{x^2-1}{x^2+1}$$

$$\frac{x^2-1}{x^2+1} = z \rightarrow y = \arcsin z = \frac{u}{v}$$

Lösung:

$$u = x^2 - 1 \rightarrow u' = 2x$$
$$v = x^2 + 1 \rightarrow v' = 2x$$

$$\frac{dz}{dx} = \frac{u' \cdot v - u \cdot v'}{v^2}$$

$$\frac{dz}{dx} = \frac{2x \cdot (x^2+1) - (x^2-1) \cdot 2x}{(x^2+1)^2}$$

$$\frac{dz}{dx} = \frac{4x}{(x^2+1)^2}$$

$$y = \arcsin z \rightarrow \frac{dy}{dz} = \frac{1}{\sqrt{1-z^2}}$$

$$= \frac{1}{\sqrt{1 - \left(\frac{x^2-1}{x^2+1}\right)^2}}$$

Die Wurzel $\sqrt{1 - \left(\frac{x^2-1}{x^2+1}\right)^2}$ läßt sich vereinfachen:

1. Nenner beseitigen:

$$\frac{1}{x^2+1} \sqrt{(x^2+1)^2 - (x^2-1)^2}$$

2. Wurzel berechnen:

$$\frac{1}{x^2+1} \cdot \sqrt{4x^2} = \frac{2x}{x^2+1}$$

$$\frac{dy}{dz} = \frac{1}{\frac{2x}{x^2+1}} = \frac{x^2+1}{2x}$$

$$\frac{dz}{dx} \cdot \frac{dy}{dz} = y' = \frac{4x}{(x^2+1)^2} \cdot \frac{x^2+1}{2x}$$

$$\mathbf{y' = \frac{2}{x^2+1}}$$

7. Kapitel

Differentiation von Hyperbelfunktionen und Areafunktionen

§ 20 Differentiation von Hyperbelfunktionen

Beachte:

Die Ableitungen der Hyperbelfunktionen haben große Ähnlichkeit mit denen für die gewöhnlichen trigonometrischen Funktionen.

Die ersten Ableitungen werden durch Differentiation der Definitionsformeln gebildet.

Gesucht:

Die erste Ableitung der Funktionen:

A) Beispiel:
$y = \sinh x$ – **Sinushyperbolicus**

Lösung:

$y = \sinh x$

$y = \frac{1}{2}(e^x - e^{-x})$

nach der Summenregel:

$y' = \frac{1}{2}(u' - v')$

$u = e^x \quad \rightarrow u' = e^x$

$v = e^{-x} \quad \rightarrow v' = -1 \cdot e^{-x}$

$y' = \frac{1}{2}[e^x - (-1 \cdot e^{-x})]$

$y' = \frac{1}{2}(e^x + e^{-x})$

$\mathbf{y' = \cosh x}$

Vergleiche:

Bei der Differentiation trigonometrischer Funktionen ergab:

$y = \sin x \rightarrow \mathbf{y' = \cos x}$**!**

B) Beispiel:

$y = \cosh x$ – **Cosinushyperbolicus**

Lösung:

$y = \cosh x$

$y = \frac{1}{2}(e^x + e^{-x})$

nach der Summenregel

$y' = \frac{1}{2}(u' + v')$

u' und v' wie 1. Beispiel!

$y' = \frac{1}{2}[e^x + (-1 \cdot e^{-x})]$

$y' = \frac{1}{2}(e^x - e^{-x})$

$\mathbf{y' = \sinh x}$

C) Beispiel:

$y = \tanh x$ – **Tangenshyperbolicus**

Lösung:

$$y = \tanh x$$

$$y = \frac{\sinh x}{\cosh x} \rightarrow y = \frac{u}{v}$$

$$u = \sinh x \rightarrow u' = \cosh x$$

$$v = \cosh x \rightarrow v' = \sinh x$$

$$y' = \frac{v \cdot u' - u \cdot v'}{v^2}$$

$$y' = \frac{\cosh x \cdot \cosh x - \sinh x \cdot \sinh x}{\cosh^2 x}$$

$$y' = \frac{\cosh^2 x - \sinh^2 x}{\cosh^2 x}$$

Hinweis:

Der Zähler läßt sich wie folgt vereinfachen:

Der Zähler läßt sich wie folgt vereinfachen:

$$\cosh x = \frac{1}{2} \cdot (e^x + e^{-x})$$

$$\sinh x = \frac{1}{2} \cdot (e^x - e^{-x})$$

$$\cosh^2 x - \sinh^2 x =$$

$$= \frac{1}{4}\left(e^x + e^{-x}\right)^2 - \frac{1}{4}\left(e^x - e^{-x}\right)^2$$

$$= \frac{1}{4}\left(e^{2x} + 2 \cdot e^x \cdot e^{-x} + e^{-2x}\right) - \frac{1}{4}\left(e^{2x} - 2 \cdot e^x \cdot e^{-x} + e^{-2x}\right)$$

$$= \left(\frac{1}{4}\; e^{2x} + 2 + e^{-2x} - e^{2x} + 2 - e^{-2x}\right)$$

$$= \frac{1}{4} \cdot 4 = \mathbf{1}$$

daraus folgt:

$$\mathbf{y' = \frac{1}{\cosh^2 x} = 1 - \tanh^2 x}$$

D) Beispiel:

$y = \coth x$ – **Cotangenshyperbolicus**

Lösung:

$$y = \coth x$$

$$y = \frac{\cosh x}{\sinh x} \rightarrow y = \frac{u}{v}$$

$$y' = \frac{v \cdot u' - u \cdot v'}{v^2}$$

$$y' = \frac{\sinh x \cdot \sinh x - \cosh x \cdot \cosh x}{\sinh^2 x}$$

$$\mathbf{y' = -\frac{1}{\sinh^2 x}}$$

$$\mathbf{y' = 1 - \coth^2 x}$$

Differenziere nachstehende Hyperbelfunktionen:

1. Aufgabe:

$y = \cosh\sqrt{x}$

$\sqrt{x} = z \rightarrow y = \cosh z$

Lösung:

$z = \sqrt{x} \rightarrow \frac{dz}{dx} = \frac{\sqrt{x}}{2x}$

$y = \cosh z \rightarrow \frac{dy}{dz} = \sinh z$

$= \sinh\sqrt{x}$

$\frac{dz}{dx} \cdot \frac{dy}{dz} = y' = \frac{\sqrt{x}}{2x} \cdot \sinh\sqrt{x}$

$\mathbf{y' = \frac{\sqrt{x} \cdot \sinh\sqrt{x}}{2x}}$

2. Aufgabe:

$y = \tanh(3x^2)$

$3x^2 = z \rightarrow y = \tanh z$

Lösung:

$z = 3x^2 \rightarrow \frac{dz}{dx} = 6x$

$y = \tanh z \rightarrow \frac{dy}{dz} = \frac{1}{\cosh^2 z}$

$= \frac{1}{\cosh^2(3x^2)}$

$\frac{dz}{dx} \cdot \frac{dy}{dz} = y' = 6x \cdot \frac{1}{\cosh^2(3x^2)}$

$\mathbf{y' = \frac{6x}{\cosh^2(3x^2)}}$

3. Aufgabe:

$y = x^3 \cdot \sinh x^2$

$= u \cdot v$

Lösung:

$u = x^3 \rightarrow u' = 3x^2$

$v = \sinh x^2 \rightarrow v' = 2x \cdot \cosh x^2$

$y' = u' \cdot v + u \cdot v'$

$y' = 3x^2 \cdot \sinh x^2 + x^3 \cdot 2x \cdot \cosh x^2$

$y' = 3x^2 \cdot \sinh x^2 + 2x^4 \cdot \cosh x^2$

$\mathbf{y' = x^2(3 \cdot \sinh x^2 + 2x^2 \cdot \cosh x^2)}$

4. Aufgabe:

$y = \frac{1}{\sinh x \cdot \cosh x}$

$= \frac{1}{\sinh x} \cdot \frac{1}{\cosh x} = u \cdot v$

Lösung:

$u = \frac{1}{\sinh x} \rightarrow u' = \frac{-\cosh x}{\sinh^2 x}$

$v = \frac{1}{\cosh x} \rightarrow v' = -\frac{\sinh x}{\cosh^2 x}$

$y' = u' \cdot v + u \cdot v'$

$y' = \frac{-\cosh x}{\sinh^2 x} \cdot \frac{1}{\cosh x} + \frac{1}{\sinh x} \cdot \frac{-\sinh x}{\cosh^2 x}$

$y' = -\frac{1}{\sinh^2 x} - \frac{1}{\cosh^2 x}$

$y' = -\frac{\cosh^2 x - \sinh^2 x}{\sinh^2 x} - \frac{\cosh^2 x - \sinh^2 x}{\cosh^2 x}$

$y' = -\coth^2 x + 1 - 1 + \tanh^2 x$

$\mathbf{y' = \tanh^2 x - \coth^2 x}$

§ 21 Differentiation von Areafunktionen

Vorbemerkung:

Die Werte der Areafunktionen lassen sich aus den Tafeln der Hyperbelfunktionen durch Vertauschen der abhängigen und unabhängigen Veränderlichen ablesen.

Gesucht: Die erste Ableitung folgender Funktionen:

A) Beispiel:

$\mathbf{y = ar\,sinh\,x}$

$y = \ln(x + \sqrt{x^2 + 1})$

$x + \sqrt{x^2 + 1} = z \rightarrow y = \ln z$

Lösung:

$$z = x + \sqrt{x^2 + 1} \quad \rightarrow \frac{dz}{dx} = 1 + \frac{2x}{2 \cdot \sqrt{x^2 + 1}}$$

$$y = \ln z \quad \rightarrow \frac{dy}{dz} = \frac{1}{z}$$

$$= \frac{1}{x + \sqrt{x^2 + 1}}$$

$$\frac{dz}{dx} \cdot \frac{dy}{dz} = y' = \frac{1 + \frac{2x}{2\sqrt{x^2 + 1}}}{x + \sqrt{x^2 + 1}}$$

$$y' = \frac{\frac{\sqrt{x^2 + 1}}{\sqrt{x^2 + 1}} + \frac{x}{\sqrt{x^2 + 1}}}{\sqrt{x^2 + 1} + x}$$

$$y' = \frac{\frac{\sqrt{x^2 + 1} + x}{\sqrt{x^2 + 1}}}{\sqrt{x^2 + 1} + x}$$

$$\mathbf{y' = \frac{1}{\sqrt{x^2 + 1}}}$$

B) Beispiel:

$\mathbf{y = ar\,cosh\,x}$

$y = \ln(x \pm \sqrt{x^2 - 1})$

$x \pm \sqrt{x^2 - 1} = z \rightarrow y = \ln z$

Lösung:

$$z = \pm\sqrt{x^2 - 1} \rightarrow \frac{dz}{dx} = 1 \pm \frac{2x}{2 \cdot \sqrt{x^2 - 1}}$$

$$y = \ln z \quad \rightarrow \frac{dy}{dz} = \frac{1}{z}$$

$$= \frac{1}{x \pm \sqrt{x^2 - 1}}$$

$$\frac{dz}{dx} \cdot \frac{dy}{dz} = y' = \frac{1 \pm \frac{2x}{2 \cdot \sqrt{x^2 - 1}}}{x \pm \sqrt{x^2 - 1}}$$

$$y' = \frac{\frac{\sqrt{x^2 - 1} \pm x}{\sqrt{x^2 - 1}}}{x \pm \sqrt{x^2 - 1}}$$

$$\mathbf{y' = \pm \frac{1}{\sqrt{x^2 - 1}}}; \text{ für } x \geqq 1$$

C) Beispiel:

y = ar tanh x

$$y = \frac{1}{2} \ln \frac{1+x}{1-x}$$

Lösung:

$$y = \frac{1}{2} [\ln(1+x) - \ln(1-x)]$$

$$y' = \frac{1}{2} \left[\frac{1}{1+x} - \frac{-1}{1-x}\right]$$

$$y' = \frac{1}{2} \left[\frac{(1-x)+(1+x)}{(1+x)\cdot(1-x)}\right]$$

$$y' = \frac{1}{2} \cdot \frac{2}{1-x^2} = \mathbf{\frac{1}{1-x^2}}; \text{ für } -1 \leqq x \leqq 1$$

D) Beispiel:

y = ar coth x

$$y = \frac{1}{2} \ln \frac{x+1}{x-1}$$

Lösung:

$$y = \frac{1}{2} [\ln(x+1) - \ln(x-1)]$$

$$y' = \frac{1}{2} \left[\frac{1}{x+1} - \frac{1}{x-1}\right]$$

$$y' = \frac{1}{2} \left[\frac{(x-1)-(x+1)}{(x+1)\cdot(x-1)}\right]$$

$$y' = \frac{-1}{x^2 - 1}$$

$$\mathbf{y' = \frac{1}{1-x^2}}; \text{ für } -1 \geqq x \geqq 1$$

Aufgabe:

Bilde die erste Ableitung der Areafunktion:

$$y = \text{ar } \sinh \frac{x^2}{a}$$

$$\frac{x^2}{a} = z \rightarrow y = \text{ar} \sinh z$$

Lösung:

$$z = \frac{x^2}{a} \quad \rightarrow \frac{dz}{dx} = \frac{2x}{a}$$

$$y = \text{ar} \sinh z \quad \rightarrow \frac{dy}{dz} = \frac{1}{\sqrt{z^2+1}}$$

$$= \frac{1}{\sqrt{\frac{x^4}{x^2} + 1}}$$

$$= \frac{a}{\sqrt{x^4 + a^2}}$$

$$\frac{dz}{dx} \cdot \frac{dy}{dz} = y' = \frac{2x}{a} \cdot \frac{a}{\sqrt{x^4 + a^2}}$$

$$\mathbf{y' = \frac{2x}{\sqrt{x^4 + a^2}}}$$

8. Kapitel

Mehrfach-Differentiationen

§ 22 Differentialquotienten höherer Ordnung

Vorbemerkung:

Differentialquotienten höherer Ordnung werden beispielsweise in der Reihenlehre, in der Integralrechnung und bei den Differentialgleichungen benötigt.

Erklärung:

Differenziert man eine Funktion

$$y = f(x)$$

so erhält man den

Differentialquotienten erster Ordnung:

$$\frac{dy}{dx} = y' = f'(x)$$

wenn man die differenzierte Funktion erneut ableitet, erhält man den

Differentialquotienten zweiter Ordnung:

$$\frac{d^2y}{dx^2} = y'' = f''(x)$$

eine weitere Ableitung ergibt den

Differentialquotienten dritter Ordnung:

$$\frac{d^3y}{dx^3} = y''' = f'''(x)$$

für die vierte und weitere Ableitung setzt man die Größe der Ordnung in Klammern als Hochzahl.

Differentialquotient n-ter Ordnung:

$$\frac{d^ny}{dx^n} = y^{(n)} = f^{(n)}(x)$$

Beispiele:

In den nachstehenden Funktionen sollen die Ableitungen der aufgeführten Ordnung bestimmt werden.

1. Aufgabe:

Gegeben: $y = x^4$
Gesucht: $y' \ldots y^{(5)}$

Lösung:

$$y = x^4$$
$$y' = 4x^3$$
$$y'' = 12x^2$$
$$y''' = 24x$$
$$y^{(4)} = 24$$
$$y^{(5)} = 0$$

2. Aufgabe:

Gegeben: $y = \sin x$
Gesucht: $y' \dots y^{(4)}$

Lösung:

$y = \sin x$
$y' = \cos x$
$y'' = -\sin x$
$y''' = -\cos x$
$y^{(4)} = \sin x$

3. Aufgabe:

Gegeben: $y = \sin^2 x$
Gesucht: $y' \dots y^{(5)}, y^{(n)}$

Lösung:

$y = \sin^2 x$
$y' = 2 \cdot \sin x \cdot \cos x = \sin(2x)$
$y'' = 2 \cdot \cos(2x) = 2 \cdot \sin\left(2x + \frac{\pi}{2}\right)$
$y''' = 2 \cdot 2 \cdot -\sin(2x) = 2^2 \cdot \sin(2x + \pi)$
$y^{(4)} = 2 \cdot 2 \cdot 2 \cdot -\cos(2x) = 2^3 \cdot \sin\left(2x + \frac{3}{2}\pi\right)$
$y^{(5)} = 2 \cdot 2 \cdot 2 \cdot 2 \cdot \sin(2x) = 2^4 \cdot \sin(2x)$
$y^{(n)} = 2^{n-1} \cdot \sin\left(2x + \frac{n+3}{2} \cdot \pi\right)$

9. Kapitel

Differentiation impliziter Funktionen und von Funktionen in Parameterform

§ 23 Differentiation impliziter Funktionen

Vorbemerkung:

Eine Funktion y = f(x) läßt sich nach x differenzieren:

Beispiele:

1. $y = x^2 \rightarrow \frac{dy}{dx} = \frac{d(x^2)}{dx} = \mathbf{2x}$

2. $y = \ln x \rightarrow \frac{dy}{dx} = \frac{d(\ln x)}{dx} = \frac{\mathbf{1}}{\mathbf{x}}$

Eine Funktion t = f(y) läßt sich nach y differenzieren:

Beispiele:

1. $t = y^2 \rightarrow \frac{dt}{dy} = \frac{d(y^2)}{dy} = \mathbf{2y}$;

2. $t = \ln y \rightarrow \frac{dt}{dy} = \frac{d(\ln y)}{dy} = \frac{\mathbf{1}}{\mathbf{y}}$;

Eine Funktion t = f(y) läßt sich auch **nach x** differenzieren, jedoch **nur** dann, wenn y eine Funktion von x ist.

1. Beispiel:

Gegeben: Eine Funktion f(y), wo y eine Funktion von x ist

Gesucht: $\frac{d[f(y)]}{dx}$

Lösung:

Man differenziert die Funktion f(y) zunächst nach ihrer Veränderlichen y und erhält

$$\frac{d[f(y)]}{dy}$$

Dann multipliziert man diesen Differentialquotienten mit $\frac{dy}{dx}$ und erhält so den gesuchten Differentialquotienten:

$$\frac{d[f(y)]}{dy} \cdot \frac{dy}{dx} = \frac{\mathbf{d[f(y)]}}{\mathbf{dx}}$$

2. Beispiel:

Gegeben: Die Funktion y^3, wo y eine Funktion von x ist

Gesucht: $\frac{d[y^3]}{dx}$

Lösung:

$$\frac{d[y^3]}{dx} = \frac{d[y^3]}{dy} \cdot \frac{dy}{dx} = 3y^2 \cdot \frac{dy}{dx} = 3y^2 \cdot y'$$

3. Beispiel:

Gegeben: Die Funktion $\ln y$, wo y eine Funktion von x ist

Gesucht: $\frac{d[\ln y]}{dx}$

Lösung:

$$\frac{d[\ln y]}{dx} = \frac{d[\ln y]}{dy} \cdot \frac{dy}{dx} = \frac{1}{y} \cdot \frac{dy}{dx} = \frac{1}{y} \cdot y'$$

4. Beispiel:

Gegeben: Die implizite Form der Funktionsgleichung $4x + 2y = x^2 - 1$;

Gesucht: Die explizite Form und der Differentialquotient.

Lösung:

$$4x + 2y = x^2 - 1$$

$$y = \frac{x^2}{2} - 2x - \frac{1}{2} \rightarrow \text{(explizite Form!)}$$

$$y' = \mathbf{x - 2}$$

Wenn das Glied 2y als mittelbare Funktion aufgefaßt wird, kann die implizite Form sofort differenziert werden

$$4x + 2y = x^2 - 1$$

$$\frac{d(4x)}{dx} + \frac{d(2y)}{dy} \cdot \frac{dy}{dx} = \frac{d(x^2)}{dx} - \frac{d(1)}{dx}$$

$$4 \cdot 1 + 2 \cdot 1 \cdot y' = 2x - 0 \qquad \mathbf{y' = x - 2}$$

Beachte:

Die Differentiation impliziter Funktionen erfolgt:

1. Glieder, die nur x enthalten, differenziert man nach den bekannten Regeln.
2. Glieder, die nur y enthalten, differenziert man nach y und multipliziert dann mit y'.

Allgemein:

$$f(x;y) = 0 \rightarrow y' = -\frac{f'(x)}{f'(y)}$$

$$f(x) = \varphi(y) \rightarrow f'(x) \cdot dx = \varphi'(y) \cdot dy$$

Beispiele:

Differenziere folgende Funktionen nach beiden Formen:

1. Aufgabe

implizite Form: $x^2 + y^2 - r^2 = 0$

Lösung:

$$x^2 + y^2 - r^2 = 0$$
$$2x + 2y \cdot y' = 0$$
$$y' = -\frac{2x}{2y};\ y' = -\frac{\mathbf{x}}{\mathbf{y}}$$

explizite Form: $y = \sqrt{r^2 - x^2}$

$$r^2 - x^2 = z$$
$$y = \sqrt{z}$$
$$y = z^{\frac{1}{2}}$$

Lösung:

$$z = r^2 - x^2 \rightarrow \frac{dz}{dx} = -2x$$
$$y = z^{\frac{1}{2}} \rightarrow \frac{dy}{dz} = \frac{1}{2}z^{-\frac{1}{2}}$$
$$= \frac{1}{2\sqrt{r^2 - x^2}}$$
$$\frac{dz}{dx} \cdot \frac{dy}{dz} = y' = -2x \cdot \frac{1}{2\sqrt{r^2 - x^2}}$$
$$y' = \frac{-x}{\sqrt{r^2 - x^2}}$$
$$y' = -\frac{\mathbf{x}}{\mathbf{y}}$$

2. Aufgabe:

implizite Form: $y^2 - 2px = 0$

Lösung:

$$y^2 - 2px = 0$$
$$2y \cdot y' - 2p = 0$$
$$y' = \frac{\mathbf{p}}{\mathbf{y}}$$

explizite Form: $y = \sqrt{2px}$

$$2px = z \rightarrow y = z^{\frac{1}{2}}$$

Lösung:

$$z = 2px \rightarrow \frac{dz}{dx} = 2p$$
$$y = z^{\frac{1}{2}} \rightarrow \frac{dy}{dz} = \frac{1}{2}z^{-\frac{1}{2}}$$
$$= \frac{1}{2\sqrt{2px}}$$
$$\frac{dz}{dx} \cdot \frac{dy}{dz} = y' = \frac{2p}{2\sqrt{2px}} = \frac{2 \cdot p}{2 \cdot y}$$
$$\mathbf{y'} = \frac{\mathbf{p}}{\mathbf{y}}$$

3. Aufgabe:

implizite Form: $\frac{x}{a} + \frac{y^2}{b} - 1 = 0$

Lösung:

$$\frac{x}{a} + \frac{y^2}{b} - 1 = 0$$
$$\frac{1}{a} + \frac{2y}{b} \cdot y' = 0$$
$$y' = -\frac{\mathbf{b}}{\mathbf{2ay}}$$

explizite Form: $y = \sqrt{\left(1 - \frac{x}{a}\right)b}$

$$\left(1 - \frac{x}{a}\right)b = z \rightarrow y = z^{\frac{1}{2}}$$

Lösung:

$$z = b - \frac{xb}{a} \rightarrow \frac{dz}{dx} = -\frac{b}{a}$$
$$y = z^{\frac{1}{2}} \rightarrow \frac{dy}{dz} = \frac{1}{2}z^{-\frac{1}{2}}$$
$$= \frac{1}{2\sqrt{\left(1 - \frac{x}{a}\right)b}}$$
$$\frac{dz}{dx} \cdot \frac{dy}{dz} = y' = -\frac{b}{a} \cdot \frac{1}{2\sqrt{\left(1 - \frac{x}{a}\right)b}}$$
$$y' = \frac{-\frac{b}{a}}{2 \cdot \sqrt{\left(1 - \frac{x}{a}\right)b}}$$
$$y' = \frac{-\frac{b}{a}}{2 \cdot y}$$
$$y' = -\frac{b}{a} \cdot \frac{1}{2y}$$
$$y' = -\frac{\mathbf{b}}{\mathbf{2ay}}$$

§ 24 Differentiation von Funktionen in Parameterform

Vorbemerkung:

Die drei Formen der Kreisgleichung:

1. die implizite Form:
   $x^2 + y^2 - r^2 = 0$
2. Die explizite Form:
   $y = \sqrt{r^2 - x^2}$

Im vorhergehenden Kapitel bereits abgeleitet!

$$y' = -\frac{x}{y}$$

3. Die Parameterform:
   $x = r \cdot \cos t$
   $y = r \cdot \sin t$

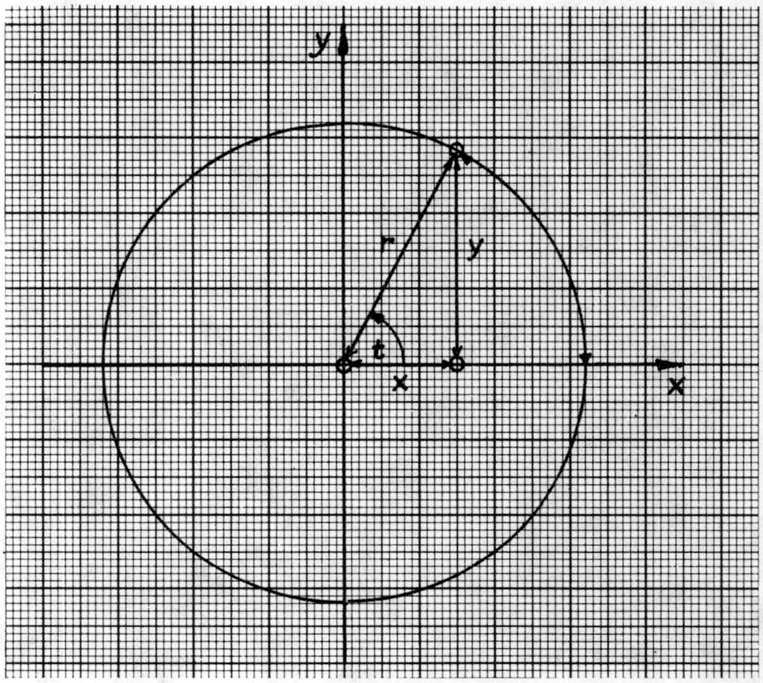

„t“ ist der Winkel, den der Radius r mit der positiven x-Achse einschließt.

Aufgabe:

Die beiden Funktionsgleichungen der Parameterform sind nach t zu differenzieren.

Lösung:

$$x = r \cdot \cos t \rightarrow \frac{dx}{dt} = -r \cdot \sin t$$

$$dx = -r \cdot \sin t \cdot dt$$

$$y = r \cdot \sin t \rightarrow \frac{dy}{dt} = r \cdot \cos t$$

$$dy = r \cdot \cos t \cdot dt$$

$$\frac{dy}{dx} = \frac{r \cdot \cos t \cdot dt}{-r \cdot \sin t \cdot dt}$$

$$y' = -\frac{r \cdot \cos t}{r \cdot \sin t}$$

Nun setzt man wieder $r \cdot \cos t = x$ und $r \cdot \sin t = y$ ein, dann erhält man:

$$y' = -\frac{\mathbf{x}}{\mathbf{y}}$$

Die Lösung zeigt Übereinstimmung mit den Ableitungen der impliziten und expliziten Funktionsgleichungen!

Beachte:

Aus den Funktionsgleichungen $y = f_1(t)$ und $x = f_2(t)$ ergibt sich über
$dy = f'_1(t) \cdot dt$ und
$dx = f'_2(t) \cdot dt$
durch Division die erste Ableitung.

Allgemein:

$$y = f_1(t);\ x = f_2(t) \rightarrow y' = \frac{f'_1(t)}{f'_2(t)}$$

Differenziere folgende Funktionen in der Parameterdarstellung:

1. Beispiel:

$$x = a \cdot \cos t$$

$$\frac{dx}{dt} = -a \cdot \sin t \rightarrow dx = -a \cdot \sin t \cdot dt$$

$$y = a \cdot \sin t;$$

$$\frac{dy}{dt} = a \cdot \cos t \rightarrow dy = a \cdot \cos t \cdot dt$$

$$\frac{dy}{dx} = y' = \frac{a \cdot \cos t}{-a \cdot \sin t}$$

$$y' = -\frac{\mathbf{x}}{\mathbf{y}}$$

2. Beispiel:

$$x = at - a \cdot \sin t$$

$$\frac{dx}{dt} = a - a \cdot \cos t \rightarrow dx = (a-(a \cdot \cos t)) \cdot dt$$

$$y = a - a \cdot \cos t$$

$$\frac{dy}{dt} = a \cdot \sin t \quad \rightarrow dy = a \cdot \sin t \cdot dt$$

$$\frac{dy}{dx} = y' = \frac{a \cdot \sin t}{a - a \cdot \cos t}$$

$$y' = \frac{\sqrt{\mathbf{2ay - y^2}}}{\mathbf{y}}$$

Während bisher eine Veränderliche mit Strich (y', u', v') bedeutete, daß **nach x** zu differenzieren ist, so bedeutet

$\varphi' = \frac{d\varphi}{dt}$; $\Psi' = \frac{d\Psi}{dt}$, daß φ bzw. Ψ **nach t** zu differenzieren ist.

10. Kapitel

Partielle Differentiation

§ 25 Definition der partiellen Differentiation

Vorbemerkung:

Die partielle (teilweise) Differentiation kann nur bei Funktionen mit mehr als einer Veränderlichen vorkommen, wie z.B. bei Funktionen von der allgemeinen Form f(x; y; ...).

Bei der Formel für eine Kreisfläche

$A = r^2 \cdot \pi$
$y = f(x)$
ist y nur von **einer** unabhängigen Größe x abhängig.

Bei der Formel für eine Rechteckfläche

$A = l \cdot b$
$z = f(x; y)$
ist die Funktion von **zwei** unabhängigen Größen abhängig.

Bei der Formel für ein Quadervolumen

$V = l \cdot b \cdot h$
$z = f(x_1, x_2, x_3)$
hängt die Funktion bereits von **drei** unabhängigen Größen ab.

Definition:

Ein partieller Differentialquotient einer Funktion f(x; y; ...) ist der Differentialquotient dieser Funktion jedoch nur nach einer der Veränderlichen, zum Beispiel nach x; die anderen Veränderlichen werden als Konstante behandelt.

So ist ein partielles Differential einer derartigen Funktion eine unendlich kleine Änderung derselben, wenn nur eine Veränderliche sich ändert und alle anderen konstant bleiben.

Schreibweise:

Beim partiellen Differentialquotienten wird an Stelle von d ein kleines rundes ∂ geschrieben, nicht zu verwechseln mit dem griechischen Buchstaben δ!

Man schreibt den partiellen Differentialquotienten einer Funktion f(x; y) nach x

$$\frac{\partial f(x;y)}{\partial x} \text{ oder } \frac{\partial f}{\partial x}$$

[gelesen: partiell df nach dx]

Der partielle Differentialquotient einer Funktion f(x;y) nach y wird geschrieben:

$$\frac{\partial f(x;y)}{\partial y} \text{ oder } \frac{\partial f}{\partial y}$$

[gelesen: partiell df nach dy]

Allgemeine Aufgabe:

Gegeben: Funktion f(x;y)

Gesucht: 1. $\frac{\partial f}{\partial x}$ 2. $\frac{\partial f}{\partial y}$

Lösung:

zu 1. f(x;y) ist nach x zu differenzieren bei Bildung von $\frac{\partial f}{\partial x}$.
Alle Veränderlichen außer x sind als Konstante zu behandeln.

zu 2. f(x;y) ist nach y zu differenzieren bei Bildung von $\frac{\partial f}{\partial y}$.
Alle Veränderlichen außer y sind als Konstante zu behandeln.

Ordnungsstufen:

1. Partielle Ableitung **erster** Ordnung.

$$\lim_{\Delta x \to 0} \frac{f(x + \Delta x;y) - f(x;y)}{\Delta x} = \frac{\partial f(x;y)}{\partial x} = \frac{\partial f}{\partial x} = \mathbf{fx}$$

$$\lim_{\Delta y \to 0} \frac{f(x;y + \Delta y) - f(x;y)}{\Delta y} = \frac{\partial f(x;y)}{\partial y} = \frac{\partial f}{\partial y} = \mathbf{fy}$$

2. Partielle Ableitung **zweiter** Ordnung.

$$\frac{\partial^2 f}{\partial^2 x} = fxx \text{ sowie } \frac{\partial^2 f}{\partial y^2} = fyy$$

[gelesen: Partiell d2f nach dx hoch 2 gleich f nach xx]

1. Beispiel:

Gegeben: $x^3y^2 + 3x + 4y - 1 = 0$

Gesucht: a) fx b) fy

Lösung: $x^3y^2 + 3x + 4y - 1 = 0$

a) $fx = \frac{\partial f}{\partial x} = 3x^2y^2 + 3$

b) $fy = \frac{\partial f}{\partial y} = 2x^3y + 4$

2. Beispiel:

Gegeben: $x^4y^2 + 3y + 4x - 3 = 0$

Gesucht: a) fxx b) fyy

Lösung: $x^4y^2 + 3y + 4x - 3 = 0$

a) $fx = \frac{\partial f}{\partial x} = 4x^3y^2 + 4$

$fxx = \frac{\partial^2 f}{\partial x^2} = \mathbf{12x^2y^2}$

b) $fy = \frac{\partial f}{\partial y} = 2x^4y + 3$

$fyy = \frac{\partial^2 f}{\partial y^2} = \mathbf{2x^4}$

Hinweis:

Die Lösung erfolgt stufenweise über die partielle Ableitung erster Ordnung zur partiellen Ableitung zweiter Ordnung.

Erkenntnis:

Bei der Lösung a) ist f(x;y) nach x zu differenzieren. Die Veränderliche y ist dabei als Konstante zu behandeln. Bei der Lösung b) ist umgekehrt zu verfahren.

Geometrische Bedeutung des partiellen Differentialquotienten

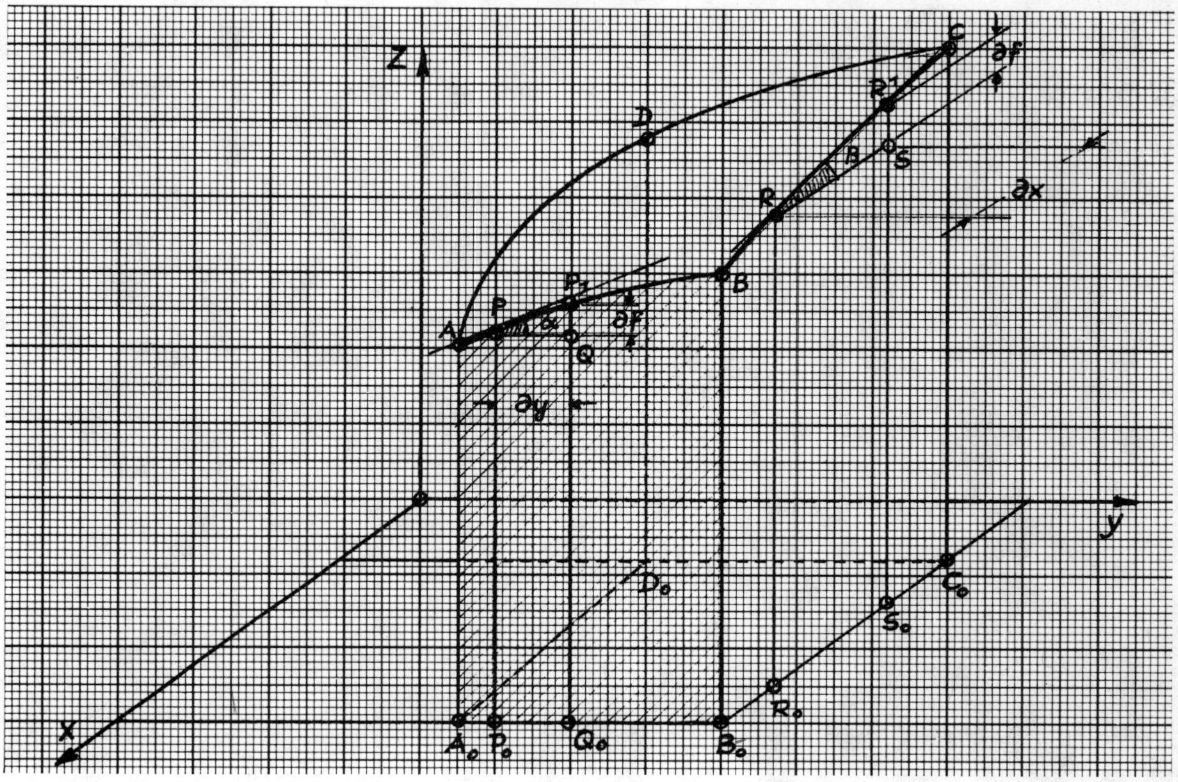

Die Funktionsgleichung z = f(x;y) stellt geometrisch eine Oberfläche im räumlichen Koordinatensystem dar (x, y, z). x, y sind unabhängige Veränderliche, z ist die abhängige Veränderliche.

Die Kurve AB ist die Schnittkurve der zur yz-Ebene parallelen Ebene ABB_oA_o mit der Oberfläche z = f(x,y).

Für alle Punkte der Kurve AB bleibt x konstant.

BC ist die Kurve, auf der sich ein Punkt bewegt, wenn y konstant bleibt.

Sie ist die Schnittkurve der zur xz-Ebene parallelen Ebene BCC_oB_o mit der Oberfläche z = f(x,y).

Definition:

Der partielle Differentialquotient der Funktion z = f(x,y) stellt geometrisch den Richtungsfaktor dar, den eine Tangente an eine Schnittkurve mit der Richtung der y- oder x-Achse bildet.

Der Tangens des Winkels α, den die Tangente an die Schnittkurve der Oberfläche und einer zur yz-Ebene parallelen Ebene mit der positiven Richtung der y-Achse bildet ist: $\frac{\partial f}{\partial y} = \frac{\partial z}{\partial y} = \frac{P_1Q}{P_oQ_o} = \tan\alpha$

Der Tangens des Winkels β, den die Tangente an die Schnittkurve der Oberfläche und einer zur xz-Ebene parallelen Ebene mit der positiven Richtung der x-Achse bildet

ist: $\frac{\partial f}{\partial x} = \frac{\partial z}{\partial x} = \frac{R_1S}{S_oR_o} = \tan\beta$

Aufgaben:

Berechne fx und fy von nachstehenden Funktionen:

1. Aufgabe

Gegeben: $f(x;y) = x^2 + y^2 + 2axy = 0$

Lösung: $fx = \frac{\partial f}{\partial x} = \mathbf{2x + 2ay}$

$fy = \frac{\partial f}{\partial y} = \mathbf{2y + 2ax}$

2. Aufgabe

Gegeben: $f(x;y) = \sin x + x^3y^2 = 0$

Lösung: $fx = \frac{\partial f}{\partial x} = \mathbf{\cos x + 3x^2y^2}$

$fy = \frac{\partial f}{\partial y} = \mathbf{2yx^3}$

3. Aufgabe

Gegeben: $f(x;y) = e^x + e^y - xy = 0$

Lösung: $fx = \frac{\partial f}{\partial x} = \mathbf{e^x - y}$

$fy = \frac{\partial f}{\partial y} = \mathbf{e^y - x}$

4. Aufgabe

Gegeben: $f(x;y) = \sqrt[3]{x^2} + \sqrt[3]{y^2} + a = 0$

Lösung: $fx = \frac{\partial f}{\partial x} = \mathbf{\frac{2}{3 \cdot \sqrt[3]{x}}}$

$fy = \frac{\partial f}{\partial y} = \mathbf{\frac{2}{3 \cdot \sqrt[3]{y}}}$

5. Aufgabe

Gegeben: $f(x;y) = ay^2 - (a - x) \cdot (a + x)^3 = 0$

Lösung: $fx = \frac{\partial f}{\partial x} = \mathbf{2 \cdot (a + x)^2 \cdot (2x - a)}$

$fy = \frac{\partial f}{\partial y} = \mathbf{2ay}$

6. Aufgabe

$f(x;y) = y^2 \ln x = 0$

Lösung: $fx = \frac{\partial f}{\partial x} = \mathbf{\frac{y^2}{x}}$

$fy = \frac{\partial f}{\partial y} = \mathbf{2y\ln x}$

11. Kapitel

Anwendung der Differentialrechnung

§ 26 Wichtige Punkte bei Kurven

A) Konkavität und Konvexität:

So wird die Art der Krümmung einer Kurve bezeichnet.

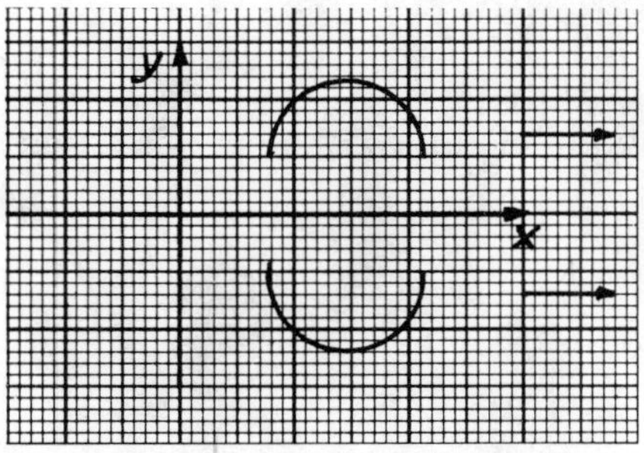

Dabei ist es einerlei, ob die Kurve oberhalb oder unterhalb der x-Achse liegt.

B) Maximum und Minimum:

Das **Maximum** einer Kurve bildet der Punkt, an dem y größer ist als alle vorher und nachher liegende Punkte.

Ein **Minimum** dagegen, wenn y kleiner ist als alle benachbarten Punkte der Kurve.

Man unterscheidet hier noch zwischen einem **absoluten** und **relativen** Maximum oder Minimum.

Extrempunkte:

P_3 = absolutes Maximum

P_2 = relatives Maximum

P_1 = absolutes Minimum

P_4 = relatives Minimum

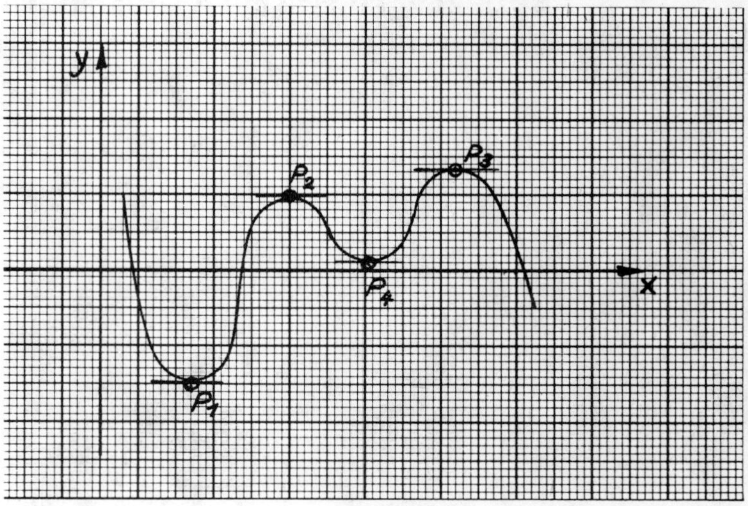

In allen diesen Fällen verläuft an den bezeichneten Punkten die Tangente parallel zur x-Achse. Ihre Steigung ist daher an dieser Stelle Null.

C) Wendepunkte:

Wendepunkt nennt man den Punkt einer Kurve, in dem die Kurve von der einen Seite der Tangente sich auf die andere Seite der Tangente wendet.

Die Tangente im Wendepunkt heißt Wendetangente.

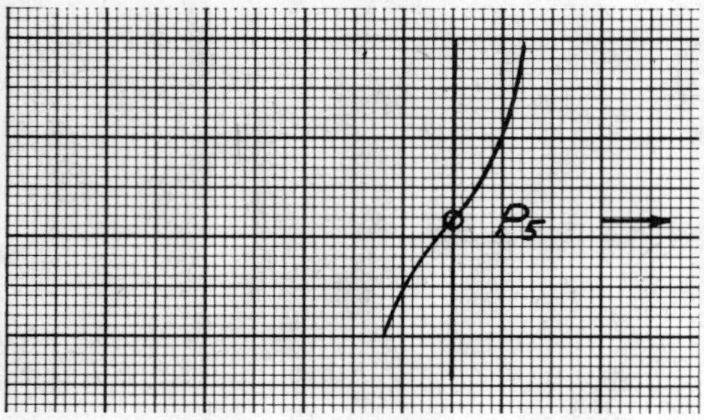

Wendepunkt

D) Sattelpunkte:

Sattelpunkt heißt der Wendepunkt, dessen Wendetangente parallel zur x-Achse verläuft und daher die Steigung Null hat.

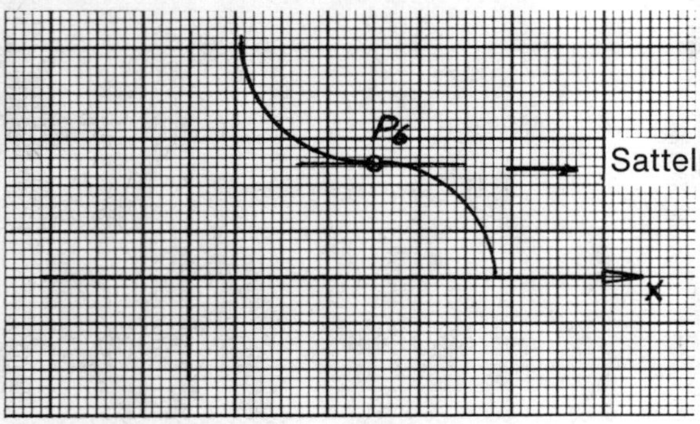

Sattelpunkt

§ 27 Beziehungen zwischen Grundkurve und Differentialkurve

Beispiel: Gegeben: Funktion $y = \sin x$

Gesucht: Die erste, zweite und dritte Ableitung

Lösung:

$y = \sin x$

$y' = \cos x$

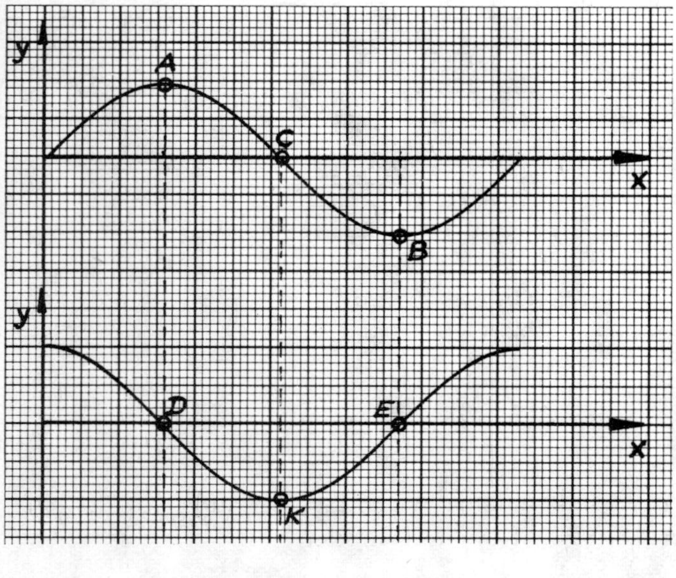

Grundkurve

Differentialkurve erster Ordnung

$y'' = -\sin x$

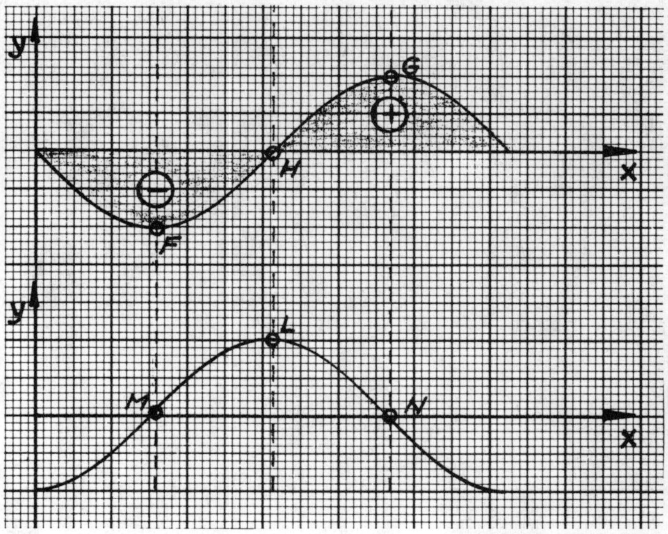

Differentialkurve zweiter Ordnung

$y''' = -\cos x$

Differentialkurve dritter Ordnung

Erklärung der graphischen Darstellung

Eine Funktion $y = f(x)$ hat ein

Maximum, wenn:

$y' = 0$ **und** $y'' < 0$

Grundkurve Punkt A	= Maximum
Erste Ableitung Punkt D	= 0
Zweite Ableitung Punkt F	< 0

Minimum, wenn:

$y' = 0$ **und** $y'' > 0$

Grundkurve Punkt B	= Minimum
Erste Ableitung Punkt E	= 0
Zweite Ableitung Punkt G	> 0

Wendepunkt, wenn:

$y' \neq 0;\ y'' = 0$ **und** $y''' \neq 0$

Grundkurve Punkt C	= Wendepunkt
Erste Ableitung Punkt K	≠ 0
Zweite Ableitung Punkt H	= 0
Dritte Ableitung Punkt L	≠ 0

Geltungsbereich:

Für einen Punkt der Grundkurve und den gleichen x-Wert der Differentialkurven!

Sattelpunkt:

(besonderer Wendepunkt)

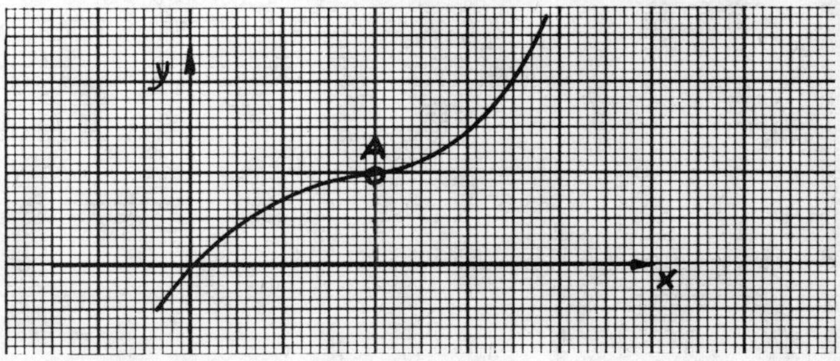

Definition:

Eine Funktion y = f(x) hat an einer Stelle einen **Sattelpunkt,** wenn für denselben x-Wert:

$\mathbf{y' = 0; y'' = 0}$ **und** $\mathbf{y''' \neq 0}$

Beispiel:

Gegeben: $y = \frac{x^3}{3} - 3x^2 + 9x$

Gesucht: Die erste, zweite und dritte Ableitung.

Funktionskurve:

$y = \frac{x^3}{3} - 3x^2 + 9x$

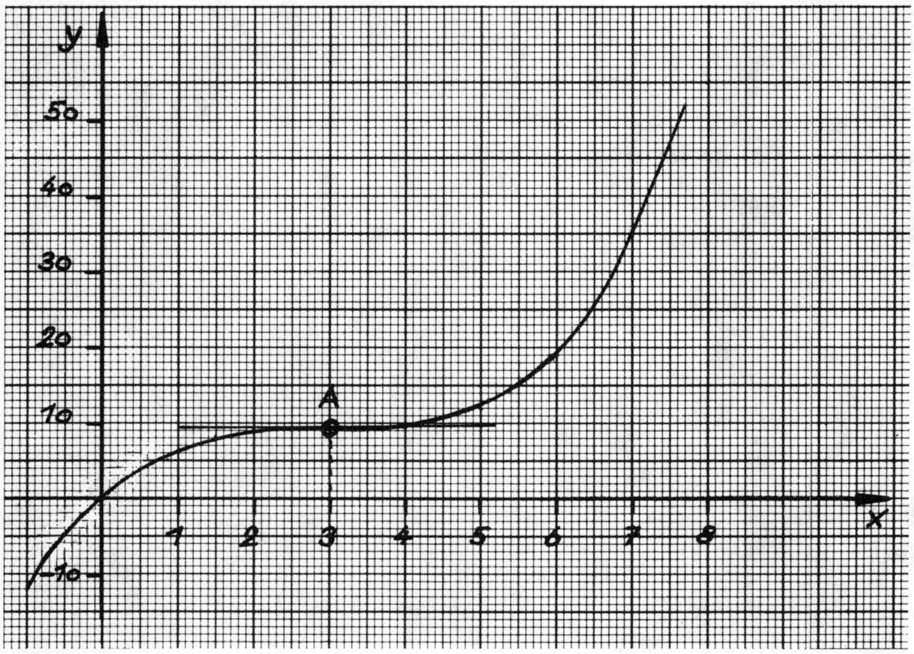

Kurve der ersten Ableitung:

$y' = x^2 - 6x + 9$

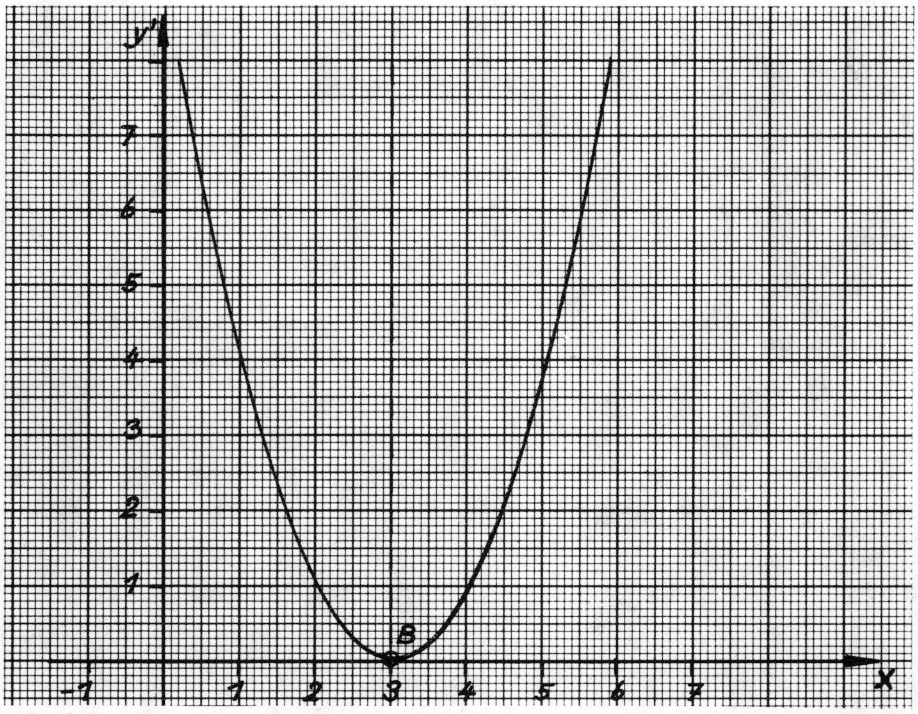

Kontrolle für x = 3: $\mathbf{y' = 3^2 - 6 \cdot 3 + 9 = 0}$

Kurve der zweiten Ableitung:

$y'' = 2x - 6$

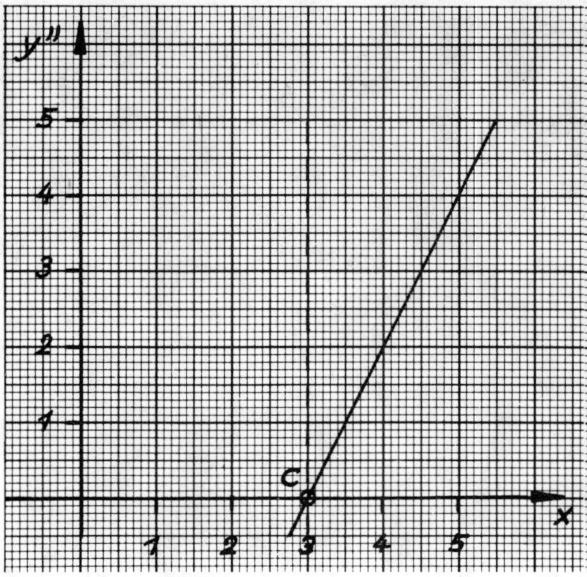

Kontrolle: $y'' = 2 \cdot 3 - 6 = 0$

Kurve der dritten Ableitung:

$y''' = 2$

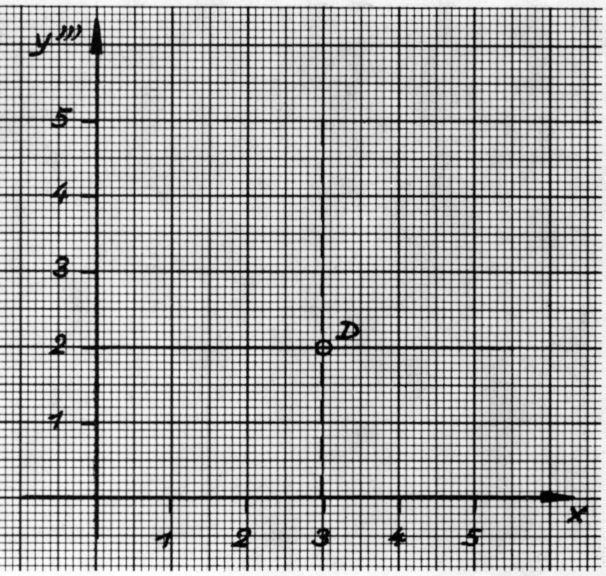

Kontrolle: $y''' = 2$

Bedingungen für Konkavität und Konvexität

Merke:

Ist für einen Punkt der Grundkurve

$y'' > 0$, so ist dort die Kurve konkav

$y'' < 0$, so ist dort die Kurve konvex

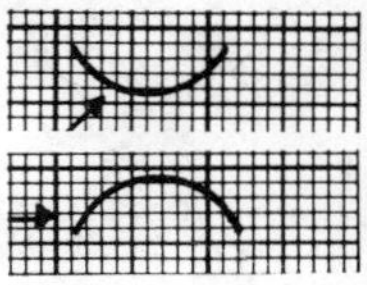

Beispiel:

Gegeben: $y = x^3 - x + 1$

Gesucht:
a) Krümmungsart an der Stelle $x = 2$
b) Lage des Punktes
c) Tangentenrichtung
d) graphische Darstellung.

Lösung:

zu a) $y' = 3x^2 - 1$
$y'' = 6x$
für $x = 2$ ist $y'' = 12$, also > 0
Kurve ist in diesem Punkt konkav.

zu b) für $x = 2$
Aus der gegebenen Gleichung berechnet ergibt sich für y:

$y = x^3 - x + 1$; $y = 2^3 - 2 + 1$; $y = 7$

zu c) für $x = 2$
ergibt $y' = 3x^2 - 1$; $y' = 3 \cdot 2^2 - 1$; $y' = 11$
$\tan\alpha$ ist daher 11.

zu d)

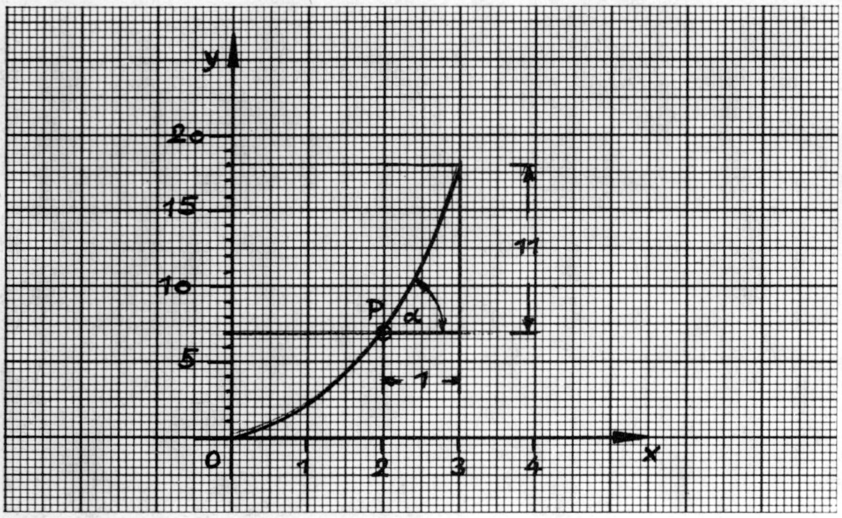

Bedingungen für Maximum, Minimum, Wendepunkt

Merke:

Für einen Punkt der Grundkurve und gleichem x-Wert ist:

Maximum, wenn:	$y' = 0;\ y'' < 0$
Minimum, wenn:	$y' = 0;\ y'' > 0$
Wendepunkt, wenn:	$y' \neq 0;\ y'' = 0;\ y''' \neq 0$

Beispiel:

Gegeben: $y = 2x^2 - x^4$

Gesucht:
a) Maxima und Minima
b) Wendepunkte
c) graphische Darstellung

Lösung:

zu a) 1. Bedingung: $y' = 0$

$$y = 2x^2 - x^4$$
$$y' = 4x - 4x^3; \rightarrow y' = 0$$
$$4x - 4x^3 = 0$$
$$4x(1 - x^2) = 0$$

Ein Produkt ist Null, wenn ein Faktor Null ist.

Der Faktor 4x ist Null,
wenn $x_1 = 0$

Der Faktor $1 - x^2$ ist Null,
wenn $x_2 = 1$
wenn $x_3 = -1$

Probe: $0 \cdot (1 - x^2) = 0$
$4 \cdot 1 \cdot (1 - 1^2) = 0$
$4 \cdot 1 \cdot [1 - (-1)^2] = 0$

2. Bedingung: $y'' \neq 0$ = (negativ oder positiv)

$$y'' = 4 - 12x^2; \rightarrow y'' = 0$$
$$4 - 12x^2 = 0$$

für $x_1 = 0$ ist $y'' = 4$, also y ein Minimum

$$y_{min} = 0$$

für $x_2 = 1$ ist $y'' = -8$, also y ein Maximum

$$y_{max} = 1$$

für $x_3 = -1$ ist $y'' = -8$, also y ein Maximum

$$y_{max} = 1$$

zu b)

1. Bedingung: $y'' = 0$

$$y'' = 4 - 12x^2$$
$$4 - 12x^2 = 0$$
$$x^2 = \frac{4}{12} = \frac{1}{3}$$
$$x_1 = +\sqrt{\frac{1}{3}}$$
$$x_2 = -\sqrt{\frac{1}{3}}$$

2. Bedingung: $y''' \neq 0$

$$y''' = -24x$$

für x_1 ist $y''' = -\frac{24}{\sqrt{3}}$; daher Wendepunkt W_1

für x_2 ist $y''' = +\frac{24}{\sqrt{3}}$; daher Wendepunkt W_2

Die Koordinaten hierfür sind:

$$x_1 = +\sqrt{\frac{1}{3}};\ y_1 = 2\left(\sqrt{\frac{1}{3}}\right)^2 - \left(\sqrt{\frac{1}{3}}\right)^4 = \frac{5}{9};$$

$$x_2 = -\sqrt{\frac{1}{3}};\ y_2 = \frac{5}{9};$$

zu c) graphische Darstellung

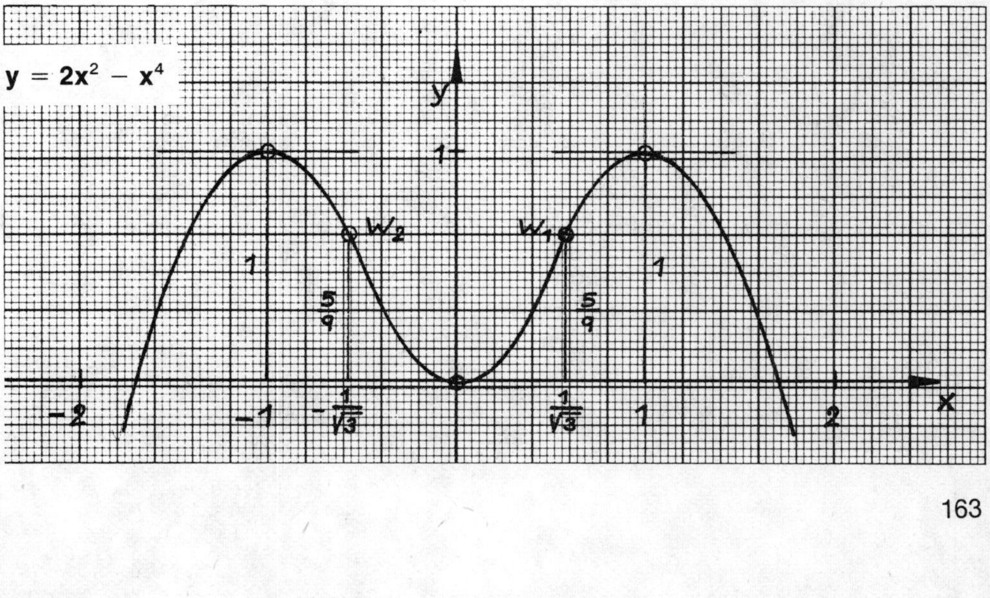

§ 28 Kurvendiskussion

A) Beispiel einer Kurvendiskussion.

Funktion: $y = 6x^2 - 2x^4$

1. Nullstellen:

$y = 0$ setzen und Gleichung nach x auflösen.

$$y = 6x^2 - 2x^4$$
$$y = 2x^2(3 - x^2)$$
$$0 = 2x^2(3 - x^2)$$

Wenn ein Faktor Null ist, wird auch das Produkt Null.

$$\left.\begin{array}{l} 2x^2 = 0 \rightarrow x_1 = \mathbf{0} \\ 3 - x^2 = 0 \rightarrow x_2 = \sqrt{3} \\ \qquad\qquad x_3 = -\sqrt{3} \end{array}\right\} \text{Nullstellen!}$$

2. Schnittpunkte mit der y-Achse:

$x = 0$ setzen und Gleichung nach y auflösen.

$$y = 6 \cdot 0^2 - 2 \cdot 0^4 = \mathbf{0}$$
$$\mathbf{x = 0} \rightarrow \mathbf{y = 0} \rightarrow \text{Schnittpunkt mit y-Achse!}$$

3. Verhalten im Unendlichen:

$x \rightarrow \pm\infty$ gehen lassen und y ermitteln.

$$x = +\infty;\ y = 6 \cdot \infty^2 - 2 \cdot \infty^4$$
$$y = -\infty$$

$$x = -\infty;\ y = 6 \cdot (-\infty)^2 - 2 \cdot (-\infty)^4$$
$$y = -\infty$$

4. Extremwerte:

$y' = 0$ setzen und Gleichung nach x auflösen.

$$y = 6x^2 - 2x^4$$
$$y' = 12x - 8x^3$$
$$0 = 12x - 8x^3$$
$$0 = 8x\,(1{,}5 - x^2)$$
$$8x = 0 \rightarrow x_4 = \mathbf{0}$$
$$1{,}5 - x^2 = 0 \rightarrow x_5 = \sqrt{\mathbf{1{,}5}}$$
$$x_6 = -\sqrt{\mathbf{1{,}5}}$$

x_4, x_5 und x_6 sind die x-Koordinaten der Extremwerte. Um festzustellen, ob ein Maximum oder Minimum vorliegt, werden dieselben in die zweite Ableitung eingesetzt.

für $y'' > 0 \rightarrow$ Minimum
für $y'' < 0 \rightarrow$ Maximum
$y'' = 12 - 24x^2$
$x_4 = 0 \rightarrow y'' = +\mathbf{12} > \mathbf{0}$ daher Minimum!
$x_5 = \sqrt{1{,}5} \rightarrow y'' = -\mathbf{24} < \mathbf{0}$ daher Maximum!
$x_6 = -\sqrt{1{,}5} \rightarrow y'' = -\mathbf{24} < \mathbf{0}$ daher Maximum!

Wenn man die x-Werte in die Stammfunktion einsetzt, kann man die y-Werte der Extrempunkte berechnen.

$$\left.\begin{array}{l} x_4 = 0 \quad \rightarrow \quad y_4 = 0 \\ x_5 = \sqrt{1{,}5} \rightarrow y_5 = 4{,}5 \\ x_6 = -\sqrt{1{,}5} \rightarrow y_6 = 4{,}5 \end{array}\right\} \quad \text{Extremwerte!}$$

5. Wendepunkte:

Erste Bedingung:

$y'' = 0$ setzen und Gleichung nach x auflösen.

$$y'' = 12 - 24x^2$$
$$0 = 12 - 24x^2$$
$$x^2 = \frac{12}{24} = 0{,}5$$

Die y-Koordinaten ergeben sich durch Einsetzen von x in die Ausgangsfunktion.

$$\left.\begin{array}{l} x_7 = \sqrt{0{,}5} \rightarrow y_7 = \mathbf{2{,}5} \\ x_8 = -\sqrt{0{,}5} \rightarrow y_8 = \mathbf{2{,}5} \end{array}\right\} \quad \text{Wendepunkte!}$$

Zweite Bedingung:

Die dritte oder eine höhere ungerade Ableitung muß $\neq 0$ sein.

$$y' = 12x - 8x^3 = 8\,x(1{,}5 - x^2)$$
$$y''' = -\,48x$$

Die x-Werte der Wendepunkte setzt man in y' und y''' ein.

für $x_7 = \sqrt{0{,}5}$:

$$y' = 8 \cdot \sqrt{0{,}5}\,(1{,}5-0{,}5) = 5{,}656\ldots \neq 0$$
$$y''' = -48 \cdot \sqrt{0{,}5} = -\,33{,}94\ldots \neq 0$$

für $x_8 = -\sqrt{0{,}5}$:

$$y' = 8 \cdot -\sqrt{0{,}5}\,(1{,}5-0{,}5) = -\,5{,}656\ldots \neq 0$$
$$y''' = -48 \cdot -(\sqrt{0{,}5}\,) = +\,33{,}94\ldots \neq 0$$

Beide Bedingungen sind damit erfüllt.

6. Zusammenstellung der ermittelten Punkte:

$$\left.\begin{array}{l} P_1\ (0/0) \\ P_2\ (\sqrt{3}/0) \\ P_3\ (-\sqrt{3}/0) \end{array}\right\} \rightarrow \text{Nullstellen}$$

$$P_4\ (0/0) \rightarrow \text{Minimum}$$

$$\left.\begin{array}{l} P_5\ (\sqrt{1{,}5}/4{,}5) \\ P_6\ (-\sqrt{1{,}5}/4{,}5) \end{array}\right\} \rightarrow \text{Maxima}$$

$$\left.\begin{array}{l} P_7\ (\sqrt{0{,}5}/2{,}5) \\ P_8\ (-\sqrt{0{,}5}/2{,}5) \end{array}\right\} \rightarrow \text{Wendepunkte}$$

Die in ein Koordinatensystem eingetragenen Punkte lassen den Verlauf der Kurve erkennen.

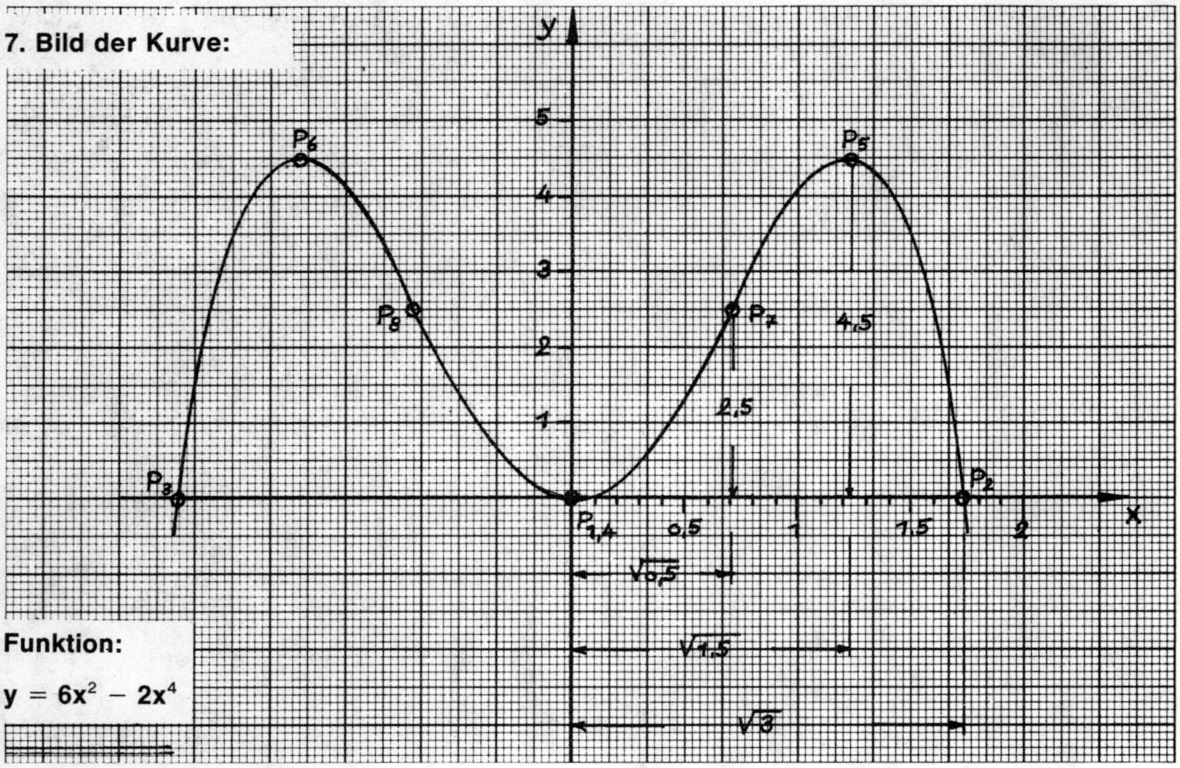

B) Übungsaufgaben für Maxima, Minima und Wendepunkte

1. Aufgabe

Funktion: $y = x^4 + 1;$

1. Nullstellen: $(y = 0)$

$y = x^4 + 1$
$0 = x^4 + 1$
$x^4 = -1 \rightarrow$ kein Ergebnis!
daher keine Nullstellen.

2. Schnittpunkte mit der y-Achse: $(x = 0)$

$y = 0^4 + 1$
$y = +1$
$x = 0 \rightarrow y = +1 \rightarrow$ Schnittpunkt P(0/1)

3. Extremwerte:

1. Bedingung: $y' = 0$
$y' = 4x^3$
$0 = 4x^3 \rightarrow x = 0;$
2. Bedingung: y'' = negativ oder positiv bzw. $y^{(2n)} \neq 0$
$y'' = 12x^2$; für $x = 0$ ist $y'' = 0 \rightarrow$ kein Entscheid
$y''' = 24x$; für $x = 0$ ist $y''' = 0 \rightarrow$ kein Entscheid

$y^{(4)} = 24$; für $x = 0$ ist $y^{(4)} = 24 > 0$
also y ein Minimum, $y_{min} = 1$

4. Wendepunkte:

1. Bedingung: $y'' = 0$
$y'' = 12x^2$
$0 = 12x^2; \rightarrow x = 0$
für diesen Wert hat aber die Kurve ein Minimum.

2. Bedingung: $y^{(2n+1)} \neq 0$
Sie wird nicht erfüllt, da $y^{(4)} \neq 0$ und (4) nicht ungerade ist. Die Kurve hat daher keinen Wendepunkt.

5. Graphische Darstellung:

x	y
0	+1
+1	+2
+1,5	+6,06
+2	+17
−1	+2
−1,5	+6,06
−2	+17

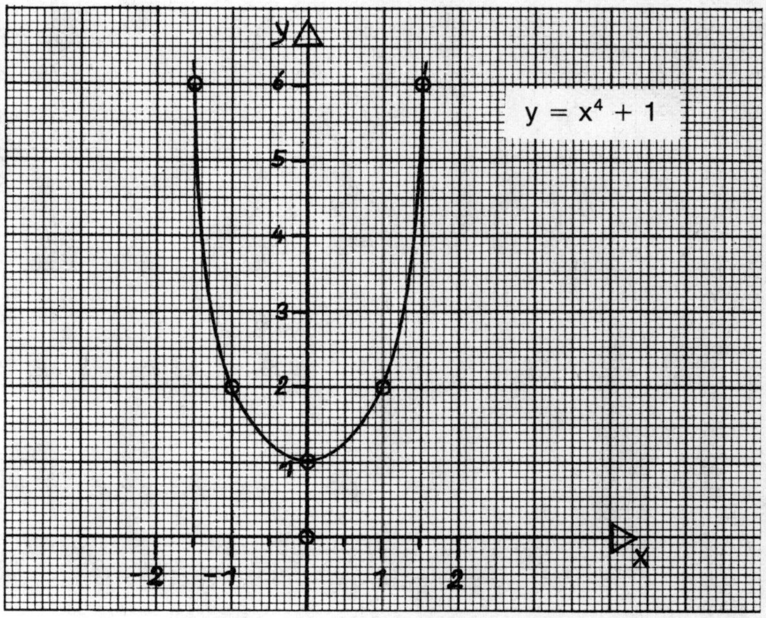

2. Aufgabe

Gegeben: Funktion $y = x^3$

Gesucht: 1. Art der Kurve an der Stelle $x = 0$
2. Zeichnung der Kurve

Lösung:

Zu 1. $y = x^3$
$y' = 3x^2$; für $x = 0$ ist $y' = 0$ → Tangente = horizontal
$y'' = 6x$; für $x = 0$ ist $y'' = 0$ → kein Entscheid
$y''' = 6$; für $x = 0$ ist $y''' = 6$

Da $y''' \neq 0$ und eine ungerade Wertung besitzt, liegt ein Wendepunkt mit den Koordinaten $x = 0$ und $y = 0$ vor.

Die Wendetangente fällt in die x-Achse, da der Wendepunkt auf der x-Achse liegt und für ihn $y' = 0$ ist.

Die Kurve hat weder Maxima noch Minima.

Zu 2. **Graphische Darstellung:**

x	y
0,5	0,125
1,0	1,0
1,5	3,375
2,0	8,0
−0,5	−0,125
−1,0	−1,0
−1,5	−3,375
−2,0	−8,0

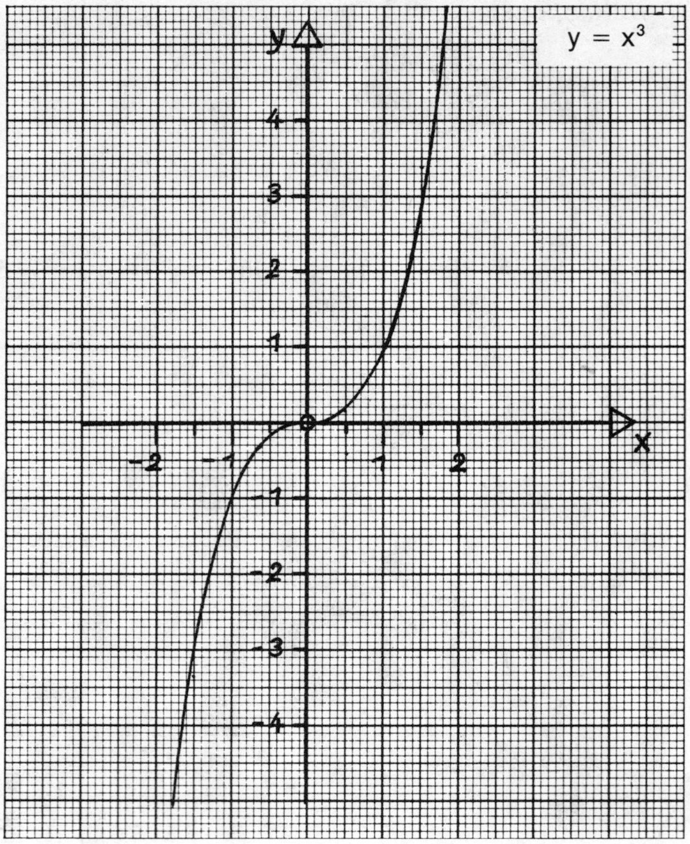

§ 29 Extremwertaufgaben

Dient die Kurvendiskussion der Ermittlung aller wichtigen Punkte eines Graphen, so interessieren bei den Extremwertaufgaben nur **die** Stellen einer Funktion, an denen ein Maximum bzw. Minimum vorliegt.

Daher auch Maxima-Minimarechnung genannt.

Dabei können vereinfachte Methoden zu deren Berechnung angewendet werden, welche erheblich schneller zum Ziele führen.

Mit Hilfe der Extremwertermittlung lassen sich viele technische und naturwissenschaftliche Probleme mathematischer Art lösen.

1. Beispiel:

Gegeben: $y = \frac{b(2x^3 - 3x^2 - 36x)}{a} \pm C$

Gesucht: Maxima und Minima der Funktion.

Lösung:

$$y = \frac{b(2x^3 - 3x^2 - 36x)}{a} \pm C$$

$$y = \frac{2b}{a} x^3 - \frac{3b}{a} x^2 - \frac{36b}{a} x \pm C$$

$$y' = \frac{6b}{a}x^2 - \frac{6b}{a}x - \frac{36b}{a}$$

$$y'' = \frac{12b}{a}x - \frac{6b}{a}$$

$$y' = 0; \rightarrow \frac{6b}{a}x^2 - \frac{6b}{a}x - \frac{36b}{a} = 0$$

$$x^2 - x - 6 = 0$$

für $x_1 = 3$;

$$3^2 - 3 - 6 = 0$$

$$y'' = \frac{12b}{a} \cdot 3 - \frac{6b}{a} = \mathbf{\frac{30b}{a} > 0} \quad \text{daher Minimum}$$

für $x_2 = -2$;

$$-2^2 - (-2) - 6 = 0$$

$$y'' = -2 \cdot \frac{12b}{a} - \frac{6b}{a} = -\mathbf{\frac{30b}{a} < 0} \quad \text{daher Maximum}$$

2. Beispiel:

Gegeben: $y = 2x^3 - 3x^2 - 36x$

Gesucht: Maxima und Minima der Funktion.

Lösung:

$y = 2x^3 - 3x^2 - 36x$
$y' = 6x^2 - 6x - 36$
$y'' = 12x - 6$
$y' = 0 \rightarrow 6x^2 - 6x - 36 = 0$
$y' = 0 \rightarrow 6(x^2 - x - 6) = 0$
für $x_1 = 3$ $\rightarrow y'' = 12 \cdot 3 - 6 = 30 > 0 =$ Minimum
für $x_2 = -2$ $\rightarrow y'' = -2 \cdot 12 - 6 = -30 < 0 =$ Maximum

Beachte:

Beide Beispiele haben dieselben x-Werte der Extreme.

Die Konstanten $\frac{1}{a}$, b und $\pm$ C haben keinen Einfluß.

Zur Feststellung, ob Extremwerte vorhanden sind, benötigt man jeweils die zweite Ableitung.

Oft sind zur Bestimmung von y'' umfangreiche Rechenoperationen erforderlich.

Da das Aufzeigen von Wendepunkten bei der Maxima-Minimarechnung entfällt, kann der Rechengang in vielen Fällen wie folgt abgekürzt werden:

Liegt die 1. Ableitung einer Funktion als Bruch vor,

$y = f(x) \rightarrow y' = \frac{Z(x)}{N(x)}$;

ermittelt man die 2. Ableitung mit der Quotientenregel

$$y' = \frac{Z(x)}{N(x)} \rightarrow y'' = \frac{N(x) \cdot Z'(x) - Z(x) \cdot N'(x)}{[N(x)]^2}$$

Zur Extremwertebestimmung muß $y' = 0$ gesetzt werden, dies erfolgt, wenn der Zähler $[Z(x)]$ Null wird.

$$y' = \frac{Z(x)}{N(x)} = 0 \rightarrow Z(x) = 0$$

Die Vereinfachung wird ersichtlich, wenn $Z(x) = 0$ in y'' eingesetzt wird.

$$Z(x) = 0 \rightarrow y''_{(y'=0)} = \frac{N(x) \cdot Z'(x) - 0 \cdot N'(x)}{N(x) \cdot N(x)}$$

$$y''_{(y'=0)} = \mathbf{\frac{Z'(x)}{N(x)}}$$

Die vereinfachte Berechnung heißt dann:

$$\mathbf{y = f(x) \rightarrow y' = \frac{Z(x)}{N(x)} \rightarrow y''_{(y'=0)} = \frac{Z'(x)}{N(x)}}$$

Zahlenbeispiel

Gegeben: $y = \sqrt{x^3 - 4{,}5x^2 + 6x}$

Gesucht: Maxima und Minima

Lösung:

$$y = \sqrt{x^3 - 4{,}5x^2 + 6x}$$

$$y = \left(x^3 - 4{,}5x^2 + 6x\right)^{\frac{1}{2}}$$

$$x^3 - 4{,}5x^2 + 6x = z \rightarrow \frac{dz}{dx} = 3x^2 - 9x + 6$$

$$z^{\frac{1}{2}} = y \qquad \rightarrow \frac{dy}{dz} = \frac{1}{2}z^{-\frac{1}{2}} = \frac{1}{2 \cdot \sqrt{z}}$$

$$z = x^3 - 4{,}5x^2 + 6x; \ \frac{dy}{dz} = \frac{1}{2 \cdot \sqrt{x^3 - 4{,}5x^2 + 6x}}$$

$$\frac{dz}{dx} \cdot \frac{dy}{dz} = y' = \frac{3x^2 - 9x + 6}{2 \cdot \sqrt{x^3 - 4{,}5x^2 + 6x)}}$$

$$y' = \frac{1{,}5x^2 - 4{,}5x + 3}{\sqrt{x^3 - 4{,}5x^2 + 6x}}$$

2. Ableitung nach der vereinfachten Berechnung:

$$y' = \frac{Z(x)}{N(x)} = 0 \rightarrow Z(x) = 0$$

$$y' = 0 \rightarrow 1{,}5x^2 - 4{,}5x + 3 = 0$$

$$\mathbf{x_1 = 2; \quad x_2 = 1;}$$

$$Z(x) = 1{,}5x^2 - 4{,}5x + 3 \rightarrow Z'(x) = 3x - 4{,}5$$

$$y''_{(y'=0)} = \frac{Z'(x)}{N(x)}$$

$$y''_{(y'=0)} = \frac{3x - 4,5}{\sqrt{x^3 - 4,5x^2 + 6x}}$$

$$\mathbf{x_1 = 2:} \quad y'' = \frac{6 - 4,5}{\sqrt{8 - 18 + 12}} = \frac{1,5}{\sqrt{2}} > 0 = \text{Minimum}$$

$$\mathbf{x_2 = 1:} \quad y'' = \frac{3 - 4,5}{\sqrt{1 - 4,5 + 6}} = \frac{-1,5}{\sqrt{3,5}} < 0 = \text{Maximum}$$

Beachte:

Falls die erste Ableitung ein Bruch ist, kann bei der Maxima-Minimarechnung die zweite Ableitung vereinfacht ermittelt werden.

2. Beispiel:

Gegeben: $y = x^3 - 4,5x^2 + 6x$

Gesucht: Maxima und Minima.

Lösung:

$y = x^3 - 4,5x^2 + 6x$

$y' = 3x^2 - 9x + 6$

$y'' = 6x - 9$

$y' = 0 \rightarrow 3x^2 - 9x + 6 = 0$

für $x_1 = 2$:

$y' = 12 - 18 + 6 = 0 \rightarrow$

$y'' = 12 - 9 = 3 > 0 \rightarrow$ Minimum

für $x_2 = 1$:

$y' = 3 - 9 + 6 = 0 \rightarrow$

$y'' = 6 - 9 = -3 < 0 \rightarrow$ Maximum

Vergleicht man die beiden Beispiele:

$$y = \sqrt{x^3 - 4,5x^2 + 6x} \quad \text{und} \quad y = x^3 - 4,5x^2 + 6x$$

so erkennt man, daß beide Funktionen an der gleichen Stelle ein Maximum bzw. Minimum haben.

Beachte:

Bei der Berechnung der Extremwerte von Wurzelfunktionen kann man bei der Differentiation die Wurzel weglassen.

3. Beispiel:

Gegeben: $y = \frac{x}{x^2 + 2}$

Gesucht: Extremwerte

Lösung:

$y = \frac{x}{x^2 + 2}$; $y = \frac{u}{v}$

$y' = \frac{v \cdot u' - u \cdot v'}{v^2}$

$u = x; \quad u' = 1$

$v = x^2 + 2; \ v' = 2x; \ v^2 = (x^2 + 2)^2$

$y' = \frac{(x^2 + 2) \cdot 1 - x \cdot 2x}{(x^2 + 2)^2}$

$y' = \frac{2 - x^2}{(x^2 + 2)^2}$; $y' = 0 \rightarrow 2 - x^2 = 0$

$\mathbf{x_1 = +\sqrt{2}; \quad x_2 = -\sqrt{2}}$

2. Ableitung:

$$y''_{(y'=0)} = \frac{Z'(x)}{N(x)} \quad \text{wobei } Z'(x) = -2x$$

$$y''_{(y'=0)} = \frac{-2x}{(x^2+2)^2}$$

für $x_1 = +\sqrt{2}$

$$y''_{(y'=0)} = \frac{-2 \cdot \sqrt{2}}{(2+2)^2} < 0 \rightarrow \textbf{Maximum}$$

für $x_2 = -\sqrt{2}$

$$y''_{(y'=0)} = \frac{-2 \cdot (-\sqrt{2})}{16} > 0 \rightarrow \textbf{Minimum}$$

Kontrolle:

$$x = 1;\ y = \frac{1}{1^2+2} = 0{,}33\ldots$$

$$x = \sqrt{2};\ y = \frac{\sqrt{2}}{(\sqrt{2})^2+2} = 0{,}35\ldots \rightarrow \text{Maximum!}$$

$$x = 2;\ y = \frac{2}{2^2+2} = 0{,}33\ldots$$

4. Beispiel:

Gegeben: $\frac{x^2+2}{x}$

Gesucht: Extremwerte

Lösung:

$$y = \frac{x^2+2}{x}$$

$$y = x + \frac{2}{x}$$

$$y' = 1 - \frac{2}{x^2}$$

$$y' = 0 \rightarrow 1 - \frac{2}{x^2} = 0$$

$$\mathbf{x_1} = +\sqrt{2} \qquad \mathbf{x_2} = -\sqrt{2}$$

2. Ableitung:

$$y'' = \frac{4}{x^3}$$

für $x_1 = +\sqrt{2}$

$$y'' = \frac{4}{(\sqrt{2})^2} = \sqrt{2} > 0 \rightarrow \textbf{Minimum}$$

für $x_2 = -\sqrt{2}$

$$y'' = \frac{4}{(-\sqrt{2})^3} = -\sqrt{2} < 0 \rightarrow \textbf{Maximum}$$

Beachte:

Die Berechnung der Extremwerte wird oft einfacher, wenn man den Kehrwert einer Funktion differenziert.

Dann wird ein Maximum zum Minimum und ein Minimum zum Maximum.

§ 30 Die praktische Anwendung der Maxima–Minimarechnung

Rechnungsweg:

1. Diejenige Größe, die Maximum oder Minimum werden soll, wird mit y bezeichnet.
2. Nun sucht man im Text die Größe, welche von y abhängt und nennt sie x.
3. Man stellt dann zwischen x, y und den sonst noch gegebenen Werten eine Gleichung auf und löst sie nach den Bedingungen der Maxima–Minimarechnung.

1. Beispiel:

Aufgabe: Zerlege die Zahl 80 derart in zwei Summanden, daß die Summe der Quadrate beider Summanden möglichst klein wird.

Lösung:

$x \rightarrow$ Erster Summand

$80 - x \rightarrow$ Zweiter Summand

$y \rightarrow$ Summe der Quadrate

$$y = x^2 + (80 - x)^2$$
$$y = x^2 + 80^2 - 2 \cdot 80 \cdot x + x^2$$
$$y = 2x^2 - 160x + 6400$$
$$y' = 4x - 160;\ y'' = 4$$
$$y' = 0 \rightarrow 4x - 160 = 0$$
$$\mathbf{x = 40} \rightarrow \mathbf{y'' > 0} \rightarrow \text{Minimum}$$
$$y = 80 - x;\ y = \mathbf{40}$$

Beide Summanden haben den Wert 40

2. Beispiel:

Aufgabe: Längs einer Mauer soll durch einen 100 m langen Zaun die größtmögliche, rechteckige Grundstücksfläche abgegrenzt werden.

Schaubild:

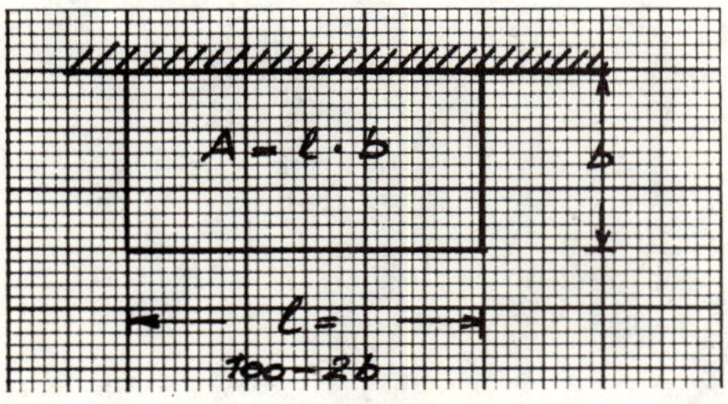

Lösung:

$$b = x;\ l = 100 - 2x;\ A = y$$
$$y = x \cdot (100 - 2x)$$
$$y = 100x - 2x^2$$
$$y' = 100 - 4x;\ y'' = -4$$
$$y' = 0 \rightarrow 100 - 4x = 0;\ x = \frac{100}{4}$$
$$\mathbf{x = 25} \rightarrow y'' = \mathbf{-4 < 0} \rightarrow \text{Maximum}$$
$$\mathbf{l} = 100 - 2x = 100 - 2 \cdot 25 = \mathbf{50}$$
$$y = \mathbf{maxA} = 25\ \text{m} \times 50\ \text{m} = \mathbf{1250\ m^2}$$

3. Beispiel:

Aufgabe: Aus einem rechteckigen Karton mit den Seiten l und b soll eine oben offene Schachtel größten Volumens hergestellt werden.

Schaubild:

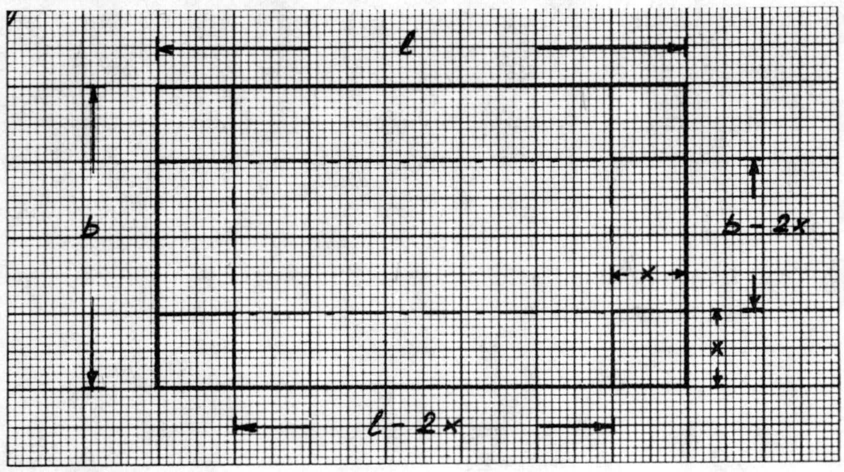

Lösung:

1. Volumen = y
2. Die an den Ecken ausgeschnittenen Quadrate entfallen. Ihre Seitenlänge, gleich Höhe der Schachtel, wird mit x bezeichnet.

$$y = (l - 2x) \cdot (b - 2x) \cdot x$$
$$y = lbx - 2bx^2 - 2lx^2 + 4x^3$$

1. Bedingung: $y' = 0$

$$y' = lb - 4bx - 4lx + 12x^2 = 0$$

$$0 = x^2 - x \cdot \frac{l + b}{3} + \frac{lb}{12}$$

$$x = \frac{l + b}{6} \pm \sqrt{\frac{(l + b)^2}{36} - \frac{3lb}{36}}$$

$$\mathbf{x} = \frac{l + b}{6} \pm \frac{1}{6} \sqrt{l^2 + b^2 - lb}$$

2. Bedingung: $y'' < 0 \rightarrow$ Maximum

$$y'' = - 4b - 4l + 24x;$$

für $\mathbf{x_1} = \frac{l + b}{6} + \frac{1}{6} \cdot \sqrt{l^2 + b^2 - lb}$ ist:

$$y'' = - 4(l + b) + \frac{24(l + b)}{6} + \frac{24}{6}\sqrt{l^2 + b^2 - lb}$$

$$y'' = 4\sqrt{l^2 + b^2 - lb}; \quad y'' > 0 \rightarrow \text{Minimum!}$$

für $\mathbf{x_2} = \frac{l + b}{6} - \frac{1}{6} \cdot \sqrt{l^2 + b^2 - lb}$ ist:

$$y'' = - 4\sqrt{l^2 + b^2 - lb}; \quad y'' < 0 \rightarrow \text{Maximum.}$$

Das Volumen der Schachtel wird ein Maximum, wenn die Höhe, also

$$x = \frac{l + b}{6} - \frac{1}{6}\sqrt{l^2 + b^2 - lb}$$ beträgt.

Hierzu ein Zahlenbeispiel:

Gegeben: $l = 12{,}5$ cm; $b = 8$ cm
Gesucht: h und max V

Lösung:

$$h = \frac{l + b}{6} - \frac{1}{6}\sqrt{l^2 + b^2 - lb}$$

$$\mathbf{h} = \frac{12{,}5 + 8{,}0}{6} - \frac{1}{6}\sqrt{12{,}5^2 + 8^2 - 12{,}5 \cdot 8} = \mathbf{1{,}589\ldots\ cm}$$

$$\max V = (l - 2h) \cdot (b - 2h) \cdot h$$

$$\mathbf{\max V} = (12{,}5 - 3{,}178) \cdot (8 - 3{,}178) \cdot 1{,}589 = \mathbf{71{,}4266\ldots\ cm^3}$$

Beachte:

Legt man ein quadratisches Stück mit der Seitenlänge a zugrunde, so erhält man:

$$h = \frac{a + a}{6} - \frac{1}{6}\sqrt{a^2 + a^2 - a \cdot a}$$

$$h = \frac{a}{3} - \frac{1}{6} \cdot \sqrt{a^2};\ h = \frac{a}{3} - \frac{a}{6};\ \mathbf{h} = \frac{\mathbf{a}}{\mathbf{6}}$$

$$V = \frac{2}{3}a \cdot \frac{2}{3}a \cdot \frac{1}{6}a;\ \mathbf{V} = \frac{\mathbf{2a^3}}{\mathbf{27}}$$

Beweis:

Gegeben: Quadrat mit der Seitenlänge a.
Gesucht: x und max V

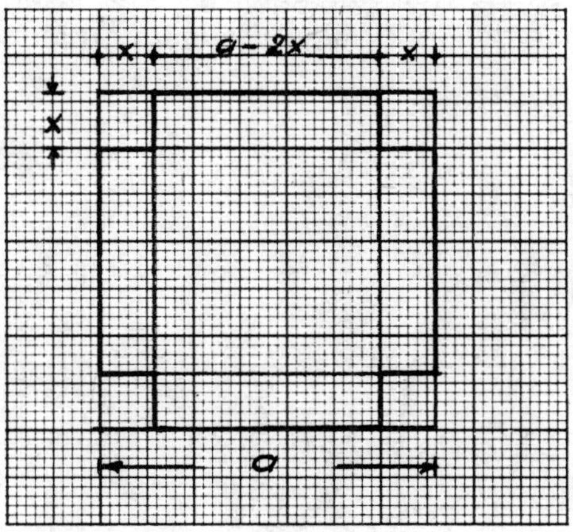

Lösung:

$$y = (a - 2x)^2 \cdot x$$
$$y = 4x^3 - 4ax^2 + a^2x$$

1. Bedingung: $y' = 0$

$$y' = 12x^2 - 8ax + a^2 = 0$$
$$0 = 12x^2 - 8ax + a^2$$
$$12x^2 - 8ax = -a^2$$

daraus folgt: $\mathbf{x_1} = \frac{\mathbf{a}}{\mathbf{2}}$ und $\mathbf{x_2} = \frac{\mathbf{a}}{\mathbf{6}}$

2. Bedingung: $y'' < 0 \rightarrow$ Maximum

$y'' = 24x - 8a$

für $x_1 = \frac{a}{2}$ ist:

$y'' = 12a - 8a = 4a > 0 \rightarrow$ Minimum (unbrauchbar)

für $x_2 = \frac{a}{6}$ ist:

$y'' = 4a - 8a = -4a < 0 \rightarrow$ Maximum

Das Volumen der Schachtel wird ein maximales, wenn der Wert $x = h = \frac{a}{6}$ beträgt.

Auf das Zahlenbeispiel bezogen:

Setzt man die Rechteckfläche $12{,}5 \cdot 8{,}0 = 100\ \text{cm}^2$ gleich der quadratischen Fläche, so ist $a = 10$ cm

$$\mathbf{x} = \frac{a}{6} = \frac{\mathbf{10}}{\mathbf{6}}\ \mathbf{cm};\ \mathbf{V} = \frac{2a^3}{27} = \frac{2 \cdot 10^3}{27} = \mathbf{74{,}074\ldots\ cm^3}$$

Erkenntnis:

Die Schachtel aus dem quadratischen Stück Karton hat den größten Rauminhalt.

4. Beispiel:

Aufgabe: Aus einem rechteckigen Stück Blech mit den Seiten $l_1 = 100$ cm und $b_1 = 60$ cm soll ein allseitig geschlossener, quaderförmiger Behälter größten Inhalts hergestellt werden.

Schaubild:

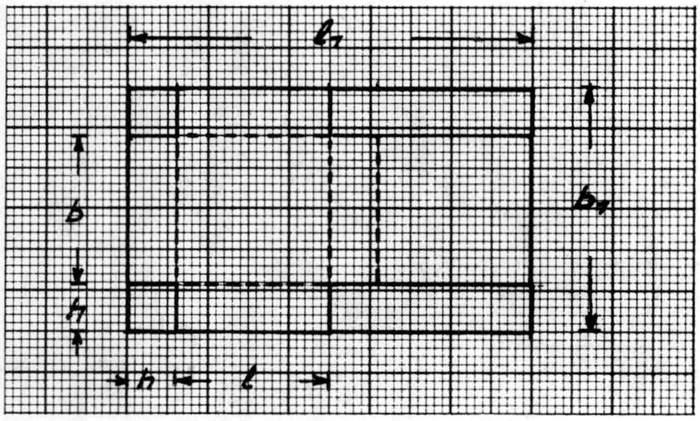

$\mathbf{V = l \cdot b \cdot h}$

Die Größe des Volumens ist eine Funktion von drei Veränderlichen. Es müssen daher zwei davon substituiert werden.

Allgemeine Lösung:

$$l = \frac{l_1}{2} - h;\ b = b_1 - 2h;\ V = \left(\frac{l_1}{2} - h\right) \cdot (b_1 - 2h) \cdot h$$

Es sei: $V = y$; $h = x$
dann ist:

$$y = \left(\frac{l_1}{2} - x\right) \cdot (b_1 - 2x) \cdot x$$

$$y = \left(\frac{l_1}{2} \cdot b_1 - \frac{l_1}{2} \cdot 2x - b_1 \cdot x + 2x^2\right) \cdot x$$

$$y = \frac{b_1 \cdot l_1}{2} \cdot x - l_1 \cdot x^2 - b_1 \cdot x^2 + 2x^3$$

$$y = 2x^3 - (l_1 + b_1)\,x^2 + \frac{l_1 \cdot b_1}{2} \cdot x$$

1. Bedingung: $y' = 0$

$$y' = 6x^2 - 2(l_1 + b_1)\,x + \frac{l_1 \cdot b_1}{2} = 0$$

$$0 = x^2 - \left(\frac{l_1 + b_1}{3}\right) x + \frac{l_1 \cdot b_1}{12}$$

$$x_{1,2} = \frac{l_1 + b_1}{6} \pm \sqrt{\left(\frac{l_1 + b_1}{6}\right)^2 - \frac{l_1 \cdot b_1}{12}}$$

$$x_{1,2} = \frac{l_1 + b_1}{6} \pm \sqrt{\frac{l_1^2}{36} + 2 \cdot \frac{l_1 \cdot b_1}{36} + \frac{b_1^2}{36} - 3 \cdot \frac{l_1 \cdot b_1}{36}}$$

$$x_{1,2} = \frac{l_1 + b_1}{6} \pm \sqrt{\frac{l_1^2}{36} + \frac{b_1^2}{36} - \frac{l_1 \cdot b_1}{36}}$$

$$\mathbf{x_1 = \frac{l_1 + b_1}{6} + \frac{1}{6}\sqrt{l_1^2 + b_1^2 - l_1 \cdot b_1}}$$

$$\mathbf{x_2 = \frac{l_1 + b_1}{6} - \frac{1}{6}\sqrt{l_1^2 + b_1^2 - l_1 \cdot b_1}}$$

2. Bedingung: $y'' < 0$; → Maximum.

$$y' = 6x^2 - 2(l_1 + b_1)x + \frac{l_1 \cdot b_1}{2}$$

$$y'' = 12x - 2(l_1 + b_1)$$

für x_1 ist:

$$y'' = -2(l_1 + b_1) + 12\,\frac{(l_1 + b_1)}{6} + \frac{12}{6}\sqrt{l_1^2 + b_1^2 - l_1 \cdot b_1}$$

$y'' = 2\sqrt{l_1^2 + b_1^2 - l_1 \cdot b_1}$; $y'' > 0$ → Minimum (unbrauchbar)

für x_2 ist:
$y'' = -2\sqrt{l_1^2 + b_1^2 - l_1 \cdot b_1}$; $y'' < 0$ → Maximum.

Das Volumen ist am größten, wenn die Höhe, also

$h = \frac{l_1 + b_1}{6} - \frac{1}{6}\sqrt{l_1^2 + b_1^2 - l_1 \cdot b_1}$ ist.

Setzt man nun die im Beispiel angegebenen Werte ein, so ergibt sich:

$$h = \frac{100 + 60}{2} - \frac{1}{6}\sqrt{100^2 + 60^2 - 100 \cdot 60} = 12{,}137 \text{ cm}$$

$$l = \frac{l_1}{2} - h; \; l = \frac{100}{2} - 12{,}137 = 37{,}863 \text{ cm}$$

$$b = b_1 - 2h; \; b = 60 - 2 \cdot 12{,}137 = 35{,}726 \text{ cm}$$

$$V = l \cdot b \cdot h; \; V = 37{,}863 \cdot 35{,}726 \cdot 12{,}137 = 16417{,}64 \text{ cm}^3 = 16{,}418 \text{ dm}^3 \text{ (l)}$$

5. Beispiel:

Aufgabe: Zwei Lampen mit den Lichtstärken $I_1 = 27$ und $I_2 = 64$ sind $a = 10$ m voneinander entfernt. Ermittle den Punkt P, der zwischen den beiden Lampen am schwächsten beleuchtet ist.

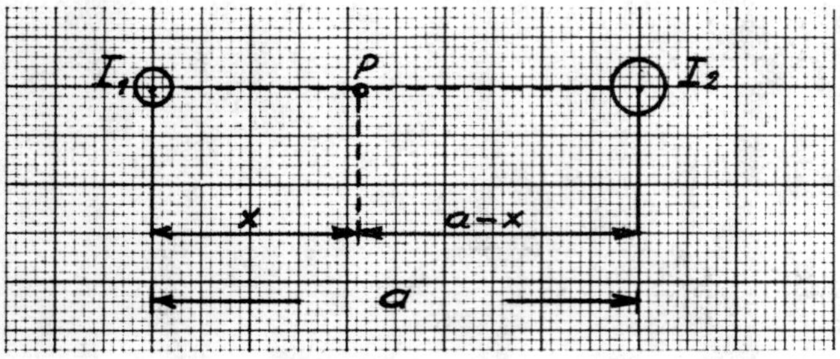

Als bekannt wird vorausgesetzt:

I. Die Beleuchtungsstärke E ist proportional der Lichtstärke I.

II. E ist umgekehrt proportional dem Quadrat der Entfernung.

Lösung:

1. y = Beleuchtungsstärke in P.
2. y ist abhängig vom Abstand des Punktes P von den Lampen I_1 und I_2.
3. Der Abstand I_1 zu P wird mit x bezeichnet.
4. Dann wird:

$$y = \frac{27}{x^2} + \frac{64}{(a - x)^2}$$

$$y = 27x^{-2} + 64(a - x)^{-2}$$

1. Bedingung: y′ = 0

$$y' = -54x^{-3} + 128(a - x)^{-3} = 0$$

$$0 = -54x^{-3} + 128(a - x)^{-3}$$

$$\frac{54}{x^3} = \frac{128}{(a - x)^3}$$

$$\frac{(a - x)^3}{x^3} = \frac{128}{54}; \quad \frac{a - x}{x} = \sqrt[3]{\frac{64}{27}};$$

$$\frac{a-x}{x} = \frac{4}{3};\ 3(a-x) = 4x$$

$$3a - 3x = 4x;\ 7x = 3a;\ \mathbf{x = \frac{3}{7} a}$$

2. Bedingung: $y'' > 0$ → Minimum

$$y'' = 162x^{-4} - 384(a-x)^{-4}$$

$$y'' = \frac{27}{x^4} - \frac{64}{(a-x)^4}$$

$$y'' = \frac{27}{\left(\frac{30}{7}\right)^4} - \frac{64}{\left(\frac{40}{7}\right)^4} > 0$$

für $x = \frac{3}{7} a$ ist $y'' > 0$ → Minimum

Ergebnis auf die Werte des Beispiels bezogen:

$$x = \frac{3}{7} \cdot 10 = \frac{30}{7} \approx 4{,}29 \text{ m}$$

Der am schwächsten beleuchtete Punkt zwischen den beiden Lampen liegt
4,29 m von Lampe I_1
5,71 m von Lampe I_2 entfernt.

6. Beispiel:

Aufgabe: Ein Flugzeug fliegt von A nach B und zurück nach C. Bei welcher Windgeschwindigkeit legt das Flugzeug den Weg A–B–C in kürzester Zeit bei 1200 km/h Eigengeschwindigkeit zurück? Windrichtung = von A nach B.

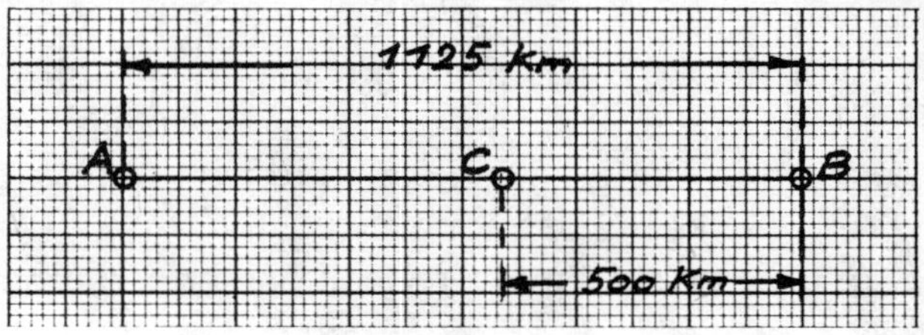

Lösung:

1. $t = \text{Zeit} = \frac{\text{Weg}}{\text{Geschwindigkeit}}$
2. $y = t_1 + t_2$ = Zeit für Strecke AB + Strecke BC
3. x = Windgeschwindigkeit

$$y = \frac{1125}{1200 + x} + \frac{500}{1200 - x}$$

$$y = 1125(x + 1200)^{-1} + 500(1200 - x)^{-1}$$

1. Bedingung: $y' = 0$

$$y' = -1125(x + 1200)^{-2} + 500(1200 - x)^{-2} = 0$$

$$0 = -\frac{1125}{(x + 1200)^2} + \frac{500}{(1200 - x)^2}$$

$$\frac{1125}{(x + 1200)^2} = \frac{500}{(1200 - x)^2}$$

$$\frac{(x + 1200)^2}{(1200 - x)^2} = \frac{1125}{500} = 2{,}25$$

$$\frac{x + 1200}{1200 - x} = \pm \sqrt{2{,}25} = \pm 1{,}5$$

1. $x + 1200 = 1{,}5(1200 - x)$
   $x + 1200 = 1800 - 1{,}5x$
   $2{,}5x = 600$; $\mathbf{x_1 = 240} \rightarrow$ Windgeschwindigkeit

2. $x + 1200 = -1{,}5(1200 - x)$
   $x + 1200 = -1800 + 1{,}5x$
   $3000 = 0{,}5x$; $\mathbf{x_2 = 6000} >$ Flugzeuggeschwindigkeit, daher nicht brauchbar

2. Bedingung: $y'' > 0$ → Minimum

$$y'' = 2250(x + 1200)^{-3} + 1000(1200 - x)^{-3}$$

für x_1 ist:

$$y'' = \frac{2250}{(240 + 1200)^3} + \frac{1000}{(1200 - 240)^3} > 0 \rightarrow \text{Minimum}$$

Flugzeit: $t = \frac{1125}{1200 + 240} + \frac{500}{1200 - 240} = 1{,}302$ Std.

Ergebnis: Bei einer Windgeschwindigkeit von 240 km/h legt das Flugzeug die Strecke A–B–C in der kürzesten Zeit = 1 Std. 18 Min. 7,5 Sek. zurück.

7. Beispiel:

Aufgabe: Ein Schiff S_1 fährt mit der Geschwindigkeit $v_1 = 50$ km/h von A nach C = 10 km.
Gleichzeitig fährt ein Schiff S_2 mit $v_2 = 30$ km/h von C nach B. Der Anfahrtswinkel von S_2 zur Strecke $\overline{AC}$ beträgt $\gamma = 30°$.
Nach welcher Zeit ist der Abstand zwischen beiden Schiffen am geringsten und wie groß ist er?

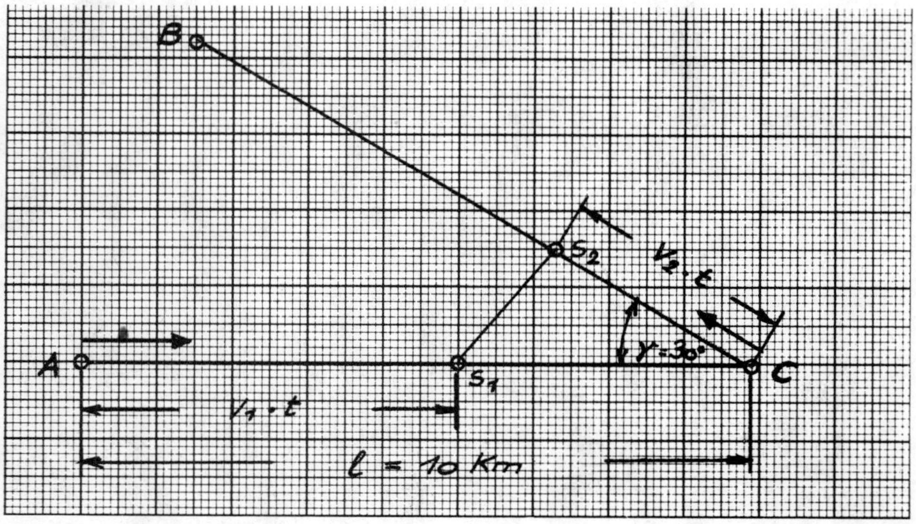

Lösung:

1. Vom Dreieck C S_1S_2 sind bekannt:
   $\overline{CS_1} = l - v_1 \cdot t$; $\overline{CS_2} = v_2 \cdot t$; $\gamma = 30°$
   Daher kann die Strecke $\overline{S_1S_2}$ mit dem Cosinussatz ermittelt werden.
2. S_1S_2 wird mit y bezeichnet und soll ein Minimum werden.
3. Statt x sei die Veränderliche t eingeführt.

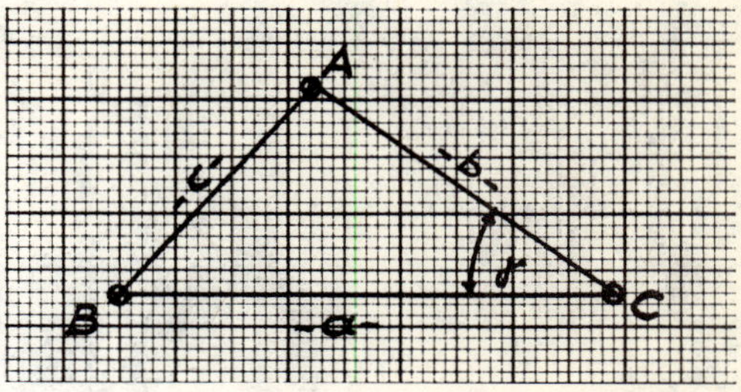

Cosinussatz:
$c^2 = a^2 + b^2 - 2ab \cdot \cos\gamma$

Also wird:
$y^2 = (l - v_1 \cdot t)^2 + (v_2 \cdot t)^2 - 2 \cdot (l - v_1 \cdot t) \cdot (v_2 \cdot t) \cdot \cos\gamma$

Man differenziert y^2, da für das Quadrat von y an gleicher Stelle ein Extrem vorliegen muß.

1. Bedingung: $y^{2\prime} = 0$

$$\frac{dy^2}{dt} = -2v_1\,(l - v_1 t) + 2v_2^2 t - 2\cos\gamma\; v_2(l - 2v_1 t) = 0$$

$$0 = -lv_1 + v_1^2 t + v_2^2 t - \cos\gamma l v_2 + 2\cos\gamma v_1 v_2 t$$
$$t(v_1^2 + v_2^2 + 2v_1v_2\cos\gamma) = lv_2\cos\gamma + lv_1$$

$$\mathbf{t = \frac{l(v_2\cos\gamma + v_1)}{v_1^2 + v_2^2 + 2v_1v_2\cos\gamma}}$$

2. Bedingung: $y^{2\prime\prime} > 0$ → Minimum

$$\frac{d^2y^2}{dt^2} = +2v_1^2 - 2v_2^2 + 4\cos\gamma v_1 v_2 > 0 \rightarrow \text{Minimum.}$$

Ergebnis mit eingesetzten Zahlen:

$v_1 = 50$ km/h; $v_2 = 30$ km/h; $l = 10$ km; $\measuredangle\, \gamma = 30°$

$$t = \frac{10\,(30 \cdot \cos 30° + 50)}{50^2 + 30^2 + 2 \cdot 50 \cdot 30 \cdot \cos 30°} = 0{,}126675 \text{ Std.}$$

Der geringste Abstand zwischen beiden Schiffen tritt nach **7 Min. 36 Sek.** ein.

$y^2 = (10 - 50t)^2 + (30 \cdot t)^2 - 2 \cdot (10 - 50t) \cdot 30t \cdot \cos 30°$
$y^2 = 3{,}7512$; $\quad y = \sqrt{3{,}7512}$; $\quad y = 1{,}93680$;

Er beträgt nach dieser Zeit: **1937 Meter.**

8. Beispiel:

Aufgabe: Der Ort A ist über B mit dem Elektrizitätswerk in C durch eine Straße verbunden. Die Ortschaft soll von diesem Werk Strom bekommen. Eine in die Erde verlegte Kabelführung ist nur entlang der Straße möglich. Die Kosten hierfür betragen 50,– DM pro m. Eine von dieser Trassenführung abweichende Überlandleitung kostet jedoch 60,– DM pro m. Von welchem Punkt der Straße muß die Leitung abzweigen, damit die Gesamtkosten so gering wie möglich werden?

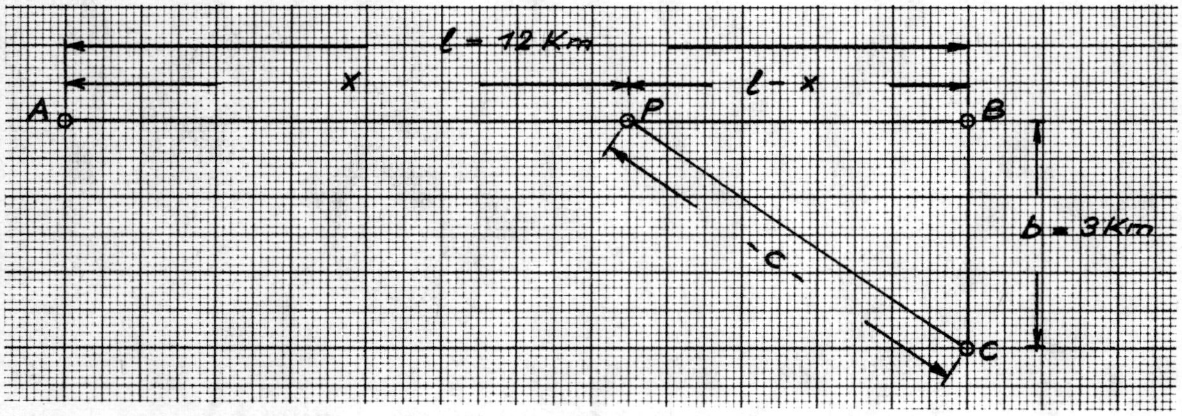

Lösung:

$K_1 = 50,–$ DM pro Meter → Strecke x.
$K_2 = 60,–$ DM pro Meter → Strecke c.
y = Gesamtkosten.
$y = K_1 \cdot x + K_2 \cdot c; \quad c = \sqrt{(l - x)^2 + b^2}$
$y = K_1 \cdot x + K_2 \cdot \sqrt{(l - x)^2 + b}$

1. Bedingung: y′ = 0.

$$y' = K_1 - \frac{K_2\,(l - x)}{\sqrt{(l - x)^2 + b^2}} \to 0$$

$$K_1 = \frac{K_2\,(l - x)}{\sqrt{(l - x)^2 + b^2}}$$

$$\begin{aligned}
K_1 \cdot \sqrt{(l - x)^2 + b^2} &= K_2(l - x)\\
K_1^2\,[(l - x)^2 + b^2] &= K_2^2(l - x)^2\\
K_1^2(l - x)^2 + K_1^2 \cdot b^2 &= K_2^2(l - x)^2\\
K_1^2 \cdot b^2 &= K_2^2(l - x)^2 - K_1^2(l - x)^2\\
K_1^2 \cdot b^2 &= K_2^2 - K_1^2(l - x)^2\\
\frac{K_1^2 \cdot b^2}{K_2^2 - K_1^2} &= (l - x)^2\\
l^2 - 2lx + x^2 &= \frac{K_1^2 \cdot b^2}{K_2^2 - K_1^2}\\
x^2 - 2lx &= \frac{K_1^2 \cdot b^2}{K_2^2 - K_1^2} - l^2
\end{aligned}$$

$$x^2 - 2lx + l^2 = \frac{K_1^2 \cdot b^2}{K_2^2 - K_1^2} - l^2 + l^2$$

$$(x - l)^2 = = \frac{K_1^2 \cdot b^2}{K_2^2 - K_1^2}$$

$$x - l = \sqrt{\frac{K_1^2 \cdot b^2}{K_2^2 - K_1^2}}$$

$$x = l \pm \sqrt{\frac{K_1^2 \cdot b^2}{K_2^2 - K_1^2}}$$

$$x_1 = l - \sqrt{\frac{K_1^2 \cdot b^2}{K_2^2 - K_1^2}}$$

$$\mathbf{x_1 = l - \frac{K_1 \cdot b}{\sqrt{K_2^2 - K_1^2}}}$$

Nur das Minuszeichen vor der Wurzel ergibt ein sinnvolles Ergebnis, da $l > x$ sein muß!

2. Bedingung: $y'' > 0$; → Minimum.

Setzt man x in die zweite Ableitung, ergibt sich ein Minimum.

Ergebnis:

Durch Einsetzen der Zahlenwerte ergeben sich die Längen der Strecken und die Kosten.

1. Strecke:

$$x = 12000 - \frac{50 \cdot 3000}{\sqrt{60^2 - 50^2}} = 7477 \text{ m}$$

$$l - x = 12000 - 7477 = 4523 \text{ m}$$

$$c = \sqrt{4523^2 + 3000^2} = 5427 \text{ m}$$

2. Gesamtkosten:

K = 7477 · 50 + 5427 · 60 = 699.470,– DM

3. Kosten bei Streckenführung entlang der Straße:

K = (12000 + 3000) · 50 = 750.000,– DM

4. Einsparung

E = 750.000,– DM – 699.470,– DM = **50.530,– DM**

9. Beispiel:

Aufgabe: Ein Auto fährt auf der Straße von A nach B mit der Geschwindigkeit v_1 = 80 km/h.
Nach C führt keine Straße. Das Auto muß daher querfeldein mit vermindertem Tempo v_2 = 40 km/h fahren.

An welchem Punkt der Straße hat das Auto abzuzweigen, damit es in kürzester Zeit den Weg $\overline{APC}$ zurücklegt?

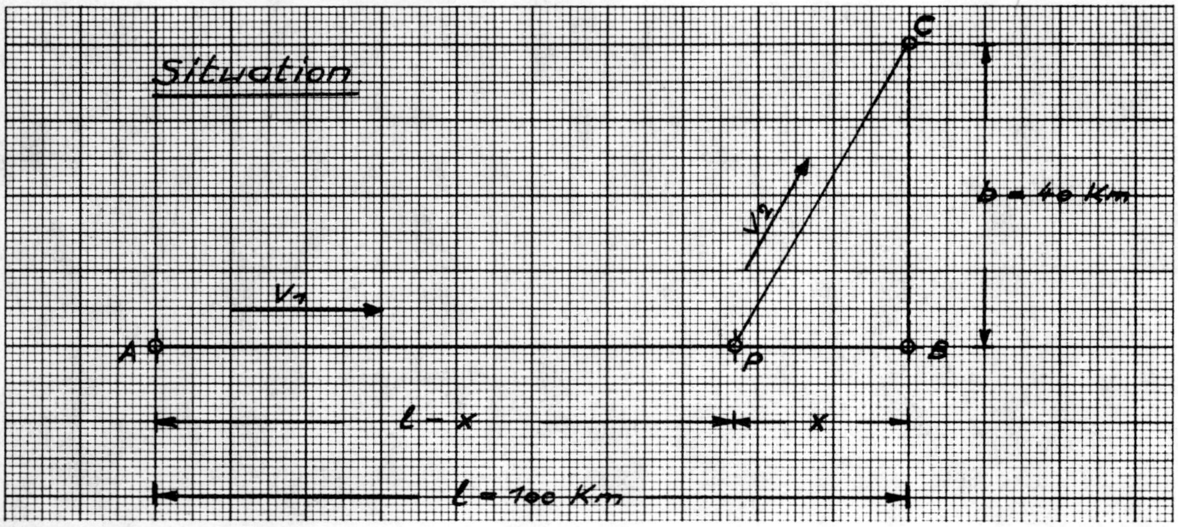

Lösung:

1. y = Gesamtzeit für Strecke $\overline{APC}$
2. x = Strecke $\overline{PB}$
3. P = Abzweigungspunkt

$$y = \frac{AP}{v_1} + \frac{PC}{v_2}$$

$$y = \frac{l - x}{v_1} + \frac{\sqrt{b^2 + x^2}}{v_2}$$

1. Bedingung: y′ = 0.

$$y' = -\frac{1}{v_1} + \frac{1}{v_2} \cdot \frac{1}{2} (b^2 + x^2)^{-\frac{1}{2}} \cdot 2x$$

$$y' = -\frac{1}{v_1} + \frac{x}{v_2\sqrt{b^2 + x^2}} \rightarrow 0$$

$$\frac{x}{v_2\sqrt{b^2 + x^2}} = \frac{1}{v_1}$$

$$v_2\sqrt{b^2 + x^2} = v_1 \cdot x$$

$$v_2^2(b^2 + x^2) = v_1^2 \cdot x^2$$

$$v_2^2 \cdot b^2 + v_2^2 \cdot x^2 = v_1^2 \cdot x^2$$

$$v_2^2 \cdot b^2 = v_1^2 \cdot x^2 - v_2^2 \cdot x^2$$

$$v_2^2 \cdot b^2 = x^2(v_1^2 - v_2^2)$$

$$x^2 = \frac{v_2^2 \cdot b^2}{v_1^2 - v_2^2}$$

$$x = \sqrt{\frac{v_2^2 \cdot b^2}{v_1^2 - v_2^2}}$$

$$\mathbf{x} = \frac{\mathbf{v_2 \cdot b}}{\sqrt{\mathbf{v_1^2 - v_2^2}}}$$

2. Bedingung: $y'' > 0$ → Minimum

$$y'' = \frac{1}{v_2} \cdot \frac{\sqrt{b^2 + x^2} - x \cdot \frac{1 \cdot 2x}{2\sqrt{b^2 + x^2}}}{b^2 + x^2}$$

$$y'' = \frac{1}{v_2} \cdot \frac{b^2}{(b^2 + x^2)^{\frac{3}{2}}}$$

$$\text{für } x = \frac{v_2 \cdot b}{\sqrt{v_1^2 - v_2^2}}$$

$$\text{ist } y'' = \frac{b^2}{v_2\left(b^2 + \frac{v_2^2 \cdot b^2}{v_1^2 - v_2^2}\right)^{\frac{3}{2}}} = \text{positiv; } > 0 \rightarrow \text{Minimum}$$

Ergebnis:

Durch Einsetzen der Zahlenwerte ergeben sich die Strecken und die kürzeste Zeit.

Strecke $\overline{AP}$:

$$l - x = 100 - \frac{40 \cdot 40}{\sqrt{80^2 - 40^2}} = 76{,}906 \text{ km}$$

Strecke $\overline{PC}$:

$$s = \sqrt{23{,}094^2 + 40^2} = 46{,}188 \text{ km}$$

Minimalzeit:

$$t_{min} = \frac{76{,}906}{80} + \frac{46{,}188}{40} = 2 \text{ Std. } 6 \text{ Min. } 58 \text{ Sek.}$$

10. Beispiel:

Gegeben: Eine quadratische, oben offene Rinne mit den Seiten a = 50 cm

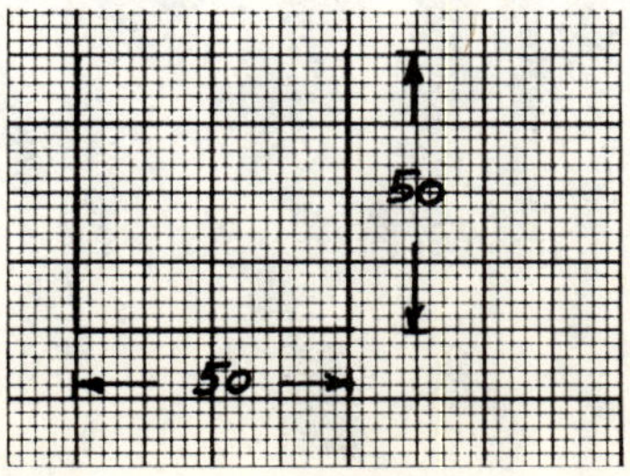

Gesucht: Wie groß muß der Neigungswinkel φ der beiden Seitenwände zur Senkrechten sein, damit die Querschnittsfläche ein Maximum wird?

Darstellung:

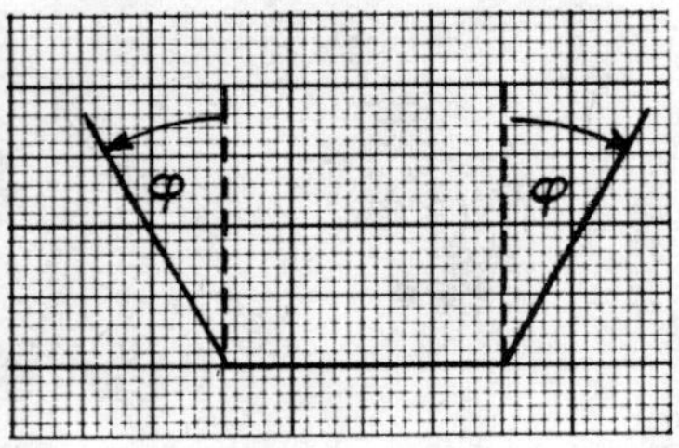

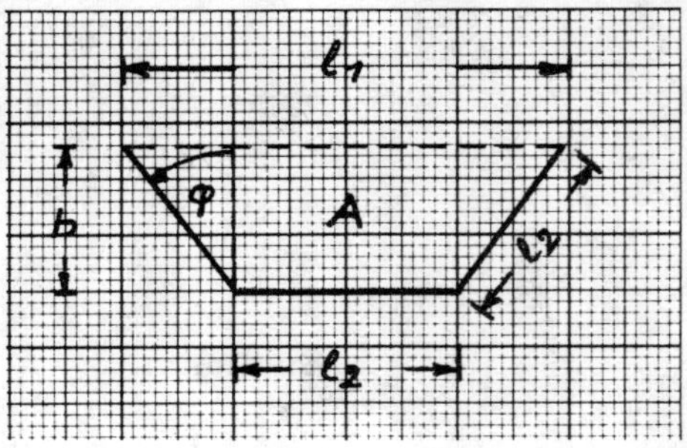

Lösung:

Der trapezförmige Querschnitt $A = \frac{l_1 + l_2}{2} \cdot b$ ist eine Funktion des Winkels φ.

$$\cos\varphi = \frac{b}{l_2}; \rightarrow b = l_2 \cdot \cos\varphi$$

$$\sin\varphi = \frac{l_1 - l_2}{2 \cdot l_2}; \rightarrow l_1$$

$$l_1 - l_2 = 2 \cdot l_2 \cdot \sin\varphi$$

$$l_1 = l_2 + 2 \cdot l_2 \cdot \sin\varphi$$

$$l_1 = l_2(1 + 2 \cdot \sin\varphi)$$

$$A = \frac{l_2(1 + 2 \cdot \sin\varphi) + l_2}{2} \cdot l_2 \cdot \cos\varphi$$

$$A = \frac{l_2^2}{2} \cdot (2 \cdot \sin\varphi \cdot \cos\varphi + 2 \cdot \cos\varphi)$$

nun ist: $2 \cdot \sin\varphi \cdot \cos\varphi = \sin(2\varphi)$

$$A = \frac{l_2^2}{2} [\sin(2\varphi) + 2 \cdot \cos\varphi]$$

Beim Differenzieren kann die Konstante $\frac{l_2^2}{2}$ vernachlässigt werden.

daher: $A_1 = \sin(2\varphi) + 2\cos\varphi$

1. Bedingung: Erste Ableitung = 0

$$\frac{dA_1}{d\varphi} = 2 \cdot \cos(2\varphi) - 2 \cdot \sin\varphi \rightarrow 0$$

es ist: $\cos(2\varphi) = 1 - 2 \cdot \sin^2\varphi$

$$0 = 2 \cdot (1 - 2 \cdot \sin^2\varphi) - 2 \cdot \sin\varphi$$

$$0 = 2 - 4 \cdot \sin^2\varphi - 2 \cdot \sin\varphi$$

$$0 = \frac{1}{2} - \sin^2\varphi - \frac{1}{2} \cdot \sin\varphi$$

Dies ergibt eine quadratische Gleichung:

$$\sin^2\varphi + \frac{1}{2} \cdot \sin\varphi = \frac{1}{2}$$

$$\left(\sin\varphi + \frac{1}{4}\right)^2 = \frac{1}{2} + \left(\frac{1}{4}\right)^2$$

$$\sin\varphi + \frac{1}{4} = \sqrt{\frac{9}{16}} = \frac{3}{4}$$

$$\sin\varphi_1 = -\frac{1}{4} + \frac{3}{4} = \mathbf{\frac{1}{2}} \rightarrow \varphi_1 = \mathbf{30^\circ}$$

$$\sin\varphi_2 = -1 \rightarrow \varphi_2 = 270^\circ \text{ entfällt!}$$

2. Bedingung: Zweite Ableitung < 0 $\rightarrow$ Maximum.

$$\frac{d^2A}{d\varphi^2} = \frac{l_2^2}{2} \cdot [-4 \cdot \sin(2\varphi) - 2 \cdot \cos\varphi]$$

$$\frac{d^2A}{d\varphi^2} = \frac{l_2^2}{2} \cdot (-4 \cdot 0{,}866 - 2 \cdot 0{,}866) < 0 \rightarrow \text{Maximum}$$

Ergebnis:

Durch Einsetzen der Zahlenwerte ergibt sich die größte Querschnittsfläche.

$$\max A = \frac{50^2}{2} \cdot [\sin 60^\circ + 2 \cdot \cos 30^\circ] = 3247{,}60 \text{ cm}^2$$

quadratische Rinne: $A = 50 \cdot 50 = \underline{2500{,}00 \text{ cm}^2}$

Mehrung $=$ **747,60 cm²**

$=$ **ca. 30 %!**

11. Beispiel:

Aufgabe:

In welchem Verhältnis müssen bei einer allseits geschlossenen, zylindrischen Blechdose Höhe und Radius stehen, damit bei größtem Volumen der geringste Materialaufwand erzielt wird?

Darstellung:

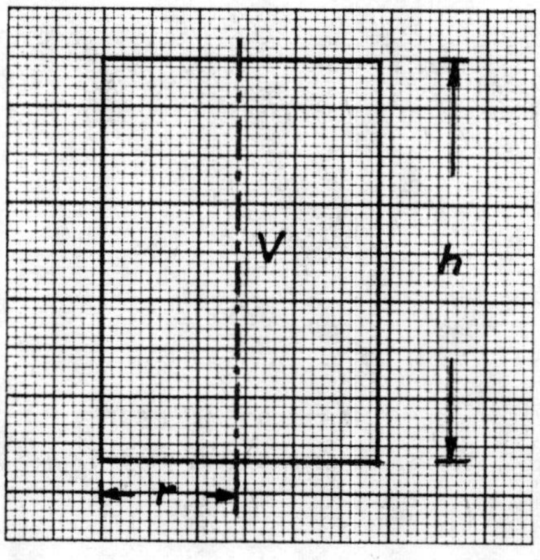

$$V = r^2 \cdot \pi \cdot h$$

$$h = \frac{V}{r^2 \cdot \pi}$$

Allgemeine Lösung:

Wenn die Oberfläche der Dose (Mantel + zwei Kreisflächen) ein Minimum wird, liegt der geringste Materialbedarf vor.

$$A = 2r^2 \cdot \pi + 2r \cdot \pi \cdot h \rightarrow h = \frac{V}{r^2 \cdot \pi}$$

$$A = 2r^2 \cdot \pi + \frac{2r \cdot \pi \cdot V}{r^2 \cdot \pi}$$

$$A = 2r^2 \cdot \pi + \frac{2 \cdot V}{r}$$

1. Bedingung: Erste Ableitung = 0

$$\frac{dA}{dr} = 4r \cdot \pi - \frac{2 \cdot V}{r^2} \rightarrow 0$$

$$0 = 4r \cdot \pi - \frac{2 \cdot V}{r^2}$$

$$r = \frac{2 \cdot V}{4r^2 \cdot \pi}; \; r = \frac{V}{2r^2 \cdot \pi}$$

$$2r = \frac{V}{r^2 \cdot \pi}$$ gleich **h!** (siehe Darstellung)

sodann ist:

$$r^3 = \frac{V}{2 \cdot \pi}; \; r = \sqrt[3]{\frac{V}{2 \cdot \pi}}$$

und $h = 2 \cdot \sqrt{\frac{V}{2 \cdot \pi}}$

h : r = 1 : 2 oder: h = d

2. Bedingung: Zweite Ableitung > 0; → Minimum

$$\frac{d^2A}{dr^2} = 4\pi + \frac{4 \cdot V}{r^3} > 0 \rightarrow \text{Minimum.}$$

Ergebnis:

Der geringste Materialbedarf liegt dann vor, wenn die Höhe der Dose gleich 2r, also gleich dem Durchmesser ist.

Spezielle Lösung:

für ein Beispiel aus der Praxis

Eine bekannte Konservenfabrik verkauft Hundefutter in zylindrischen Dosen aus Weißblech mit den Maßen h = 10,3 cm und d = 7,3 cm.

Der Inhalt wiegt 400 Gramm.

Für das Volumen:
$V = r^2 \cdot \pi \cdot h$; $V = 3{,}65^2 \cdot \pi \cdot 10{,}3 = \mathbf{431{,}1\ cm^3}$

ist die Oberfläche:
$A = 2r^2 \cdot \pi + 2r \cdot \pi \cdot h$;
$A = 2 \cdot 3{,}65^2 \cdot \pi + 2 \cdot 3{,}65 \cdot \pi \cdot 10{,}3 = \mathbf{319{,}924\ cm^2}$

Der geringste Materialaufwand wäre bei:

$$r = \sqrt[3]{\frac{V}{2 \cdot \pi}};\ r = \sqrt[3]{\frac{431{,}1}{2 \cdot \pi}} = \mathbf{4{,}094\ cm;\ d = 8{,}188\ cm}$$

und $\mathbf{h = 8{,}188\ cm}$

$\mathbf{min\,A} = 2 \cdot 4{,}094^2 \cdot \pi + 8{,}188^2 \cdot \pi = \mathbf{315{,}934\ cm^2}$

Ergebnis:

Würde man als Maße für die Konservendose h = d = 8,188 cm wählen, so könnten pro Dose ca. 4 cm^2 Blech eingespart werden (1,25 %)!

Folgerung:

Angenommen, daß von den ca. 3 Millionen Hunden in der Bundesrepublik Deutschland nur 3% das Produkt dieser Firma 1 × täglich erhalten, so ergäbe dies einen Tagesbedarf von 90.000 Dosen.

Jahresbedarf:
90.000 · 365 = 32,85 Millionen Dosen.

Einsparung an Blech:

$32{,}85 \cdot 10^6 \cdot 4 \cdot 10^{-4} = \mathbf{13140\ m^2}$
Bei einem Preis von 7 DM pro m^2 verarbeitetem Blech
beträgt die Einsparung im Jahr:

13140 · 7,0 = **91.980,– DM**

Doch recht beachtlich!

§ 31 Die Fehlerrechnung

Da die Leistungsfähigkeit unserer Sinnesorgane und der Meßinstrumente begrenzt ist, sind praktisch alle in der Naturwissenschaft und Technik durch Messung gewonnene Untersuchungsergebnisse fehlerhaft.

Wie stark die Meßgenauigkeit die Genauigkeit des Ergebnisses beeinflussen kann, wird durch die Fehlerrechnung offengelegt.

1. Beispiel:

Gegeben:

Ein Würfel hat die Kantenlänge l = 20 cm. Er wurde mit der Meßgenauigkeit von $\Delta l = \pm 0{,}1$ cm bestimmt.

Gesucht:

Wie groß ist der Meßfehler?

Lösung:

$V = l^3$; $V = 20^3 = \mathbf{8000\ cm^3}$
$l_1 = l + \Delta l$; $l_1 = 20 + 0{,}1 = 20{,}1$ cm
$l_2 = l - \Delta l$; $l_2 = 20 - 0{,}1 = 19{,}9$ cm
$\mathbf{V_1} = 20{,}1^3 = \mathbf{8120{,}601\ cm^3}$
$\mathbf{V_2} = 19{,}9^3 = \mathbf{7880{,}599\ cm^3}$

1. absoluter Fehler:

$\Delta V = V_{1,2} - V$ → absoluter Fehler
$\Delta V_1 = 8120{,}601 - 8000 = +\ 120{,}601\ cm^3$
$\Delta V_2 = 7880{,}599 - 8000 = -\ 119{,}401\ cm^3$

$$\mathbf{\Delta V} = \frac{120{,}601 + 119{,}401}{2} \approx \mathbf{120\ cm^3}$$

2. relativer Fehler:

$$\frac{\Delta V}{V} = \frac{V_{1,2} - V}{V} \rightarrow \text{relativer Fehler}$$

$$\frac{\Delta V}{V} = \frac{\pm\ 120\ cm^3}{8000\ cm^3} = \pm\ \mathbf{0{,}015}$$

3. prozentualer Fehler:

$$\frac{\Delta V}{V} \cdot 100 \rightarrow \text{prozentualer Fehler}$$

$$\frac{\Delta V}{V} \cdot 100 = \frac{\pm\ 120\ cm^3 \cdot 100}{8000\ cm^3} = \pm\ \mathbf{1{,}5\%}$$

Erkenntnis:

Während der absolute Fehler meist keine echte Beurteilungsmöglichkeit erlaubt, gibt der Wert des relativen Fehlers ein besseres Bild von der Tragweite der Genauigkeit, welche als prozentualer Fehler im Prozentsatz ausgedrückt wird.

4. allgemeine Untersuchung

$V = l^3$
$V + \Delta V = (l + \Delta l)^3$
$V + \Delta V = l^3 + 3l^2\Delta l + 3l(\Delta l)^2 + (\Delta l)^3$
Die Größe $3l(\Delta l)^2 + (\Delta l)^3$ kann entfallen, wenn der Fehler ΔV im Verhältnis zu V sehr klein ist, da dort der Fehler in der zweiten und dritten Potenz auftritt.

Daher:
$V + \Delta V = V + 3 \cdot l^2 \cdot \Delta l$
$\Delta V = 3 \cdot l^2 \cdot \Delta l$
$\Delta V = 3 \cdot 20^2 \cdot 0{,}1 = \mathbf{120}$

Die Untersuchung führt zum gleichen Ergebnis!

2. Beispiel:

Gegeben:

Funktion $y = f(x)$, deren Veränderliche x (Meßwert) sich um den Meßfehler Δx ändert.

Gesucht:

Absoluter, relativer und prozentualer Fehler.

Darstellung:

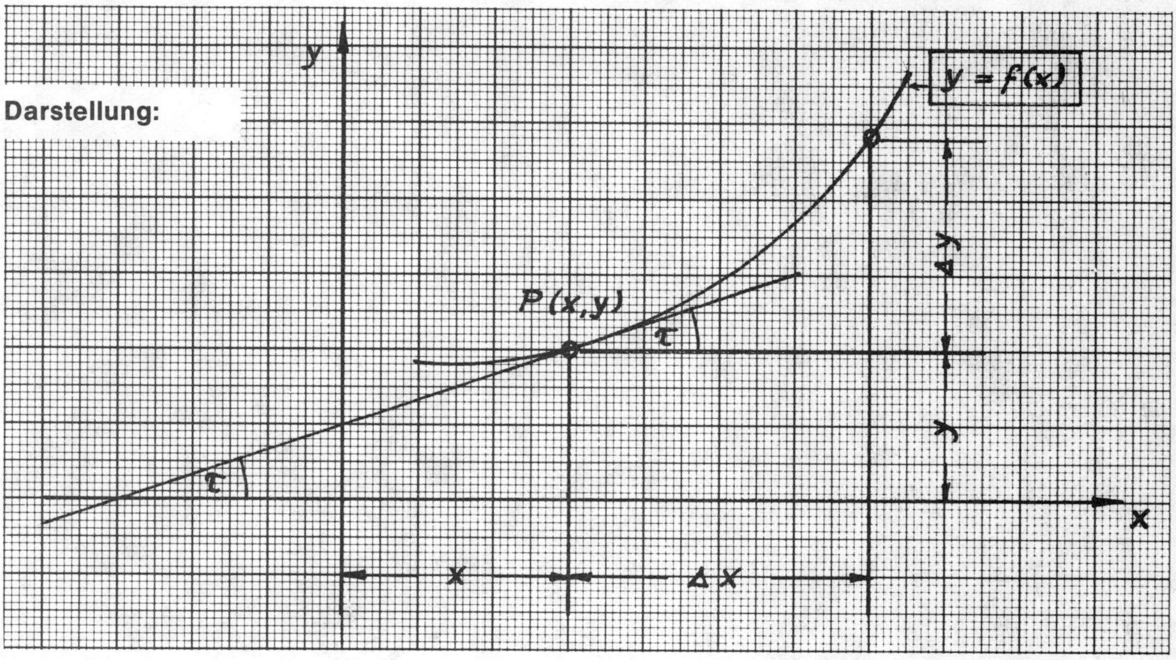

Lösung:

$$
\begin{aligned}
y &= f(x)\\
y + \Delta y &= f(x + \Delta x)\\
\Delta y &= f(x + \Delta x) - y\\
\Delta y &= f(x + \Delta x) - f(x)\\
\frac{\Delta y}{\Delta x} &= \frac{f(x + \Delta x) - f(x)}{\Delta x}
\end{aligned}
$$

$$\frac{\Delta y}{\Delta x} = y' = f'(x)$$

$$\Delta y = f'(x) \cdot \Delta x \rightarrow \text{absoluter Fehler}$$

$$\frac{\Delta y}{y} = \frac{f'(x)}{f(x)} \cdot \Delta x \rightarrow \text{relativer Fehler}$$

$$\frac{\Delta y \cdot 100}{y} = \frac{f'(x)}{f(x)} \cdot 100 \cdot \Delta x \rightarrow \text{prozentualer Fehler}$$

Kontrolle durch Einsetzen der Werte aus Beispiel 1

Es war:

$V \; = l^3; \qquad \triangleq y = f(x^3)$

$l \; = 20\ \text{cm}; \triangleq x = 20\ \text{cm}$

$\Delta l \; = \pm 0{,}1\ \text{cm}; \triangleq \Delta x = \pm 0{,}1\ \text{cm}$

$\Delta y = f'(x) \cdot \Delta x$

$\Delta y = 3x^2 \cdot \Delta x$

$\Delta y = 3 \cdot 20^2 \cdot (\pm 0{,}1)$

$\Delta y = \pm \mathbf{120\ cm^3}$

$$\frac{\Delta y}{y} = \frac{3x^2 \cdot \Delta x}{x^3}$$

$$\frac{\Delta y}{y} = \frac{3 \cdot \Delta x}{x}$$

$$\frac{\Delta y}{y} = \frac{3 \cdot (\pm 0{,}1)}{20}$$

$$\frac{\Delta y}{y} = \pm \mathbf{0{,}015} \quad \text{entspricht } \mathbf{1{,}5\%}$$

Beachte:

1. absoluter Fehler:

$y = f(x) \rightarrow \Delta y = f'(x) \cdot \Delta x$

2. relativer Fehler:

$$y = f(x) \rightarrow \frac{\Delta y}{y} = \frac{f'(x)}{f(x)} \cdot \Delta x$$

3. prozentualer Fehler:

$$y = f(x) \rightarrow \frac{\Delta y \cdot 100}{y} = \frac{f'(x) \cdot \Delta x \cdot 100}{f(x)}$$

3. Beispiel:

Aufgabe:

Man schätze den Wert $\sqrt{20}$ und kontrolliere durch Probe. Die Korrektur erfolge mittels Fehlerrechnung.

Lösung:

a) allgemein

$y \; = \sqrt{x}$

$$\Delta y = f'(x) \cdot \Delta x \rightarrow f'(x) = \frac{1}{2 \cdot \sqrt{x}}$$

$$\Delta y = \frac{\Delta x}{2 \cdot \sqrt{x}}$$

b) mit Zahlen

$y \;= \sqrt{20} \approx 4{,}5 \;\rightarrow 4{,}5^2 = 20{,}25$

$y \;\approx 4{,}5 \;\rightarrow x = 20{,}25 \;\rightarrow \Delta x = 0{,}25$

$$\Delta y = \frac{\Delta x}{2 \cdot \sqrt{x}}$$

$$\Delta y = \frac{0{,}25}{2 \cdot 4{,}5}$$

$\Delta y = \mathbf{0{,}0277\ldots}$

$y \;- \Delta y = 4{,}5 - 0{,}0277 = 4{,}4723 \approx \sqrt{20}$

$\sqrt{20} = 4{,}4721\ldots \;\rightarrow$ genaues Ergebnis.

Setzt man den Fehler in die allgemeine Lösung ein, so ergibt das Resultat $y + \Delta y$ eine gute Annäherung an das exakte Ergebnis.

Dieser Wert läßt sich noch weiter annähern, indem man das Verfahren wiederholt.

4. Beispiel:

Gegeben:

Der Durchmesser eines Kreises wurde mit 80 mm, bei einer Genauigkeit von $\pm$ 0,5 mm gemessen.

Gesucht:

Absoluter, relativer und prozentualer Fehler der Flächenberechnung.

Lösung:

$A \;= f(d)$

$$A = \frac{d^2 \cdot \pi}{4}$$

$$A = \frac{80^2 \cdot \pi}{4}$$

$A \;= \mathbf{5026{,}548\ mm^2} \rightarrow$ **genaues Ergebnis**

$$\Delta A = f'(d) \cdot \Delta d \;\rightarrow f(d) = \frac{d^2 \cdot \pi}{4}$$

$$\Delta A = \frac{2d \cdot \pi}{4} \cdot \Delta d$$

mit den Werten des Beispiels:

$$\Delta A = \frac{2 \cdot 80 \cdot \pi}{4} \cdot 0{,}5 = \pm \mathbf{62{,}832\ mm^2} \;\rightarrow \textbf{absoluter Fehler}$$

$$\frac{\Delta A}{A} = \frac{\pm 62{,}832}{5026{,}548} = \pm \mathbf{0{,}0125} \;\rightarrow \textbf{relativer Fehler}$$

entspricht: $\pm 1{,}25\%$ $\rightarrow$ **prozentualer Fehler**

$\mathbf{A \;\approx 5026{,}548\ mm^2 \pm 62{,}832\ mm^2}$

5. Beispiel:

Gegeben:

Ergebnis einer elektrischen Leistungsmessung

Stromspannung: $U = 220$ Volt; $\Delta U = \pm 0{,}5$ V
Stromstärke: $I = 25$ Ampere; $\Delta I = \pm 0{,}75$ A

Gesucht:

Leistung in Watt; $P = U \cdot I$
und maximaler Fehler.

Lösung:

a) allgemein

$$y = u \cdot v \rightarrow P = U \cdot I$$
$$y + \Delta y = (u + \Delta u) \cdot (v + \Delta v)$$
$$\Delta y = u \cdot v + u \cdot \Delta v + \Delta u \cdot v + \Delta u \cdot \Delta v - y$$

wobei: $u \cdot v = y$ und $\Delta u \cdot \Delta v \approx 0$

$$\Delta y = u \cdot \Delta v + v \cdot \Delta u \rightarrow \textbf{absoluter Fehler}$$

$$\frac{\Delta y}{y} = \frac{u \cdot \Delta v + v \cdot \Delta u}{u \cdot v}$$

$$\frac{\Delta y}{y} = \frac{u \cdot \Delta v}{u \cdot v} + \frac{v \cdot \Delta u}{u \cdot v}$$

$$\frac{\Delta y}{y} = \frac{\Delta v}{v} + \frac{\Delta u}{u} \rightarrow \textbf{relativer Fehler}$$

Merke:

Bei einem Produkt ist jeder Faktor mit einem Fehler behaftet, daher

$y + \Delta y$; $u + \Delta u$; $v + \Delta v$.

Mit den Werten des Beispiels:

$P = U \cdot I$; $P = 220\ \text{V} \cdot 25\ \text{A} = \mathbf{5500\ W}$
$\Delta U = \pm 0{,}5$ V;
$\Delta I = \pm 0{,}75$ A;
$\Delta P = U \cdot \Delta I + I \cdot \Delta U$;
$\Delta P = 220\ \text{V} \cdot 0{,}75\ \text{A} + 25\ \text{A} \cdot 0{,}5\ \text{V}$;
$\Delta P = 177{,}5$ W; → **absoluter Fehler**
P = 5500 W ± 177,5 W.

$$\frac{\Delta P}{P} = \frac{\Delta U}{U} + \frac{\Delta I}{I};$$

$$\frac{\Delta P}{P} = \frac{0{,}5}{220} + \frac{0{,}75}{25} \approx \mathbf{0{,}0323} \rightarrow \textbf{relativer Fehler}$$

entspricht ≈ **3,23 % → prozentualer Fehler**

Kontrolle:

$$
\begin{aligned}
U_{max} &= 220 + 0{,}5; \; I_{max} = 25 + 0{,}75 \\
&= 220{,}5 \text{ V} \qquad\quad = 25{,}75 \text{ A} \\
P_{max} &= 220{,}5 \text{ V} \cdot 25{,}75 \text{ A} \\
&= 5677{,}875 \text{ W} \\
&= \mathbf{5500 + 177{,}875 \ W}
\end{aligned}
$$

Der Vergleich von P_{max} mit dem absoluten Fehler zeigt eine gute Übereinstimmung.

Kontrolle:

$$\frac{\Delta P}{P} = \frac{177{,}875}{5500} = 0{,}0323 \triangleq \mathbf{3{,}23\%} \text{ Übereinstimmung!}$$

Beachte:

Der relative Fehler eines Produkts ist ungefähr gleich der Summe der relativen Fehler der Faktoren.

$$y = u \cdot v \rightarrow \frac{\Delta y}{y} = \frac{\Delta u}{u} + \frac{\Delta v}{v}$$

$$y = u \cdot v \cdot w \rightarrow \frac{\Delta y}{y} = \frac{\Delta u}{u} + \frac{\Delta v}{v} + \frac{\Delta w}{w}$$

6. Beispiel:

Gegeben:

Ein Rekordläufer legt die Strecke von 400 m in 44,4 Sekunden zurück.
Streckengenauigkeit (gemessen) = ±0,1 m
Zeitgenauigkeit (handgestoppt) = ±0,1 Sek.

Gesucht:

Geschwindigkeit und maximaler Fehler.

Lösung:

$$y = \frac{u}{v} \rightarrow V = \frac{s}{t}$$

$$y + \Delta y = \frac{u + \Delta u}{v + \Delta v}$$

$$\Delta y = \frac{u + \Delta u}{v + \Delta v} - y$$

$$\Delta y = \frac{u + \Delta u}{v + \Delta v} - \frac{u}{v}$$

$$\Delta y = \frac{v \cdot (u + \Delta u)}{v \cdot (v + \Delta v)} - \frac{u \cdot (v + \Delta v)}{v \cdot (v + \Delta v)}$$

$$\Delta y = \frac{v \cdot (u + \Delta u) - u \cdot (v + \Delta v)}{v \cdot (v + \Delta v)}$$

$$\Delta y = \frac{v \cdot u + v \cdot \Delta u - u \cdot v - u \cdot \Delta v}{v \cdot (v + \Delta v)}$$

$$\Delta y = \frac{v \cdot \Delta u - u \cdot \Delta v}{v \cdot (v + \Delta v)}$$

Da Δv relativ klein ist, kann man für den Nenner als gute Annäherung v^2 schreiben:

$$\Delta y = \frac{v \cdot \Delta u - u \cdot \Delta v}{v^2} \rightarrow \textbf{absoluter Fehler}$$

Der relative Fehler ergibt sich als Quotient $\frac{\Delta y}{y}$

$$\frac{\Delta y}{y} = \frac{v \cdot \Delta u - u \cdot \Delta v}{v^2} \cdot \frac{v}{u}$$

$$\frac{\Delta y}{y} = \frac{v^2 \cdot \Delta u - v \cdot u \cdot \Delta v}{v^2 \cdot u}$$

$$\frac{\Delta y}{y} = \frac{\Delta u \cdot v^2}{u \cdot v^2} - \frac{u \cdot v \cdot \Delta v}{u \cdot v^2}$$

$$\frac{\Delta y}{y} = \frac{\Delta u}{u} - \frac{\Delta v}{v} \rightarrow \textbf{relativer Fehler}$$

Mit den Werten des Beispiels:

$$V = \frac{S}{t}$$

$$V = \frac{400 \text{ m}}{44{,}4 \text{ Sek.}} \qquad \mathbf{V = 9{,}009\ m/Sek.}$$

Der ungünstigste Fall tritt dann ein, wenn S zu groß = (+ ΔS) und t zu klein = (– Δt) gemessen wurde.

Man setzt ein:

$\Delta S = +\,0{,}1$ m; $\Delta t = -\,0{,}1$ Sek.

$$\frac{\Delta V}{V} = \frac{\Delta S}{S} - \frac{\Delta t}{t}$$

$$= \frac{0{,}1}{400} - \frac{-0{,}1}{44{,}4}$$

$$\frac{\Delta V}{V} = \frac{1}{4000} + \frac{1}{444} = 0{,}0025 \triangleq 0{,}25\%$$

Der absolute Fehler beträgt daher 0,25% von 9,009 m/Sek. = **0,0225 m/Sek.**

V_{max} = 9,009 + 0,0225 = 9,0315 m/Sek.
V_{min} = 9,009 – 0,0225 = 8,9845 m/Sek.
V_{mittel} = 9,008 m/Sek.

12. Kapitel

Lösung von Gleichungen höheren Grades durch Näherungsverfahren

§ 32 Sehnenverfahren – „Regula falsi“

Voraussetzung: Nur die Stetigkeit von f und nicht die Differenzierbarkeit.

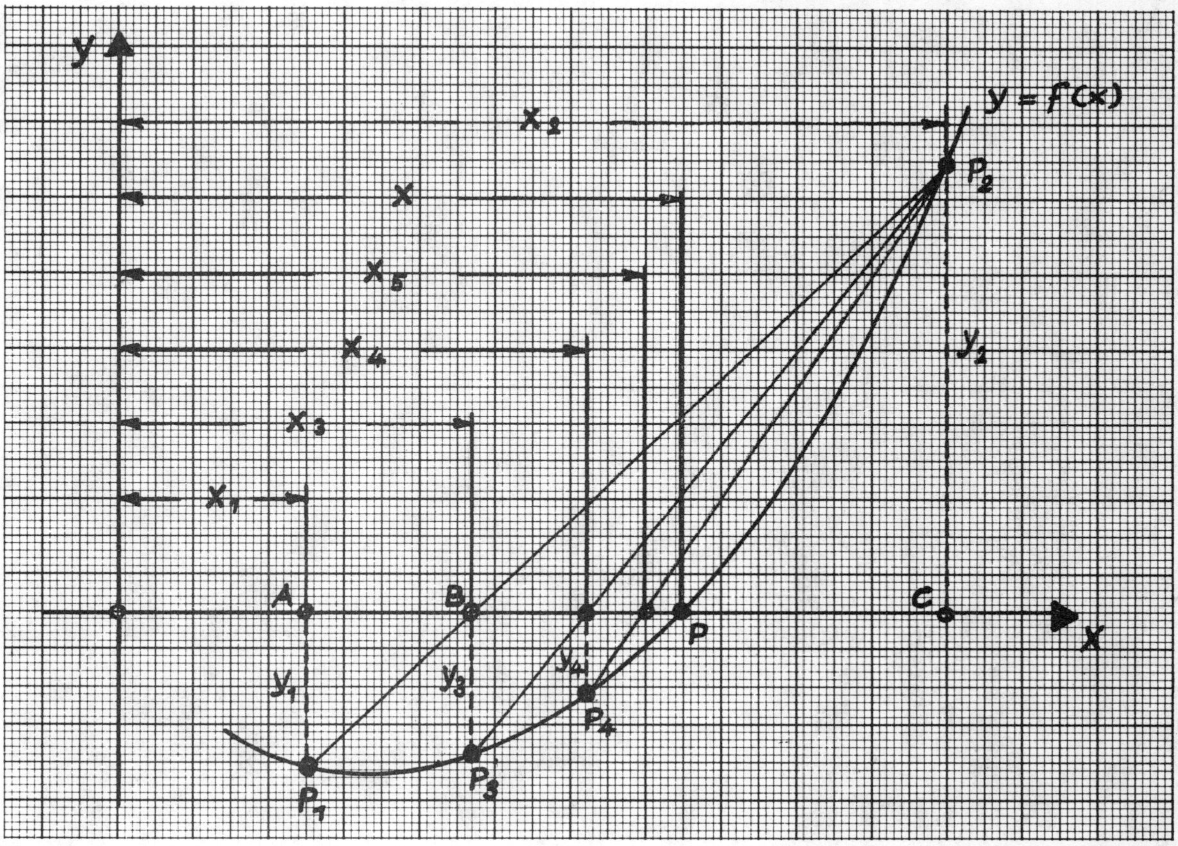

Erläuterung:

Zur Feststellung des Schnittpunktes eines Graphen der stetigen Funktion f mit der x-Achse bildet man eine Wertetafel. Aus ihr entnimmt man zwei Punkte $P_1(x_1/y_1)$ und $P_2(x_2/y_2)$, welche nahe an der x-Achse liegen. Dabei ist zu beachten, daß die Werte y_1 und y_2 verschiedene Vorzeichen haben.

Der gesuchte Wert x muß dann dazwischen liegen.

Aus den beiden ähnlichen Dreiecken $A P_1 B$ und $B C P_2$ errechnet sich der Näherungswert x.

Lösung:

$$\begin{aligned} y_2 : -y_1 &= (x_2 - x_3) : (x_3 - x_1) \\ y_2 \cdot (x_3 - x_1) &= - y_1 \cdot (x_2 - x_3) \\ y_2 \cdot x_3 - y_2 \cdot x_1 &= y_1 \cdot x_3 - y_1 \cdot x_2 \\ y_2 \cdot x_3 - y_1 \cdot x_3 &= y_2 \cdot x_1 - y_1 \cdot x_2 \\ x_3 \cdot (y_2 - y_1) &= x_1 \cdot y_2 - x_2 \cdot y_1 \\ x_3 &= \frac{x_1 \cdot y_2 - x_2 \cdot y_1}{y_2 - y_1} \end{aligned}$$

Eine gebräuchliche Form erhält man, wenn im Zähler ohne Veränderung des Wertes $x_2 \cdot y_2$ subtrahiert und anschließend wieder addiert wird.

$$x_3 = \frac{x_1 \cdot y_2 - x_2 \cdot y_1 + x_2 \cdot y_2 - x_2 \cdot y_2}{y_2 - y_1}$$

$$x_3 = \frac{x_1 \cdot y_2 - x_2 \cdot y_2 + x_2 \cdot y_2 - x_2 \cdot y_1}{y_2 - y_1}$$

$$x_3 = \frac{- y_2(x_2 - x_1) + x_2(y_2 - y_1)}{y_2 - y_1}$$

$$x_3 = \frac{- y_2(x_2 - x_1)}{y_2 - y_1} + \frac{x_2(y_2 - y_1)}{y_2 - y_1}$$

Durch Kürzen erhält man:

$$x_3 = \frac{- y_2(x_2 - x_1)}{y_2 - y_1} + x_2$$

oder:

$x_3 = x_2 - \frac{x_2 - x_1}{y_2 - y_1} \cdot y_2 \rightarrow$ **Regula falsi.**

Wiederholt man das Verfahren, indem man aus dem gewonnenen Wert x_3 nun x_4, x_5, ... berechnet, so nähert man sich immer mehr der exakten Lösung x.

$$\mathbf{x_4 = x_3 - \frac{x_3 - x_2}{y_3 - y_2} \cdot y_3}$$

Beispiel:

Gegeben: Gleichung $x^3 - x = - 1{,}5$

Gesucht: Wertetabelle und Lösung mittels „Regula falsi".

Lösung:

Man wandelt die Gleichung in eine Funktion um.

$$\begin{aligned} x^3 - x &= - 1{,}5 \\ x^3 - x + 1{,}5 &= 0 \\ y &= x^3 - x + 1{,}5 \end{aligned}$$

Wertetabelle:

x	0	1	1,5	−1	−2	**−1,5**	**−1,4**
y	+1,5	+1,5	+3,375	+1,5	−4,5	**−0,375**	**+0,156**

Die Tabelle zeigt, daß für x = −1,5 ein negativer und für x = −1,4 ein positiver y-Wert vorliegt. Die gesuchte Nullstelle und damit die Lösung, liegt daher zwischen den beiden Werten.

P_2 (−1,5/−0,375)

$$x_3 = x_2 - \frac{x_2 - x_1}{y_2 - y_1} \cdot y^2$$

$$x_3 = -1{,}5 - \frac{-1{,}5 - x_1}{-0{,}375 - y_1} \cdot (-0{,}375)$$

$$x_3 = -1{,}5 + 0{,}375 \cdot \frac{1{,}5 + x_1}{0{,}375 + y_1}$$

P_1 (−1,4/ + 0,156)

$$x_3 = -1{,}5 + 0{,}375 \cdot \frac{1{,}5 - 1{,}4}{0{,}375 + 0{,}156}$$

$$x_3 = -1{,}429$$

P_3 (−1,429/ + 0,009)

$$x_4 = -1{,}5 + 0{,}375 \cdot \frac{1{,}5 - 1{,}429}{0{,}375 + 0{,}009}$$

$$x_4 = -1{,}4307$$

Probe:

$f(x_4) = -1{,}4307^3 + 1{,}4307 + 1{,}5 = 0{,}002 \approx 0.$

Die **Lösung der Gleichung:** $\mathbf{x_0 \approx 1{,}431}$

Die Probe zeigt, daß sich mit x_4 der Funktionswert von f der Zahl Null bis auf 0,002 genähert hat.

§ 33 Tangentenverfahren – Newtonsches Verfahren

Vorbemerkung:

Anders als beim Sehnenverfahren muß beim Tangentenverfahren die Funktion differenzierbar sein.

Angenommen, der Graph der Funktion f verläuft wie in nachstehender Zeichnung und der Schnittpunkt P mit der x-Achse sei zu bestimmen.

Ausgangspunkt ist ein möglichst nahe an der x-Achse liegender Punkt $P_1(x_1/y_1)$. Die Tangente im Punkt P_1 schneidet die x-Achse in B und ergibt die Näherungslösung x_2.

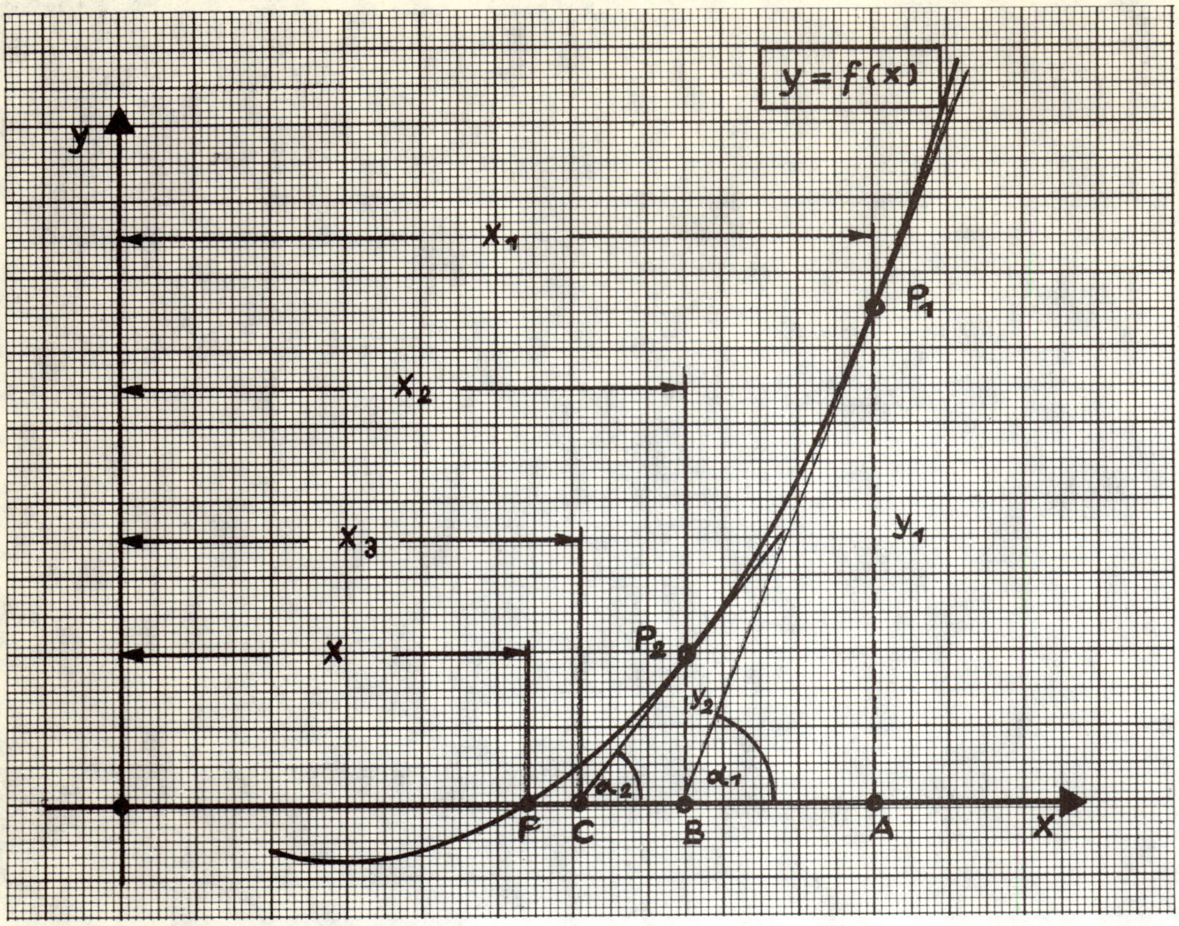

Lösung:

Die Bestimmung der Steigung des Winkels α_1 aus dem Dreieck $B A P_1$ ergibt die Größe x_2

$$\tan \alpha_1 = \frac{y_1}{x_1 - x_2}$$

für $\tan \alpha_1$ kann die erste Ableitung eingesetzt werden.

$$\tan \alpha_1 = \frac{f(x_1)}{x_1 - x_2}$$

$$\tan \alpha_1 = f'(x_1)$$

Umstellung der Gleichung

$$x_1 - x_2 = \frac{f(x_1)}{f'(x_1)}$$

$$\mathbf{x_2} = \mathbf{x_1} - \frac{\mathbf{f(x_1)}}{\mathbf{f'(x_1)}}$$ → **Verfahren nach Newton**

Die Bestimmung der Steigung des Winkels α_2 aus dem Dreieck $C B P_2$ ergibt die Größe x_3.

$$\tan \alpha_2 = \frac{f(x_2)}{x_2 - x_3}$$

$\tan \alpha_2 = f'(x_2)$

$$x_2 - x_3 = \frac{f(x_2)}{f'(x_2)}$$

$$x_3 = x_2 - \frac{f(x_2)}{f'(x_2)}$$

Weitere Annäherung durch Wiederholung.

Das Newtonsche Verfahren führt meist schneller zum Ziel als die Regula falsi.

1. Beispiel:

Aufgabe: Wende das Verfahren von Newton auf das nach der Regula falsi gelöste Beispiel an.

Lösung:

$$0 = x^3 - x + 1{,}5$$
$$y = x^3 - x + 1{,}5$$
$$y' = 3x^2 - 1$$
für $x_1 = -1{,}4 \rightarrow y_1 = +0{,}156 = f(x)$
$$y'_1 = 3 \cdot (-1{,}4)^2 - 1 = +4{,}88 = f'(x)$$
$$x_2 = x_1 - \frac{y_1}{y'_1}$$
$$x_2 = -1{,}4 - \frac{0{,}156}{4{,}88}$$
$$\mathbf{x_2 = -1{,}43197}$$

Der Punkt $P_1(-1{,}4/0{,}156)$, nahe der x-Achse gelegen, wird in die Näherungsgleichung eingesetzt.

Probe: $y = -1{,}43197^3 + 1{,}43197 + 1{,}5 = -0{,}0043$

Weitere Annäherung:

für $x_2 = -1{,}43197 \rightarrow y_2 = -0{,}0043$
$$y'_2 = 3 \cdot (-1{,}43197)^2 - 1 = 5{,}1516$$
$$x_3 = x_2 - \frac{y_2}{y'_2}$$
$$x_3 = -1{,}43197 - \frac{(-0{,}0043)}{5{,}1516}$$
$$\mathbf{x_3 = -1{,}43114}$$

Probe:

$y = -1{,}43114^3 + 1{,}43114 + 1{,}5$

$\mathbf{y = 0{,}000042 \approx 0}$

Die Probe zeigt ein noch viel besseres Ergebnis als das im vorangegangenen Beispiel.

2. Beispiel:

Aufgabe: Löse die Gleichung $0 = x^4 - 2x^3 - x^2$ mit Hilfe des Näherungsverfahrens von Newton.

Lösung:

$$0 = x^4 - 2x^3 - x^2$$
$$y = x^4 - 2x^3 - x^2$$
$$y' = 4x^3 - 6x^2 - 2x$$

1. Wertetafel:

x	0	0,1	0,2	0,3	0,4	0,5	1,0	1,5	**2,0**	**2,5**	3,0
y	0	−0,012	−0,054	−0,136	−0,262	−0,438	−2,0	−3,938	**−4,0**	**+1,563**	+18,0

2. Wertetafel:

x	0	−0,1	−0,2	−0,3	**−0,4**	**−0,5**	−1,0	−1,5	−2,0	−2,5	−3,0
y	0	−0,008	−0,022	−0,028	**−0,006**	**+0,063**	+2,0	+9,563	+28,0	+64,06	+126

Aus den Wertetafeln lassen sich zwei reelle Lösungen erkennen. Sie liegen:

1. zwischen $x = 2{,}0$ und $x = 2{,}5$
2. zwischen $x = -0{,}4$ und $x = -0{,}5$

für

$$x_1 = 2{,}5 \rightarrow y_1 = 1{,}563 = f(x)$$
$$y'_1 = 4 \cdot 2{,}5^3 - 6 \cdot 2{,}5^2 - 2 \cdot 2{,}5 = 20 = f'(x)$$
$$x_2 = x_1 - \frac{y_1}{y'_1}$$
$$x_2 = 2{,}5 - \frac{1{,}563}{20}$$
$$\mathbf{x_2 = 2{,}42185}$$

Probe:

$$y_2 = 2{,}42185^4 - 2 \cdot 2{,}42185^3 - 2{,}42185^2$$
$$y_2 = 0{,}127029 > 0$$

daher eine weitere Annäherung:

für

$$x_2 = 2{,}42185 \rightarrow y_2 = 0{,}127029$$
$$y'_2 = 4 \cdot 2{,}42185^3 - 6 \cdot 2{,}42185^2 - 2 \cdot 2{,}42185$$
$$y'_2 = 16{,}784219$$
$$x_3 = x_2 - \frac{y_2}{y'_2}$$
$$x_3 = 2{,}42185 - \frac{0{,}127029}{16{,}784219}$$
$$\mathbf{x_3 = 2{,}41428}$$

Probe:

$y_3 = 2{,}41428^4 - 2 \cdot 2{,}41428^3 - 2{,}41428^2$
$\mathbf{y_3 = 0{,}0011 \approx 0}$

für
$x_4 = -0{,}40; \rightarrow y_4 = -0{,}006$
$y'_4 = 4 \cdot (-0{,}4)^3 - 6 \cdot (-0{,}4)^2 - 2 \cdot (-0{,}4)$
$y'_4 = -0{,}416$

$$x_5 = x_4 - \frac{y_4}{y'_4}$$

$$\mathbf{x_5} = -0{,}40 - \frac{(-0{,}006)}{(-0{,}416)} = \mathbf{-0{,}414423}$$

Probe:

$\mathbf{y_5} = -0{,}414423^4 - 2 \cdot (-0{,}414423)^3 - (-414423)^2 = \mathbf{0{,}0001 \approx 0}$

Beide Werte, $x_3 = 2{,}41428$ sowie $x_5 = -0{,}414423$ bringen eine gute Annäherung an die Lösung der Gleichung: $0 = x^4 - 2x^3 - x^2$.

INTEGRALRECHNUNG

1. Kapitel

Einführung in die Integralrechnung

§ 1 Grundaufgabe und Grundbegriffe der Integralrechnung

Allgemeines:

Die Integralrechnung ist im mathematischen Sinne die Umkehrung der Differentialrechnung.

War die Grundaufgabe bei der Differentialrechnung die Berechnung der Steigung von Funktionen, so ist die der Integralrechnung die Berechnung von Flächen, die durch Kurven, sowie von Körpern und Räumen, die durch Flächen umschrieben werden.

Grundbegriffe:

a) Durch die Differentiation erhält man aus der Stammfunktion $y = f(x)$ die Ableitungsfunktion $y' = f'(x)$.

Beispiel:

1. $y = f(x) \rightarrow y' = \frac{dy}{dx} = f'(x)$

2. $y = x^5 \rightarrow y' = \frac{dy}{dx} = 5 \cdot x^{5-1} = \mathbf{5x^4}$

b) Durch die Integration erhält man infolge Umkehrung aus der Ableitungsfunktion $y' = f'(x)$ die Stammfunktion $y = f(x)$.

Beispiel:

1. $y' = \frac{dy}{dx} = f'(x) \qquad \rightarrow y = f(x)$

2. $y' = \frac{dy}{dx} = 5x^4 \qquad \rightarrow y = \frac{5x^{4+1}}{4+1} = \mathbf{x^5}$

§ 2 Die Methode der Integration

Da die Integration die Umkehrung der Differentiation ist, steht jeder Regel der Differentialrechnung eine entsprechende Regel der Integralrechnung gegenüber.

Grundsatz:

a) Bei der **Differentiation** einer Potenzfunktion **vermindert** man den Exponenten um 1, wobei das Ergebnis mit dem **alten** Exponenten **multipliziert** wird.

b) Bei der **Integration** einer Potenzfunktion **vermehrt** man den Exponenten um 1, wobei das Ergebnis durch den **neuen** Exponenten **dividiert** wird.

Beispiel:

Differentiation:

$$y = x^n; \ \frac{dy}{dx} = y' = \mathbf{n} \cdot \mathbf{x}^{n-1}$$

Integration:

$$\int x^n \cdot dx = \frac{\mathbf{x}^{n+1}}{\mathbf{n+1}}$$

Probe:

$$y = \frac{x^{n+1}}{n+1} \rightarrow y' = (n+1) \cdot \frac{x^{n+1-1}}{n+1} = \mathbf{x}^n$$

Die Ausnahme bildet:

Die Funktion: $y = x^{-1}$

denn: $\int x^{-1} \cdot dx = \frac{x^{-1+1}}{-1+1} = \frac{x^0}{0} = \infty \rightarrow$ keine Lösung!

Beachte:

Die Regel $\int x^n \cdot dx = \frac{x^{n+1}}{n+1}$

hat keine Gültigkeit für den Wert $\mathbf{n} = -\mathbf{1}$

2. Kapitel

Unbestimmte und bestimmte Integrale

§ 3 Unbestimmte Integrale

Aufgabe:

Differenziere folgende Stammfunktionen:

$y = x^3$	$y' = 3x^2$
$y = x^3 + 5$	$y' = 3x^2$
$y = x^2 + C$	$y' = 2x$
$y = x^2$	$y' = 2x$

Beachte:

Die konstanten Summanden entfallen beim Differenzieren!

Daher ist der Lösung eines unbestimmten Integrals eine allgemeine Konstante, die Integralskonstante C, hinzuzufügen.

$y = \int 3x^2 \cdot dx \quad = x^3 + C$

$y = \int 2x \cdot dx \quad = x^2 + C$

Aufgabe:

Nachstehende Funktionen sind Parabeln, stelle sie graphisch dar:

1. $y_1 = x^2 \quad \rightarrow y_1' = 2x$
2. $y_2 = x^2 + 2 \rightarrow y_2' = 2x$
3. $y_3 = x^2 - 2 \rightarrow y_3' = 2x$

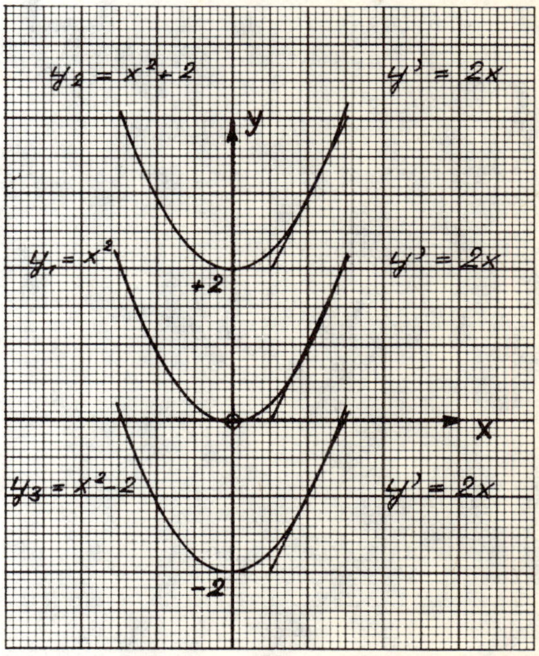

Differentialfunktion: $dy = 2x \cdot dx$

Integralfunktion: $\int dy = \int 2x \cdot dx;\ y = x^2 + C$

Ergebnis:

Die Konstante verschiebt die Funktion in Richtung y-Achse, doch hat jede Parabel den Richtungsfaktor: $y' = 2x$

Allgemein:

Aus der arithmetischen und geometrischen Erklärung ist zusammenfassend zu ersehen:

1. Die Ausgangs- oder Stammfunktion ist eindeutig.
$y = x^2 + 5$ → Stammfunktion!

2. Bei der Differentiation fallen konstante Summanden fort.
$y' = 2x$ → Differentialfunktion!

3. Die Integralfunktion ist unendlich vieldeutig. Dies wird durch die allgemeine Konstante C ausgedrückt. Die ursprüngliche Konstante (hier „5") läßt sich nicht mehr ermitteln.
$y = x^2 + C$ → Integralfunktion!

Beweis für die richtige Lösung

Die Lösung eines Integrals ist richtig, wenn der Differentialquotient der gefundenen Lösung gleich dem Integranden ist.

Beispiel: $\int 4x^3 \cdot dx = x^4 + C$

Beweis: Der Differentialquotient $\frac{d(x^4 + C)}{dx}$ der Lösung $x^4 + C$ ist der Integrand $4x^3$.

Grundbedingung für die Auflösung eines Integrals

Ein Integral kann nur dann aufgelöst werden, wenn unter dem $\int$ nur **eine** Veränderliche und **ihr** Differential auftreten. Kommen unter dem $\int$ mehrere Veränderliche und ein Differential vor, so muß man auf Grund vorhandener Beziehungen zwischen den Veränderlichen den Ausdruck unter dem $\int$ überführen in einen Ausdruck mit **einer** Veränderlichen und **ihrem** Differential.

Beachte: Bleibt die Integrationskonstante C unermittelt, so heißt das Integral: **„Unbestimmtes Integral".**

Regel: $y = f(x) \rightarrow y' = f'(x) \rightarrow y = \int f'(x) \cdot dx \rightarrow y = f(x) + C$

Beispiele:

Zu folgenden Ableitungen und Differentialen ist das unbestimmte Integral anzugeben.

Beweise die Richtigkeit durch Probe!

1. $y' = 5x^7$	1. $y' = 5x^7$ $y = \int 5x^7 \cdot dx = \mathbf{\frac{5}{8} x^8 + C}$ Probe: $y = \frac{5}{8}x^8 + C \rightarrow y' = 5x^7$

2. $y' = 3$

2. $y' = 3$
$y = \int 3 \cdot dx = \mathbf{3x + C}$

Probe:
$y = 3x + C \rightarrow y' = 3$

3. $dy = \cos x \cdot dx$

3. $dy = \cos x \cdot dx$
$y = \int \cos x \cdot dx = \mathbf{\sin x + C}$

Probe:
$y = \sin x + C \rightarrow y' = \cos x$

4. $dy = 8x^3 \cdot dx$

4. $dy = 8x^3 \cdot dx$
$y = \int 8x^3 \cdot dx = \mathbf{2x^4 + C}$

Probe:
$y = 2x^4 + C \rightarrow y' = 8x^3$

5. $y' = e^x$

5. $y' = e^x$
$y = \int e^x \cdot dx = \mathbf{e^x + C}$

Probe:
$y = e^x + C \rightarrow y' = e^x$

§ 4 Bestimmte Integrale

Aufgabe:
Stelle graphisch dar:

Stammfunktion: $y = \frac{x^2}{2}$

Differentialfunktion: $y' = x$

Berechne:

Die Fläche A zwischen x-Achse und Kurve $y' = x$.

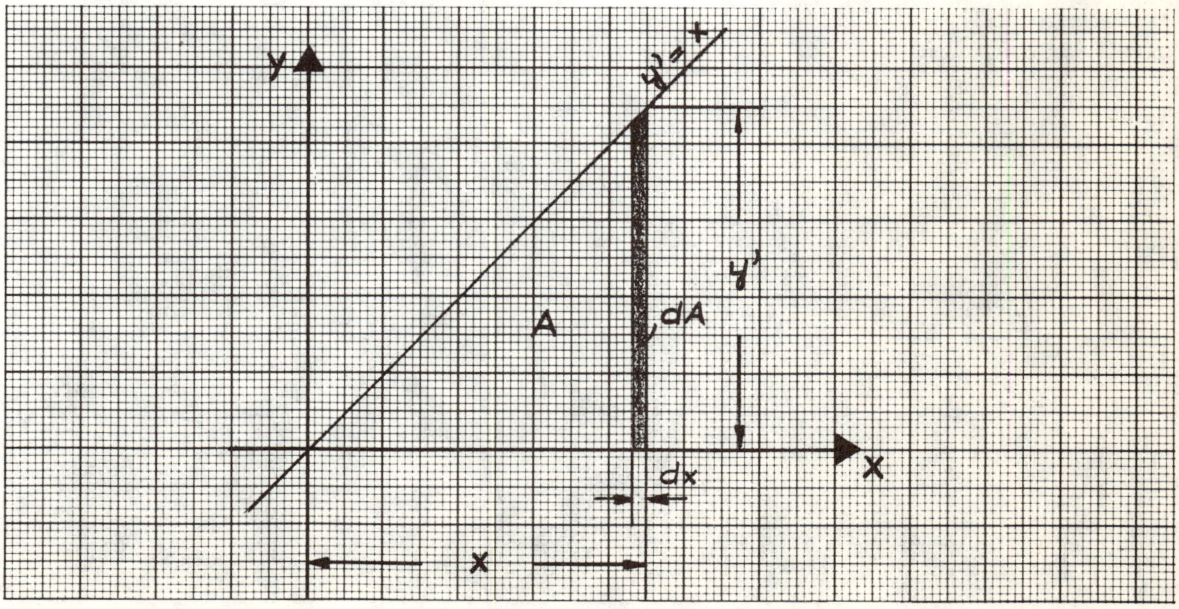

Ein unendlich schmaler Flächenstreifen kann als Rechteck aufgefaßt werden.

Er hat die Fläche $dA = y' \cdot dx$ oder $dA = x \cdot dx$, da $y' = x$.

Die Addition von unendlich vielen Summanden ist die Integration.

$$\int dA = A$$
$$A = \int x \cdot dx$$
$$A = \frac{\mathbf{x^2}}{\mathbf{2}} + \mathbf{C}$$

An der Stelle $x = 0$ ist die Fläche A auch Null. Aus dieser Bedingung kann die Integrationskonstante C errechnet werden.

für $x = 0 \rightarrow A = 0$

$$A = \frac{x^2}{2} + C; \quad 0 = \frac{0^2}{2} + C; \quad \mathbf{C = 0}$$

Damit entfällt C.

Das Integral ist „bestimmt" und heißt: $\mathbf{A} = \frac{\mathbf{x^2}}{\mathbf{2}}$

Vergleiche mit der Dreiecksformel: $A = \frac{l \cdot h}{2}$!

Beide Berechnungsmethoden führen somit zum gleichen Ergebnis.

Aufgabe:

Stelle die Funktion $y' = \frac{x}{2}$ graphisch dar.

Berechne die Trapezfläche, die von der x-Achse, der Kurve $y' = \frac{x}{2}$ sowie von den Parallelen zur y-Achse im Abstand a und x begrenzt wird.

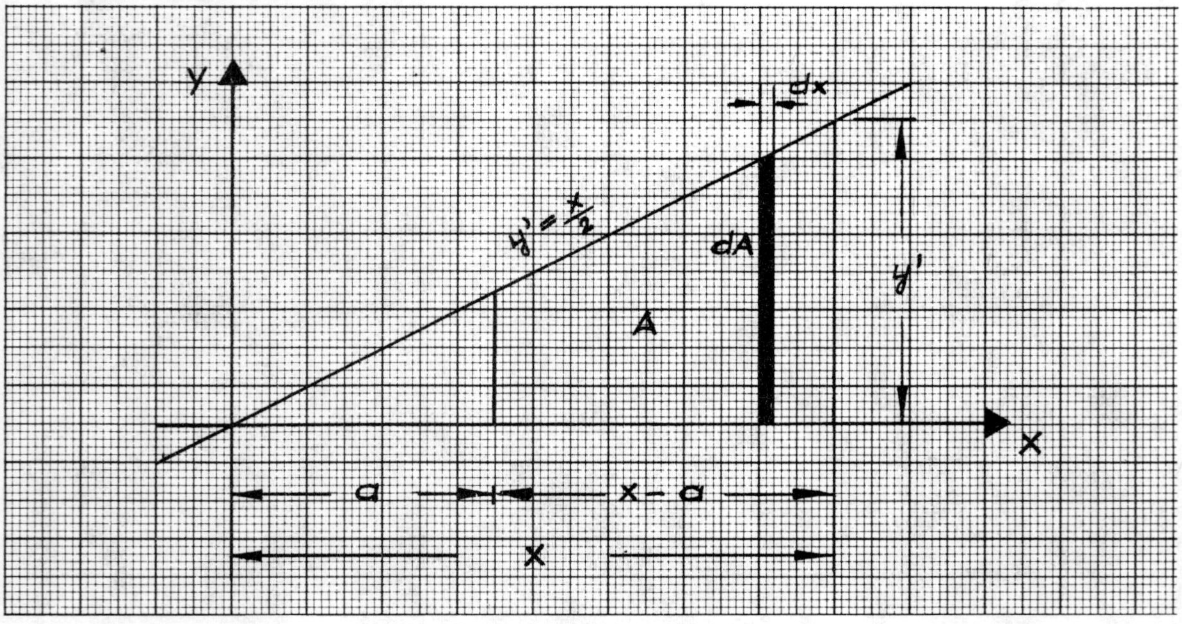

Man addiert alle Flächenteile dA durch Integration:

$$dA = y' \cdot dx \rightarrow y' = \frac{x}{2}$$

$$\int dA = A$$

$$\int dA = \int \frac{x}{2} \cdot dx$$

$$\mathbf{A = \frac{x^2}{4} + C}$$

Wird die Funktion $y' = \frac{x}{2}$ integriert, so erhält man das Ergebnis $y = \frac{x^2}{4} + C$.

A und y sind identisch.

Man kann daher die Fläche unter einer Kurve als Integral dieser Kurve auffassen.

Die Integrationskonstante C errechnet sich aus der Bedingung, daß die Fläche A an der Stelle $x = a$ Null wird.

für $x = a$ wird $A = 0$

$$A = \frac{x^2}{4} + C$$

$$0 = \frac{a^2}{4} + C$$

$$C = -\frac{a^2}{4}$$

$$A = \frac{x^2}{4} + C$$

$$A = \frac{x^2}{4} - \frac{a^2}{4} \rightarrow \text{,,bestimmtes Integral''.}$$

Beispiel:

Durch Anwendung der Integralrechnung ist die Fläche A eines Kreises mit dem Radius r zu berechnen.

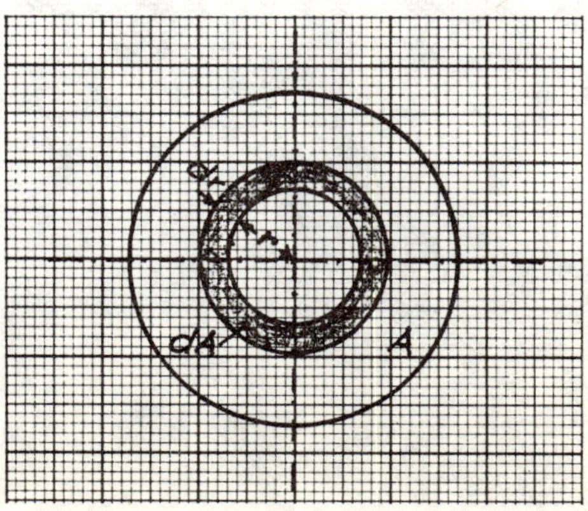

Entwicklung der Formel:

Ein unendlich schmaler Kreisring kann gestreckt als Rechteck aufgefaßt werden.

Seine Fläche beträgt dann:

$$dA = 2r\pi \cdot dr$$

Die Integration als Summierung aller unendlich vieler Flächenelemente dA ergibt die Kreisfläche.

Die Integrationskonstante C erhält man wieder aus der Beziehung: $r = 0 \rightarrow A = 0$ mit $C = 0$

Lösung zur Abbildung:

$dA = 2r\pi \cdot dr; \int dA = \int 2\pi \cdot r \cdot dr$

$A = 2\pi \frac{r^2}{2} + C = \pi \cdot r^2 + C \rightarrow$ unbestimmtes Integral

für $r = 0$ ist $A = 0$; $A = \pi \cdot r^2 + C \quad \begin{cases} r = 0 \\ A = 0 \end{cases}$

dann ist $C = 0$

$A = r^2 \cdot \pi \rightarrow$ bestimmtes Integral!

Beispiel:

Gesucht: Fläche A unter der Kurve $y = f(x)$ in den Grenzen $x = a$ bis $x = b$

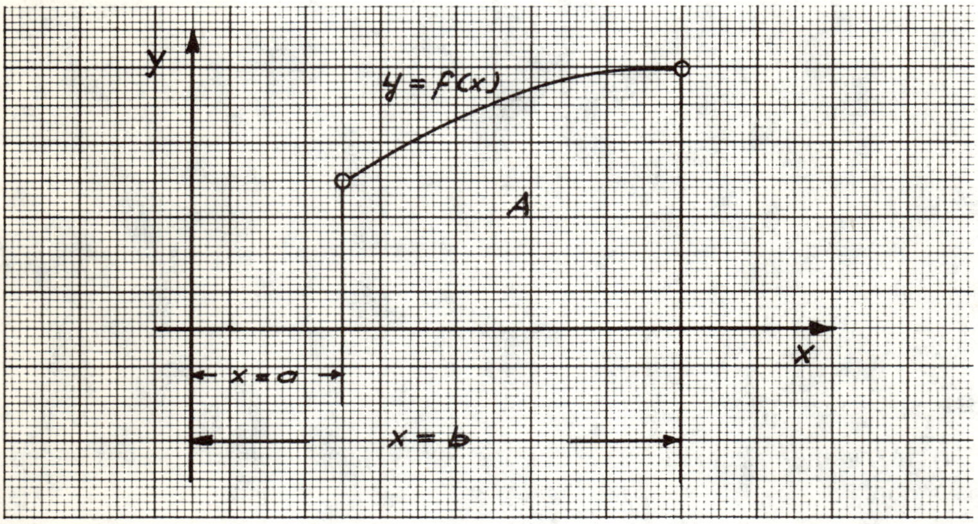

Bei den bisher gezeigten Beispielen wurde die Fläche A zwischen x-Achse und Funktionskurve als Integral der Funktion definiert und das Ergebnis Integralfunktion genannt. Zu einer allgemeinen Lösung führt die nachstehende Ableitung:

Kurzbezeichnung der Integralfunktion:

$I(x) + C$

dann ist: $A = \int f(x) \cdot dx$

gleich: $A = I(x) + C$

Aus der Bedingung $A = 0$ bei $x = a$
kann man dann die Integrationskonstante C ermitteln.

Wenn $x = a \rightarrow A = 0 \rightarrow I(x) = I(a)$
dann ist: $I(a) + C = 0$

und: $C = -I(a)$
allgemein: $\mathbf{A = I(x) - I(a)}$

Besitzt x den bestimmten Wert b, dann ist die Fläche nicht variabel.

$$A = I(b) - I(a)$$

Da man die Fläche zwischen den Grenzen $x = a$ und $x = b$ berechnen will, sind diese Begrenzungswerte an das Integralzeichen zu schreiben.

$$A = \int_a^b f(x) \cdot dx = I(x)/_a^b$$

$x = b$ ist dann die obere und $x = a$ die untere Grenze.

Man spricht:

,,Integral $f(x) \cdot dx$ von a bis b''

und nennt den Ausdruck $\int_a^b f(x) \cdot dx$ das **bestimmte** Integral zwischen den Grenzen a und b.

Die Fläche wird berechnet, indem man in die Integralfunktion zuerst den Wert der oberen Grenze (b), dann den Wert der unteren Grenze (a) einsetzt und anschließend die Differenz $I(b) - I(a)$ bildet.

Formel:

$$A = \int_a^b f(x) \cdot dx = I(x)/_a^b = I(b) - I(a)$$

3. Kapitel

Der Einheitskreis

§ 5 Beziehungen am Einheitskreis mit Beispiel

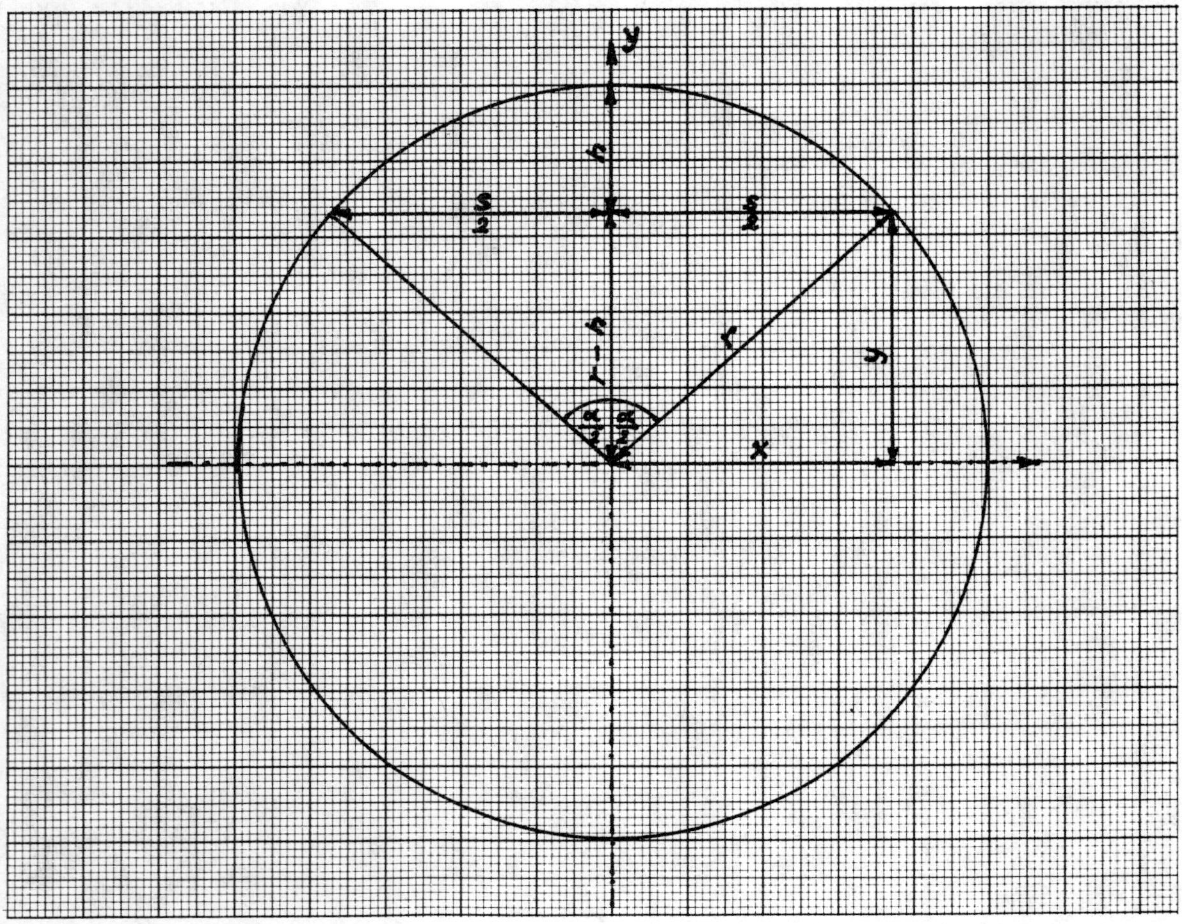

Radius: $r = 1$
Umfang: $U = 2 \cdot r \cdot \pi = 2\pi = 6{,}2832\ldots$
Fläche: $A = r^2 \cdot \pi = \pi = 3{,}1416\ldots$

Beispiel: Gegeben $h = 0{,}3386$;

$$\mathbf{cos}\,\frac{\alpha}{\mathbf{2}} = \frac{r-h}{r} = \frac{r}{r} - \frac{h}{r} = 1 - \frac{h}{r} = \mathbf{1 - h}$$

$$\mathbf{sin}\,\frac{\alpha}{\mathbf{2}} = \frac{s}{2} : r = \frac{s}{2 \cdot r} = \frac{s}{2 \cdot 1} = \frac{\mathbf{s}}{\mathbf{2}}$$

$$\sin^2\frac{\alpha}{2} + \cos^2\frac{\alpha}{2} = 1$$

$$\sin^2\frac{\alpha}{2} = 1 - \cos^2\frac{\alpha}{2};\ \sin\frac{\alpha}{2} = \sqrt{1 - \cos^2\frac{\alpha}{2}}$$

und da $\cos \frac{\alpha}{2} = 1 - h$ entspricht $\sin \frac{\alpha}{2} = \sqrt{1 - (1 - h)^2}$

$\sin \frac{\alpha}{2} = \sqrt{1 - (1^2 - 2 \cdot 1 \cdot h + h^2)}$; $\sin \frac{\alpha}{2} = \sqrt{2h - h^2}$

da $\sin \frac{\alpha}{2}$ gleich $\frac{s}{2}$ ist $\frac{s}{2} = \sqrt{2h - h^2}$

und $\mathbf{s = 2 \cdot \sqrt{2h - h^2}}$

Im Beispiel: $\mathbf{h = 0,3386}$

$\mathbf{s} = 2 \cdot \sqrt{2 \cdot 0,3386 - 0,3386^2} = \mathbf{1,50}$

Kontrolle:

$s = 2 \cdot \sqrt{2h - h^2}$; $\frac{s}{2} = \sqrt{2h - h^2}$; $\left(\frac{s}{2}\right)^2 = 2h - h^2$

$h^2 - 2h = -\left(\frac{s}{2}\right)^2$; $h^2 - 2h + 1 = 1 - \left(\frac{s}{2}\right)^2$

$(h - 1)^2 = 1 - \left(\frac{s}{2}\right)^2$; $h - 1 = \sqrt{1 - \left(\frac{s}{2}\right)^2}$

$\mathbf{h = 1 \pm \sqrt{1 - \left(\frac{s}{2}\right)^2}}$

Im Beispiel: $h = 1 \pm \sqrt{1 - \left(\frac{1,50}{2}\right)^2}$

$h_1 = 1 - \sqrt{0,4375} = 0,3386 = h!$

$h_2 = 1 + \sqrt{0,4375} = 1,6614 = r + (r - h)!$

$\Sigma h_1 + h_2 = 0,3386 + 1,6614 = 2 = 2r!$

Kreissektor

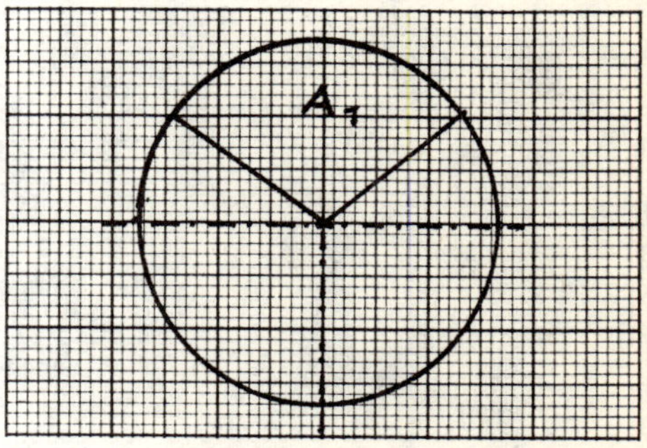

$A_1 = \frac{r^2 \cdot \pi \cdot \alpha^\circ}{2 \pi^\circ}$

beim Einheitskreis ist r = 1

daher: $A_1 = \frac{\pi \cdot \alpha^\circ}{2 \cdot \pi^\circ} = \frac{\pi \cdot \alpha^\circ}{360^\circ}$

Im Beispiel:

$\cos \frac{\alpha}{2} = 1 - h = 1 - 0,3386 = 0,6614 = 48,593^\circ$

$\cos \alpha \;= 2 \cdot 48,593^\circ = 97,1865^\circ$

Fläche des Kreissektors: $\frac{97,1865^\circ}{360^\circ} \cdot \pi = 0,27\,\pi = \mathbf{0,8481} = A_1$

Kreisdreieck

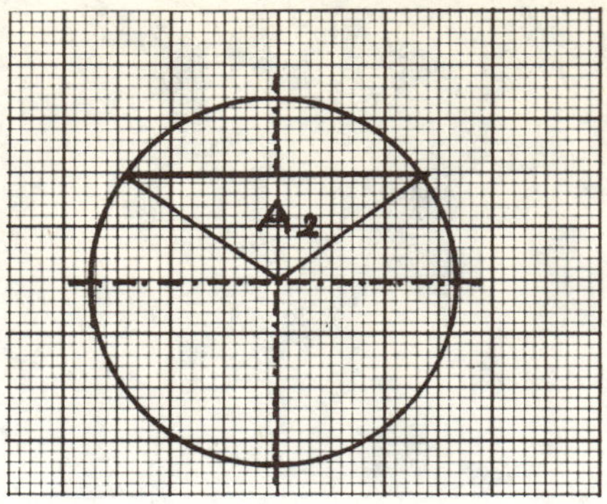

$$A_2 = 2 \cdot \frac{s}{2} \cdot \frac{(r-h)}{2} = \frac{s}{2} \cdot (r - h)$$

Im Beispiel:

$$A_2 = \frac{1{,}50}{2} \cdot (1 - 0{,}3386) = 0{,}75 \cdot 0{,}6674$$

$\mathbf{A_2 = 0{,}49605}$

Kreisabschnitt

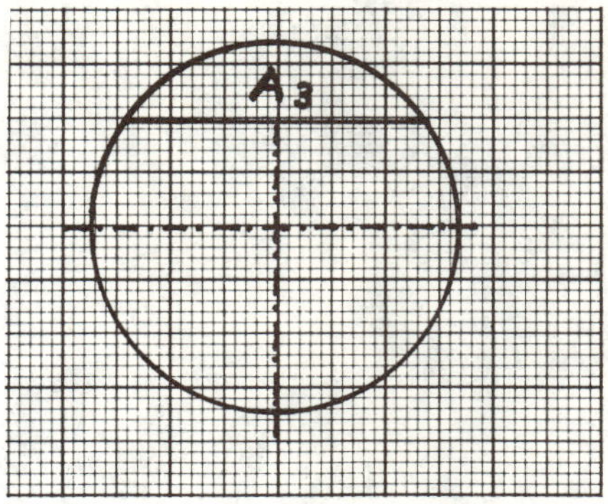

= Kreissektor minus Kreisdreieck!

$$A_3 = \frac{r^2 \cdot \pi \cdot \alpha^\circ}{2 \cdot \pi^\circ} - \frac{s}{2} \cdot (r - h)$$

$\mathbf{A_3}$ **= im Beispiel:**

$$\frac{\pi \cdot 97{,}1865^\circ}{360^\circ} - \frac{1{,}50}{2} \cdot (1 - 0{,}3386)$$

$A_3 = 0{,}8481 - 0{,}49605 = 0{,}35206$; $\mathbf{A_3} = A_1 - A_2 = \mathbf{0{,}11206}\ \pi$

Die Kreisfläche läßt sich durch die Integration der Teilflächen dA berechnen.

$$A = \frac{l \cdot b}{2} = \text{Dreieck allgemein.}$$

Die Fläche dA als Dreieck betrachtet
mit: $l = \overset{\frown}{x}$ = Kreisbogen
und: $b = r$ = Kreisradius

Am Einheitskreis:

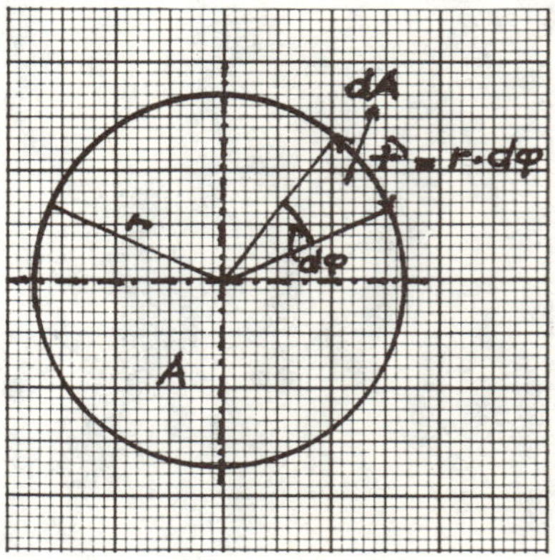

$$r : 1 = \overset{\frown}{x} : \frac{2r\pi \cdot d\varphi^\circ}{2\pi^\circ}$$

$$1 \cdot \overset{\frown}{x} = r \cdot \frac{2r\pi \cdot d\varphi^\circ}{2\pi^\circ}; \overset{\frown}{x} = \frac{2\pi \cdot d\varphi}{2\pi}$$

$\mathbf{\overset{\frown}{x} = d\varphi}$

Integration der Teilflächen:
$A = \int_0^{2\pi} dA \rightarrow dA = ?$

$$dA = \frac{l \cdot b}{2} \rightarrow l = \overset{\frown}{x} \text{ und } b = r^\circ$$

$$dA = \frac{\overset{\frown}{x} \cdot r}{2} \rightarrow \overset{\frown}{x} = r \cdot d\varphi; dA = \frac{r \cdot d\varphi \cdot r}{2} = \frac{r^2 \cdot d\varphi}{2}$$

integriert:

$$A = \int_0^{2\pi} dA = \int_0^{2\pi} \frac{r^2 \cdot d\varphi}{2}$$

$$A = \frac{r^2}{2} \cdot \int_0^{2\pi} d\varphi$$

$$A = \frac{r^2 \cdot \varphi}{2} \Big/_0^{2\pi}; \; A = \frac{r^2 \cdot 2\pi}{2} - 0$$

$$A = \frac{r^2 \cdot 2\pi}{2}; \; \mathbf{A = r^2 \cdot \pi} \rightarrow \text{Formel für Kreisfläche}$$

§ 6 Ermittlung der Kreisfläche aus der Integration des Viertelkreises

Allgemeine Funktion:

$$y = \pm \sqrt{r^2 - x^2}$$

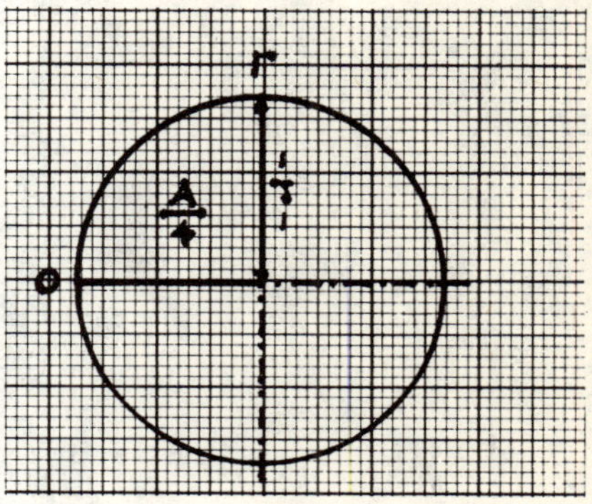

Allgemeine Lösung des Integrals:

$$\int \sqrt{r^2 - x^2} \cdot dx =$$

$$= \frac{x}{2} \cdot \sqrt{r^2 - x^2} + \frac{r^2}{2} \arcsin \frac{x}{r} + C$$

$$\frac{A}{4} = \left(\frac{x}{2} \cdot \sqrt{r^2 - x^2} + \frac{r^2}{2} \arcsin \frac{x}{r} \right) \Big/_0^r$$

$$\frac{A}{4} = \left(\frac{r}{2} \cdot \sqrt{r^2 - r^2} + \frac{r^2}{2} \arcsin \frac{r}{r} \right)$$

$$\frac{A}{4} = \frac{r}{2} \cdot 0 + \frac{r^2}{2} \arcsin 1$$

$$\mathbf{\frac{A}{4}} = \frac{r^2}{2} \cdot \frac{\pi}{2} = \mathbf{\frac{r^2 \cdot \pi}{4}}$$

Die Fläche des ganzen Kreises beträgt:

$$A = 4 \cdot \frac{A}{4} = 4 \cdot \frac{r^2 \cdot \pi}{4}; \quad \mathbf{A = r^2 \cdot \pi}$$

Im Beispiel: $r = 1$

$$\frac{A}{4} = \frac{1}{2} \cdot \sqrt{1^2 - 1^2} + \frac{1^2}{2} \text{arc sin} \frac{1}{1} =$$

$$\frac{A}{4} = \frac{1}{2} \cdot 0 + \frac{1}{2} \text{arc sin } 1$$

$$\frac{A}{4} = \frac{1}{2} \cdot \frac{\pi}{2} = \frac{\pi}{4} = \text{Viertelkreisfläche}$$

$$\text{Gesamtkreis: } 4 \cdot \frac{\pi}{4} = \pi = 3{,}1416 \ldots \text{ wie vor!}$$

Beispiel:

Zeichne die Funktion $y = 0{,}75x$ und berechne die Fläche zwischen den Grenzen $x_1 = 3$ und $x_2 = 7$.

Abbildung:

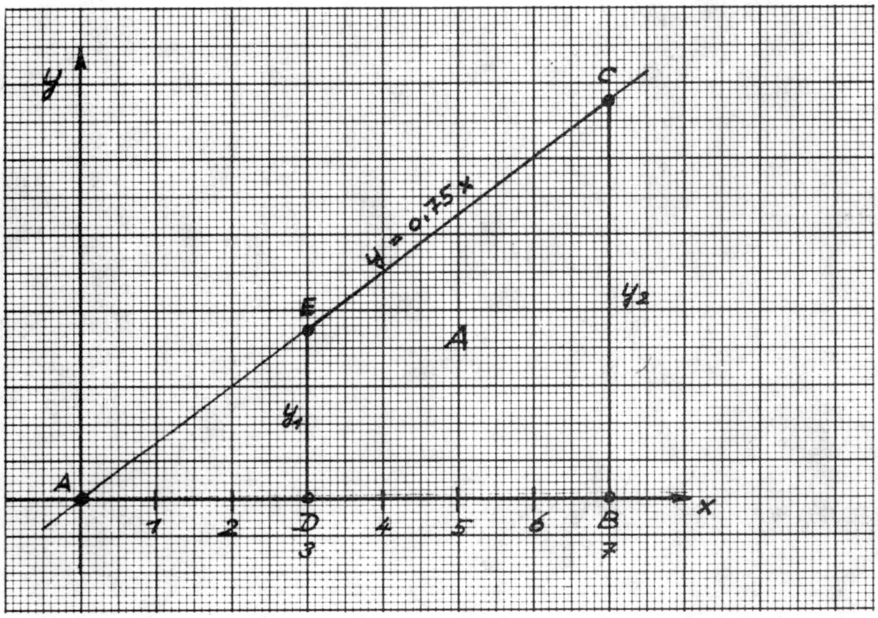

1. Lösung mit Dreiecksformel:

$$A = \Delta ABC - \Delta ADE; \; A = \frac{\overline{AB} \cdot \overline{BC}}{2} - \frac{\overline{AD} \cdot \overline{DE}}{2}$$

$$\overline{AB} = 7; \quad \overline{BC} = y_2 = 0{,}75 \cdot x_2 = 0{,}75 \cdot 7 = 5{,}25$$

$$\overline{AD} = 3; \quad \overline{DE} = y_1 = 0{,}75 \cdot x_1 = 0{,}75 \cdot 3 = 2{,}25$$

$$A = \frac{7 \cdot 5{,}25}{2} - \frac{3 \cdot 2{,}25}{2} = 15; \quad \mathbf{A \mathrel{\hat{=}} 15\ E^2}$$

Die Fläche A entspricht 15 Quadratflächeneinheiten!

Hiermit ist bewiesen, daß das Ergebnis eines bestimmten Integrals dem Inhalt der Fläche unter der Kurve innerhalb der gegebenen Grenzen entspricht.

4. Kapitel

Grundsätzliche Anwendung der Integralrechnung und einige wichtige Regeln

§ 7 Integration von Funktionen mit konstantem Faktor

Löse nachstehende Integrale:

1. Aufgabe: $\int 3x^2 \cdot dx$

Lösung: $\int 3x^2 \cdot dx = \mathbf{x^3 + C}$

2. Aufgabe: $3[\int x^2 \cdot dx]$

Lösung: $3[\int x^2 \cdot dx] =$

$\int x^2 \cdot dx = \frac{x^3}{3} + C_1$

$3\left[\frac{x^3}{3} + C_1\right] = x^3 + 3C_1 = \mathbf{x^3 + C}$

Beachte: Beide Ergebnisse sind gleich.
daher: $\mathbf{\int 3x^2 \cdot dx = 3\int x^2 \cdot dx}$.

> **Regel:** Einen konstanten Faktor unter dem $\int$ kann man als Faktor vor das $\int$ setzen. Er bleibt beim Integrieren erhalten.

Formel:

$$\int a \cdot f(x) \cdot dx = a\int f(x) \cdot dx$$

Beispiele:

1. $\int 2x^4 \cdot dx = 2\int x^4 \cdot dx = \mathbf{\frac{2x^5}{5} + C}$

2. $\int b \cdot e^x \cdot dx = b\int e^x \cdot dx = \mathbf{b \cdot e^x + C}$

3. $\int(-\sin x) \cdot dx = -\int \sin x \cdot dx = -(-\cos x) = \mathbf{\cos x + C}$

4. $\int \frac{dx}{-x^2} = -\int x^{-2} \cdot dx = \frac{x^{-1}}{(-1)} = \frac{1}{x} + C$

5. $\int \sqrt{\frac{4-4x}{16(1+x)\cdot(1-x)^2}} \cdot dx = \int \sqrt{\frac{4(1-x)}{16(1+x)\cdot(1-x)^2}} \cdot dx$

$= \frac{1}{2}\int \sqrt{\frac{1}{(1-x)\cdot(1+x)}} \cdot dx$

$= \frac{1}{2}\int \frac{1}{\sqrt{1-x^2}} \cdot dx = \mathbf{\frac{1}{2} \cdot \arcsin x + C}$

§ 8 Das Integral einer Summe

Aufgabe:

Entwickle aus der Funktion $y = 3x^2 + 2x^3$ über die Differentiation die zugehörige Integralfunktion und zeige, daß zwei Schreibweisen möglich sind.

Lösung:

$$y = 3x^2 + 2x^3$$

$$y' = \frac{dy}{dx} = 6x + 6x^2$$

1. $dy = (6x + 6x^2) \cdot dx$

$$\int dy = \int (6x + 6x^2) \cdot dx$$

$$\mathbf{y = \int (6x + 6x^2) \cdot dx}$$

2. $dy = 6x \cdot dx + 6x^2 \cdot dx$

$$\int dy = \int 6x \cdot dx + \int 6x^2 \cdot dx$$

$$\mathbf{y = \int 6x \cdot dx + \int 6x^2 \cdot dx}$$

Beachte: $\mathbf{\int (6x + 6x^2) \cdot dx = \int 6x \cdot dx + \int 6x^2 \cdot dx}$

> **Regel:** Das Integral einer Summe ist gleich der Summe der Integrale einzelner Summanden.

Die einzelnen Integrationskonstanten (C_1; C_2) werden zu **einer** Konstante C zusammengefaßt.

$$x^2 + C_1 + x^3 + C_2 = \mathbf{x^2 + x^3 + C}$$

Formel:

$$\boxed{\int [f_1(x) \pm f_2(x) \pm \ldots] \cdot dx = \int f_1(x) \cdot dx \pm \int f_2(x) \cdot dx \pm \ldots}$$

Beispiele:

1. $\int (6x^3 + 3x^5) \cdot dx$

$$= 6 \int x^3 \cdot dx + 3 \int x^5 \cdot dx$$

$$= \frac{6x^4}{4} + \frac{3x^6}{6} + C = \mathbf{\frac{3}{2} x^4 + \frac{1}{2} x^6 + C}$$

2. $\int (x^5 - a^5) \cdot dx$

$$= \int x^5 \cdot dx - a^5 \int dx = \mathbf{\frac{x^6}{6} - a^5 \cdot x + C}$$

3. $\int \frac{dx}{(\sin x \cdot \cos x)^2}$

Es ist $\sin^2 x + \cos^2 x = 1$. Da sich ein Bruch durch Multiplikation mit 1 nicht verändert, wird der Zähler mit $(\sin^2 x + \cos^2 x)$ multipliziert.

$$\int \frac{dx}{(\sin x \cdot \cos x)^2}$$

$$= \int \frac{\sin^2 x + \cos^2 x}{\sin^2 x \cdot \cos^2 x} \cdot dx$$

Jetzt läßt sich der Bruch in zwei Summanden zerlegen, die einzeln integriert werden können.

$$\int \frac{\sin^2 x + \cos^2 x}{\sin^2 x \cdot \cos^2 x} \cdot dx$$

$$= \int \frac{\sin^2 x}{\sin^2 x \cdot \cos^2 x} \cdot dx + \int \frac{\cos^2 x}{\sin^2 x \cdot \cos^2 x} \cdot dx$$

$$= \int \frac{1}{\cos^2 x} \cdot dx + \int \frac{1}{\sin^2 x} \cdot dx$$

$$= \mathbf{\tan x - \cot x + C}$$

§ 9 Flächenbestimmung unter Kurven

Beachte:

Bevor man ein bestimmtes Integral auflöst, ist der Integrand auf Nullstellen zu untersuchen. Die Summe der absoluten Werte der zwischen den Nullstellen liegenden Teilflächen ergibt die Gesamtfläche.

Lösungsschritte:

1. Die Fläche ist als bestimmtes Integral der Funktion mit den entsprechenden Grenzen auszudrücken.
2. Untersuchung des Integranden auf Nullstellen.
3. Da die Nullstellen die Grenzen der Teilflächen bestimmen, kann das Integral in sogenannte Teilintegrale zerlegt werden.
4. Die Integration dieser Teilintegrale in den vorher bestimmten Grenzen und die Summierung der absoluten Werte ergeben die Gesamtfläche.

Flächenbestimmung unter der Kurve

$y = x^2 - 2x - 3$ in den Grenzen $x = 0$ bis $x = 4$.

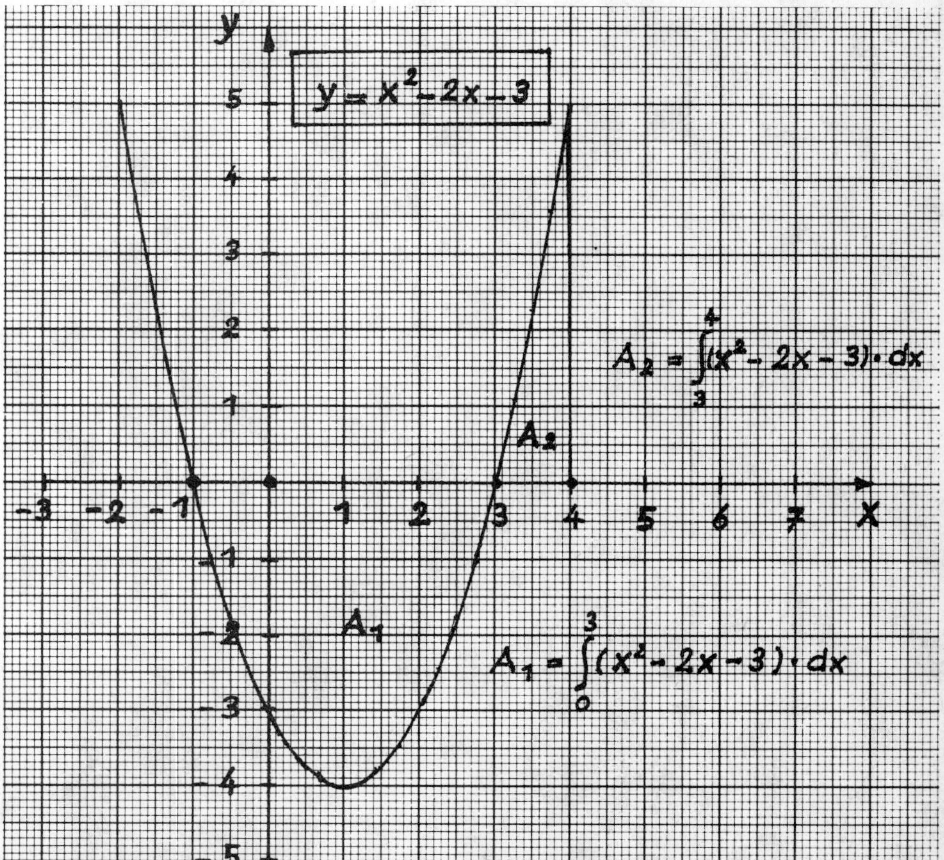

x =	−2,0	−1,75	−1,50	−1,25	−1,00	−0,75	−0,50	0	+0,25	+0,50
y =	+5,0	+3,56	+2,25	+1,06	0	−0,94	−1,75	−3,00	−3,44	−3,75
x =	+0,75	+1,00	+1,50	+2,00	+2,50	+3,00	+3,25	+3,50	+3,75	+4,00
y =	−3,94	−4,00	−3,75	−3,00	−1,75	0	+1,06	+2,25	+3,56	+5,00

Bestimmung des Wendepunktes:

$$y = x^2 - 2x - 3;\ y = f(x)$$

$$\frac{dy}{dx} = y' = 2x - 2;\ y' \rightarrow 0;\ 2x - 2 = 0;\ \mathbf{x = 1}$$

1. Fläche als bestimmtes Integral:

$$A = \int_0^4 (x^2 - 2x - 3) \cdot dx$$

2. Feststellung der Nullstellen:

$$x^2 - 2x - 3 = 0$$

$$x_{1,2} = 1 \pm \sqrt{1 + 3}$$

$$x_1 = -1$$

$$x_2 = +3$$

3. Die Nullstellen bestimmen die Teilgrenzen des Integrals:

$x = 0$ und $x = 3$; sowie $x = 3$ und $x = 4$.

4. Zerlegung in zwei Teilintegrale:

$$\int_0^4 (x^2 - 2x - 3) \cdot dx =$$

$$\int_0^3 (x^2 - 2x - 3) \cdot dx + \int_3^4 (x^2 - 2x - 3) \cdot dx =$$

$$= \quad I_1 \quad + \quad I_2$$

5. Integration der Teilintegrale:

$$I_1 = \left(\frac{x^3}{3} - x^2 - 3x\right) \Big/_0^3$$

$$I_1 = 9 - 9 - 9 = /-9/ \triangleq \mathbf{9\ E^2}$$

$$I_2 = \left(\frac{x^3}{3} - x^2 - 3x\right) \Big/_3^4$$

$$I_2 = \frac{64}{3} - 16 - 12 - (9 - 9 - 9) = \mathbf{\frac{7}{3}\ E^2}$$

6. Summe der absoluten Werte = Gesamtfläche

$$A = I_1 + I_2 = 9 + \frac{7}{3} \triangleq \mathbf{11\frac{1}{3}\ E^2}$$

Beispiel:

Berechne die Fläche zwischen der Funktion $y = 3x - 4$ und der x-Achse in den Grenzen $x = 0$ und $x = 3$

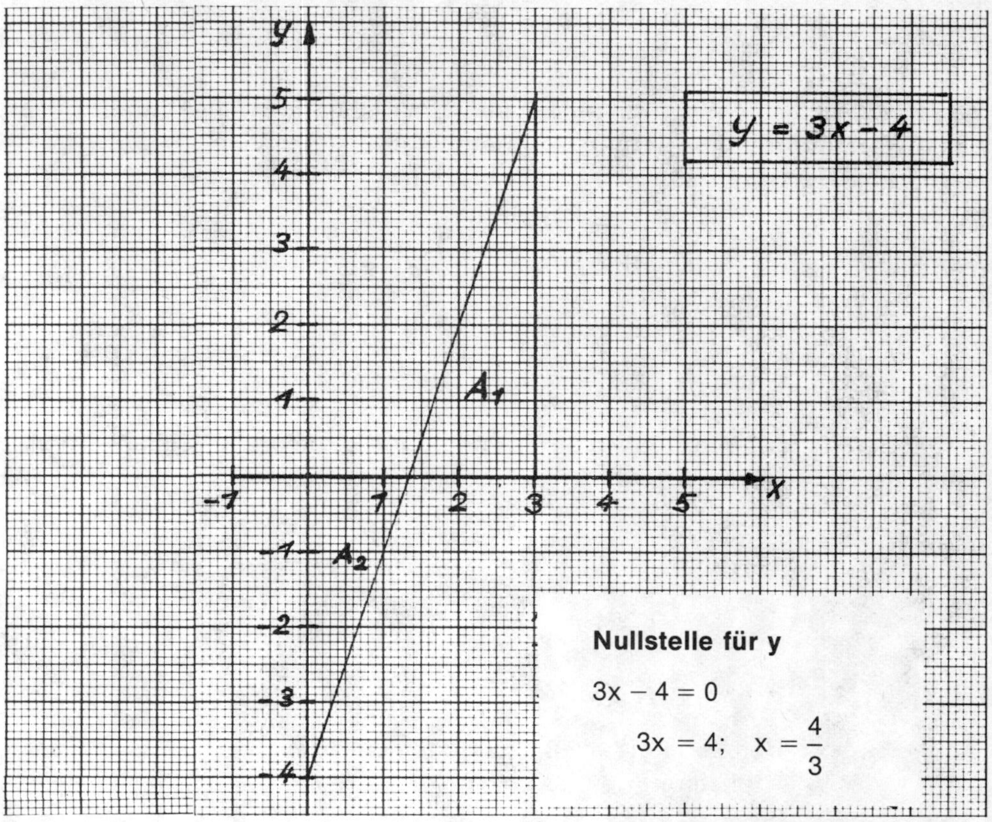

Nullstelle für y

$3x - 4 = 0$

$3x = 4; \quad x = \frac{4}{3}$

1. Lösung durch Arithmetik

$$A = A_1 + A_2 = \frac{l_1 \cdot b_1}{2} + \frac{l_2 \cdot b_2}{2}$$

$$= \frac{5 \cdot 5}{2 \cdot 3} + \frac{4 \cdot 4}{2 \cdot 3} = \frac{25}{6} + \frac{16}{6} = \frac{41}{6} = \mathbf{6\frac{5}{6}\ E^2}$$

2. Lösung durch Integration in zwei Stufen

$$\int_0^3 (3x - 4) \cdot dx$$

$$= \int_0^{\frac{4}{3}} (3x - 4) \cdot dx + \int_{\frac{4}{3}}^3 (3x - 4) \cdot dx$$

$$= \left(\frac{3x^2}{2} - 4x\right)\Big/_0^{\frac{4}{3}} + \left(\frac{3x^2}{2} - 4x\right)\Big/_{\frac{4}{3}}^{3}$$

$$= \left|\frac{8}{3} - \frac{16}{3}\right| + \left|\left(\frac{27}{2} - \frac{24}{2}\right) - \left(\frac{8}{3} - \frac{16}{3}\right)\right|$$

$$= \left|\frac{8}{3}\right| + \left|\frac{3}{2} + \frac{8}{3}\right| = \left|\frac{8}{3}\right| + \left|\frac{25}{6}\right| = \left|2\frac{4}{6}\right| + \left|4\frac{1}{6}\right| = \mathbf{6\frac{5}{6}\ E^2}$$

Folgerung: 1. und 2.

Integriert man die Funktion in zwei Stufen, indem man neue Grenzen einführt, und zwar von $x = 0$ bis zur Nullstelle $x = \frac{4}{3}$ und von $x = \frac{4}{3}$ bis $x = 3$, so ergibt die Addition der **absoluten** Werte

(Flächen können nicht negativ sein!)

die exakte Lösung: $\mathbf{A = 6\frac{5}{6}\,E^2}$.

Versucht man das Problem mit Hilfe der Integralrechnung in einer Stufe zu lösen, so erhält man einen Wert, der mit dem vorhergehenden nicht übereinstimmt.

3. $A = \int_0^3 (3x - 4) \cdot dx$

$$= \left(\frac{3x^2}{2} - 4x\right)\Big/_0^3 = \frac{3 \cdot 3^2}{2} - 4 \cdot 3 = \mathbf{1\frac{1}{2}\,E^2}$$

Erkenntnis:

Bei der Berechnung von Flächen durch Integration können sich Teilflächen subtrahieren, wenn innerhalb der Grenzen eine Nullstelle liegt.

siehe 1. $A_1 - A_2 = \frac{25}{6} - \frac{16}{6} = \frac{9}{6} = \mathbf{1\frac{1}{2}\,E^2!}$

Beispiel:

Berechne die Fläche zwischen der Kurve $y = \pm\sqrt{x}$ und der x-Achse in den Grenzen $x = 0$ und $x = 9$.

Die Lösung dieses Beispiels läßt erkennen:

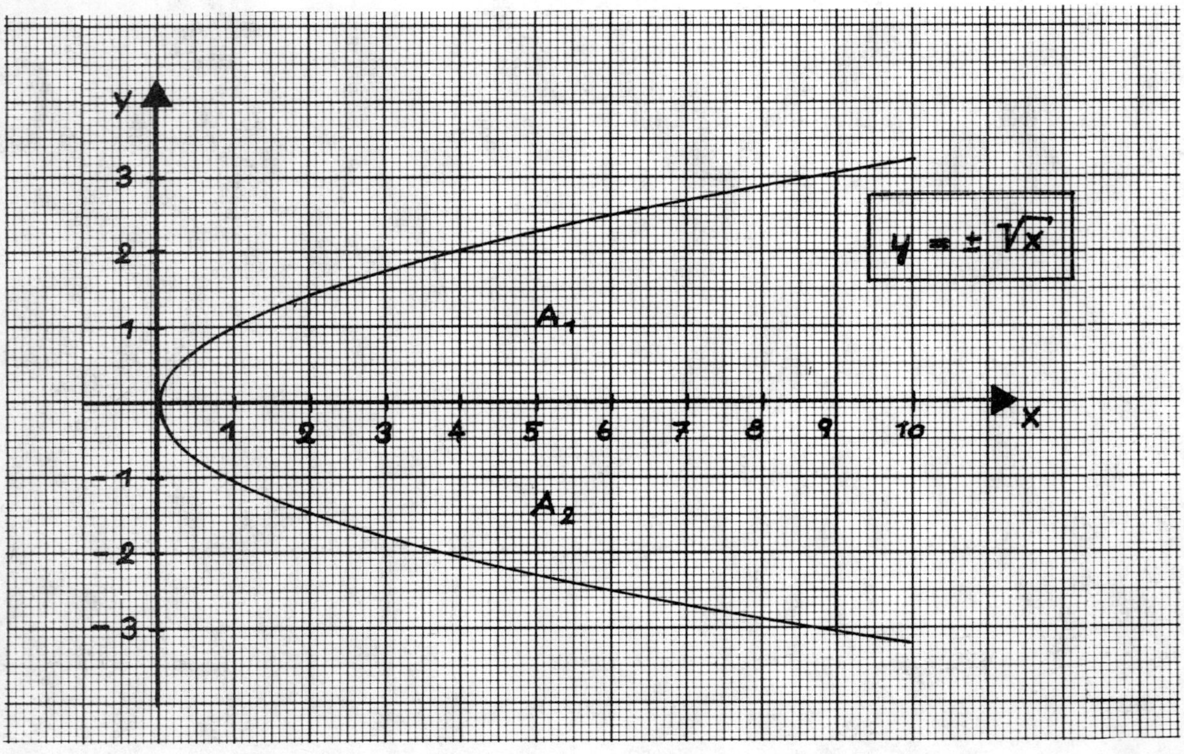

1. Die Funktion $y = \pm\sqrt{x}$ hat zwei Kurvenäste, $y = +\sqrt{x}$ und $y = -\sqrt{x}$.

2. Um die gesamte Fläche A_1 und A_2 zwischen Kurve und x-Achse zu erfassen, müssen beide Kurven getrennt integriert werden.

3. Die Gesamtfläche ergibt sich aus der Summe der absoluten Größen der beiden Flächen

$$A_1\Big/_0^9 = \int_0^9 \sqrt{x} \cdot dx$$

$$= \int_0^9 x^{\frac{1}{2}} \cdot dx = \frac{x^{\frac{3}{2}}}{\frac{3}{2}}$$

$$= \frac{2\sqrt{x^3}}{3}$$

$$= \frac{2x\sqrt{x}}{3}\Big/_0^9$$

$$A_1 = \frac{2 \cdot 9 \cdot \sqrt{9}}{3} - \frac{2}{3} \cdot 0 \cdot \sqrt{0}$$

$$A_1 \triangleq \mathbf{18\ E^2}$$

$$A_2\Big/_0^9 = \int_0^9 -\sqrt{x} \cdot dx$$

$$= / -18 /$$

$$A_2 = \mathbf{18\ E^2}$$

$$A_1 + A_2 \triangleq 2 \cdot 18\ E^2 = \mathbf{36\ E^2}$$

Beispiel:

Wie groß ist die Fläche zwischen den Kurven

$$y = \frac{x}{2} + 1{,}5 \text{ und } y = +\sqrt{x}$$

in den Grenzen $x = 2$ bis $x = 7$?

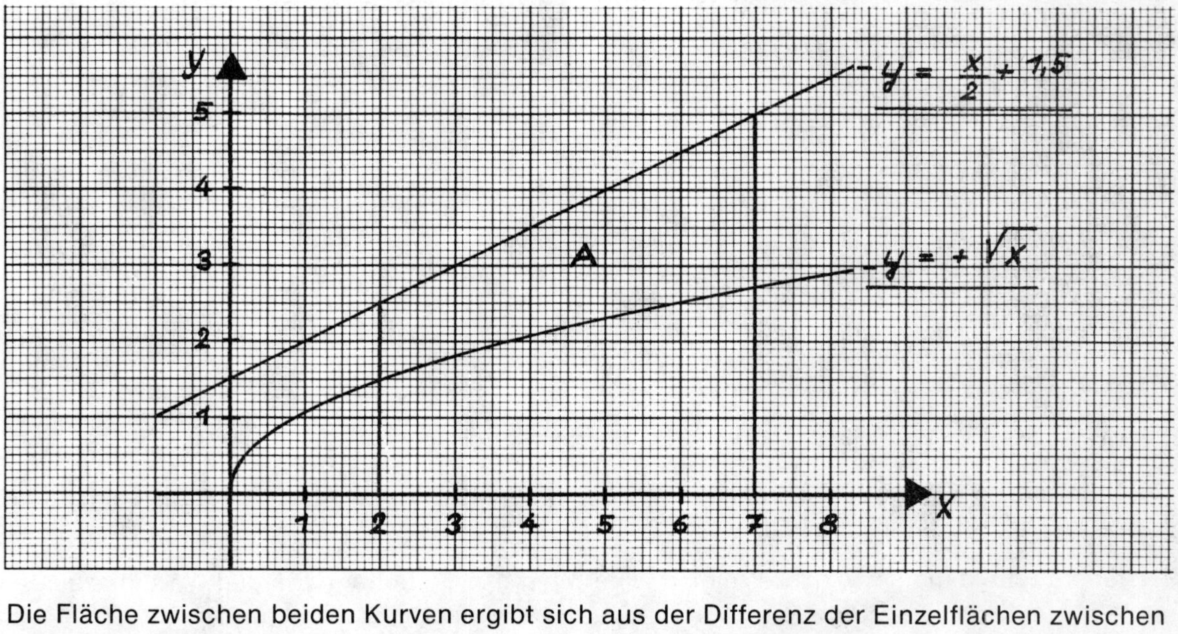

Die Fläche zwischen beiden Kurven ergibt sich aus der Differenz der Einzelflächen zwischen x-Achse und Kurve.

Lösungsgang:

$$A = \int_2^7 \left(\frac{x}{2} + 1{,}5\right) \cdot dx - \int_2^7 \sqrt{x} \cdot dx$$

$$= \int_2^7 \left(\frac{x}{2} + 1{,}5 - \sqrt{x}\right) \cdot dx$$

$$= \left(\frac{x^2}{4} + 1{,}5x - \frac{2x^{\frac{3}{2}}}{3}\right)\Big/_2^7$$

$$= \left(\frac{x^2}{4} + 1{,}5x - \frac{2}{3}x \cdot \sqrt{x}\right)\Big/_2^7$$

$$= \left(\frac{49}{4} + 10{,}5 - \frac{14}{3} \cdot \sqrt{7}\right) - \left(1 + 3 - \frac{4}{3} \cdot \sqrt{2}\right)$$

$$A = 10{,}403 - 2{,}114 = \mathbf{8{,}289\ E^2}$$

Beispiel:

Eine Fläche aus 20 Einheiten wird gebildet:

1. von einer Geraden $x = 3$
2. von einer Geraden $x = 9$
3. von einer Geraden $y_1 = 0{,}25x + 4$
4. von einer unbekannten Geraden y_2, die im Punkt $y = 1{,}5$ die y-Achse schneidet.
5. Bestimme die Gleichung dieser Geraden.

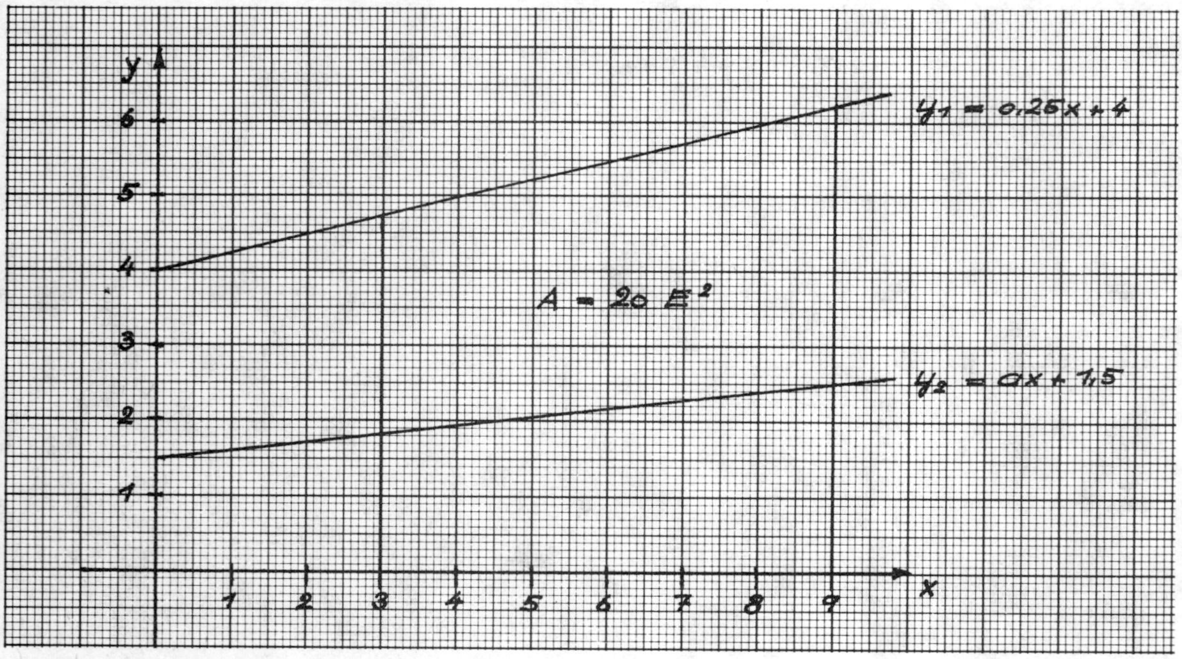

Lösung:

Die Differenz der Flächen unter der bekannten Kurve $y_1 = 0{,}25x + 4$ und unter der unbekannten Kurve $y_2 = ax + b$ ergibt die Fläche $A = 20\ E^2$.

Der Schnittpunkt mit der y-Achse zeigt, daß der Wert $b = 1{,}5$ beträgt. Um den Wert für a zu ermitteln, stellt man die Integralgleichung auf, führt die Integration durch und stellt dann nach der gesuchten Steigung ,,a“ der Geraden y_2 um.

Lösung: $20 = A$

$$20 = \int_3^9 (0{,}25x + 4) \cdot dx - \int_3^9 (ax + 1{,}5) \cdot dx$$
$$20 = \int_3^9 (0{,}25x - ax + 2{,}5) \cdot dx$$
$$20 = (0{,}125x^2 - 0{,}5ax^2 + 2{,}5x)\Big|_3^9$$
$$20 = (10{,}125 - a \cdot 40{,}5 + 22{,}5) - (1{,}125 - 4{,}5a + 7{,}5)$$
$$20 = 32{,}625 - 40{,}5a - 8{,}625 + 4{,}5a$$
$$20 = 24 - 36a$$

$$36a = +4;\ a = \mathbf{\frac{4}{36}}$$

$$\mathbf{y_2 = \frac{4}{36} \cdot x + 1{,}5}$$

Die arithmetische Probe bestätigt die Richtigkeit der Lösung:

$$l_1 \triangleq y_1(x=9) - y_2(x=9) = (0{,}25 \cdot 9 + 4) - \left(\frac{4}{36} \cdot 9 + 1{,}5\right) =$$

$$\mathbf{l_1 = 3{,}75}$$

$$l_2 \triangleq y_1(x=3) - y_2(x=3) = (0{,}25 \cdot 3 + 4) - \left(\frac{4}{36} \cdot 3 + 1{,}5\right) =$$

$$\mathbf{l_2 \triangleq 2{,}9167}$$

$$b = 9 - 3;\quad \mathbf{b = 6}$$

Probe:

$$A = \frac{l_1 + l_2}{2} \cdot b$$

$$A = \frac{3{,}75 + 2{,}9167}{2} \cdot 6$$

$$\mathbf{A \triangleq 20\ E^2}$$

Beispiel:

Berechne die Fläche, die von den Funktionen

und $y_1 = 0{,}5x^2 - 3$

$y_2 = \frac{x}{2} + \frac{11}{8}$

eingeschlossen wird.

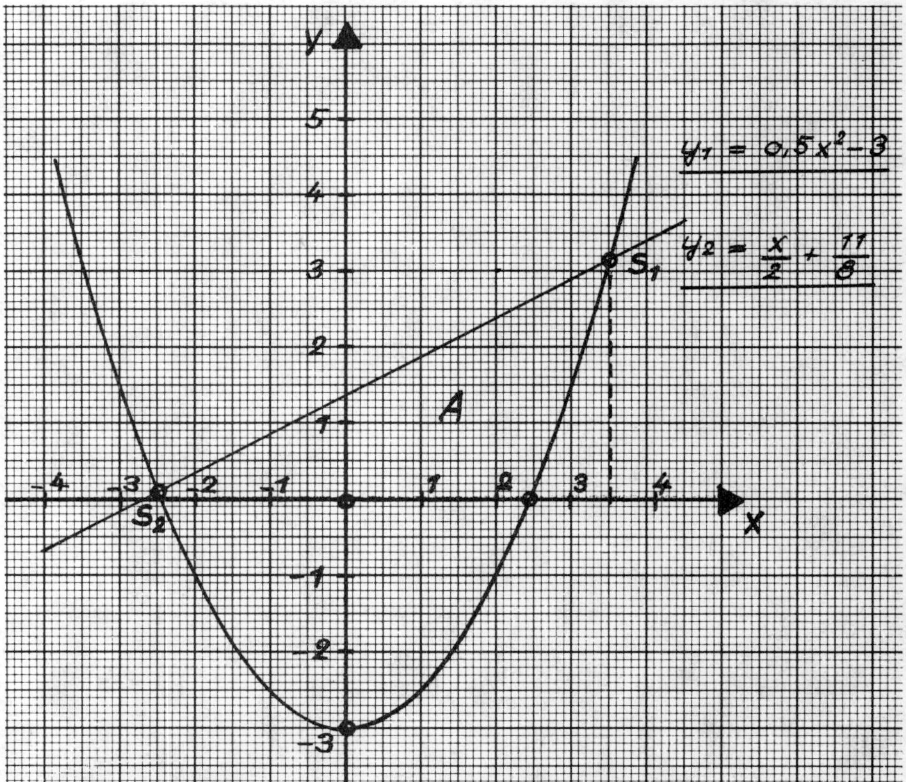

Lösung:

Zur Bestimmung der Grenzen, in denen die gesuchte Fläche liegt, müssen die Schnittpunkte der beiden Kurven

$y_1 = 0{,}5x^2 - 3$ und

$y_2 = \frac{x}{2} + \frac{11}{8}$

bestimmt werden. Dies geschieht durch Gleichsetzung der beiden Funktionen und Berechnung der Werte für x_S.

$$0{,}5x^2 - 3 = \frac{x}{2} + \frac{11}{8}$$

$$0{,}5x^2 - 3 - \frac{x}{2} - \frac{11}{8} = 0$$

$$0{,}5x^2 - \frac{x}{2} = \frac{35}{8}$$

$$x^2 - x = \frac{35}{4}$$

$$x^2 - x + \frac{1}{4} = \frac{35}{4} + \frac{1}{4}$$

$$\left(x - \frac{1}{2}\right)^2 = \frac{36}{4}$$

$$x_{S_1,S_2} = \frac{1}{2} \pm \sqrt{9}$$

$$\left.\begin{aligned} \mathbf{x_{S_1}} &= \frac{1}{2} + 3 = \mathbf{3{,}5} \\ \mathbf{x_{S_2}} &= \frac{1}{2} - 3 = \mathbf{-2{,}5} \end{aligned}\right\} \quad \text{Schnittpunkte}$$

Berechnung der Fläche A:

$$A = \int_{-2,5}^{3,5} (y_2 - y_1) \cdot dx$$

$$A = \int_{-2,5}^{3,5} \left[\left(\frac{x}{2} + \frac{11}{8}\right) - (0{,}5x^2 - 3)\right] \cdot dx$$

$$A = \int_{-2,5}^{3,5} \left(\frac{x}{2} - 0{,}5x^2 + \frac{35}{8}\right) \cdot dx$$

$$A = \left(\frac{x^2}{4} - \frac{x^3}{6} + \frac{35}{8}x\right) \Big/_{-2,5}^{+3,5}$$

$$A = \left(\frac{12{,}25}{4} - \frac{42{,}875}{6} + \frac{122{,}5}{8}\right) - \left(\frac{6{,}25}{4} + \frac{15{,}625}{6} - \frac{87{,}5}{8}\right)$$

$$A = \left(\frac{73{,}5}{24} - \frac{171{,}5}{24} + \frac{367{,}5}{24}\right) - \left(\frac{37{,}5}{24} + \frac{62{,}5}{24} - \frac{262{,}5}{24}\right)$$

$$A = \frac{269{,}5}{25} - \left(-\frac{162{,}5}{24}\right)$$

$$A = \frac{432}{24}$$

$$\mathbf{A \triangleq 18{,}00\ E^2}$$

Probe nach Überschlagsformel: $A = 6{,}0 \cdot 4{,}375 \cdot \frac{2}{3} = \sim 17{,}5\ E^2$

Beispiel:

Die Fläche, welche von der Funktion $y = x^2 - 5$ und der x-Achse eingeschlossen wird, ist zu bestimmen.

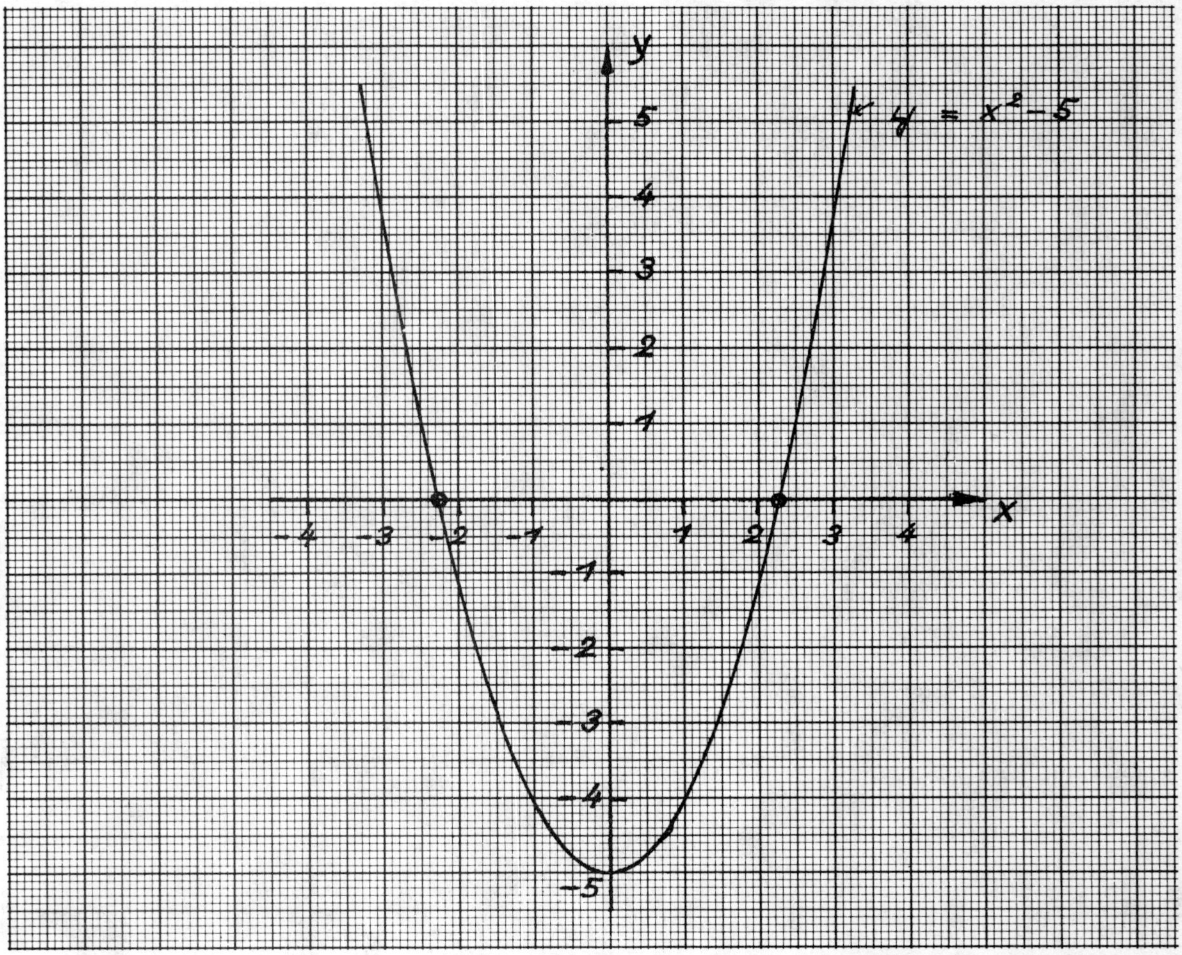

Die Fläche, welche von der Funktion $y = x^2 - 5$ und der x-Achse umschlossen ist, kann mit der Integralrechnung ermittelt werden, falls die Integrationsgrenzen bekannt sind.

Aus der Zeichnung ist ersichtlich, daß diese zugleich die Nullstellen der Funktion sind.

Sie zu bestimmen ist der erste Lösungsschritt.

1. Bestimmung der Grenzen:

$y = x^2 - 5$; Null setzen

$0 = x^2 - 5$

$\left.\begin{array}{l} x_1 = +\sqrt{5} \\ x_2 = -\sqrt{5} \end{array}\right\} \rightarrow$ Nullstellen = Grenzen

Die Fläche ergibt sich aus der Integration in den Grenzen $x = -\sqrt{5}$ bis $x = +\sqrt{5}$.

2. Flächenbestimmung:

$$A = \int_{-\sqrt{5}}^{\sqrt{5}} (x^2 - 5) \cdot dx$$

$$A = \left(\frac{x^3}{3} - 5x\right)\Big/_{-\sqrt{5}}^{\sqrt{5}}$$

$$A = \left[\frac{(\sqrt{5})^3}{3} - 5 \cdot \sqrt{5}\right] - \left[-\frac{(\sqrt{5})^3}{3} - 5 \cdot \left(-\sqrt{5}\right)\right]$$

$$A = \left[\frac{(\sqrt{5})^3}{3} - 5 \cdot \sqrt{5}\right] - \left[-\frac{(\sqrt{5})^3}{3} + 5 \cdot \sqrt{5}\right]$$

$$A = \frac{(\sqrt{5})^3}{3} - 5 \cdot \sqrt{5} + \frac{(\sqrt{5})^3}{3} - 5 \cdot \sqrt{5}$$

$$A = 2 \cdot \frac{(\sqrt{5})^3}{3} - 2 \cdot 5 \cdot \sqrt{5}$$

$$A = \frac{2}{3} \cdot \left(\sqrt{5}\right)^3 - 10 \cdot \sqrt{5}$$

$$\mathbf{A = 14{,}907\ E^2}$$

Stimmt überein mit Faustformel:

$A = \frac{2}{3} \cdot b \cdot h$; $A = \frac{2}{3} \cdot 2 \cdot \sqrt{5} \cdot 5 =$ **14,907 E^2**

Beispiel:

Berechne die Fläche A, die von den Funktionen

$y_1 = x^2 - 4$ und

$y_2 = \frac{x^2}{4} + 2{,}75$

eingeschlossen wird.

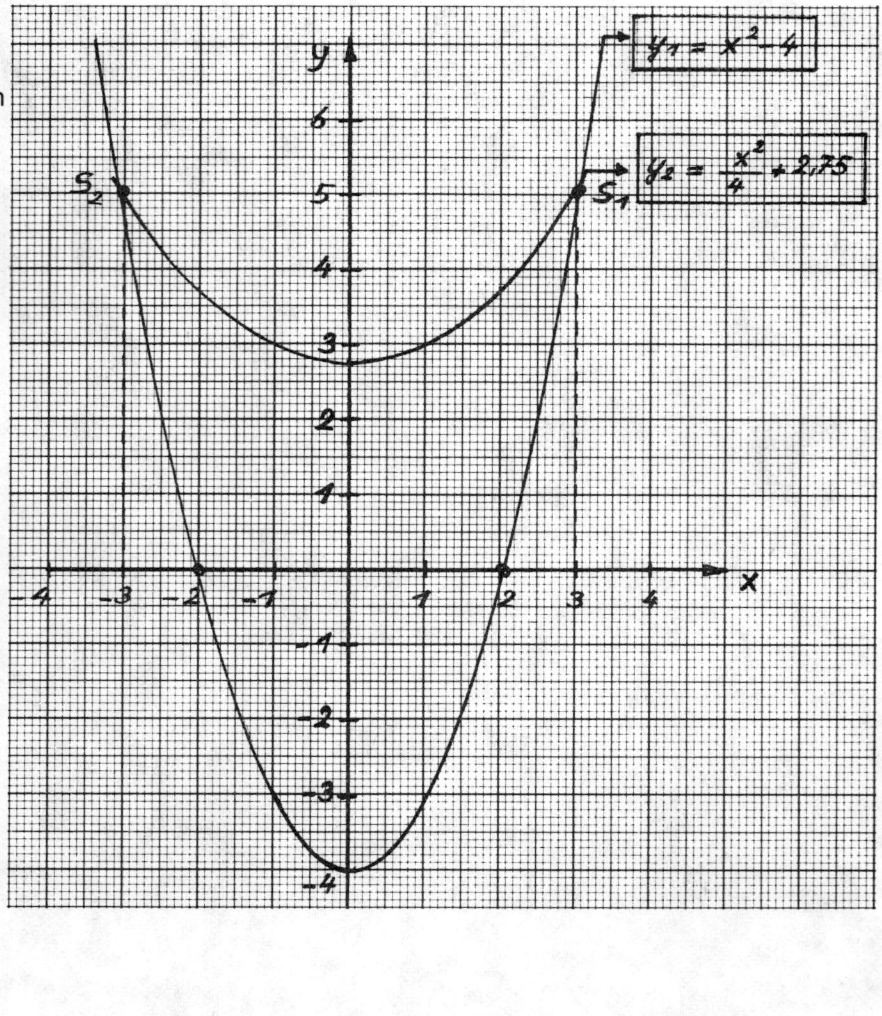

Schnittpunkte:

$y_1 = x^2 - 4; \quad y_2 = \frac{x^2}{4} + 2{,}75$

$x^2 - 4 = \frac{x^2}{4} + 2{,}75$

$x^2 - \frac{x^2}{4} - 4 - 2{,}75 = 0$

$x^2 - \frac{x^2}{4} = 6{,}75$

$\frac{3}{4}x^2 = 6{,}75$

$x^2 = \frac{6{,}75 \cdot 4}{3}$

$x^2 = 9$

$\mathbf{x_1 = +3; \quad x_2 = -3}$

Berechnung der Fläche:

$A = \int_{-3}^{3} (y_2 - y_1) \cdot dx$

$A = \int_{-3}^{3} \left[\left(\frac{x^2}{4} + 2{,}75\right) - (x^2 - 4)\right] \cdot dx$

$A = \int_{-3}^{3} \left(\frac{x^2}{4} - x^2 + 6{,}75\right) \cdot dx$

$A = \left(\frac{x^3}{12} - \frac{x^3}{3} + 6{,}75x\right)\Big/_{-3}^{3}$

$A = \left[-\frac{3^3}{12} - \left(-\frac{3^3}{3}\right) - 20{,}25\right] - \left[\frac{3^3}{12} - \frac{3^3}{3} + 20{,}25\right]$

$A = \left(-\frac{3^3}{12} + \frac{3^3}{3} - 20{,}25\right) - \left(\frac{3^3}{12} - \frac{3^3}{3} + 20{,}25\right)$

$A = -13{,}5 - 13{,}5 = -27 \mathrel{\widehat{=}} \mathbf{27\ E^2}$

Beispiel:

Bestimme die Fläche zwischen Kurve und x-Achse der Funktion

$y = \frac{1}{x}$ in den Grenzen $x = 0$ bis $x = 2$.

Für die dargestellte Fläche in den Grenzen $x = 0$ bis $x = 2$ ergibt die Integration der Funktion keinen endlichen Wert.

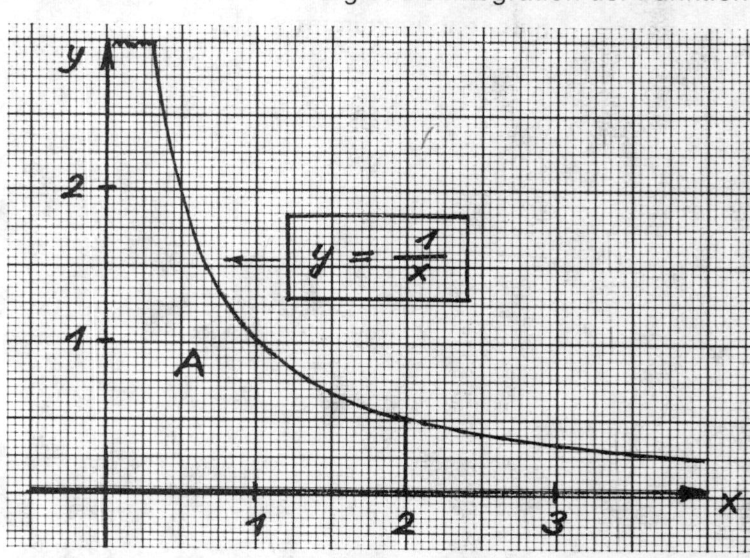

Lösung:

$A = \int_0^2 \frac{1}{x} \cdot dx$

$= \ln x \Big/_0^2$

$= \ln 2 - \ln 0$

$= \ln \frac{2}{0}$

$A = \infty\ \mathbf{E^2}$

Folgerung:

Wenn die Grenzen Unendlichkeitsstellen der Funktion sind oder innerhalb der Grenzen solche vorhanden sind, ist eine Flächenberechnung mit Hilfe der Integralrechnung nicht sinnvoll.

Beachte:

Man wählt die Bezeichnung „uneigentliche Integrale", wenn der Fall vorliegt, daß entweder der Integrand zwischen den Grenzen eine Unendlichkeitsstelle besitzt oder die Grenzen Pole, also selbst Unendlichkeitsstellen sind.

Beispiel:

Berechne die Fläche, die von der Funktion $y = 1 + \sin x$ und der x-Achse eingeschlossen wird.

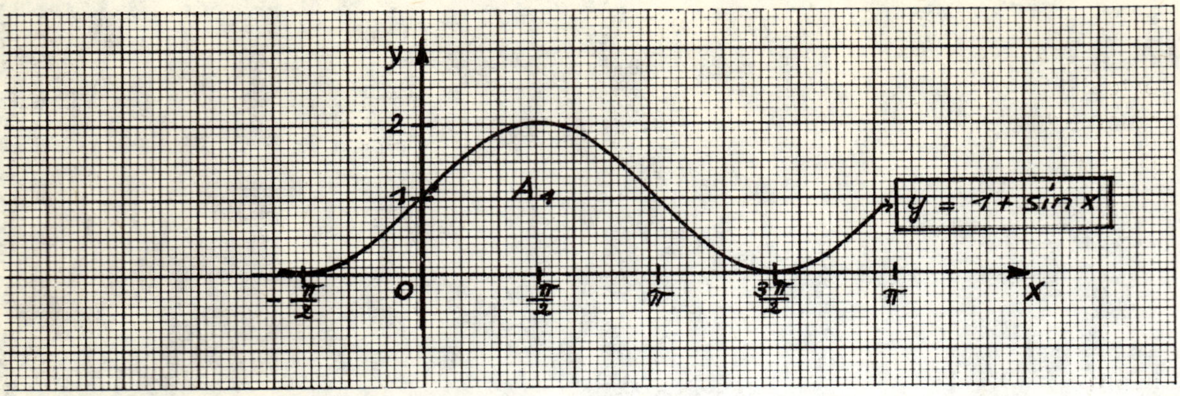

Diese Funktion besitzt unendlich viele Nullstellen. Sie schließt mit der x-Achse zwischen zwei benachbarten Nullstellen stets die gleiche Fläche A_1 ein mit $A_1 = 2\pi\, E^2$.

Nullstellen:

$$x = \begin{cases} \frac{3}{2}\pi;\ \frac{7}{2}\pi;\ \frac{11}{2}\pi \ \ldots \\ -\frac{\pi}{2};\ -\frac{5}{2}\pi;\ -\frac{9}{2}\pi \ \ldots \end{cases}$$

Flächenbestimmung:

$$A_1 = \int_{-\frac{\pi}{2}}^{\frac{3\pi}{2}} (1 + \sin x) \cdot dx$$

$$A_1 = (x - \cos x) \Big/_{-\frac{\pi}{2}}^{\frac{3\pi}{2}}$$

$$A_1 = \frac{3\pi}{2} - 0 - \left(-\frac{\pi}{2} - 0\right) \quad \mathrel{\hat=} \mathbf{2\pi\ E^2}$$

$$A = \lim_{n\to\infty} n \cdot 2\pi\, E^2 \mathrel{\hat=} \infty$$

5. Kapitel

Die numerische Integration

Bei fehlendem Integranden kann die Bestimmung der Fläche mit Hilfe der numerischen Integration erfolgen.

Diese Methode beruht auf der Addition von Flächenstreifen und läßt sich nach verschiedenen Regeln durchführen, die sich durch die erreichte Genauigkeit unterscheiden.

§ 10 Die Rechteckregel

Beispiel:

Integriere die aufgezeichnete Funktion in den Grenzen $x = 0$ bis $x = x_n$.

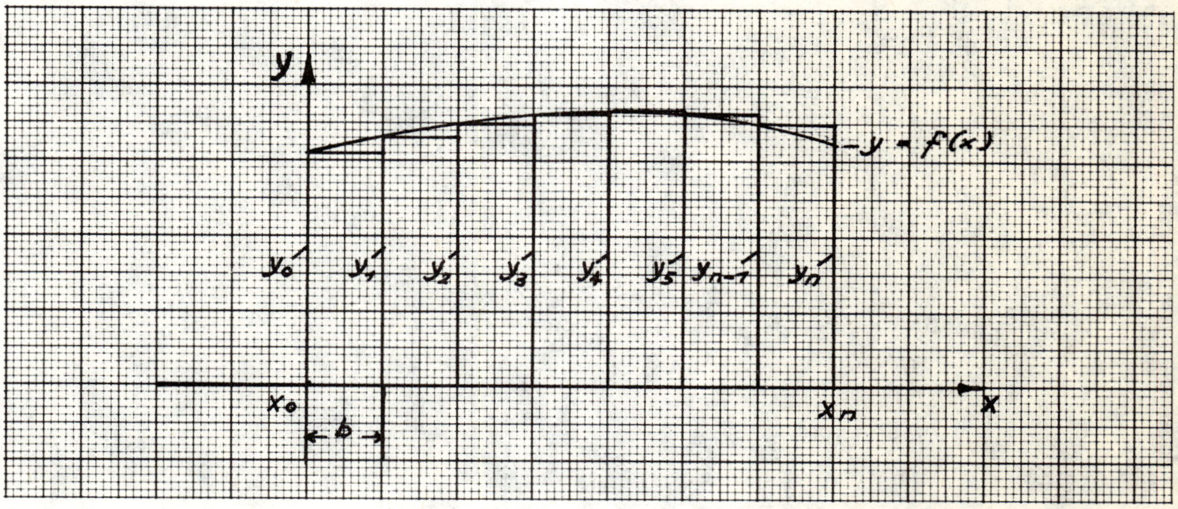

Lösungsweg:

1. Man teilt die Fläche unter der Kurve in n gleiche Flächenstreifen von der Breite b und der Länge y_0 bis y_{n-1} der jeweils zugehörigen Ordinate. Die Genauigkeit steigt mit wachsender Flächenzahl.

2. Die entstandenen Rechtecke werden addiert. Durch Ausklammern läßt sich die Berechnung vereinfachen.

$$A = y_0 \cdot b + y_1 \cdot b + y_2 \cdot b + y_3 \cdot b + y_4 \cdot b + y_5 \cdot b + y_{n-1} \cdot b$$
$$A = b \cdot (y_0 + y_1 + y_2 + y_3 + y_4 + y_5 + y_{n-1})$$

Rechteckregel allgemein

$$\int_{x_0}^{x_n} f(x) \cdot dx \approx b \cdot (y_0 + y_1 + y_2 + \ldots + y_{n-1})$$

Aufgabe:

Löse das Integral $\int_1^3 \frac{1}{x} \cdot dx$ mit Hilfe der Rechteckregel!

Zum Vergleich zuerst durch Integration:

$$\int_1^3 \frac{1}{x} \cdot dx = \ln x \Big/_1^3 = \ln 3 - \ln 1 = \ln \frac{3}{1} = \ln 3 \triangleq \mathbf{1{,}098612\ E^2}$$

Nach Rechteckregel:

Es soll die Fläche der Funktion $y = \frac{1}{x}$ in den Grenzen $x = 1$ bis $x = 3$ bestimmt werden.

$$\int_1^3 \frac{dx}{x} = b(y_0 + y_1 + \ldots y_{n-1})$$

Der Flächenstreifen wird in 10 gleiche Teile geteilt.

$n = 10$ Teile; $b = \frac{3-1}{10} = 0{,}2$;

Daraus ergeben sich die x-Werte von x_0 bis x_9 mit 1 bis 2,8. Die Differenz beträgt 0,2, d. h. in der Rechteckregel ist somit $b = 0{,}2$.

Wertetafel: $\mathbf{y = \frac{1}{x}}$

$$\left.\begin{array}{lllll}
x_0 = 1{,}0 & \rightarrow & y_0 = \frac{1}{1} & = & 1{,}000000 \\
x_1 = 1{,}2 & \rightarrow & y_1 = \frac{1}{1{,}2} & = & 0{,}833333 \\
x_2 = 1{,}4 & \rightarrow & y_2 = \frac{1}{1{,}4} & = & 0{,}714286 \\
x_3 = 1{,}6 & \rightarrow & y_3 = \frac{1}{1{,}6} & = & 0{,}625000 \\
x_4 = 1{,}8 & \rightarrow & y_4 = \frac{1}{1{,}8} & = & 0{,}555555 \\
x_5 = 2{,}0 & \rightarrow & y_5 = \frac{1}{2{,}0} & = & 0{,}500000 \\
x_6 = 2{,}2 & \rightarrow & y_6 = \frac{1}{2{,}2} & = & 0{,}454545 \\
x_7 = 2{,}4 & \rightarrow & y_7 = \frac{1}{2{,}4} & = & 0{,}416666 \\
x_8 = 2{,}6 & \rightarrow & y_8 = \frac{1}{2{,}6} & = & 0{,}384615 \\
x_9 = 2{,}8 & \rightarrow & y_9 = \frac{1}{2{,}8} & = & 0{,}357143
\end{array}\right\} +$$

$$\Sigma\, y_{0 \ldots 9} = \mathbf{5{,}841143}$$

$$\int_1^3 \frac{1}{x} \cdot dx \approx 0{,}2 \cdot \Sigma\, y_{0\ldots 9}$$

$$\approx 0{,}2 \cdot 5{,}841143 = 1{,}168229$$

$$\ln 3 = 1{,}098612$$

$\Delta = 0{,}069617$; **Der relative Fehler liegt bei 6,34%**

§ 11 Die Trapezregel

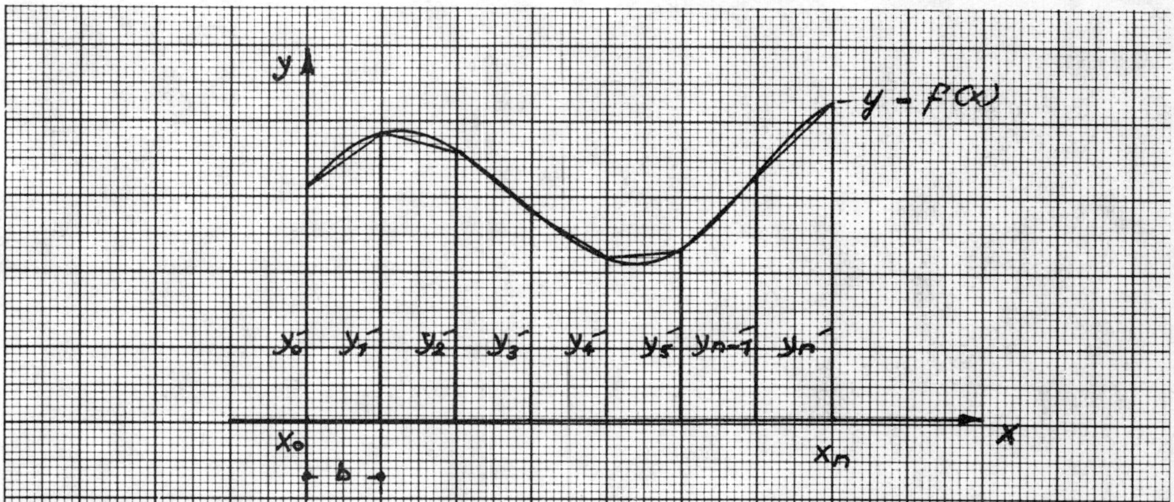

Die gezeichnete Funktion ist zu integrieren durch Aufteilung der Fläche in Trapeze und ihre anschließende Addition.

$$A \approx \frac{y_0 + y_1}{2} \cdot b + \frac{y_1 + y_2}{2} \cdot b + \ldots + \frac{y_{n-1} + y_n}{2} \cdot b$$

$$A \approx b \cdot \left(\frac{y_0 + y_1}{2} + \frac{y_1 + y_2}{2} + \ldots + \frac{y_{n-1} + y_n}{2} \right)$$

$$A \approx b \cdot \left(\frac{y_0}{2} + \frac{y_1}{2} + \frac{y_1}{2} + \frac{y_2}{2} + \ldots + \frac{y_{n-1}}{2} + \frac{y_n}{2} \right)$$

$$A \approx b \cdot \left(\frac{y_0}{2} + y_1 + y_2 + \ldots + y_{n-1} + \frac{y_n}{2} \right)$$

Trapezregel allgemein

$$\int f(x) \cdot dx \approx b \left(\frac{y_0}{2} + y_1 + y_2 + \ldots + y_{n-1} + \frac{y_n}{2} \right)$$

Wende die Trapezregel auf das vorhergehende Beispiel an:

$$\int_1^3 \frac{1}{x} \cdot dx = \ln x \Big/_1^3 = \mathbf{\ln 3 = 1{,}098612}$$

Trapezregel:

Die Summe von y_0 bis y_9 wurde bereits mit der Rechteckregel ermittelt.

Sie war: 5,841143

Da hier nur die Summe von y_1 bis y_9 benötigt wird, subtrahiert man $y_0 = 1$ wieder.

$\Sigma\, y_1 \ldots y_9 = 5{,}841143 - 1 = 4{,}841143$

$$\frac{y_0}{2} = \frac{1}{2} = 0{,}5$$

außerdem ist: $x_{10} = 3 \rightarrow y_{10} = \frac{1}{3} = 0{,}333333$

dann ergibt:

$$\int_1^3 \frac{1}{x} \cdot dx \approx 0{,}2\,(0{,}5 + 4{,}841143 + 0{,}333333)$$

$$\approx 0{,}2 \cdot 5{,}674476$$

$$\approx 1{,}134895$$

$$\ln 3 = 1{,}098612$$

$$\Delta = 0{,}036283$$

Der relative Fehler = 3,30%, also eine bessere Näherung als bei der Rechteckregel!

§ 12 Die Tangentenregel

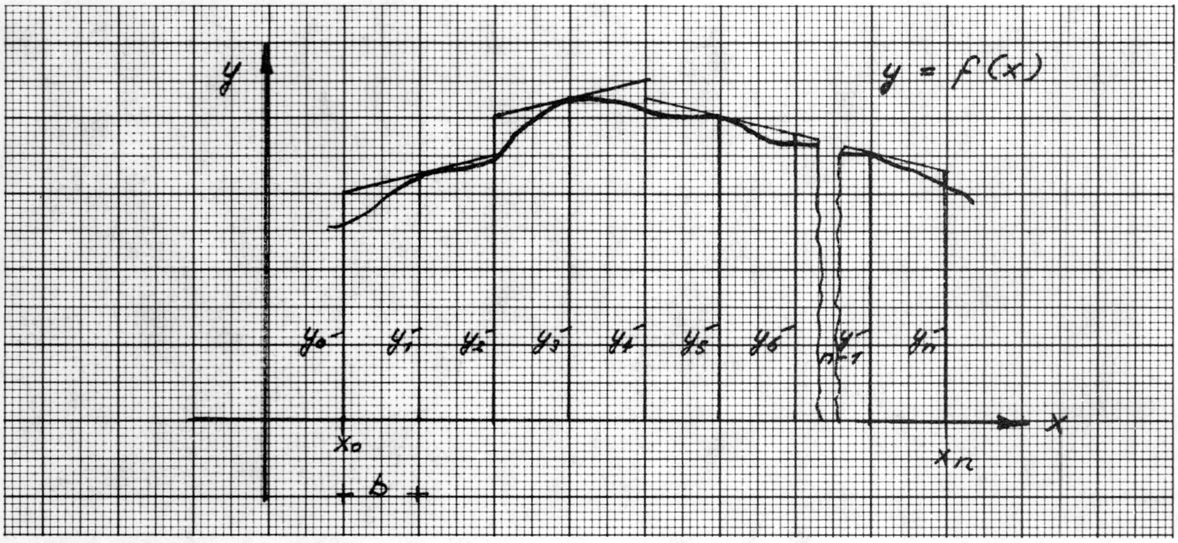

Aufgabe:

Durch Addition der gleich breiten Flächenstreifen soll die dargestellte Funktion integriert werden. Eine Seite der trapezförmigen Flächenstreifen bildet die Tangente an die Kurve.

Lösung:

1. Zuerst teilt man die unter der Kurve liegende x-Achse in n gleiche Teile mit der Breite = b.

   Der Wert n muß eine gerade Zahl sein.

2. Dann markiert man diejenigen Punkte der Kurve, die von den y-Ordinaten mit ungeraden Werten berührt werden.

   Zeichnet man dort die Tangente an die Kurve, erhält man die Mittellinie von Trapezen, welche den Breitenwert 2b haben.

3. Die Integration besteht sodann aus der Addition aller Teilflächen.

   $A \approx y_1 \cdot 2b + y_3 \cdot 2b + y_5 \cdot 2b + y_7 \cdot 2b + \ldots + y_{n-1} \cdot 2b$

   $A \approx 2b \cdot (y_1 + y_3 + y_5 + y_7 + \ldots + y_{n-1})$

Tangentenregel allgemein

$$\int_{x_0}^{x_n} f(x) \cdot dx \approx 2b \cdot (y_1 + y_3 + y_5 + \ldots + y_{n-3} + y_{n-1})$$

Beispiel: (wie vor!)

$$\int_1^3 \frac{1}{x} \cdot dx \approx 2b(y_1 + y_3 + y_5 + y_7 + y_9)$$

Die Werte für y_1, y_3, y_5, y_7 und y_9 werden der Berechnung mit der Rechteckregel entnommen.

$$\begin{aligned}
x_1 &= 1{,}2 \rightarrow y_1 = 0{,}833333\\
x_3 &= 1{,}6 \rightarrow y_3 = 0{,}625000\\
x_5 &= 2{,}0 \rightarrow y_5 = 0{,}500000\\
x_7 &= 2{,}4 \rightarrow y_7 = 0{,}416666\\
x_9 &= 2{,}8 \rightarrow y_9 = 0{,}357143\\
& \qquad \Sigma y = 2{,}732142
\end{aligned}$$

$$\int_1^3 \frac{1}{x} \cdot dx \approx 2 \cdot 0{,}2 \cdot 2{,}732142 = 1{,}092857$$

$$\ln 3 = 1{,}098612$$

$$\Delta = 0{,}005755$$

Der relative Fehler liegt bei 0,52%

§ 13 Die Simpsonsche Regel

Die Simpsonsche Regel ist das arithmetische Mittel aus der doppelten Fläche der Trapezregel und der einfachen Fläche der Tangentenregel.

Trapezregel: $A_{Tr} \approx b \cdot \left(\frac{y_0}{2} + y_1 + y_2 + \ldots + y_{n-1} + \frac{y_n}{2} \right)$

Tangentenregel: $A_{Ta} \approx 2b \cdot (y_1 + y_3 + y_5 + \ldots + y_{n-1})$

Simpsonsche Regel: $A_{Si} \approx \frac{2 \cdot A_{Tr} + A_{Ta}}{3}$

Simpsonsche Regel:

$$A_{Si} \approx \frac{b}{3} \cdot \frac{2y_0}{2} + \frac{b}{3} \cdot 2y_1 + \ldots \frac{b}{3} \cdot 2y_{n-1} + \frac{b}{3} \cdot \frac{2y_n}{2} +$$

$$+ \frac{2b}{3} \cdot y_1 + \frac{2b}{3} \cdot y_3 + \ldots + \frac{2b}{3} \cdot y_{n-1}$$

$$A_{Si} \approx \frac{b}{3} (y_0 + 4y_1 + 2y_2 + 4y_3 + \ldots 2y_{n-2} + 4y_{n-1} + y_n)$$

Allgemeine Fassung

$$\int_{x_0}^{x_n} f(x) \cdot dx \approx \frac{b}{3} (y_0 + 4y_1 + 2y_2 + 4y_3 + \ldots + 2y_{n-2} + 4y_{n-1} + y_n)$$

Auf vorhergehendes Beispiel angewandt

$$\int_1^3 \frac{1}{x} \cdot dx = \begin{array}{l} 1{,}000000 \\ 0{,}833333 \cdot 4 \\ 0{,}714286 \cdot 2 \\ 0{,}625000 \cdot 4 \\ 0{,}555555 \cdot 2 \\ 0{,}500000 \cdot 4 \\ 0{,}454545 \cdot 2 \\ 0{,}416666 \cdot 4 \\ 0{,}384615 \cdot 2 \\ 0{,}357143 \cdot 4 \\ 0{,}333333 \end{array}$$

$$\Sigma = 16{,}479903 \cdot \frac{0{,}2}{3} = 1{,}098660$$

$$\ln 3 = 1{,}098612$$

$$\Delta = 0{,}000048$$

Der relative Fehler liegt bei 0,0044%

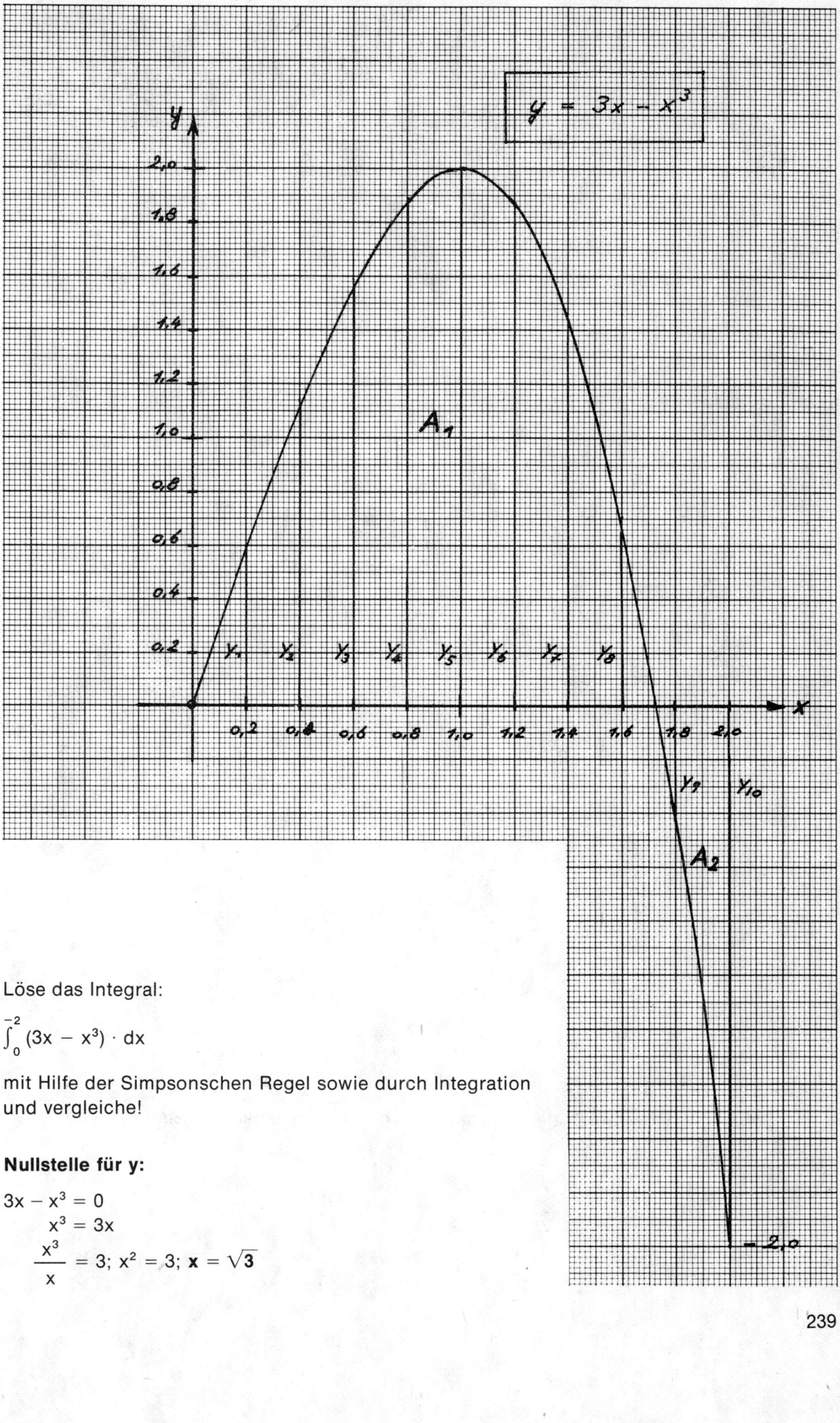

Löse das Integral:

$$\int_0^{-2} (3x - x^3) \cdot dx$$

mit Hilfe der Simpsonschen Regel sowie durch Integration und vergleiche!

Nullstelle für y:

$$3x - x^3 = 0$$

$$x^3 = 3x$$

$$\frac{x^3}{x} = 3;\ x^2 = 3;\ \mathbf{x} = \sqrt{\mathbf{3}}$$

Wertetafel: $y = 3x - x^3$

x_0	= 0	→	y_0	= 0		
x_1	= 0,2	→	y_1	= 0,592 · 4	=	2,368
x_2	= 0,4	→	y_2	= 1,136 · 2	=	2,272
x_3	= 0,6	→	y_3	= 1,584 · 4	=	6,336
x_4	= 0,8	→	y_4	= 1,888 · 2	=	3,776
x_5	= 1,0	→	y_5	= 2,000 · 4	=	8,000
x_6	= 1,2	→	y_6	= 1,872 · 2	=	3,744
x_7	= 1,4	→	y_7	= 1,456 · 4	=	5,824
x_8	= 1,6	→	y_8	= 0,704 · 2	=	1,408
						Σ = 33,728
x_{8a}	= $\sqrt{3}$	→	y_{8a}	= 0		
x_9	= 1,8	→	y_9	= −0,432 · 4	=	− 1,728
x_{10}	= 2,0	→	y_{10}	= −2,000	=	− 2,000
						Σ = − 3,728

Nach der Simpsonschen Regel

$$\mathbf{A_1} = \frac{0,2}{3} \cdot 33,728 = \mathbf{2,248533\ E^2}$$

$$\mathbf{A_1} + \mathbf{A_2} = \frac{0,2}{3} \cdot (33,728 + 3,728) = \mathbf{2,497067\ E^2}$$

Durch Integration:

$$A_1 = \int_0^{\sqrt{3}} (3x - x^3) \cdot dx; \quad A_1 = \frac{3x^2}{2} - \frac{x^4}{4} \Big|_0^{\sqrt{3}}$$

$$A_1 = \frac{3 \cdot (\sqrt{3})^2}{2} - \frac{(\sqrt{3})^4}{4}$$

$$A_1 = \frac{9}{2} - \frac{9}{4} = \mathbf{2,25\ E^2}$$

$$A_2 = \left| \int_{\sqrt{3}}^{2} (3x - x^3) \cdot dx \right|$$

$$A_2 = \left| \frac{3x^2}{2} - \frac{x^4}{4} \Big|_{\sqrt{3}}^{2} \right|$$

$$A_2 = \left| \frac{3 \cdot 2^2}{2} - \frac{2^4}{4} - \frac{3\sqrt{3}^2}{2} + \frac{\sqrt{3}^4}{4} \right|$$

$$A_2 = \left| 6 - 4 - \frac{9}{2} + \frac{9}{4} \right|$$

$$A_2 = |\ 2 - 2,25\ | = 0,25$$

$$\mathbf{A_1} + \mathbf{A_2} = 2,25 + 0,25 = \mathbf{2,50\ E^2}$$

Dieses Beispiel zeigt besonders deutlich, mit welch großer Genauigkeit die Simpsonsche Regel das Ergebnis liefert:

Bei der Fläche A_1:
beträgt der relative Fehler **0,0652%**

Bei der Gesamtfläche:
beträgt der relative Fehler **0,1173%**

Zur Veranschaulichung:

Erst bei größeren Flächen gewinnt die Differenz zwischen der Integrations- und der Simpsonschen Methode an Bedeutung. Würde es sich in unserem Beispiel um Kilometer handeln, so wäre der Fehler bei der Fläche:

$$A_1 = 1.467 \text{ m}^2$$

und $A_1 + A_2 = 2.933 \text{ m}^2$

6. Kapitel

Räumliche Anwendung der Integralrechnung (Räumliche Körper)

§ 14 Berechnung von Volumen (Rotationskörper)

Das Volumen eines Körpers ist eine Funktion von mehreren Veränderlichen, allgemein von drei,

$V = f(l, b, h)$.

Die Lösung solcher Aufgaben ist schwierig und nur mit mehrfachen Integralen möglich.

Beispiel:

beschränkt sich auf Rotationskörper, deren Drehachse von der x- oder y-Achse gebildet wird!

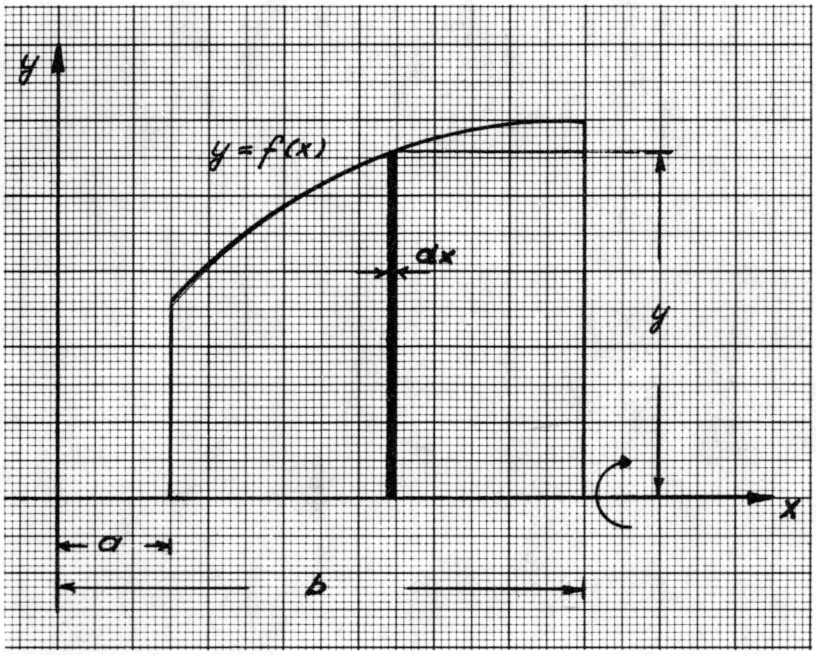

Gesucht ist das Volumen des Körpers, der entsteht, wenn die Fläche zwischen der Kurve $y = f(x)$ und der x-Achse in den Grenzen $x = a$ bis $x = b$ um die x-Achse rotiert. Das Volumen des Rotationskörpers ergibt sich aus der Addition unendlich vieler Zylinderscheibchen mit dem Radius $r \triangleq y$ und der Höhe dx.

Das Differential dV resultiert aus der Formel für Zylindervolumen.

Summe aller dV = Gesamtvolumen.

Lösung:

Zylindervolumen:

$V_Z = r^2 \cdot \pi \cdot h \rightarrow r \triangleq y$

$\rightarrow h \triangleq b - a$

Differential dV

$dV = \pi \cdot y^2 \cdot dx$

$V = \pi \int y^2 \cdot dx \rightarrow$ von b bis a

$V = \pi \int_a^b y^2 \cdot dx$ $\quad$ $\mathbf{V = \pi \int_a^b [f(x)]^2 \cdot dx}$

Beispiel:

Drehachse von y-Achse gebildet.

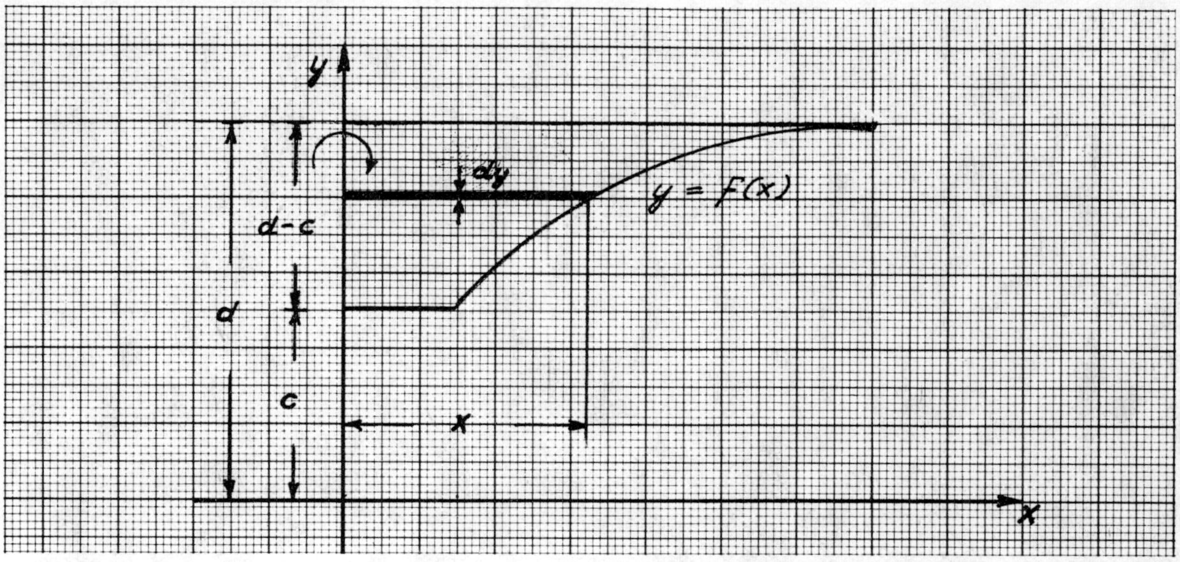

Gesucht ist das Volumen des Körpers, der entsteht, wenn die Fläche zwischen der Kurve $y = f(x)$ und der y-Achse sowie im Bereich d–c rotiert.

Volumen = Addition der Zylinderscheibchen mit Radius $r = x$ und der Höhe dy! = Σ aller dV.

Lösung:

Zylindervolumen:

$V_Z = r^2 \cdot \pi \cdot h \quad \rightarrow r \mathrel{\hat{=}} x$

$\rightarrow h \mathrel{\hat{=}} dy$

Differential dV:

$dV = x^2 \cdot \pi \cdot dy$

$V = \pi \int x^2 \cdot dy \quad \rightarrow$ von c bis d

$$\mathbf{V = \pi \int_c^d x^2 \cdot dy}$$

Zur Berechnung des Volumens integriert man in den Grenzen $y = c$ bis $y = d$.

Erkenntnis:

Rotationsachse = x-Achse:
$V = \pi \cdot \int_a^b y^2 \cdot dx$ $V = \pi \cdot \int_a^b [f(x)]^2 \cdot dx$
Rotationsachse = y-Achse:
$V = \pi \cdot \int_c^d x^2 \cdot dy$

Beispiel:

Die Rotationskörper nachstehend gezeichneter Flächen ergeben jeweils das Volumen eines Kegels.

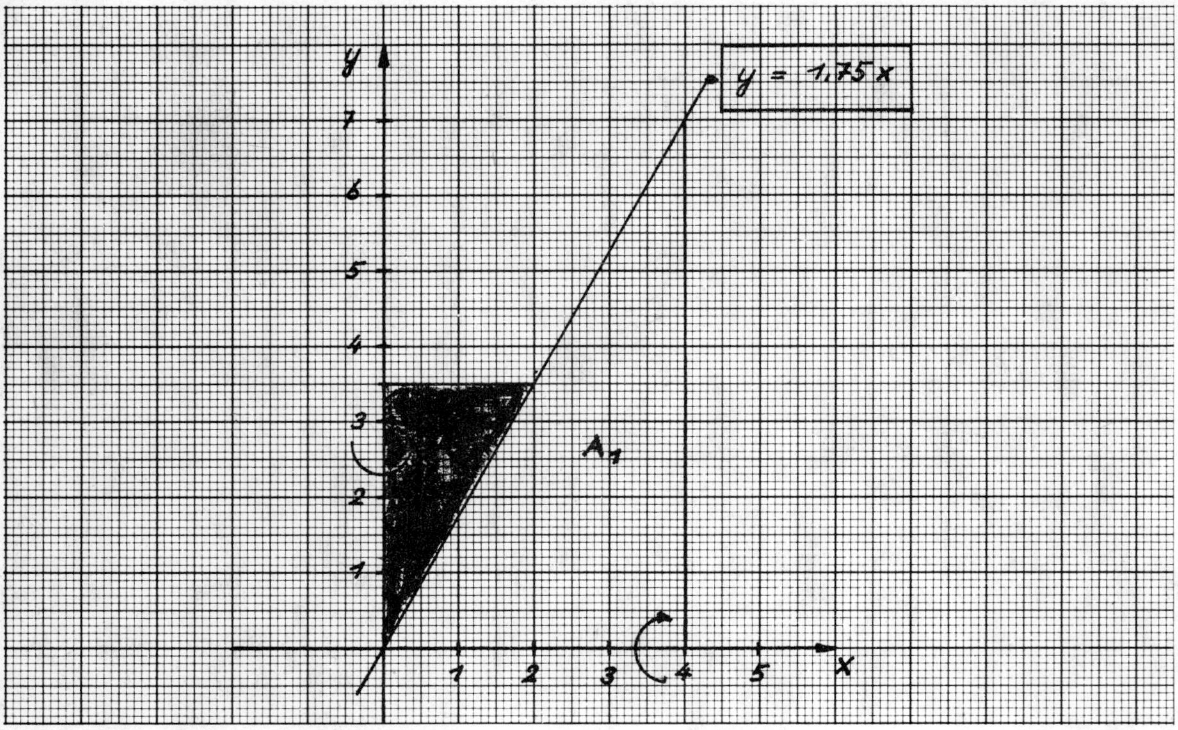

A_1: Rotationsachse = x-Achse

In die Formel für V_x werden die Grenzen x = 0 und x = 4 sowie das Quadrat der Funktion y = 1,75x eingesetzt.

$$V_x = \pi \int_0^4 y^2 \cdot dx \quad \rightarrow y = 1{,}75x$$

$$\rightarrow y^2 = 3{,}0625x^2$$

$$V_x = \pi \int_0^4 3{,}0625x^2 \cdot dx$$

$$V_x = \frac{\pi \cdot 3{,}0625\,x^3}{3} \Big/_0^4$$

$$V_x = \frac{\pi \cdot 3{,}0625 \cdot 64}{3} - 0; \quad \mathbf{V_x = 205{,}25072\ E^2}$$

Kontrolle mit Hilfe der Kegelformel:

$$V = \frac{r^2 \cdot \pi \cdot h}{3} \rightarrow \text{Kegelvolumen}$$

wobei: $\rightarrow r \triangleq y = 7$

$\rightarrow h \triangleq x = 4$

$$V = \frac{7^2 \cdot \pi \cdot 4}{3} = \mathbf{205{,}25072\ E^2}$$

Das Ergebnis stimmt mit dem der Integration genau überein, es handelt sich daher um keine Näherungsformel.

A_2: Rotationsachse = y-Achse

In die Formel für V_y werden die Grenzen y = 0 und y = 3,5 eingesetzt. Den Wert für x^2 erhält man durch Umstellung und Quadrieren.

$$V_y = \pi \cdot \int_0^{3,5} x^2 \cdot dy \quad \rightarrow x = \frac{y}{1,75}$$

$$\rightarrow x^2 = \frac{y^2}{3,0625}$$

$$V_y = \pi \cdot \int_0^{3,5} \frac{y^2}{3,0625} \cdot dy$$

$$V_y = \frac{\pi \cdot y^3}{3,0625 \cdot 3} \Big/_0^{3,5}$$

$$V_y = \frac{\pi \cdot 42,875}{3,0625 \cdot 3} - 0; \quad \mathbf{V_y = 14,660766\ E^2}$$

Kontrolle mit Hilfe der Kegelformel:

wobei $r \triangleq x = 2,0$ und $h \triangleq = 3,5$

$$V = \frac{2^2 \cdot \pi \cdot 3,5}{3} = \mathbf{14,660766\ E^2}$$

Beispiel:

Kugelvolumen durch Integration

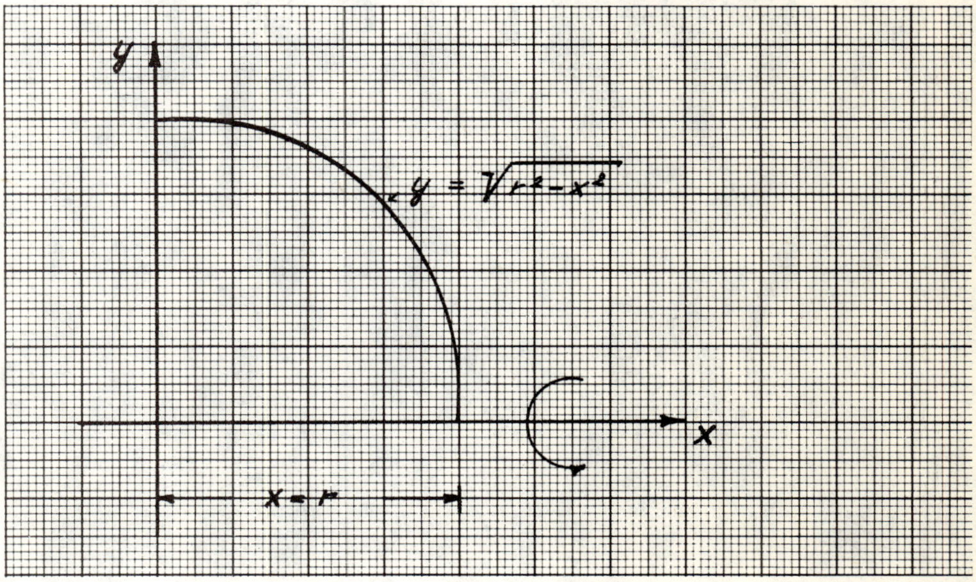

Das Ergebnis ist zu verdoppeln, da der Rotationskörper um die x-Achse nur eine Halbkugel darstellt.

Der Kreisbogen wird durch die Kreisgleichung

$y = \sqrt{r^2 - x^2}$ erfaßt.

$$V = 2 \cdot \pi \int_0^r y^2 \cdot dx \rightarrow y = \sqrt{r^2 - x^2}$$

$$y^2 = r^2 - x^2$$

$$V = 2 \cdot \pi \int_0^r (r^2 - x^2) \cdot dx = 2 \cdot \pi \cdot (r^2 \int_0^r dx - \int_0^r x^2 \cdot dx)$$

$$V = 2 \cdot \pi \cdot \left(r^2 \cdot x - \frac{x^3}{3}\right)\Big/_0^r$$

$$V = 2 \cdot \pi \cdot \left[\left(r^2 \cdot r - 0\right) - \left(\frac{r^3}{3} - 0\right)\right] = 2 \cdot \pi \cdot \left(r^3 - \frac{r^3}{3}\right)$$

$$V = 2 \cdot \pi \cdot \frac{2}{3} r^3; \qquad \mathbf{V = \frac{4}{3} \cdot \pi \cdot r^3}$$

Das Ergebnis stimmt mit der bekannten Formel für das Volumen einer Kugel überein!

Kugelkappe oder Kugelsegment

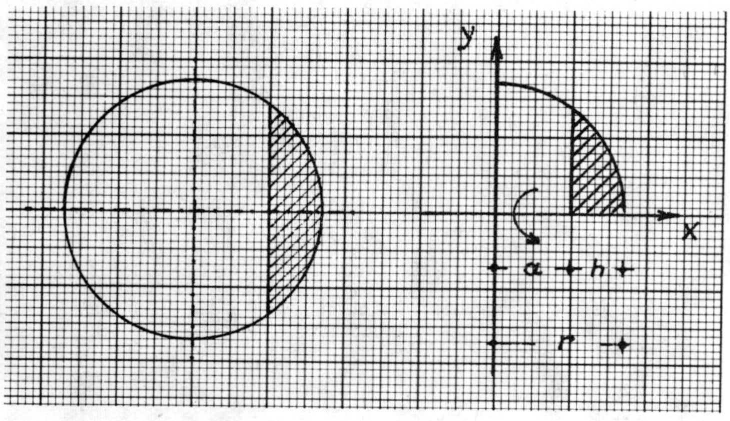

$$V = \pi \cdot \int_a^r y^2 \cdot dx \rightarrow y = \sqrt{r^2 - x^2}$$

$$y^2 = r^2 - x^2$$

$$V = \pi \cdot \int_a^r (r^2 - x^2) \cdot dx$$

$$V = \pi \cdot \left(r^2 \int_a^r dx - \int_a^r x^2 \cdot dx\right)$$

$$V = \pi \cdot \left(r^2 x - \frac{x^3}{3}\right)\Big/_a^r$$

$$V = \pi \cdot \left(r^2 \cdot r - \frac{r^3}{3}\right) - \left(r^2 \cdot a - \frac{a^3}{3}\right)$$

$$V = \pi \cdot \left(r^3 - \frac{r^3}{3} - r^2 a + \frac{a^3}{3}\right)$$

$$V = \pi \cdot \left(\frac{2}{3} r^3 - r^2 a + \frac{a^3}{3}\right)$$

statt a = (r − h) eingesetzt!

$$V = \pi \cdot \left(\frac{2}{3} r^3 - r^2(r-h) + \frac{(r-h)^3}{3}\right)$$

$$V = \pi \cdot \left(\frac{2}{3} r^3 - r^3 + r^2h + \frac{r^3}{3} - \frac{3r^2h}{3} + \frac{3rh^2}{3} - \frac{h^3}{3}\right)$$

$$V = \pi \cdot \left(\frac{2}{3} r^3 + \frac{1}{3} r^3 - r^3 + r^2h - r^2h + rh^2 - \frac{h^3}{3}\right)$$

$$V = \pi \cdot \left(r \cdot h^2 - \frac{h^3}{3}\right); \qquad V = \frac{\pi}{3} (3rh^2 - h^3)$$

ausgeklammert: (h^2)

$$\mathbf{V = \frac{\pi}{3} \cdot h^2 \cdot (3r - h)} \qquad = \text{Formel für Kugelsegment!}$$

Kugelschicht:

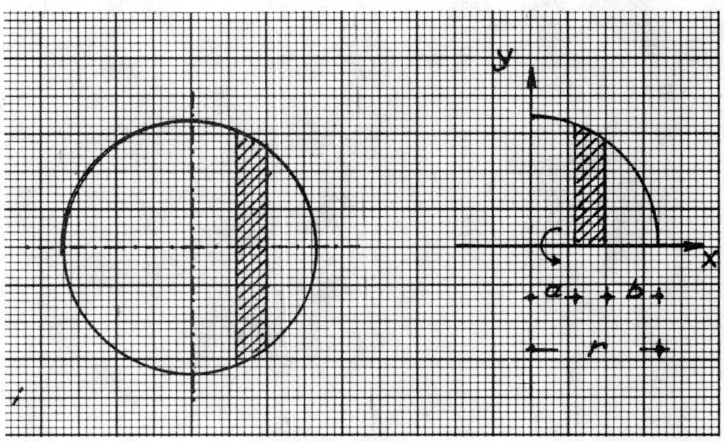

I. Lösungsmethode:

$$V = \pi \cdot \int_a^{r-b} y^2 \cdot dx$$

$$\rightarrow y = \sqrt{r^2 - x^2}; \; y^2 = r^2 - x^2$$

$$V = \pi \cdot \int_a^{r-b} (r^2 - x^2) \cdot dx$$

$$V = \pi \cdot (r^2 \int_a^{r-b} dx - \int_a^{r-b} x^2 \cdot dx)$$

$$V = \pi \cdot \left(r^2 \cdot x - \frac{x^3}{3}\right) \Big/_a^{r-b}$$

$$V = \pi \cdot \left[r^2 \cdot (r-b) - \frac{(r-b)^3}{3}\right] - \left[r^2 \cdot a - \frac{a^3}{3}\right]$$

$$V = \pi \cdot \left[r^2 \cdot (r-b) - \frac{(r-b)^3}{3} - r^2 \cdot a + \frac{a^3}{3}\right]$$

$$V = \pi \cdot \left[r^3 - r^2b - \left(\frac{r^3}{3} - \frac{3r^2b}{3} + \frac{3rb^2}{3} - \frac{b^3}{3}\right) - r^2a + \frac{a^3}{3}\right]$$

$$V = \pi \cdot \left[r^3 - r^2b - \frac{r^3}{3} + r^2b - rb^2 + \frac{b^3}{3} - \quad r^2a \quad + \frac{a^3}{3} \right]$$

$$V = \pi \cdot \left(\frac{2r^3}{3} + \frac{a^3}{3} + \frac{b^3}{3} - r^2a - rb^2 \right)$$

$$V = \frac{\pi}{3} \cdot (2r^3 + a^3 + b^3 - 3r^2a - 3rb^2)$$

$$V = \frac{\pi}{3} \cdot (2r^3 - 3r^2a - 3rb^2 + a^3 + b^3)$$

$$\boxed{V = \frac{\pi}{3} \cdot \; [\, r \cdot (2r^2 - 3ra - 3b^2) + a^3 + b^3 \,]}$$

= **Formel I. für Kugelschicht**

Kugelschicht:

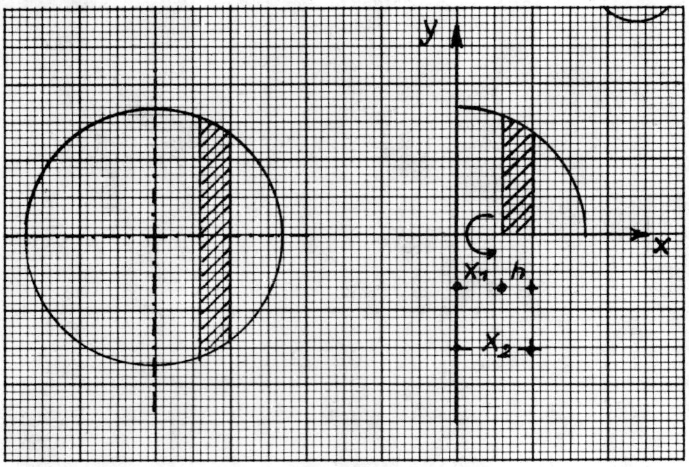

II. Lösungsmethode:

$$V = \pi \cdot \int_{x_1}^{x_2} y^2 \cdot dx$$

$$\rightarrow y = \sqrt{r^2 - x^2};\; y^2 = r^2 - x^2$$

$$V = \pi \cdot \int_{x_1}^{x_2} (r^2 - x^2) \cdot dx$$

$$V = \pi \cdot (r^2 \int_{x_1}^{x_2} dx - \int_{x_1}^{x_2} x^2 \cdot dx)$$

$$V = \pi \cdot (r^2x - \frac{x^3}{3}) \Big/_{x_1}^{x_2}$$

$$V = \pi \cdot (\, r^2 \cdot x_2 - \frac{{x_2}^3}{3}) - (\, r^2 \cdot x_1 - \frac{{x_1}^3}{3})$$

$$V = \pi \cdot (r^2 \cdot x_2 - \frac{{x_2}^3}{3} - \quad r^2 \cdot x_1 \quad + \frac{{x_1}^3}{3})$$

$$V = \frac{\pi}{3} \cdot (3r^2 \cdot x_2 - x_2^3 - 3r^2 \cdot x_1 + x_1^3)$$

$$V = \frac{\pi}{3} \cdot (3r^2 \cdot x_2 - 3r^2 \cdot x_1 + x_1^3 - x_2^3)$$

$$V = \frac{\pi}{3} \cdot \ [3r^2(x_2 - x_1) - (x_2^3 - x_1^3)$$

wobei: $x_2 - x_1 = h!$

daher:

$$V = \frac{\pi}{3} \cdot \ [\ 3r^2h - (x_2^3 - x_1^3) = \textbf{Formel II. für Kugelschicht}$$

Rauminhalt eines Rotationsparaboloids

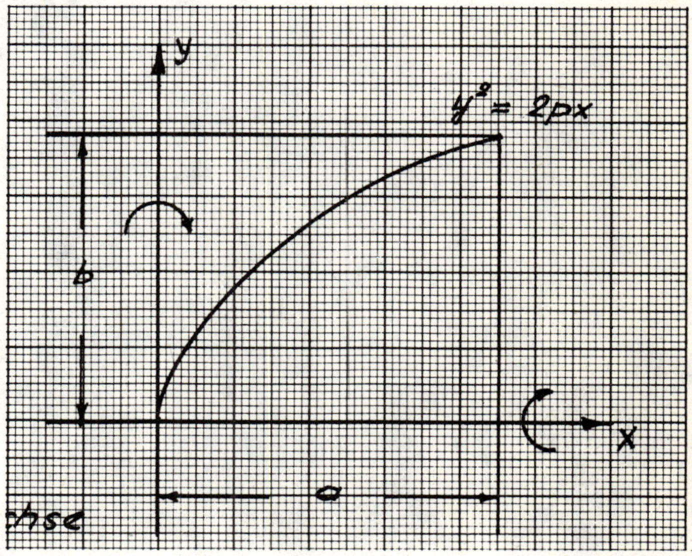

Aufgabe:

Berechne das Volumen der Rotationskörper:

1. Bei Rotation um die x-Achse in den Grenzen $x = 0$ und $x = a$.
2. Bei Rotation um die y-Achse in den Grenzen $y = 0$ und $y = b$.
3. Zeige die Verhältnisse dieser Volumen.

Gleichung der Normalparabel: $y^2 = 2px$

wenn $x = a$ und $y = b$
dann wird

$b^2 = 2pa$ und $2p = \frac{b^2}{a}$

In die Gleichung eingesetzt ergibt

$$y^2 = \frac{b^2}{a} \cdot x$$

$$x = \frac{y^2}{b^2} \cdot a \qquad x^2 = \frac{y^4}{b^4} \cdot a^2$$

1. Rotationsachse = x-Achse

$$V_x = \pi \cdot \int_0^a y^2 \cdot dx \quad \rightarrow y^2 = \frac{b^2}{a} \cdot x$$

$$V_x = \pi \cdot \int_0^a \frac{b^2}{a} \cdot x \cdot dx$$

$$V_x = \frac{\pi \cdot b^2}{a} \int_0^a x \cdot dx$$

$$V_x = \frac{\pi \cdot b^2}{a} \cdot \frac{x^2}{2} \Big/_0^a \; ; \quad V_x = \frac{\pi \cdot b^2}{a} \cdot \frac{a^2}{2} - 0$$

$$\boxed{V_x = \frac{\pi \cdot ab^2}{2}}$$ = **Formel für Rotationsparaboloid.**

2. Rotationsachse = Y-Achse

$$V_y = \pi \cdot \int_0^b x^2 \cdot dx \quad \rightarrow y^2 = \frac{b^2}{a} \cdot x; \quad \mathbf{x^2 = \frac{y^4 \cdot a^2}{b^4}}$$

$$V_y = \pi \cdot \int_0^b \frac{a^2}{b^4} \cdot y^4 \cdot dy$$

$$V_y = \frac{\pi \cdot a^2}{b^4} \cdot \int_0^b y^4 \cdot dy$$

$$V_y = \frac{\pi \cdot a^2 \cdot y^5}{b^4 \cdot 5} \Big/_0^b \; ; \quad V_y = \frac{\pi \cdot a^2}{b^4} \cdot \frac{b^5}{5} - 0$$

$$\boxed{V_y = \frac{\pi \cdot a^2 \cdot b}{5}}$$ = **Formel für Rotationsparaboloid.**

3. Die Volumen verhalten sich:

$$V_x : V_y = \frac{\pi \cdot a \cdot b^2}{2} : \frac{\pi \cdot a^2 \cdot b}{5}$$

$$\frac{V_x}{V_y} = \frac{\pi \cdot a \cdot b^2 \cdot 5}{\pi \cdot a^2 \cdot b \cdot 2}$$

$$\frac{V_x}{V_y} = \mathbf{\frac{5b}{2a}}$$ **Verhältniswert.**

$$\mathbf{V_x : V_y = 5b : 2a}$$

§ 15 Berechnung von Oberflächen

A) Mantelfläche des Körpers bei Rotation um die x-Achse

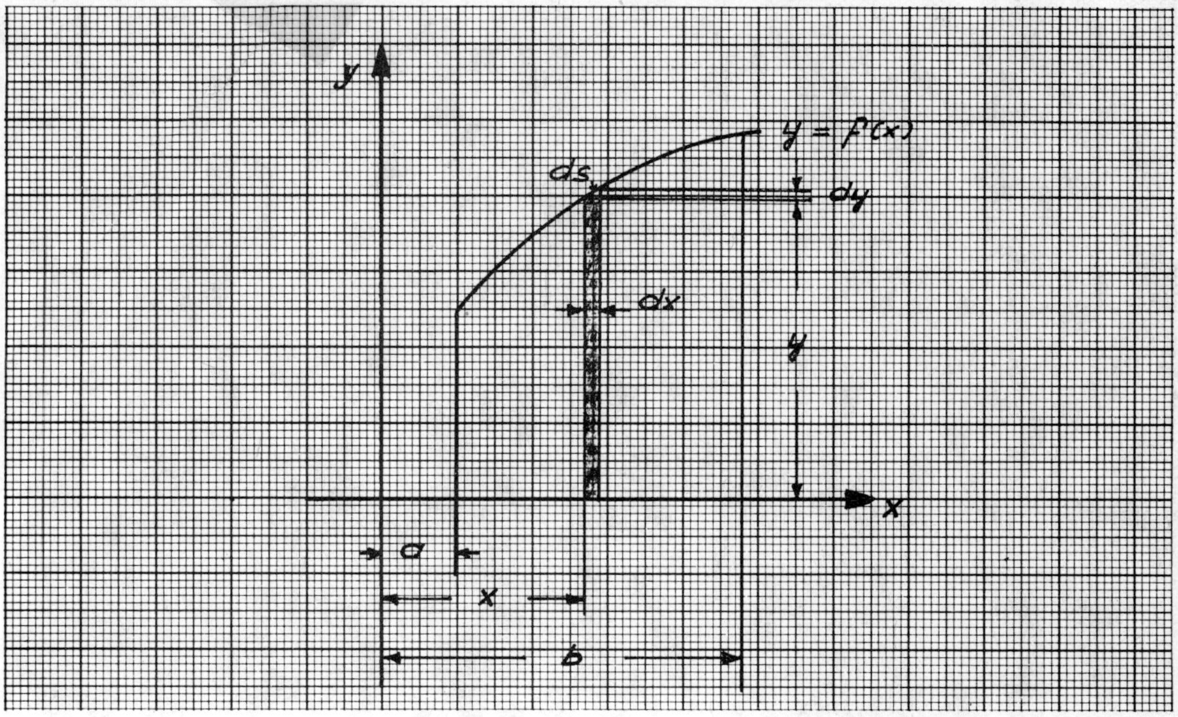

Bei kegelförmigen Körpern ermittelt man die Mantelfläche allgemein nach der Formel

$$AM_x \approx 2 \cdot \pi \cdot r_m \cdot s$$

r_m entspricht y und s entspricht ds

Die Summe unendlich vieler Kegelmäntel ergibt die Gesamtfläche einer gekrümmten Mantelfläche.

$$dA_M = 2 \cdot \pi \cdot y \cdot ds$$

Der Wert ds als Funktion von dx und dy, ausgedrückt mit Hilfe des pythagoreischen Lehrsatzes, wird in die Oberflächenformel eingebracht.

$$ds = \sqrt{(dx)^2 + (dy)^2};$$

$$ds = \sqrt{\left(\frac{dx}{dx}\right)^2 + \left(\frac{dy}{dx}\right)^2} \cdot dx$$

$$ds = \sqrt{1 + \left(\frac{dy}{dx}\right)^2} \cdot dx$$

und da $\frac{dy}{dx} = y'$ ist $\left(\frac{dy}{dx}\right)^2 = y'^2$

daraus folgt: $ds = \sqrt{1 + y'^2} \cdot dx$

somit ist:

$$dA_M = 2 \cdot \pi \cdot y \cdot \sqrt{1 + y'^2} \cdot dx$$

Die gesuchte Mantelfläche ergibt sich durch Integration:

$$\mathbf{A_M = 2 \cdot \pi \int_a^b y \cdot \sqrt{1 + y'^2} \cdot dx}$$

B) Mantelfläche des Körpers bei Rotation um die y-Achse
in den Grenzen zwischen
y-Achse, Kurve sowie Gerade y = c und y = d

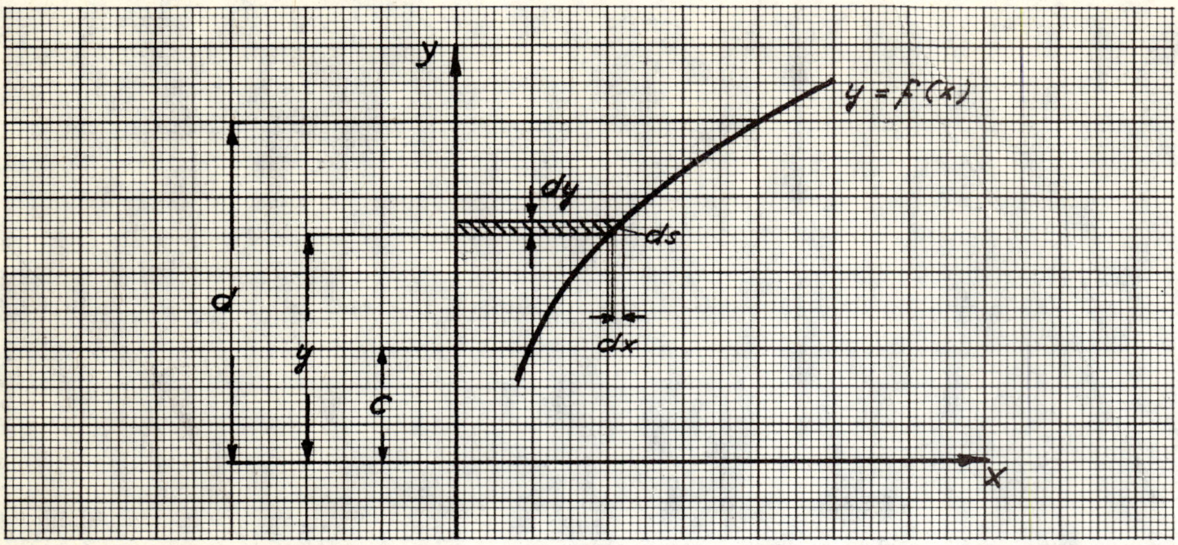

Die Summe unendlich vieler Mantelflächen von Kegelstümpfen ergibt die Mantelfläche des Rotationskörpers.

$$A_{My} \approx 2 \cdot \pi \cdot r_m \cdot s$$

$$\rightarrow r_m \triangleq x, \text{ und } \rightarrow s \triangleq ds$$

$$dA_M = 2 \cdot \pi \cdot x \cdot ds$$

$$\rightarrow ds = \sqrt{(dx)^2 + (dy)^2}$$

$$ds = \sqrt{\left(\frac{dy}{dy}\right)^2 + \left(\frac{dx}{dy}\right)^2} \cdot dy$$

$$ds = \sqrt{1 + \left(\frac{dx}{dy}\right)^2} \cdot dy$$

$$dA_M = 2 \cdot \pi \cdot x \cdot \sqrt{1 + \left(\frac{dx}{dy}\right)^2} \cdot dy$$

Die gesuchte Mantelfläche wird durch Integration ermittelt:

$$\mathbf{A_M = 2 \cdot \pi \cdot \int_c^d x \cdot \sqrt{1 + \left(\frac{dx}{dy}\right)^2} \cdot dy}$$

Allgemein:

Rotation um die x-Achse
$A_M = 2 \cdot \pi \cdot \int_a^b y \cdot \sqrt{1 + y'^2} \cdot dx$
Rotation um die y-Achse
$A_M = 2 \cdot \pi \cdot \int_c^d x \cdot \sqrt{1 + \left(\frac{dx}{dy}\right)^2} \cdot dy$

C) Ermittlung der Formel zur Berechnung der Kugel-Oberfläche durch Integration

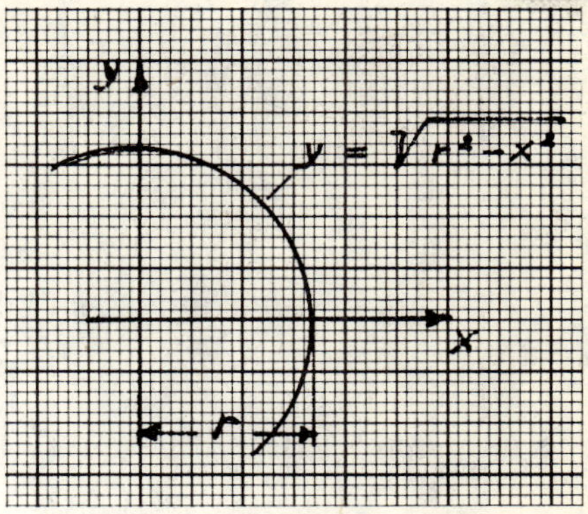

X-Achse = Rotationsachse

$A_M = 2 \cdot \pi \cdot \int_a^b y \cdot \sqrt{1 + y'^2} \cdot dx$

Für y bzw y′ wird die bekannte Kreisfunktion eingesetzt.

Aus $y = \sqrt{r^2 - x^2}$ wird y′ und y'^2 errechnet.

Differentiation:

$$y = \sqrt{r^2 - x^2}; \quad r^2 - x^2 = z; \quad \rightarrow y = \sqrt{z}; y = z^{\frac{1}{2}}$$

$$z = r^2 - x^2 \rightarrow \frac{dz}{dx} = -\mathbf{2x}$$

$$y = z^{\frac{1}{2}} \quad \rightarrow \frac{dy}{dz} = \frac{1}{2} z^{1-\frac{1}{2}} = \frac{1}{2} z^{-\frac{1}{2}} = \frac{1}{2} \cdot \frac{1}{\sqrt{z}}$$

$$\frac{dy}{dz} = \frac{1}{2 \cdot \sqrt{z}} \quad \text{und da } z = r^2 - x^2$$

$$\text{ergibt sich:} \quad \frac{dy}{dz} = \frac{\mathbf{1}}{\mathbf{2} \cdot \sqrt{\mathbf{r^2 - x^2}}}$$

$$\frac{dz}{dx} \cdot \frac{dy}{dz} = y' = -2x \cdot \frac{1}{2 \cdot \sqrt{r^2 - x^2}} = \frac{-x}{\sqrt{r^2 - x^2}}$$

$$y' = \frac{-x}{\sqrt{r^2 - x^2}} \quad \text{dann ist: } y'^2 = \frac{x^2}{r^2 - x^2}$$

$$\textbf{somit wird:} \quad \sqrt{\mathbf{1 + y'^2}} = \sqrt{1 + \frac{x^2}{r^2 - x^2}}$$

$$\text{umgeformt:} \sqrt{\frac{r^2 - x^2}{r^2 - x^2} + \frac{x^2}{r^2 - x^2}} = \sqrt{\frac{r^2 - x^2 + x^2}{r^2 - x^2}}$$

$$= \sqrt{\frac{r^2}{r^2 - x^2}} \; ; = \frac{\mathbf{r}}{\sqrt{\mathbf{r^2 - x^2}}}$$

Integration:

$$A = 2 \cdot 2\pi \cdot \int_0^r y \cdot \sqrt{1 + y'^2} \cdot dx$$

$$A = 4 \cdot \pi \cdot \int_0^r \frac{y \cdot r}{\sqrt{r^2 - x^2}} \cdot dx$$

$$A = 4 \cdot \pi \cdot r \cdot \int_0^r \frac{y}{\sqrt{r^2 - x^2}} \cdot dx$$

Da wie bekannt: $y = \sqrt{r^2 - x^2}$ ergibt sich:

$$A = 4 \cdot \pi \cdot r \cdot \int_0^r \frac{\sqrt{r^2 - x^2}}{\sqrt{r^2 - x^2}} \cdot dx$$

Nach Kürzung entsteht ein einfaches Grundintegral mit dem Integrand dx

$$A = 4 \cdot \pi \cdot r \cdot \int_0^r dx$$

$$A = 4 \cdot \pi \cdot r \cdot x \Big/_0^r$$

$$\mathbf{A = 4 \cdot \pi \cdot r^2}$$

Die ermittelte Formel stimmt mit der bekannten Kugel-Oberflächenformel überein.

Verhältnisse: Kugelvolumen : Kugeloberfläche

$$= \frac{4 \cdot r^3 \cdot \pi}{3} \quad : \quad 4 \cdot r^2 \cdot \pi$$

$$= \frac{4 \cdot r^3 \cdot \pi}{3 \cdot 4 \cdot r^2 \cdot \pi} = \mathbf{\frac{r}{3}}$$

$$\text{Kugeloberfläche} \cdot \frac{r}{3} = \text{Kugelvolumen!}$$

$$\text{Kugelvolumen} : \frac{r}{3} = \text{Kugeloberfläche!}$$

D) Mantelfläche eines Rotationskörpers, der durch eine um die Y-Achse rotierende Parabel $y = x^2$ in den Grenzen $y = 0$ bis $y = d$ entsteht.

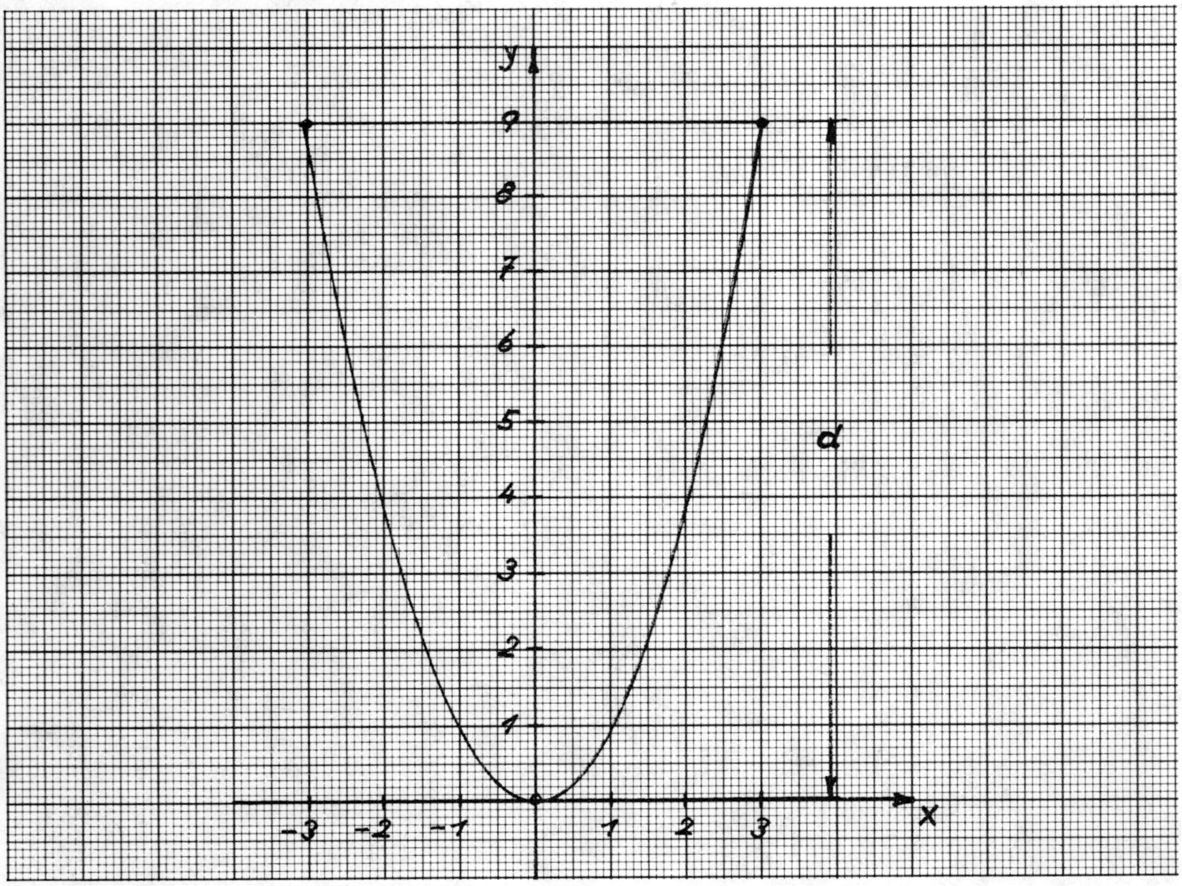

Abgeleitete Formel zur Berechnung der Mantelfläche:

Für Y-Achse: $A_M = 2 \cdot \pi \cdot \int_0^b x \sqrt{1 + \left(\frac{dx}{dy}\right)^2} \cdot dy$

Durch Umstellung der Funktion ergibt sich x.

Daraus bildet man $\frac{dx}{dy}$, sowie das Quadrat.

$$y = x^2{}_1 \rightarrow x = \sqrt{y} = y^{\frac{1}{2}}$$

$$y' = \frac{dx}{dy} = \frac{1}{2} \cdot y^{-\frac{1}{2}} = \frac{1}{2} \cdot \frac{1}{\sqrt{y}} = \frac{1}{2 \cdot \sqrt{y}}$$

$$\left(\frac{dx}{dy}\right)^2 = \frac{1}{2 \cdot \sqrt{y}} \cdot \frac{1}{2 \cdot \sqrt{y}} = \frac{1}{4y}$$

In die Formel eingesetzt:

$$A_M = 2 \cdot \pi \cdot \int_0^d \sqrt{y} \cdot \sqrt{1 + \frac{1}{4y}} \cdot dy$$

Durch Vereinfachung von:

$$\sqrt{y} \cdot \sqrt{1 + \frac{1}{4y}} = \sqrt{y \cdot \left(1 + \frac{1}{4y}\right)} = \sqrt{y + \frac{y}{4y}} = \sqrt{y + \frac{1}{4}}$$

ergibt sich:

$$A_M = 2 \cdot \pi \cdot \int_0^d \sqrt{y + \frac{1}{4}} \cdot dy$$

$$A_M = \pi \cdot \int_0^d \sqrt{4y + 1} \cdot dy$$

Man substituiert:

$$4y + 1 = z \rightarrow \frac{dz}{dy} = 4;\ dy = \frac{dz}{4}$$

und erhält das Grundintegral:

$$A_M = \pi \cdot \int_0^d \sqrt{z} \cdot \frac{dz}{4}$$

$$A_M = \frac{\pi}{4} \cdot \int_{y=0}^{y=d} \sqrt{z} \cdot dz$$

Man integriert:

$$\sqrt{z} = z^{\frac{1}{2}} \int = z^{\frac{3}{2}} : \frac{3}{2} = \sqrt{z^3} : \frac{3}{2} = \frac{2}{3} \cdot \sqrt{z^3}$$

und erhält:

$$A_M = \frac{\pi}{4} \cdot \frac{2}{3} \sqrt{z^3} \Big|_{y=0}^{y=d}$$

statt z nun wieder 4y + 1 eingesetzt ergibt:

$$A_M = \frac{\pi}{6} \cdot \sqrt{(4y+1)^3}\Big/_0^d$$

$$A_M = \frac{\pi}{6} \cdot \sqrt{(4d+1)^3} - \frac{\pi}{6} \cdot \sqrt{(4 \cdot 0 + 1)^3}$$

$$A_M = \frac{\pi}{6} \cdot \sqrt{(4d+1)^3} - \frac{\pi}{6} \cdot 1$$

$$\mathbf{A_M = \frac{\pi}{6} \cdot \left[\sqrt{(4d+1)^3} - 1\right]}$$

Für beliebige Parabelschnitte der Funktion y = x²

$$A_M = \frac{\pi}{6} \cdot \sqrt{(4y+1)^3}\Big/_d^c$$

$$A_M = \frac{\pi}{6} \cdot \sqrt{(4c+1)^3} - \frac{\pi}{6} \cdot \sqrt{(4d+1)^3}$$

$$A_M = \frac{\pi}{6} \cdot \left[\sqrt{(4c+1)^3} - \sqrt{(4d+1)^3}\right]$$

Beispiel:

Gesucht: Mantelfläche des Rotationskörpers der Parabel $y = x^2$, von y = 3 bis y = 6.

$$A_M = \frac{\pi}{6} \cdot \left[\sqrt{(4 \cdot 6 + 1)^3} - \sqrt{(4 \cdot 3 + 1)^3}\right]$$

$$A_M = \frac{\pi}{6} \cdot \left(\sqrt{25^3} - \sqrt{13^3}\right) = \mathbf{40{,}91\ E^2}$$

E) Ermittlung der Formel zur Berechnung der Oberfläche einer Kugelzone

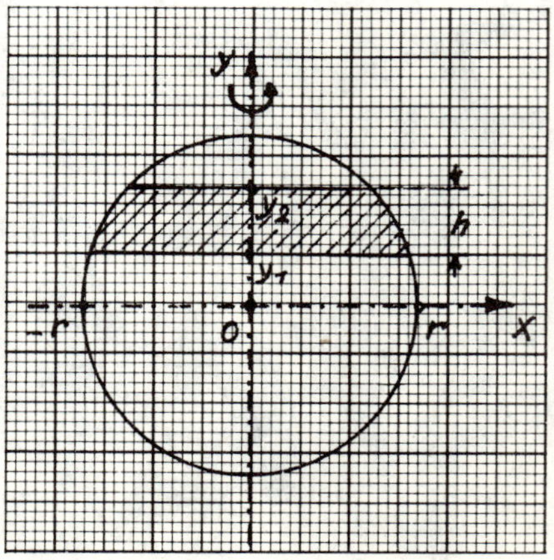

Abgeleitete Formel zur Berechnung der Mantelfläche:

Für Y-Achse:

$$A_M = 2\pi \int_{y_1}^{y_2} x \cdot \sqrt{1 + \left(\frac{dx}{dy}\right)^2} \cdot dy$$

Für x bzw. $\frac{dx}{dy}$ wird die bekannte Kreisfunktion eingesetzt.

Aus $x = \sqrt{r^2 - y^2}$ wird $\frac{dx}{dy}$ und $\left(\frac{dx}{dy}\right)^2$ errechnet.

Differentiation:

$$x = \sqrt{r^2 - y^2};\ r^2 - y^2 = z \rightarrow x = \sqrt{z} = z^{\frac{1}{2}}$$

$$z = r^2 - y^2 \rightarrow \frac{dz}{dy} = -\mathbf{2y}$$

$$x = z^{\frac{1}{2}} \rightarrow \frac{dx}{dz} = \frac{1}{2} \cdot z^{-\frac{1}{2}} = \frac{1}{2} \cdot \frac{1}{\sqrt{z}} = \frac{1}{2 \cdot \sqrt{z}}$$

und da: $z = r^2 - y^2$

ergibt sich: $$\frac{dx}{dz} = \frac{1}{\mathbf{2} \cdot \sqrt{\mathbf{r}^2 - \mathbf{y}^2}}$$

folglich: $$\frac{dz}{dy} \cdot \frac{dx}{dz} = \frac{dx}{dy} = -2y \cdot \frac{1}{2\sqrt{r^2 - y^2}} = \frac{-y}{\sqrt{r^2 - y^2}}$$

dann ist: $$\left(\frac{dx}{dy}\right)^2 = \frac{-y}{\sqrt{r^2 - y^2}} \cdot \frac{-y}{\sqrt{r^2 - y^2}} = \frac{\mathbf{y}^2}{\mathbf{r}^2 - \mathbf{y}^2}$$

In die Formel eingesetzt!

Integration:

$$A_M = 2 \cdot \pi \cdot \int_{y1}^{y2} x \cdot \sqrt{1 + \left(\frac{dx}{dy}\right)^2} \cdot dy$$

$$A_M = 2 \cdot \pi \cdot \int_{y1}^{y2} \sqrt{r^2 - y^2} \cdot \sqrt{1 + \frac{y^2}{r^2 - y^2}} \cdot dy$$

$$A_M = 2 \cdot \pi \cdot \int_{y1}^{y2} \sqrt{r^2 - y^2} \cdot \sqrt{\frac{r^2 - y^2}{r^2 - y^2} + \frac{y^2}{r^2 - y^2}} \cdot dy$$

$$A_M = 2 \cdot \pi \cdot \int_{y1}^{y2} \sqrt{r^2 - y^2} \cdot \sqrt{\frac{r^2 - y^2 + y^2}{r^2 - y^2}} \cdot dy$$

$$A_M = 2 \cdot \pi \cdot \int_{y1}^{y2} \sqrt{r^2 - y^2 \cdot \frac{r^2}{r^2 - y^2}} \cdot dy$$

$$A_M = 2 \cdot \pi \cdot \int_{y1}^{y2} \sqrt{r^2} \cdot dy$$

$$A_M = 2 \cdot \pi \cdot r \cdot \int_{y1}^{y2} dy$$

$$A_M = 2 \cdot \pi \cdot r \cdot y \Big/_{y1}^{y2}$$

$$A_M = 2 \cdot \pi \cdot r \cdot y_2 - 2 \cdot \pi \cdot r \cdot y_1$$

$$A_M = 2 \cdot \pi \cdot r \cdot (y_2 - y_1)$$

und da: $y_2 - y_1 = h$

ist die Formel: $\mathbf{A_M = 2 \cdot \pi \cdot r \cdot h}$

Beispiel:

$r = 5$ cm; $h = \sqrt{5}$

$A_M = 2 \cdot \pi \cdot r \cdot h$

$A_M = 2 \cdot \pi \cdot 5 \cdot \sqrt{5} =$ **70,248 cm²**

F) Berechnung der Oberfläche eines Ellipsoids

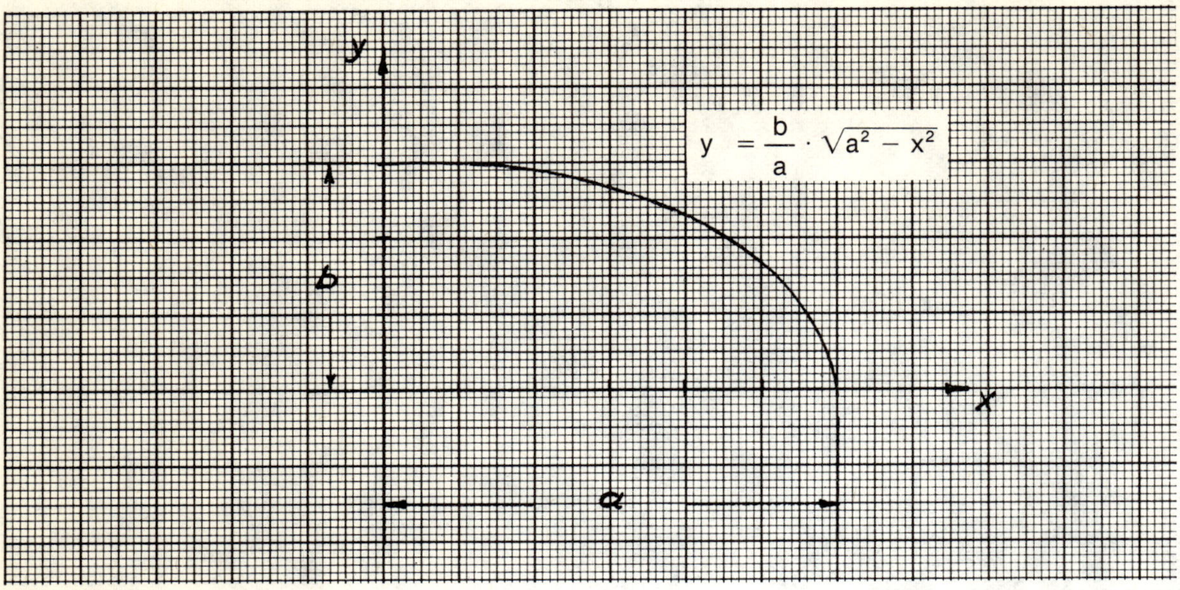

Aus der Formel der Ellipse $y = \frac{b}{a} \cdot \sqrt{a^2 - x^2}$ wird die erste Ableitung und deren Quadrat gebildet.

Die gefundenen Werte setzt man in das Integral zur Berechnung der Rotationsoberfläche ein.

Rotationsachse = X-Achse.

$$y = \frac{b}{a} \cdot \sqrt{a^2 - x^2} \rightarrow y'$$

man setzt $a^2 - x^2 = z \rightarrow y = \sqrt{z} = z^{\frac{1}{2}}$

$$z = a^2 - x^2 \rightarrow \frac{dz}{dx} = -2x$$

$$y = z^{\frac{1}{2}} \quad \rightarrow \frac{dy}{dz} = \frac{1}{2} z^{-\frac{1}{2}} = \frac{1}{2 \cdot \sqrt{z}}$$

und da $z = a^2 - x^2$ ergibt sich: $\frac{1}{2 \cdot \sqrt{a^2 - x^2}}$

$$\frac{dz}{dx} \cdot \frac{dy}{dz} = \frac{dy}{dx} = -2x \cdot \frac{1}{2 \cdot \sqrt{a^2 - x^2}} = \frac{-x}{\sqrt{a^2 - x^2}}$$

dann ist: $y' = \frac{b}{a} \cdot \frac{-x}{\sqrt{a^2 - x^2}} = \frac{-bx}{a \cdot \sqrt{a^2 - x^2}}$

und $y'^2 = \frac{b^2 \cdot x^2}{a^2 \cdot (a^2 - x^2)}$

somit ist: $1 + y'^2 = 1 + \frac{b^2 \cdot x^2}{a^2(a^2 - x^2)} = \frac{a^2(a^2 - x^2)}{a^2(a^2 - x^2)} + \frac{b^2 \cdot x^2}{a^2(a^2 - x^2)}$

$$1 + y'^2 = \frac{a^2(a^2 - x^2) + b^2 \cdot x^2}{a^2(a^2 - x^2)} = \frac{a^4 - a^2x^2 + b^2x^2}{a^2(a^2 - x^2)}$$

Formel für Rotation um die x-Achse:

$$A_0 = 2 \cdot 2\pi \cdot \int_0^a y \cdot \sqrt{1 + y'^2} \cdot dx$$

$$A_0 = 4 \cdot \pi \cdot \int_0^a \frac{b}{a} \cdot \sqrt{a^2 - x^2} \cdot \sqrt{\frac{a^4 - a^2x^2 + b^2x^2}{a^2(a^2 - x^2)}} \cdot dx$$

$$A_0 = 4 \cdot \pi \cdot \int_0^a \frac{b}{a} \cdot \sqrt{(a^2 - x^2) \cdot \frac{a^4 - a^2x^2 + b^2x^2}{a^2(a^2 - x^2)}} \cdot dx$$

$$A_0 = 4 \cdot \pi \cdot \int_0^a \frac{b}{a} \cdot \sqrt{\frac{a^4 - a^2x^2 + b^2x^2}{a^2}} \cdot dx$$

$$A_0 = 4 \cdot \pi \cdot \int_0^a \frac{b}{a} \cdot \frac{1}{a} \cdot \sqrt{a^4 - a^2x^2 + b^2x^2} \cdot dx$$

$$A_0 = \frac{4 \cdot \pi \cdot b}{a^2} \cdot \int_0^a \sqrt{a^4 - a^2x^2 + b^2x^2} \cdot dx$$

$$A_0 = \frac{4 \cdot \pi \cdot b}{a^2} \cdot \int_0^a \sqrt{a^4 - (a^2 - b^2) \cdot x^2} \cdot dx$$

$$A_0 = \frac{4\pi \cdot b \cdot \sqrt{a^2 - b^2}}{a^2} \cdot \int_0^a \sqrt{\frac{a^4 - (a^2 - b^2) \cdot x^2}{a^2 - b^2}} \cdot dx$$

$$A_0 = \frac{4\pi b \cdot \sqrt{a^2 - b^2}}{a^2} \cdot \int_0^a \sqrt{\frac{a^4}{a^2 - b^2} - \frac{x^2(a^2 - b^2)}{a^2 - b^2}} \cdot dx$$

$$A_0 = \frac{4\pi b \cdot \sqrt{a^2 - b^2}}{a^2} \cdot \int_0^a \sqrt{\frac{a^4}{a^2 - b^2} - x^2} \cdot dx$$

Nun ist der Radikand auf die Form $\sqrt{n^2 - x^2}$ zurückgeführt.

Lösung dieses Integrals durch:

1. Nebenrechnung:

$\int \sqrt{n^2 - x^2}$ gleich $\int \sqrt{a^2 - x^2}$ in der NR!

Mit Hilfe trigonometrischer Umwandlungen läßt sich das gesuchte Integral auf folgende Form bringen:

Als Grundlage dient die Substitution:

$$x = a \cdot \sin z \text{ bzw. } z = \arcsin\left(\frac{x}{a}\right)$$

Es ist: $\sin^2 z + \cos^2 z = 1$

I. $\boldsymbol{\sin^2 z = 1 - \cos^2 z}$

und $x = a \cdot \sin z$

II. $\boldsymbol{x^2 = a^2 \cdot \sin^2 z}$

Nun setzt man Gleichung I. in Gleichung II. ein:

$$x^2 = a^2 \cdot (1 - \cos^2 z)$$

$$x^2 = a^2 - a^2 \cdot \cos^2 z$$

$$a^2 - x^2 = a^2 \cdot \cos^2 z$$

und schließlich ist: $\boldsymbol{\sqrt{a^2 - x^2} = a \cdot \cos z}$

Nun zur Lösung des Integrals:

$\int \sqrt{a^2 - x^2} \cdot dx = ?$

$\sqrt{a^2 - x^2} = a \cdot \cos z; \rightarrow \mathbf{dx = a \cdot \cos z \cdot dz}$

$$\int \sqrt{a^2 - x^2} \cdot dx =$$
$$= \int a \cdot \cos z \cdot a \cdot \cos z \cdot dz$$
$$= \int a \cdot a \cdot \cos z \cdot \cos z \cdot dz$$
$$= \mathbf{a^2 \cdot \int \cos^2 z \cdot dz}$$

Das Integral $\int \cos^2 z$ wird durch

2. Nebenrechnung gelöst

Umformung des Ausdrucks $\cos^2 x$ in $\cos(2x)$

$$\text{I. } \cos^2 x + \sin^2 x = 1$$
$$\text{II. } \cos^2 x - \sin^2 x = \cos(2x)$$

$$\Sigma = \text{III. } 2\cos^2 x = 1 + \cos(2x)$$
$$\cos^2 x = \frac{1}{2}[1 + \cos(2x)]$$

Der Ausdruck $[1 + \cos(2x)]$ wird gliedweise integriert,
wobei $2x = z$ und $\frac{dz}{dx} = 2 \rightarrow dx = \frac{dz}{2}$ gesetzt wird.

$$\int \cos^2 x \cdot dx = \int \frac{1}{2}[1 + \cos(2x)] \cdot dx$$

$$= \frac{1}{2}\int dx + \frac{1}{2}\int \cos(2x) \cdot dx$$

$$= \frac{1}{2}x + C_1 + \frac{1}{4}\int \cos z \cdot dz$$

$$= \frac{1}{2}x + C_1 + \frac{1}{4} \cdot \sin z + C_2$$

$$\int \cos^2 x \cdot dx = \mathbf{\frac{1}{2}x + \frac{1}{4}\sin(2x) + C}$$

Hiermit kann die Hauptrechnung wie folgt fortgesetzt werden:

$$A_0 = \frac{4\pi b \cdot \sqrt{a^2 - b^2}}{a^2} \int_0^a \sqrt{\frac{a^4}{a^2 - b^2} - x^2} \cdot dx$$

Man setzt die Grenzen a und o ein und vereinfacht durch Ausklammern.

$$A_0 = \frac{4\pi b \cdot \sqrt{a^2 - b^2}}{a^2} \left(\frac{x}{2} \sqrt{\frac{a^4}{a^2 - b^2} - x^2} + \frac{a^4}{2(a^2 - b^2)} \arcsin \frac{x \cdot \sqrt{a^2 - b^2}}{a^2} \right) \Bigg|_o^a$$

$$A_0 = \frac{4\pi b \cdot \sqrt{a^2 - b^2}}{a^2} \left(\frac{a}{2} \sqrt{\frac{a^4}{a^2 - b^2} - a^2} + \frac{a^4}{2(a^2 - b^2)} \arcsin \frac{a \cdot \sqrt{a^2 - b^2}}{a^2} \right)$$

$$A_0 = 2\pi b^2 + \frac{2\pi a^2 b \cdot \sqrt{a^2 - b^2}}{a^2 - b^2} \cdot \arcsin \frac{\sqrt{a^2 - b^2}}{a}$$

$$A_0 = 2\pi b \cdot \left(b + \frac{a^2}{\sqrt{a^2 - b^2}} \cdot \arcsin \frac{\sqrt{a^2 - b^2}}{a} \right)$$

Diese Formel wird manchmal anders geschrieben, und zwar setzt man

$$e = \frac{\sqrt{a^2 - b^2}}{a}$$

Man erhält dann das Endergebnis:

$$A_0 = 2\pi b \cdot \left(b + \frac{a}{e} \arcsin e \right)$$

7. Kapitel

Berechnung von Schwerpunkten

§ 16 Ermittlung von Flächenschwerpunkten

Aus der Mechanik und Physik ist bekannt, daß die beiden Koordinaten eines Flächenschwerpunktes – und damit seine Lage – auf Bezugslinien bezogen, aus der Gleichung resultieren:

„Moment der Gesamtfläche = Summe der Momente aller Teilflächen“.

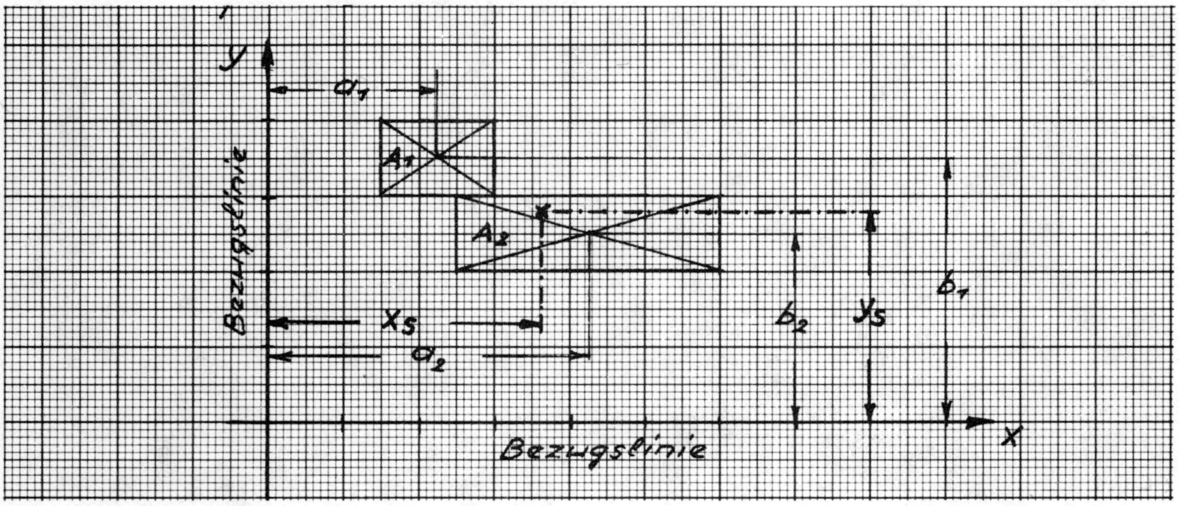

$A_1 = 1{,}5\,cm^2$; $A_2 = 3{,}5\,cm^2$; $a_1 = 2{,}25$ cm; $a_2 = 4{,}25$ cm
$b_1 = 3{,}50$ cm; $b_2 = 2{,}50$ cm

$$M_x = A_{Ges} \cdot y_s = A_1 \cdot b_1 + A_2 \cdot b_2$$

$$y_s = \frac{A_1 \cdot b_1 + A_2 \cdot b_2}{A_1 + A_2} = \frac{1{,}5 \cdot 3{,}5 + 3{,}5 \cdot 2{,}5}{1{,}5 + 3{,}5} = 2{,}80 \text{ cm}$$

$$M_y = A_{Ges} \cdot x_s = A_1 \cdot a_1 + A_2 \cdot a_2$$

$$x_s = \frac{A_1 \cdot a_1 + A_2 \cdot a_2}{A_1 + A_2} = \frac{1{,}5 \cdot 2{,}25 + 3{,}5 \cdot 4{,}25}{1{,}5 + 3{,}5} = 3{,}65 \text{ cm}$$

Sind die Teilflächen unregelmäßige geometrische Flächen, versagt diese Methode und es muß die Integralrechnung angewendet werden.

Beispiel:

Gesucht: Die Koordinaten des Schwerpunktes S der Fläche zwischen der Kurve $y = f(x)$ und der x-Achse.

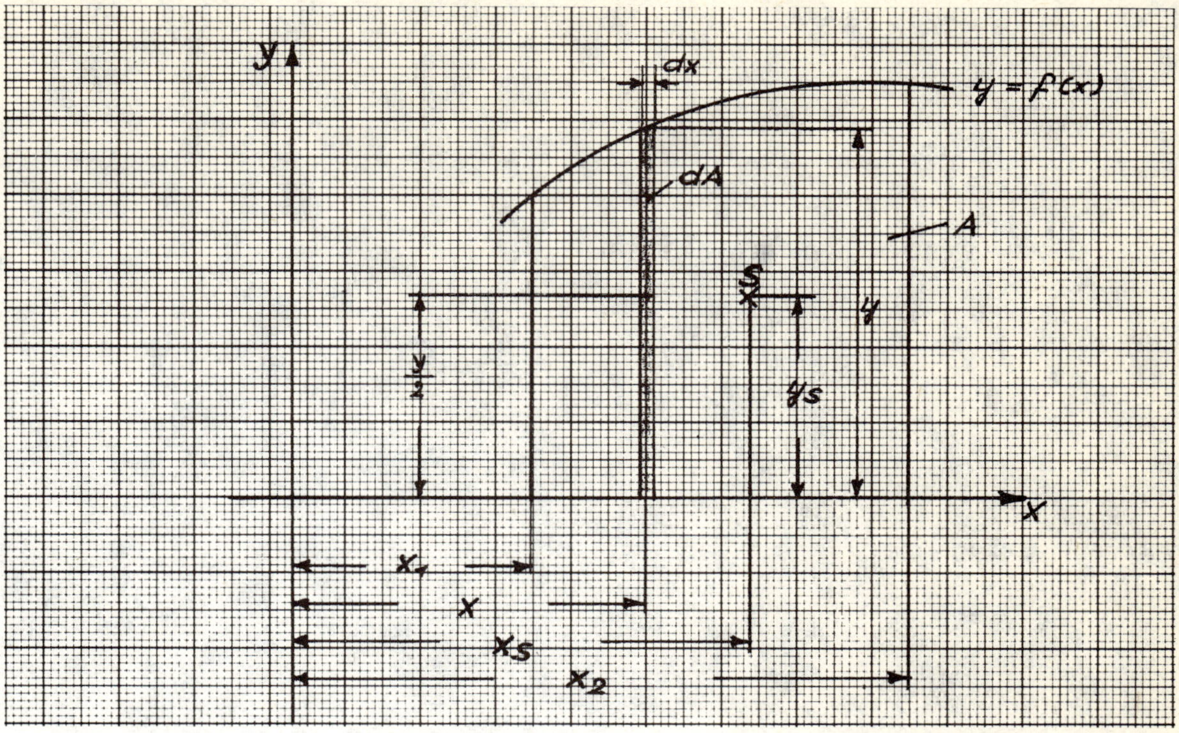

Die Fläche A löst man in unendlich viele Flächenstreifen dA auf. Die Schwerpunktskoordinaten dieser Streifen haben dann die Abstände x und $\frac{y}{2}$ von der Bezugslinie.

Das Moment der Flächenstreifen dA erhält man durch Multiplikation von dA mit dem jeweiligen Abstand $\frac{y}{2}$ von der x-Achse.

Das Moment der Gesamtfläche ergibt sich, indem man dA durch $y \cdot dx$ ersetzt und in den Grenzen x_1 bis x_2 integriert.

x-Achse = Bezugslinie

$$dM_x = \frac{y}{2} \cdot dA \rightarrow dA = y \cdot dx$$

$$= \frac{y}{2} \cdot y \cdot dx$$

$$= \frac{1}{2} \cdot y^2 \cdot dx$$

$$M_x = \frac{1}{2}\int_{x1}^{x_2} y^2 \cdot dx$$

Das Moment der Gesamtfläche ist auch:

$$M_x = A \cdot y_s$$

und da die Fläche $A = \int_{x1}^{x_2} y \cdot dx$ ergibt sich:

$$M_x = A \cdot y_s \rightarrow A = \int_{x1}^{x_2} \cdot y \cdot dx$$

$$\mathbf{M_x = y_s \cdot \int_{x1}^{x_2} y \cdot dx}$$

Nun können beide Gleichungen gleichgesetzt werden:

$$\frac{1}{2} \cdot \int_{x1}^{x_2} y^2 \cdot dx = y_s \cdot \int_{x1}^{x_2} y \cdot dx$$

Die gesuchte Koordinate y_s des Schwerpunktes „S“ wird durch Umstellung ermittelt.

y entspricht der jeweiligen Funktion.

$$\mathbf{y_s} = \frac{\frac{1}{2} \cdot \int_{x1}^{x_2} \mathbf{y^2 \cdot dx}}{\int_{x1}^{x_2} \mathbf{y \cdot dx}} = \frac{\mathbf{M_x}}{\mathbf{A}}$$

y-Achse = Bezugslinie

Hierfür ergibt sich das Moment der Flächenstreifen mit $x \cdot dA$.

$$dM_y = x \cdot dA \rightarrow dA = y \cdot dx$$
$$= x \cdot y \cdot dx$$
$$M_y = \int_{x1}^{x_2} x \cdot y \cdot dx$$
$$M_y = A \cdot x_s \rightarrow A = \int_{x1}^{x_2} y \cdot dx$$
$$M_y = x_s \cdot \int_{x1}^{x_2} y \cdot dx$$

Gleichsetzung:

$$\int_{x1}^{x_2} x \cdot y \cdot dx = x_s \cdot \int_{x1}^{x_2} y \cdot dx$$

$$x_s = \frac{\int_{x1}^{x_2} x \cdot y \cdot dx}{\int_{x1}^{x_2} y \cdot dx} = \frac{M_y}{A}$$

Die Lage des Schwerpunktes einer Fläche wird ermittelt:

$$y_s = \frac{\frac{1}{2} \cdot \int_{x1}^{x_2} y^2 \cdot dx}{\int_{x1}^{x_2} y \cdot dx} \qquad x_s = \frac{\int_{x1}^{x_2} x \cdot y \cdot dx}{\int_{x1}^{x_2} y \cdot dx}$$

$$\mathbf{y_s} = \frac{\mathbf{M_x}}{\mathbf{A}} \qquad \mathbf{x_s} = \frac{\mathbf{M_y}}{\mathbf{A}}$$

Beispiel:

Bestimmung der Lage des Schwerpunkts bei einem Dreieck:

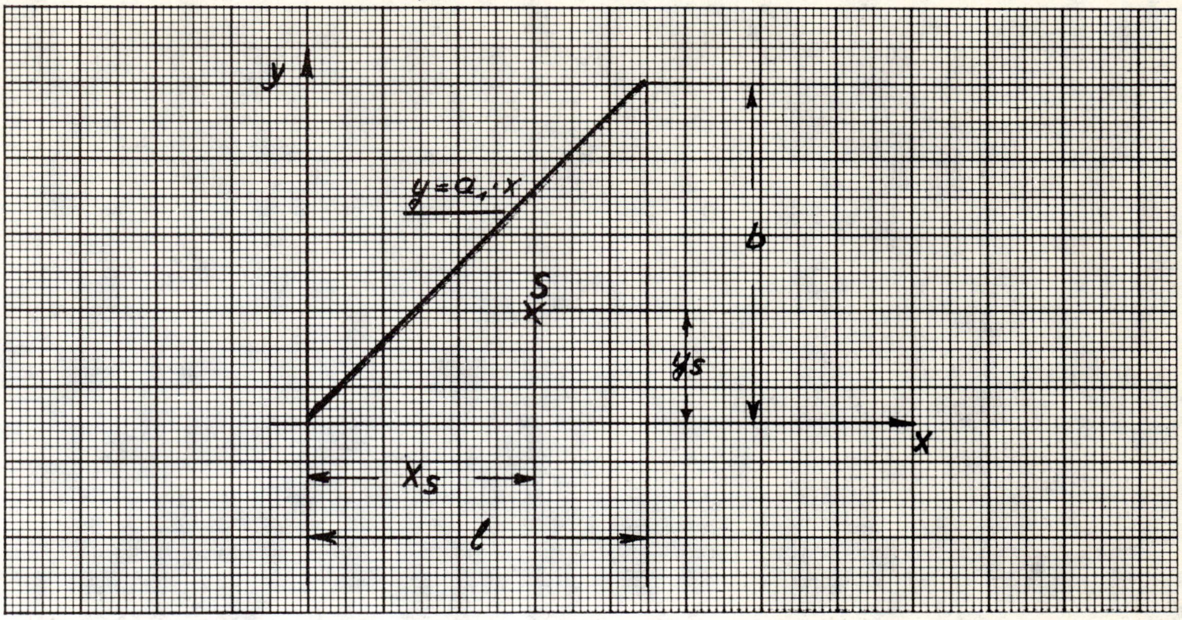

Die Fläche unter der linearen Funktion $y = a_1 \cdot x$ ist das Dreieck.

Der Steigungsfaktor $a_1 = \frac{b}{l}$

x-Achse = Bezugslinie

$$y = a_1 \cdot x \rightarrow a_1 = \frac{b}{l}$$

$$y = \frac{b}{l} \cdot x \rightarrow y^2 = \frac{b^2}{l^2} \cdot x^2$$

$$y_s = \frac{\frac{1}{2} \cdot \int_0^l y^2 \cdot dx}{\int_0^l y \cdot dx} \qquad y_s = \frac{\frac{1}{2} \int_0^l \frac{b^2}{l^2} \cdot x \cdot dx}{\int_0^l \frac{b}{l} \cdot x \cdot dx}$$

$$y_s = \frac{\frac{b^2}{2 \cdot l^2} \cdot \int_0^l x^2 \cdot dx}{\frac{b}{l} \cdot \int_0^l x \cdot dx} \qquad \left[\frac{b^2}{2l^2} : \frac{b}{l} = \frac{b^2}{2l^2} \cdot \frac{l}{b} = \frac{b}{2 \cdot l}\right]$$

$$y_s = \frac{b \cdot \left.\frac{x^3}{3}\right|_0^l}{2l \cdot \left.\frac{x^2}{2}\right|_0^l}$$

$$y_s = \frac{b \cdot l^3}{3} : \frac{2l \cdot l^2}{2} = \frac{2 \cdot b \cdot l^3}{3 \cdot 2 \cdot l^3}$$

$$\mathbf{y_s = \frac{b}{3}}$$

y-Achse = Bezugslinie

$$y = a_1 \cdot x \rightarrow a_1 = \frac{b}{l}$$

$$y = \frac{b}{l} \cdot x$$

$$x_s = \frac{\int_0^l x \cdot y \cdot dx}{\int_0^l y \cdot dx}$$

$$x_s = \frac{\int_0^l x \cdot \frac{b}{l} \cdot x \cdot dx}{\int_0^l \frac{b}{l} \cdot x \cdot dx} \qquad x_s = \frac{\frac{b}{l} \cdot \int_0^l x^2 \cdot dx}{\frac{b}{l} \cdot \int_0^l x \cdot dx}$$

$$\frac{b}{l} : \frac{b}{l} \text{ ergibt: 1; verbleibt: } x_s = \frac{\left.\frac{x^3}{3}\right|_0^l}{\left.\frac{x^2}{2}\right|_0^l}$$

$$x_s = \frac{l^3}{3} : \frac{l^2}{2} = \frac{l^3 \cdot 2}{l^2 \cdot 3} \qquad \mathbf{x_s = \frac{2}{3}\, l}$$

Der Schwerpunkt des Dreiecks liegt $\frac{1}{3}$ b von der Bezugsachse x und $\frac{2}{3}$ l von der Bezugsachse y entfernt.

Ergebnis ist gleich dem aus der Geometrie bekannten Resultat.

Beispiel:

Gesucht: Die Koordinaten einer Fläche, welche durch eine Parabel begrenzt wird.

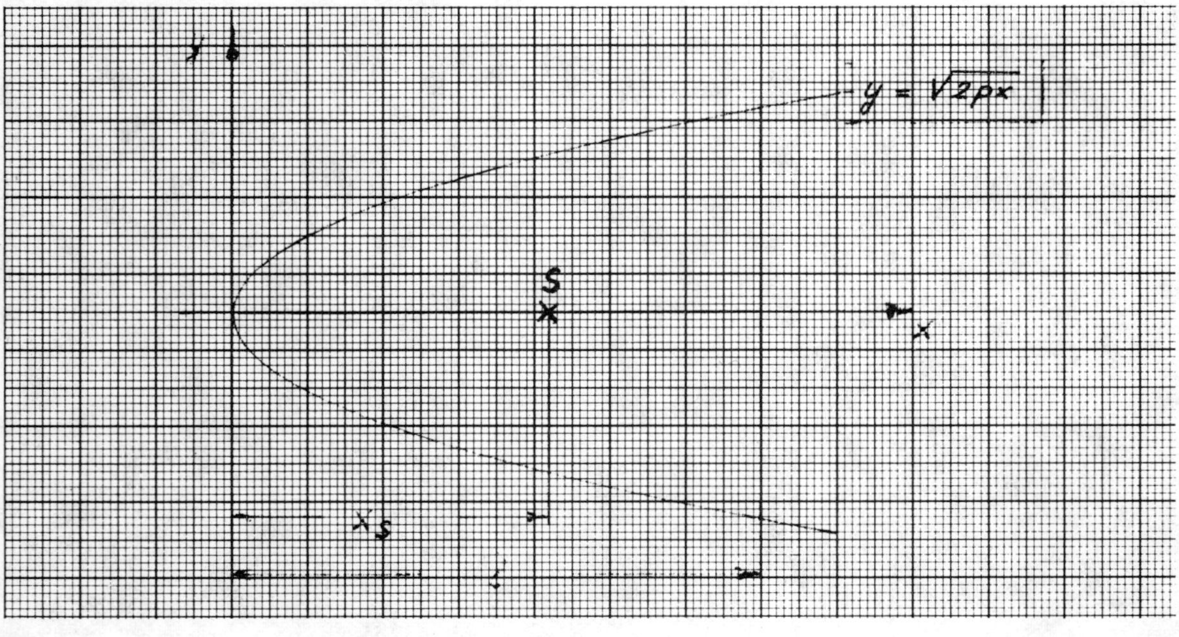

Da die Figur symmetrisch ist und der Schwerpunkt auf der Symmetrieachse liegt, ist nur die Koordinate x_s zu berechnen.

Die Koordinate y_s ist gleich Null.

Für y wird die Funktion der Parabel $y = \sqrt{2px}$ eingesetzt und der Schwerpunkt mit der Formel für x_s berechnet.

Da der Schwerpunkt beider Teilflächen dieselbe Koordinate x_s besitzt, wird bei der Berechnung nur die Hälfte der Gesamtfläche berücksichtigt.

x-Achse = Bezugslinie

$$x_s = \frac{\int_0^l x \cdot y \cdot dx}{\int_0^l y \cdot dx} \quad \rightarrow y = \sqrt{2px}$$

$$x_s = \frac{\int_0^l x \cdot \sqrt{2px} \cdot dx}{\int_0^l \sqrt{2px} \cdot dx}$$

$$x_s = \frac{\int_0^l \sqrt{2p} \cdot \sqrt{x} \cdot x \cdot dx}{\int_0^l \sqrt{2p} \cdot \sqrt{x} \cdot dx} \qquad \text{wobei: } x \cdot \sqrt{x} = \sqrt{x^3}!$$

$$x_s = \frac{\sqrt{2p} \cdot \int_0^l \sqrt{x^3} \cdot dx}{\sqrt{2p} \cdot \int_0^l \sqrt{x} \cdot dx}$$

$$x_s = \frac{\int_0^l x^{\frac{3}{2}} \cdot dx}{\int_0^l x^{\frac{1}{2}} \cdot dx}$$

$$x_s = \left(x^{\frac{5}{2}} : \frac{5}{2}\right) : \left(x^{\frac{3}{2}} : \frac{3}{2}\right)\Big/_0^l$$

$$x_s = \frac{x^{\frac{5}{2}} \cdot \frac{3}{2}\Big/_0^l}{x^{\frac{3}{2}} \quad \frac{5}{2}\Big|_0^l} \qquad x_s = \frac{3 \cdot x^{\frac{5}{2}}}{2} : \frac{5 \cdot x^{\frac{3}{2}}}{2}\Bigg/_0^l$$

$$x_s = \frac{3x^{\frac{5}{2}} \cdot 2}{2 \cdot 5 \cdot x^{\frac{3}{2}}}\Bigg/_0^l \qquad x_s = \frac{3}{5}x\Big/_0^l$$

$$\mathbf{x_s = \frac{3}{5}l}$$

Der Schwerpunkt einer Parabel liegt $\frac{3}{5}l$ vom Scheitel entfernt.

Beispiel:

Gesucht: Schwerpunkt einer kreisförmigen Fläche.

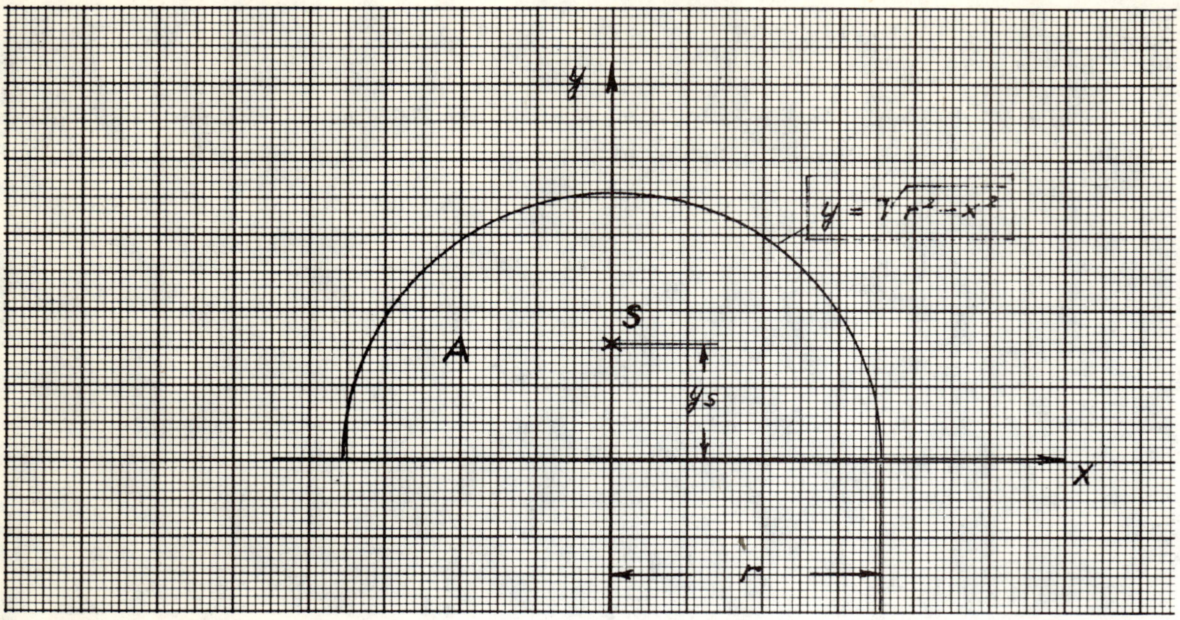

Die Figur ist symmetrisch, der Schwerpunkt liegt auf der y-Achse. Die Koordinate x_s ist gleich Null.

Zu berechnen ist nur die Koordinate y_s.

$$y_s = \frac{\frac{1}{2} \cdot \int_{-r}^{+r} y^2 \cdot dx}{\int_{-r}^{+r} y \cdot dx} = \frac{M_x}{A}$$

$$\int_{-r}^{+r} y \cdot dx = A = \frac{r^2 \cdot \pi}{2} \quad \text{daher ist:}$$

$$y_s = \frac{\frac{1}{2} \cdot \int_{-r}^{+r} y^2 \cdot dx}{\frac{1}{2} \cdot r^2 \cdot \pi} \rightarrow y = \sqrt{r^2 - x^2}; \quad y^2 = r^2 - x^2$$

$$y_s = \frac{\int_{-r}^{+r} (r^2 - x^2) \cdot dx}{r^2 \cdot \pi} \qquad y_s = \frac{\left(r^2 \cdot x - \frac{x^3}{3}\right)}{r^2 \cdot \pi}\Bigg|_{-r}^{+r}$$

$$y_s = \frac{1}{r^2 \cdot \pi}\left[\left(r^3 - \frac{r^3}{3}\right) - \left(-r^3 + \frac{r^3}{3}\right)\right]; \quad y_s = \frac{1}{r^2\pi} \cdot \left(2r^3 - \frac{2r^3}{3}\right)$$

$$y_s = \frac{1}{r^2 \cdot \pi} \cdot \frac{4}{3} r^3; \quad y_s = \frac{4r^3}{3r^2 \cdot \pi}$$

$$\mathbf{y_s = \frac{4 \cdot r}{3 \cdot \pi}}$$

Beispiel:

Gesucht: Schwerpunkt eines Kreisausschnitts.

Bei symmetrischer Anordnung zur y-Achse braucht man nur die Koordinate y_s des Schwerpunktes ermitteln.

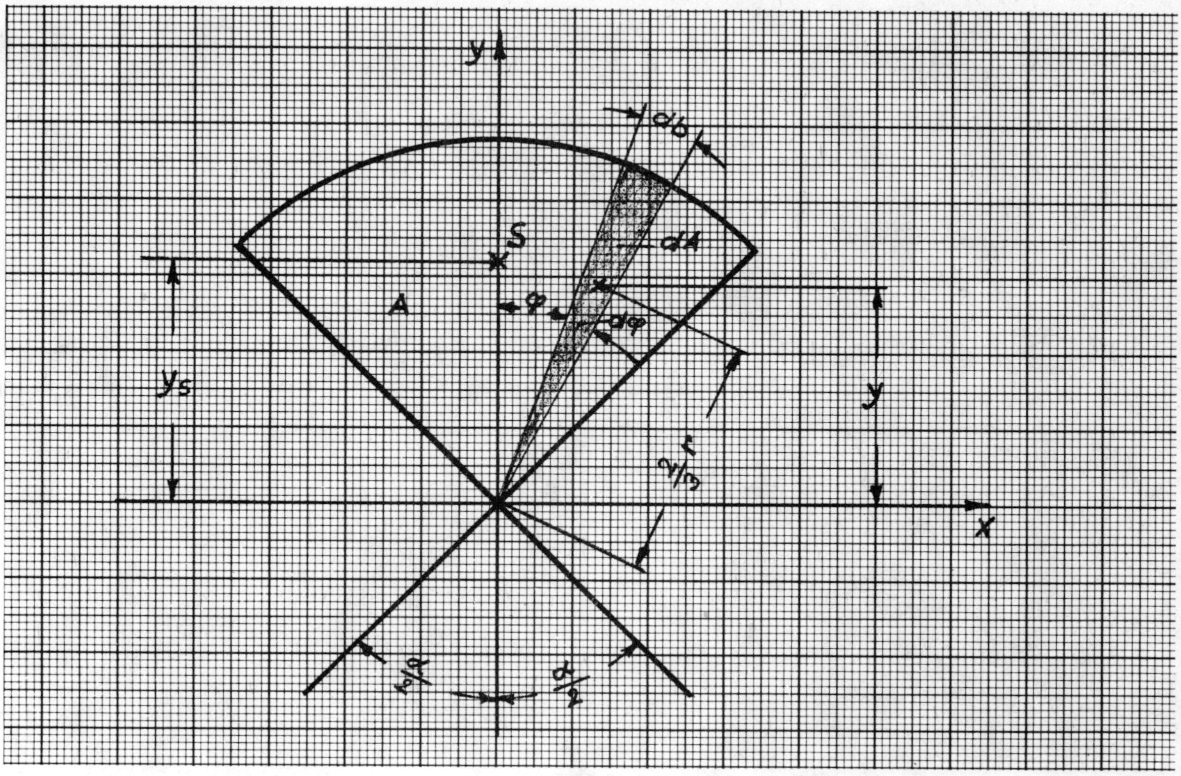

Ermittlung der Koordinate y_s aus der Beziehung:

$$y_s = \frac{M_x}{A}$$

1. Ermittlung von M_x:

Man zerlegt den Kreisausschnitt in Teildreiecke dA mit der Basis db und der Höhe r.

$$dM_x = dA \cdot y$$

$$dA = \frac{db \cdot r}{2} \text{ und } db = d\varphi \cdot r$$

dann ist: $dA = \frac{r \cdot d\varphi \cdot r}{2}$; $dA = \frac{r^2}{2} \cdot d\varphi$

Der Schwerpunktsabstand y der Teilfläche dA folgt aus der trigonometrischen Beziehung:

$$\cos\varphi = \frac{y}{\frac{2}{3} r}$$

dann ist: $y = \frac{2}{3} r \cdot \cos\varphi$

Nach Einsetzen der erhaltenen Werte für dA und y in die Gleichung für M_x, läßt sich M_x durch Integration berechnen.

$$dM_x = dA \cdot y$$

$$dM_x = \frac{r^2}{2} \cdot d\varphi \cdot \frac{2}{3} r \cdot \cos\varphi$$

$$dM_x = \frac{r^3}{3} \cdot \cos\varphi \cdot d\varphi$$

$$M_x = \frac{r^3}{3} \cdot \int_{\frac{-\alpha}{2}}^{\frac{\alpha}{2}} \cos\varphi \cdot d\varphi$$

$$M_x = 2 \cdot \frac{r^3}{3} \cdot \int_0^{\frac{\alpha}{2}} \cos\varphi \cdot d\varphi$$

$$M_x = \frac{2}{3} r^3 \sin\varphi \Big/_0^{\frac{\alpha}{2}}$$

$$\mathbf{M_x = \frac{2}{3} r^3 \cdot \sin \frac{\alpha}{2}}$$

2. Ermittlung von A:

Die Fläche A des jeweiligen Kreisausschnitts berechnet man am einfachsten mit der bekannten Formel aus der Geometrie:

$$A = \frac{r^2 \cdot \pi \cdot \alpha}{360^\circ}$$

3. Ermittlung der Koordinate y_s:

$$y_s = \frac{M_x}{A}$$

$$y_s = \frac{\frac{2}{3} \cdot r^3 \cdot \sin \frac{\alpha}{2}}{\frac{1}{360} \cdot r^2 \cdot \pi \cdot \alpha}$$

$$\mathbf{y_s = \frac{240 \cdot r \cdot \sin \frac{\alpha}{2}}{\pi \cdot \alpha}}$$

Hierbei ist zu beachten, daß der Wert α im Bogenmaß π in die Formel einzusetzen ist!

Zahlenbeispiel zur Zeichnung auf Seite 269

Gegeben: $r = 4{,}75$ cm

$$\alpha = 90^\circ = \frac{\pi}{2}$$

$$\frac{\alpha}{2} = 45^\circ = \frac{\pi}{4}$$

Gesucht: $$y_s = \frac{240 \cdot r \cdot \sin \frac{\alpha}{2}}{\pi \cdot \alpha}$$

$$y_s = \frac{240 \cdot 4{,}75 \cdot \sin \frac{\pi}{4}}{\pi \cdot \frac{\pi}{2}}$$

$$y_s = \frac{1140 \cdot \sin \frac{\pi}{4}}{\frac{\pi^2}{2}}$$

$$\mathbf{y_s = 3{,}17\ cm}$$

Ergebnis: Der Schwerpunkt der gezeichneten Fläche liegt auf der y-Achse und 3,17 cm von der x-Achse entfernt.

Berechnungsformeln für Kreisausschnitte

unter Berücksichtigung der entwickelten Grundformel und zwar:

1. Sechstelkreis

$$\alpha = 60^\circ \rightarrow \frac{\alpha}{2} = 30^\circ$$

$$y_s = \frac{240 \cdot r \cdot \sin 30^\circ}{\pi \cdot 60}; \; y_s = \frac{4 \cdot r \cdot 0{,}5}{\pi}; \; \mathbf{y_s = \frac{2r}{\pi}}$$

2. Viertelkreis

$$\alpha = 90^\circ \rightarrow \frac{\alpha}{2} = 45^\circ$$

$$y_s = \frac{240 \cdot r \cdot \sin 45^\circ}{\pi \cdot 90}; \; y_s = \frac{8 \cdot r \cdot \frac{\sqrt{2}}{2}}{\pi \cdot 3}; \; \mathbf{y_s = \frac{4 \cdot \sqrt{2} \cdot r}{3 \cdot \pi}}$$

3. Drittelkreis

$$\alpha = 120^\circ \rightarrow \frac{\alpha}{2} = 60^\circ$$

$$y_s = \frac{240 \cdot r \cdot \sin 60^\circ}{\pi \cdot 120}; \; y_s = \frac{2 \cdot r \cdot \frac{\sqrt{3}}{2}}{\pi}; \; \mathbf{y_s = \frac{\sqrt{3} \cdot r}{\pi}}$$

4. Halbkreis

$$\alpha = 180^\circ \rightarrow \frac{\alpha}{2} = 90^\circ$$

$$y_s = \frac{240 \cdot r \cdot \sin 90^\circ}{\pi \cdot 180}; \; y_s = \frac{4 \cdot r \cdot 1}{\pi \cdot 3}; \; \mathbf{y_s = \frac{4 \cdot r}{3 \cdot \pi}}$$

Beispiel:

Gesucht: Die Schwerpunktkoordinaten der Fläche unter der Kurve

$$y = \frac{1}{2} \cdot e^x$$

in den Grenzen x = 0,5 bis x = 2,50.

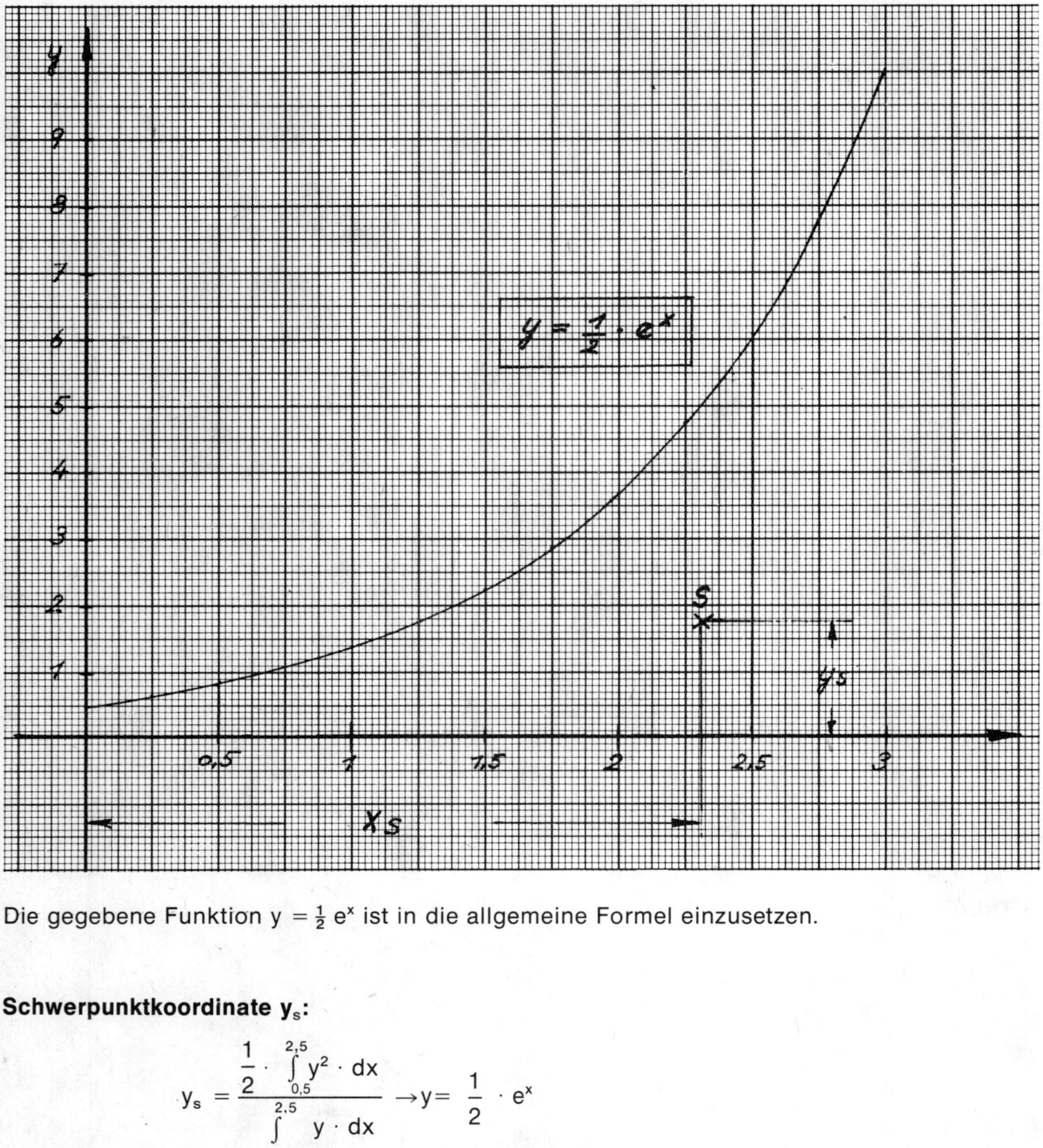

Die gegebene Funktion $y = \frac{1}{2} e^x$ ist in die allgemeine Formel einzusetzen.

Schwerpunktkoordinate y_s:

$$y_s = \frac{\frac{1}{2} \cdot \int\limits_{0,5}^{2,5} y^2 \cdot dx}{\int\limits_{0,5}^{2,5} y \cdot dx} \rightarrow y = \frac{1}{2} \cdot e^x$$

$$y^2 = \frac{1}{4} \cdot e^{2x}$$

$$y_s = \frac{\frac{1}{8} \cdot \int\limits_{0,5}^{2,5} e^{2x} \cdot dx}{\frac{1}{2} \cdot \int\limits_{0,5}^{2,5} e^x \cdot dx}; \quad y_s = \frac{\frac{1}{8} \cdot \frac{e^{2x}}{2}\Big|_{0,5}^{2,5}}{\frac{1}{2} \cdot e^x\Big|_{0,5}^{2,5}}$$

$$y_s = \frac{\frac{1}{16} \cdot e^5 - e^1}{\frac{1}{2} \cdot e^{2,5} - e^{0,5}}; \quad y_s = \frac{1}{8} \cdot \frac{e^5 - e^1}{e^{2,5} - e^{0,5}}$$

$$y_s = \frac{1}{8} \cdot \frac{e(e^4 - 1)}{e^{0,5}(e^2 - 1)}; \quad y_s = \frac{1}{8} \cdot e^{0,5} \cdot (e^2 - 1)$$

$$\mathbf{y_s = 1{,}5289\ E}$$

Schwerpunktkoordinate x_S:

$$x_s = \frac{\int_{0,5}^{2,5} x \cdot y \cdot dx}{\int_{0,5}^{2,5} y \cdot dx} \rightarrow y = \frac{1}{2} e^x$$

$$x_s = \frac{\frac{1}{2} \cdot \int_{0,5}^{2,5} x \cdot e^x \cdot dx}{\frac{1}{2} \cdot \int_{0,5}^{2,5} e^x \cdot dx}; \quad x_s = \frac{\frac{1}{2} \cdot x \cdot e^x \Big/_{0,5}^{2,5}}{\frac{1}{2} \cdot e^x \Big/_{0,5}^{2,5}}$$

$$x_s = \frac{e^x \cdot (x - 1) \Big/_{0,5}^{2,5}}{e^x \Big/_{0,5}^{2,5}}; \quad x_s = \frac{e^{2,5}(2{,}5 - 0{,}5)}{e^{2,5} - e^{0,5}}$$

$$x_s = \frac{2 \cdot e^{2,5}}{e^{2,5} - e^{0,5}}$$

$$\mathbf{x_s = 2{,}313\ E}$$

§ 17 Ermittlung von Linienschwerpunkten

Ähnlich wie bei der Berechnung der Flächenschwerpunkte, ist hier das Moment der Gesamtlänge gleich der Summe der Momente der Einzellängen.

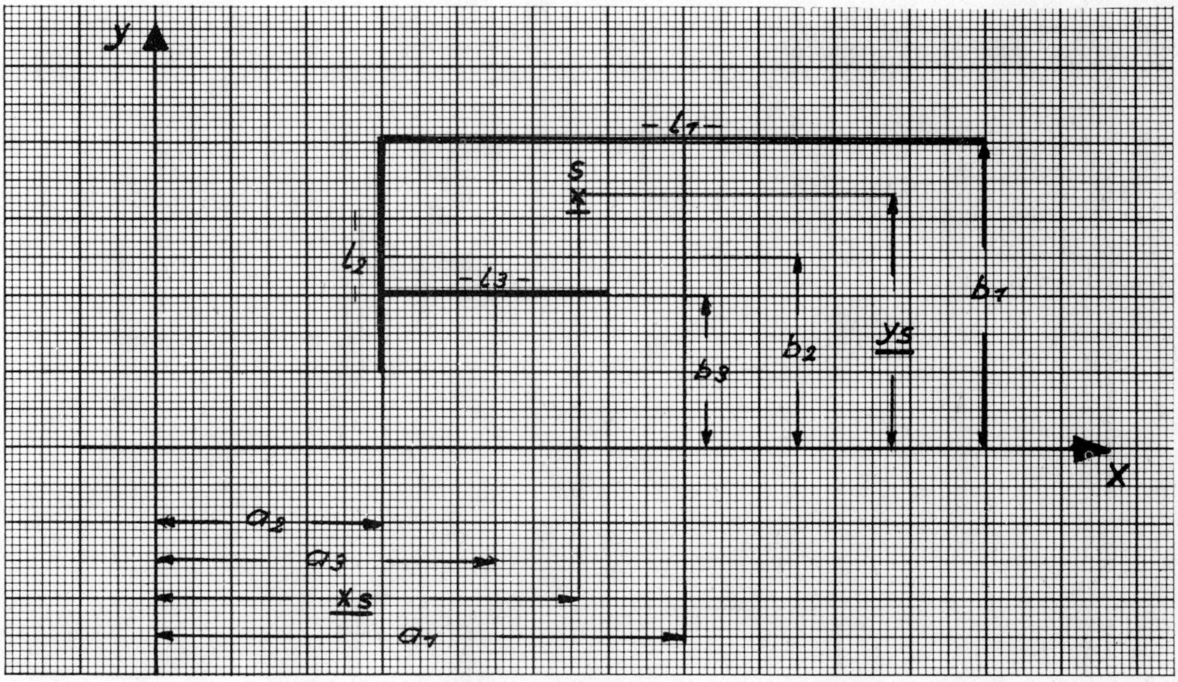

$$M_x = l_{ges.} \cdot y_s = l_1 \cdot b_1 + l_2 \cdot b_2 + l_3 \cdot b_3$$

$$y_s = \frac{l_1 \cdot b_1 + l_2 \cdot b_2 + l_3 \cdot b_3}{l_1 + l_2 + l_3}$$

$$M_y = l_{ges.} \cdot x_s = l_1 \cdot a_1 + l_2 \cdot a_2 + l_3 \cdot a_3$$

$$x_s = \frac{l_1 \cdot a_1 + l_2 \cdot a_2 + l_3 \cdot a_3}{l_1 + l_2 + l_3}$$

Nur wenn sich Längen und Abstände der Schwerpunkte einfach berechnen lassen, kann diese Berechnung Anwendung finden. Ansonsten muß die Integralrechnung zu Hilfe genommen werden.

Beispiel:

Gesucht: Die Koordinaten x_s und y_s des Linienschwerpunktes der Funktion $y = f(x)$

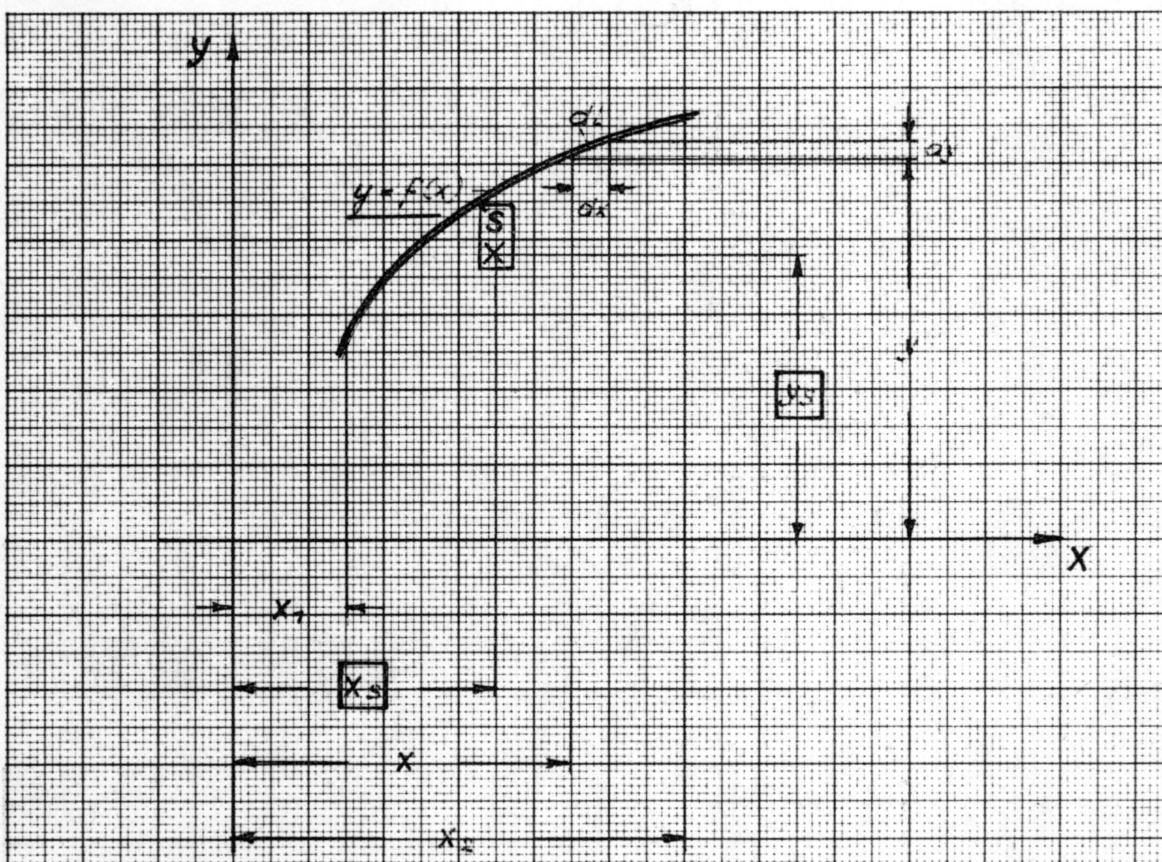

x-Achse = Bezugslinie:

Der Quotient aus Linienmoment und Länge ist der Schwerpunktabstand.

$$\mathbf{y_s = \frac{M_x}{l}}$$

$$dM_x = y \cdot dl \rightarrow dl = \sqrt{(dx)^2 + (dy)^2}$$

$$dl = \sqrt{1 + \left(\frac{dy}{dx}\right)^2} \cdot dx$$

$$dM_x = y \cdot \sqrt{1 + \left(\frac{dy}{dx}\right)^2} \cdot dx$$

Moment und Bogenlänge sind zu berechnen:

$$M_x = \int_{x_1}^{x_2} y \cdot \sqrt{1 + \left(\frac{dy}{dx}\right)^2} \cdot dx$$

$$l = \int_{x_1}^{x_2} \sqrt{1 + \left(\frac{dy}{dx}\right)^2} \cdot dx$$

$$y_s = \frac{\int_{x_1}^{x_2} y \cdot \sqrt{1 + \left(\frac{dy}{dx}\right)^2} \cdot dx}{\int_{x_1}^{x_2} \sqrt{1 + \left(\frac{dy}{dx}\right)^2} \cdot dx} = \text{Lage des Linienschwerpunktes}$$

y-Achse = Bezugsachse

$$\mathbf{x_s = \frac{M_y}{l}}$$

$$dM_y = x \cdot dl \rightarrow dl = \sqrt{1 + \left(\frac{dy}{dx}\right)^2} \cdot dx$$

$$dM_y = x \cdot \sqrt{1 + \left(\frac{dy}{dx}\right)^2} \cdot dx$$

$$M_y = \int_{x_1}^{x_2} x \cdot \sqrt{1 + \left(\frac{dy}{dx}\right)^2} \cdot dx$$

$$l = \int_{x_1}^{x_2} \sqrt{1 + \left(\frac{dy}{dx}\right)^2} \cdot dx$$

$$x_s = \frac{\int_{x_1}^{x_2} x \cdot \sqrt{1 + \left(\frac{dy}{dx}\right)^2} \cdot dx}{\int_{x_1}^{x_2} \sqrt{1 + \left(\frac{dy}{dx}\right)^2} \cdot dx} = \text{Lage des Linienschwerpunktes}$$

Beispiel:

Gesucht: Der Schwerpunkt einer halbkreisförmigen Linie.

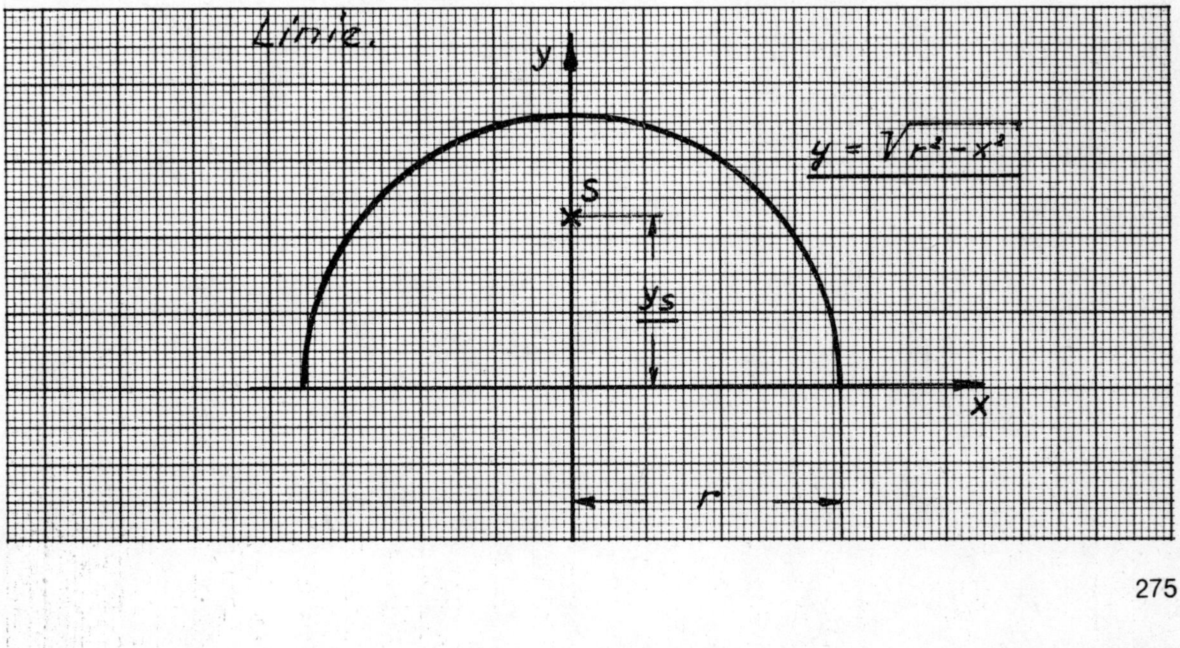

Da der Schwerpunkt auf der y-Achse liegt, ist nur die Koordinate y_s zu bestimmen.

$$\mathbf{y_s = \frac{M_x}{l}}$$

$$y_s = \frac{\int_{-r}^{r} y \cdot \sqrt{1 + \left(\frac{dy}{dx}\right)^2} \cdot dx}{l}$$

Eingesetzt wird die Ableitung der Funktion:

$$y = \sqrt{r^2 - x^2}; \frac{dy}{dx} = -\frac{x}{y}; \left(\frac{dy}{dx}\right)^2 = \frac{x^2}{y^2}$$

$$y_s = \frac{\int_{-r}^{r} y \cdot \sqrt{1 + \frac{x^2}{y^2}} \cdot dx}{l}$$

$$y_s = \frac{\int_{-r}^{r} \sqrt{y^2 + x^2} \cdot dx}{l} \quad \rightarrow y^2 = r^2 - x^2$$

$$y_s = \frac{r \cdot \int_{-r}^{r} dx}{l} = \frac{r \cdot x}{l}\Bigg|_{-r}^{r} = \frac{2r^2}{l}$$

Zur Vereinfachung kann für l die Halbkreislänge $r \cdot \pi$ eingesetzt werden.

$$y_s = \frac{2r^2}{r \cdot \pi}; \quad \mathbf{y_s = \frac{2r}{\pi}}$$

§ 18 Ermittlung von Körperschwerpunkten

Da ein Körper dreidimensional ist, sind zur Ermittlung der Schwerpunktlage auch drei Schwerpunktkoordinaten erforderlich.

Sie geben den Abstand des Schwerpunktes von den Bezugsebenen an:

x_s zur Ebene y – z

y_s zur Ebene x – z

z_s zur Ebene x – y

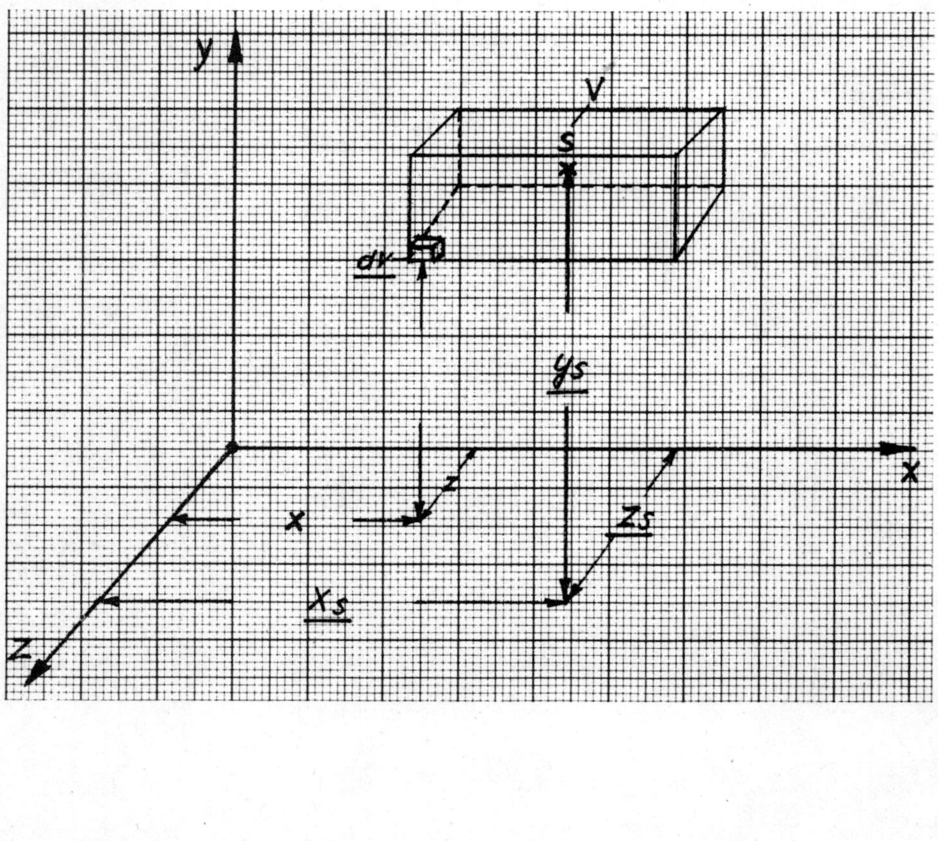

Die statischen Momente des Volumenteilchens dV errechnen sich aus dV, multipliziert mit dem Abstand von der entsprechenden Bezugsebene und anschließender Integration.

Statische Momente:

$$dM_{yz} = dV \cdot x \rightarrow M_{yz} = \int x \cdot dV$$

$$dM_{xz} = dV \cdot y \rightarrow M_{xz} = \int y \cdot dV$$

$$dM_{xy} = dV \cdot z \rightarrow M_{xy} = \int z \cdot dV$$

Schwerpunktabstände = Quotient aus Moment und Volumen.

$$\mathbf{x_s} = \frac{\mathbf{M_{yz}}}{\mathbf{V}} = \frac{\int \mathbf{x \cdot dV}}{\mathbf{V}}$$

$$\mathbf{y_s} = \frac{\mathbf{M_{xz}}}{\mathbf{V}} = \frac{\int \mathbf{y \cdot dV}}{\mathbf{V}}$$

$$\mathbf{z_s} = \frac{\mathbf{M_{xy}}}{\mathbf{V}} = \frac{\int \mathbf{z \cdot dV}}{\mathbf{V}}$$

V ist jeweils die Funktion: f(x, y, z)

Bei der Berechnung von Schwerpunkten symmetrischer Körper ist es sinnvoll, den Ursprung des Koordinatensystems so zu wählen, daß die Symmetrieachsen des Körpers möglichst mit der x-, y- oder z-Achse zusammenfallen.

Damit entfällt jeweils die Berechnung entsprechender Schwerpunktabstände.

Beispiel:

Gesucht: Der Schwerpunkt einer quadratischen Pyramide.

Man stellt die Pyramide so in ein Koordinatensystem, daß x_s und z_s zu Null werden.

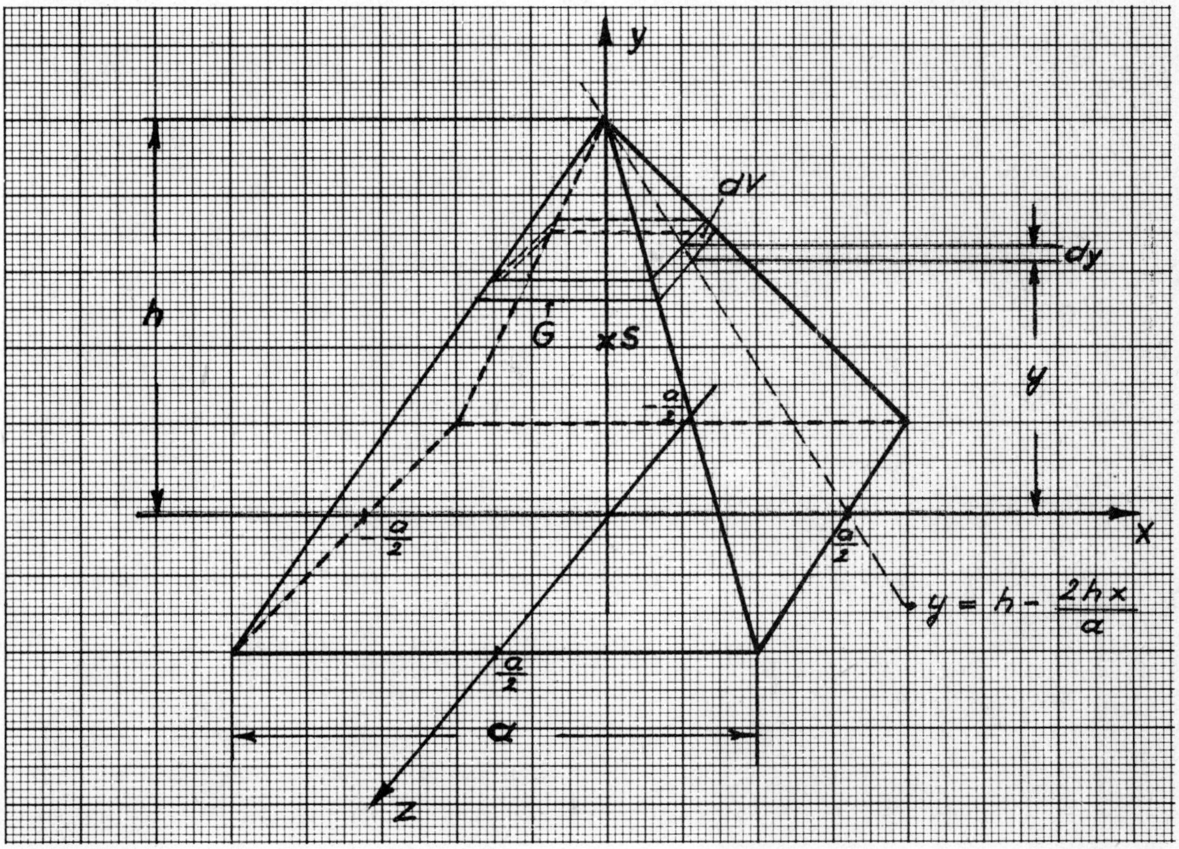

Volumen der Pyramide: $V = \frac{a^2 \cdot h}{3}$

Untere Fläche Scheibe dV: $(2x)^2 = G$

Volumen der Scheibe = G · dy

Gleichung für y:

$$h : \frac{a}{2} = y : \left(\frac{a}{2} - x\right); \quad h \cdot \left(\frac{a}{2} - x\right) = \frac{a}{2} \cdot y$$

$$y = \frac{2h \cdot \left(\frac{a}{2} - x\right)}{a} = \frac{h \cdot a}{a} - \frac{2hx}{a}$$

$$\mathbf{y = h - \frac{2hx}{a}}$$

Gleichung für x:

$$y = h - \frac{2hx}{a}; \quad \frac{2hx}{a} = h - y$$

$$x = \frac{a}{2h} \cdot (h - y)$$

Schwerpunktberechnung:

Y-Achse = Symmetrieachse: $\rightarrow x_s = 0 \rightarrow z_s = 0$

$$y_s = \frac{\int y \cdot dV}{V} \rightarrow dV = G \cdot dy$$

$$G = (2x)^2; \; G = \left[2 \cdot \frac{a}{2 \cdot h} \cdot (h - y)\right]^2$$

$$G = \left[\frac{a}{h} \cdot (h - y)\right]^2; \; G = \left(a - \frac{a \cdot y}{h}\right)^2$$

$$G = a^2 - \frac{2a^2 \cdot y}{h} + \frac{a^2 \cdot y^2}{h^2}$$

$$G = a^2 \left(1 - \frac{2y}{h} + \frac{y^2}{h^2}\right)$$

$$\mathbf{G = a^2 \left(1 - \frac{y}{h}\right)^2}$$

$$y_s = \frac{\int_0^h y \cdot a^2 \left(1 - \frac{y}{h}\right)^2 \cdot dy}{\frac{1}{3} \cdot a^2 \cdot h}; \; y_s = \frac{a^2 \cdot \int_0^h y \cdot \left(1 - \frac{y}{h}\right)^2 \cdot dy}{\frac{a^2 \cdot h}{3}}$$

$$y_s = \frac{3}{h} \cdot \int_0^h y \cdot \left(1 - \frac{2y}{h} + \frac{y^2}{h^2}\right) \cdot dy$$

$$y_s = \frac{3}{h} \cdot \int_0^h \left(y - \frac{2y^2}{h} + \frac{y^3}{h^2}\right) \cdot dy$$

$$y_s = \frac{3}{h}\left(\frac{1}{2}y^2 - \frac{2}{3 \cdot h} \cdot y^3 + \frac{1}{4h^2} \cdot y^4\right)\Big/_0^h$$

$$y_s = \frac{3}{h} \cdot \left(\frac{1}{2}h^2 - \frac{2}{3}h^2 + \frac{1}{4}h^2\right)$$

$$y_s = \frac{3 \cdot h^2}{h} \cdot \left(\frac{1}{2} - \frac{2}{3} + \frac{1}{4}\right)$$

$$y_s = 3h \cdot \frac{1}{12}$$

$$\mathbf{y_s = \frac{h}{4}}$$

Beispiel:

Gesucht: Schwerpunkt eines Kegels mit kreisförmiger Grundfläche.

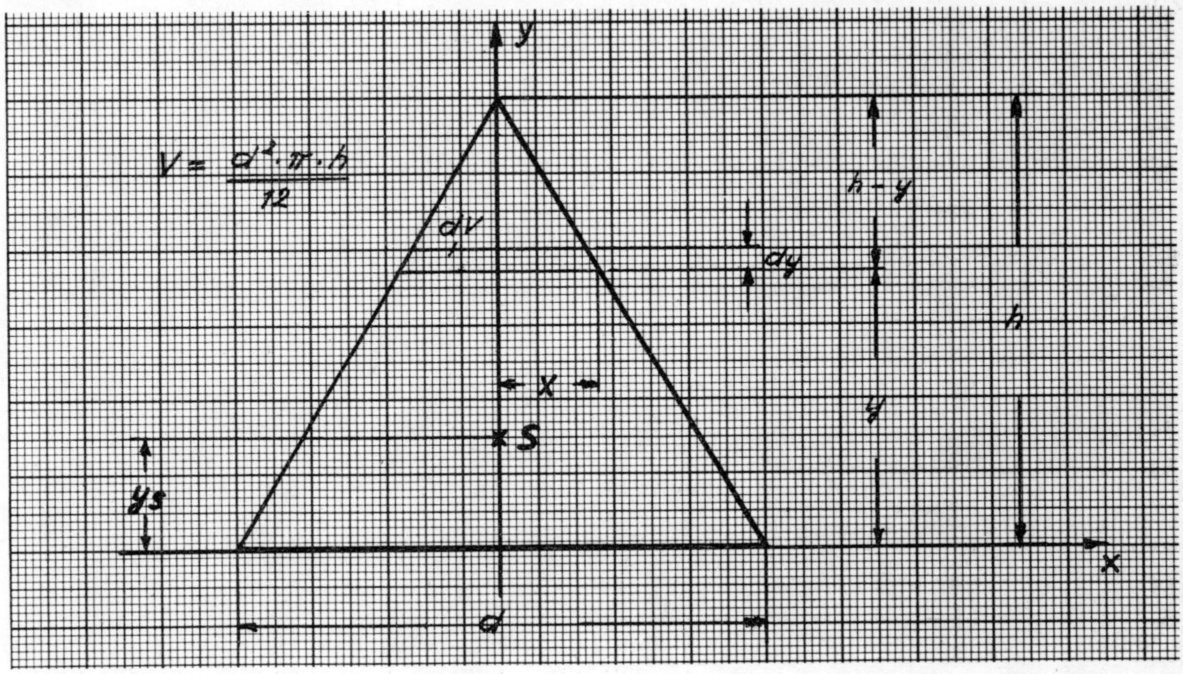

y-Achse = Symmetrieachse: $\rightarrow x_s = 0; \rightarrow z_s = 0$

dV = eine zylinderförmige Scheibe mit d = 2x und h = dy.

$$y_s = \frac{\int y \cdot dV}{V} \rightarrow dV = x^2 \cdot \pi \cdot dy$$

Gleichung für x:

$$2x : d = (h - y) : h; \qquad 2x \cdot h = d \cdot (h - y)$$

$$x = \frac{d \cdot (h - y)}{2 \cdot h}; \quad x^2 = \frac{d^2(h - y)^2}{4 \cdot h^2}$$

$$dV = \frac{\pi \cdot d^2 \cdot (h - y)^2}{4 \cdot h^2} \cdot dy$$

Schwerpunktberechnung:

$$y_s = \frac{\int_0^h y \cdot \frac{\pi \cdot d^2 \cdot (h - y)^2}{4 \cdot h^2} \cdot dy}{V}$$

$$\text{wobei } V = \frac{d^2 \cdot \pi \cdot h}{12}; \text{ (Formel für Kegelvolumen)}$$

$$y_s = \frac{\frac{\pi \cdot d^2}{4 \cdot h^2} \cdot \int_0^h y \cdot (h - y)^2 \cdot dy}{\frac{d^2 \cdot \pi \cdot h}{12}}$$

$$y_s = \frac{\pi \cdot d^2 \cdot 12}{4 \cdot h^2 \cdot d^2 \cdot \pi \cdot h} \cdot \int_0^h y \cdot (h^2 - 2hy + y^2) \cdot dy$$

$$y_s = \frac{3}{h^3} \cdot \int_0^h (h^2 y - 2hy^2 + y^3) \cdot dy$$

$$y_s = \frac{3}{h^3} \cdot \left(\frac{h^2 \cdot y^2}{2} - \frac{2 \cdot h \cdot y^3}{3} + \frac{y^4}{4} \right) \Bigg|_0^h$$

$$y_s = \frac{3}{h^3} \cdot \left(\frac{1}{2} \cdot h^4 - \frac{2}{3} \cdot h^4 + \frac{1}{4} h^4 \right)$$

$$\mathbf{y_s = \frac{h}{4}}$$

Beispiel:

Gesucht: Schwerpunkt eines Kugelabschnitts.

Durch geeignete Lage des Kugelabschnitts im Koordinatensystem erreicht man: $x_s = 0$ und $z_s = 0$.

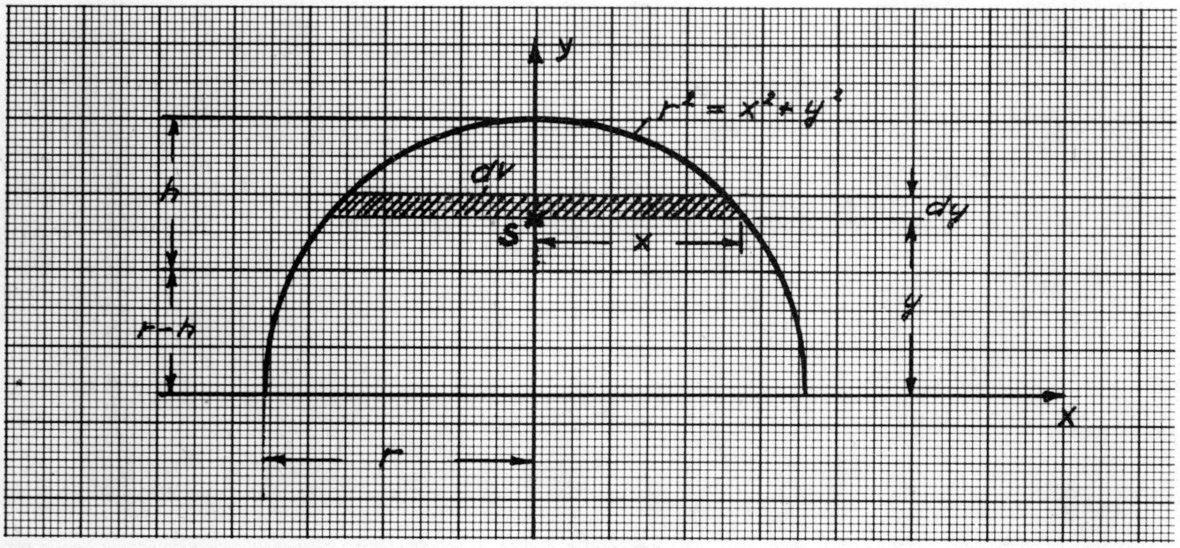

y-Achse = Bezugsachse

$$y_s = \frac{\int y \cdot dV}{V};$$

Für V = Volumen des Kugelabschnitts gilt die bereits bekannte Formel

$$V = \frac{\pi \cdot h^2}{3} \cdot (3r - h)$$

dV ist eine zylinderförmige Scheibe mit dem Radius x und der Höhe dy.

Daher ist: $dV = \pi \cdot x^2 \cdot dy$

Aus der bekannten Kreisgleichung $r^2 = x^2 + y^2$ ergibt sich für $x^2 = r^2 - y^2$
somit ist: $\mathbf{dV = \pi \cdot (r^2 - y^2) \cdot dy}$

Schwerpunktberechnung:

$$y_s = \frac{\int_{r-h}^{r} y \cdot \pi \cdot (r^2 - y^2) \cdot dy}{V}$$

$$y_s = \frac{\pi}{V} \cdot \int_{r-h}^{r} y \cdot (r^2 - y^2) \cdot dy$$

$$y_s = \frac{\pi}{V} \cdot \int_{r-h}^{r} (r^2 \cdot y - y^3) \cdot dy$$

$$y_s = \frac{\pi}{V} \cdot \left(\frac{r^2 \cdot y^2}{2} - \frac{y^4}{4} \right) \Big/_{r-h}^{r}$$

$$y_s = \frac{\pi}{4 \cdot V} \cdot (2r^2 \cdot y^2 - y^4) \Big/_{r-h}^{r}$$

$$y_s = \frac{\pi}{4 \cdot V} \cdot \left[2r^4 - r^4 - 2r^2 \cdot (r - h)^2 + (r - h)^4 \right]$$

$$y_s = \frac{\pi}{4 \cdot V} \cdot \left[r^4 - 2r^2 (r^2 - 2rh + h^2) + r^4 - 4r^3h + 6r^2h^2 - 4rh^3 + h^4 \right]$$

$$y_s = \frac{\pi}{4 \cdot V} \cdot (r^4 - 2r^4 + 4r^3h - 2r^2h^2 + r^4 - 4r^3h + 6r^2h^2 - 4rh^3 + h^4)$$

$$y_s = \frac{\pi}{4 \cdot V} \cdot (4r^2h^2 - 4rh^3 + h^4)$$

Nun wird h^2 ausgeklammert:

$$y_s = \frac{\pi \cdot h^2}{4 \cdot V} \cdot (4r^2 - 4rh + h^2)$$

und statt V der Formelwert: $\frac{\pi \cdot h^2}{3} \cdot (3r - h)$ eingesetzt!

$$y_s = \frac{\pi \cdot h^2 \cdot (4r^2 - 4rh + h^2)}{4 \cdot \frac{\pi \cdot h^2}{3} \cdot (3r - h)}$$

$$y_s = \frac{3 \cdot \pi \cdot h^2 \cdot (4r^2 - 4rh + h^2)}{4 \cdot \pi \cdot h^2 \cdot (3r - h)}$$

$$\mathbf{y_s = \frac{3 \cdot (2r - h)^2}{4 \cdot (3r - h)}}$$

8. Kapitel

„Räumliche Körper" (Fortsetzung)

§ 19 Die Guldinschen Regeln

Mit diesen Regeln lassen sich Oberflächen und Volumen von Rotationskörpern berechnen, wenn die jeweiligen Schwerpunkte bekannt sind.

1. Die Mantel-Oberfläche:

= Länge der Linie, multipliziert mit dem Weg ihres Schwerpunktes um die Drehachse.

$\mathbf{AM = l \cdot 2 \cdot x_l \cdot \pi}$

2. Das Volumen:

= Inhalt der bewegten Fläche, multipliziert mit dem Weg ihres Schwerpunktes um die Drehachse.

$\mathbf{V = A \cdot 2 \cdot x_A \cdot \pi}$

Entwicklung der Regeln für beliebige Rotationskörper.

Beispiel:

Gesucht: Kugelvolumen

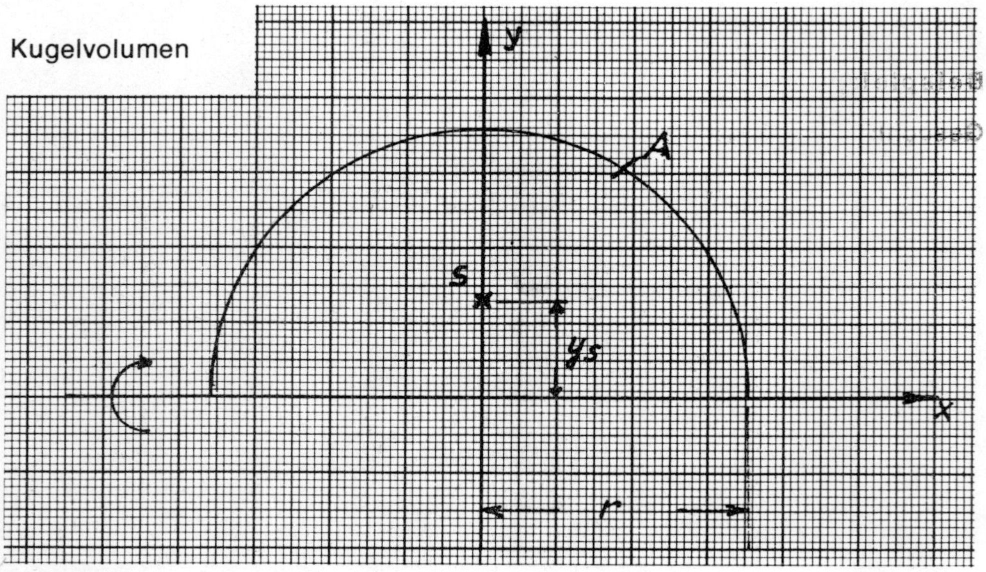

a) Ohne Integralrechnung

$$V = A \cdot 2 \cdot y_s \cdot \pi \rightarrow A = \frac{r^2}{2} \cdot \pi \quad \text{(Halbkreis!)}$$

wie bereits nachgewiesen: $y_s = \dfrac{4 \cdot r}{3 \cdot \pi}$

$$V = \frac{r^2 \cdot \pi \cdot 2 \cdot 4 \cdot r \cdot \pi}{2 \cdot 3 \cdot \pi}$$

$$\mathbf{V = \frac{4}{3} \cdot \pi \cdot r^3}$$

B) Mit Integralrechnung

$$V = A \cdot 2 \cdot \pi \cdot y_s$$

Für y_s wird das entsprechende Integral eingesetzt:

$$y_s = \frac{\frac{1}{2}\int_{x1}^{x2} y^2 \cdot dx}{A} = \frac{M_x}{A}$$

$$V = A \cdot 2 \cdot \pi \cdot \frac{\frac{1}{2}\int_{x1}^{x2} y^2 \cdot dx}{A}$$

Die Fläche A läßt sich kürzen:

$$V = 2 \cdot \pi \cdot \frac{1}{2}\int_{x1}^{x2} y^2 \cdot dx \rightarrow y = \sqrt{r^2 - x^2} \rightarrow y^2 = r^2 - x^2$$

Zur Vereinfachung wird das doppelte Integral in den Grenzen $x = 0$ bis $x = r$ integriert:

$$V = 2 \cdot \pi \cdot \int_0^r (r^2 - x^2) \cdot dx; \quad V = 2 \cdot \pi \cdot \left(r^2 \cdot x - \frac{x^3}{3}\right) \Big/_0^r$$

$$V = 2 \cdot \pi \cdot r^3 - \frac{r^3}{3}; \quad V = 2 \cdot \frac{2}{3} r^3 \cdot \pi; \quad \mathbf{V = \frac{4 \cdot r^3}{3} \cdot \pi}$$

Stimmt mit a) überein!

Beispiel:

Gesucht: Kugel-Oberfläche

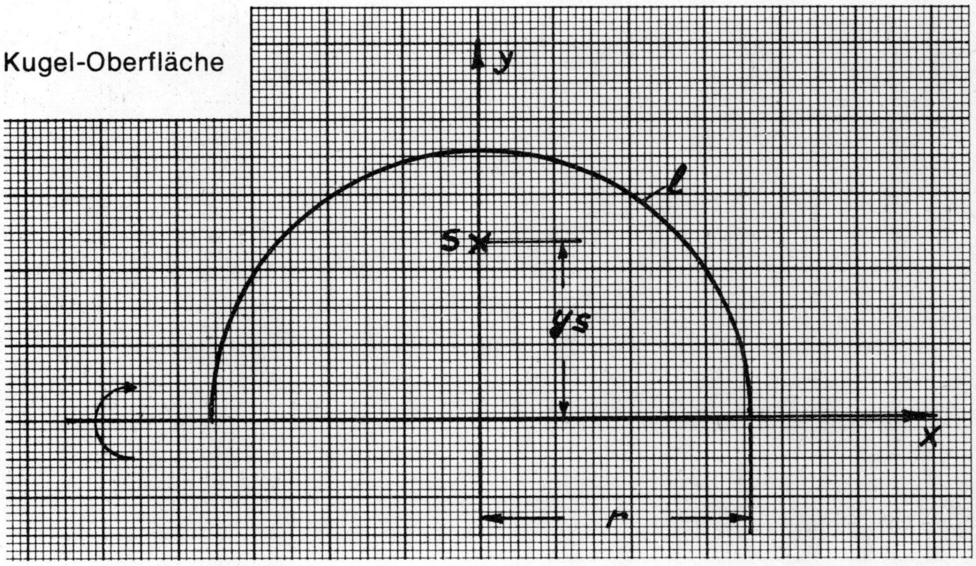

a) Ohne Integralrechnung

$$A = l \cdot 2 \cdot y_s \cdot \pi \rightarrow l = r \cdot \pi$$

wie bereits nachgewiesen: $y_s = \frac{2 \cdot r}{\pi}$

$$V = \frac{\pi \cdot r \cdot 2 \cdot 2 \cdot r \cdot \pi}{\pi}$$

$$\mathbf{V = 4 \cdot r^2 \cdot \pi}$$

b) Mit Integralrechnung

$$A = l \cdot \pi \cdot 2 \cdot y_s$$

Für y_s wird das entsprechende Integral eingesetzt:

$$y_s = \frac{\int_{x1}^{x2} y \cdot \sqrt{1 + \left(\frac{dy}{dx}\right)^2} \cdot dx}{l} = \frac{M_x}{l}$$

und durch l gekürzt:

$$A = 2 \cdot \pi \cdot \int_{x1}^{x2} y \cdot \sqrt{1 + \left(\frac{dy}{dx}\right)^2} \cdot dx \rightarrow y = \sqrt{r^2 - x^2}$$

$$\frac{dy}{dx} = -\frac{x}{y}; \quad \left(\frac{dy}{dx}\right)^2 = \frac{x^2}{y^2}$$

$$A = 2 \cdot \pi \cdot \int_{x1}^{x2} y \cdot \sqrt{1 + \frac{x^2}{y^2}} \cdot dx$$

$$A = 2 \cdot \pi \cdot \int_{x1}^{x2} \sqrt{y^2 + x^2} \cdot dx$$

Zur Vereinfachung wird das doppelte Integral in den Grenzen $x = 0$ bis $x = r$ integriert.

$$A = 4 \cdot \pi \cdot \int_{0}^{r} \sqrt{y^2 + x^2} \cdot dx \rightarrow y^2 = r^2 - x^2$$

$$A = 4 \cdot \pi \cdot \int_{0}^{r} \sqrt{r^2 - x^2 + x^2} \cdot dx$$

$$A = 4 \cdot \pi \cdot \int_{0}^{r} \sqrt{r^2} \cdot dx$$

$$A = 4 \cdot \pi \cdot r \int_{0}^{r} dx$$

$$A = 4 \cdot \pi \cdot r \cdot x \Big/_{0}^{r}$$

$$\mathbf{A = 4 \cdot \pi \cdot r^2}$$

Stimmt mit a) überein!

Unter Zuhilfenahme der Integralrechnung kann die Guldinsche Regel für jede Funktion angewendet werden.

Die Guldinschen Regeln:

$$V_x = 2 \cdot \pi \cdot M_x = \pi \cdot \int_{x1}^{x2} y^2 \cdot dx$$

$$V_y = 2 \cdot \pi \cdot M_y = 2 \cdot \pi \cdot \int_{x1}^{x2} y \cdot x \cdot dx$$

$$A_x = 2 \cdot \pi \cdot M_x = 2 \cdot \pi \cdot \int_{x1}^{x2} y \cdot \sqrt{1 + \left(\frac{dy}{dx}\right)^2} \cdot dx$$

$$A_y = 2 \cdot \pi \cdot M_y = 2 \cdot \pi \cdot \int_{x1}^{x2} x \cdot \sqrt{1 + \left(\frac{dy}{dx}\right)^2} \cdot dx$$

Beispiel:

Gesucht: Die Oberfläche eines Rotationsparaboloids $y = x^2 - 2$ in den Grenzen $x_1 = 1{,}5$ bis $x_2 = 2{,}5$.

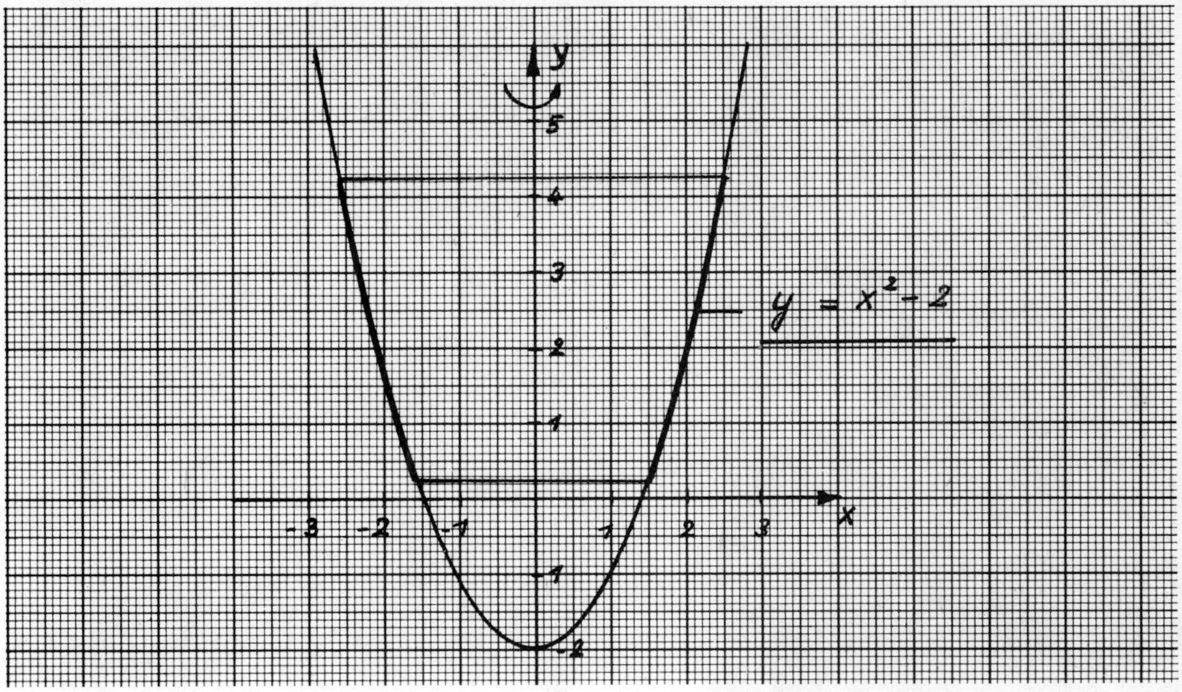

y-Achse = Rotationsachse:

$$A_y = 2 \cdot \pi \cdot M_y$$

$$A_y = 2 \cdot \pi \cdot \int_0^{2,5} x \cdot \sqrt{1 + \left(\frac{dy}{dx}\right)^2} \cdot dx - 2 \cdot \pi \cdot \int_0^{1,5} x \cdot \sqrt{1 + \left(\frac{dy}{dx}\right)^2} \cdot dx$$

$$A_y = 2 \cdot \pi \cdot \int_{1,5}^{2,5} x \cdot \sqrt{1 + y'^2} \cdot dx$$

$$y = x^2 - 2 \quad \rightarrow y' = 2x \quad \rightarrow y'^2 = 4x^2$$

$$A_y = 2 \cdot \pi \cdot \int_{1.5}^{2,5} x \cdot \sqrt{1 + 4x^2} \cdot dx$$

Lösung des Integrals durch Substitution:

$$1 + 4x^2 = z \quad \rightarrow \frac{dz}{dx} = 8x; \quad dx = \frac{dz}{8x}$$

$$\int x \cdot \sqrt{1 + 4x^2} \cdot dx = \int x \cdot (1 + 4x^2)^{\frac{1}{2}} \cdot dx$$

$$= \int x \cdot z^{\frac{1}{2}} \cdot dx = \frac{\int x \cdot z^{\frac{1}{2}} \cdot dz}{8x} = \frac{1}{8} \cdot \frac{\int x \cdot z^{\frac{1}{2}} \cdot dz}{x}$$

$$= \frac{1}{8} \cdot \int z^{\frac{1}{2}} \cdot dz$$

$$= \frac{1}{8} \cdot z^{\frac{3}{2}} : \frac{3}{2} = \frac{1 \cdot 2}{8 \cdot 3} \cdot \sqrt{z^3}$$

$$= \frac{1}{12} \cdot \sqrt{z^3} = \frac{1}{12} \cdot \sqrt{(1 + 4x^2)^3}$$

Fortsetzung der Flächenermittlung:

$$A_y = 2 \cdot \pi \cdot \frac{1}{12} \cdot \sqrt{\left(1 + 4x^2\right)^3} \Big/_{1,5}^{2,5}$$

$$A_y = 2 \cdot \pi \cdot \frac{1}{12} \cdot \left[\sqrt{\left(1 + 4 \cdot 2{,}5^2\right)^3} - \sqrt{\left(1 + 4 \cdot 1{,}5^2\right)^3}\right]$$

$$A_y = \frac{\pi}{6} \cdot \left(\sqrt{26^3} - \sqrt{10^3}\right) = \mathbf{52{,}858\ E^2}$$

9. Kapitel

Trägheitsmomente

§ 20 Flächenträgheitsmomente

Das Trägheitsmoment einer Fläche, bezogen auf eine Gerade als Trägheitsachse, ist definiert als Summe der Produkte aller Flächenteilchen dA und dem Quadrat ihres Abstandes a von dieser Trägheitsachse.

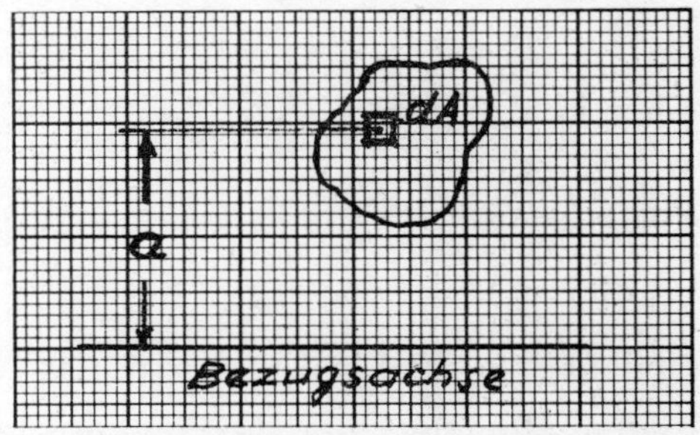

Man unterscheidet:

1. Axiales Trägheitsmoment,

bezogen auf eine in der Ebene der Fläche liegende Gerade.

$I = \int a^2 \cdot dA; \quad Iy = \int x^2 \cdot dA; \quad Ix = \int y^2 \cdot dA$

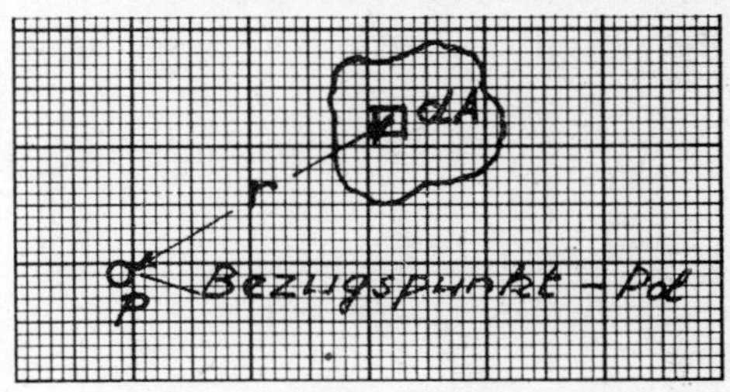

2. Polares Trägheitsmoment,

bezogen auf einen in der Ebene der Fläche liegenden Punkt.

$Ip = \int r^2 \cdot dA$

3. Beziehung:

Da $r^2 = x^2 + y^2$

ist $Ip = \int (x^2 + y^2) \cdot dA = \int x^2 \cdot dA = \int y^2 \cdot dA$
$\qquad = \quad Iy + Ix$

somit ist: $\mathbf{Ip = Ix + Iy}$

Beispiel:

Gesucht: Trägheitsmomente eines Rechtecks, auf die Schwerlinien bezogen.

$Ix_s = \int_{-\frac{l}{2}}^{\frac{l}{2}} y^2 \cdot dA \rightarrow$ Flächenteil dA entspricht:
$b \cdot dy$

$$Ix_s = \int_{-\frac{l}{2}}^{\frac{l}{2}} y^2 \cdot b \cdot dy = b \cdot \int_{-\frac{l}{2}}^{\frac{l}{2}} y^2 \cdot dy$$

$$Ix_s = \frac{b \cdot y^3}{3}\Bigg/_{-\frac{l}{2}}^{\frac{l}{2}} = \frac{b \cdot (\frac{l}{2})^3}{3} - \frac{b \cdot (-\frac{l}{2})^3}{3}$$

$$Ix_s = \frac{b \cdot \frac{l^3}{8}}{3} + \frac{b \cdot \frac{l^3}{8}}{3} = \frac{b \cdot l^3}{24} + \frac{b \cdot l^3}{24} = \mathbf{\frac{b \cdot l^3}{12}}$$

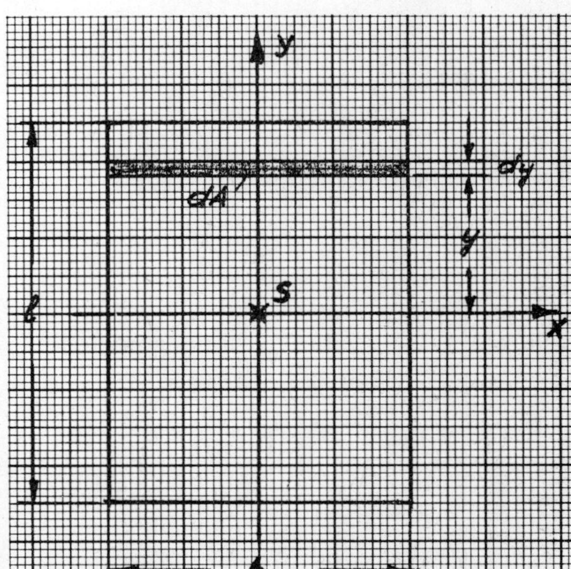

analog ergibt sich für $\mathbf{Iy_s = \frac{l \cdot b^3}{12}}$

Wird die Seite b als Bezugslinie gewählt:

$$Ix_b = \pi \int_0^l y^2 \cdot dy; \quad Ix_b = \frac{\mathbf{b \cdot l^3}}{\mathbf{3}}$$

Beispiel:

Gesucht: Axiales Trägheitsmoment eines Kreises.

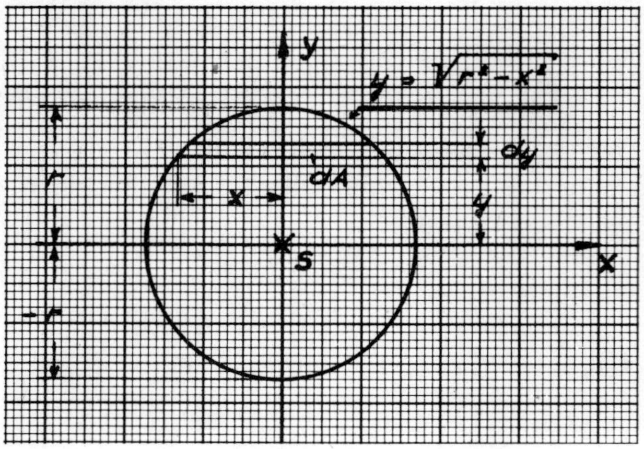

Man zerlegt die Kreisfläche in Flächenstreifen der Länge 2x und der Breite dy.

Nun multipliziert man die Flächenstreifen mit dem Quadrat des jeweiligen Abstandes von der Bezugsachse und erhält das Trägheitsmoment der Kreisfläche.

$Ix = \int_{-r}^{r} y^2 \cdot dA \rightarrow$ Flächeninhalt dA entspricht: $2x \cdot dy$

$$Ix = \int_{-r}^{r} y^2 \cdot 2x \cdot dy = 2 \cdot \int_{-r}^{r} y^2 \cdot x \cdot dy$$

Umstellung nach x:

$x = \sqrt{r^2 - y^2}$

ergibt eingesetzt: $2 \cdot \int_{-r}^{r} y^2 \cdot \sqrt{r^2 - y^2} \cdot dy$

Dieses Integral wurde bereits gelöst! Man integriert zur Vereinfachung das doppelte Integral in den Grenzen von 0 bis r.

$$Ix = \frac{y}{2} \cdot \sqrt{r^2 - y^2} \cdot (2y^2 - r^2) + \frac{y^4}{2} \arcsin \frac{y}{r} \Big/_{o}^{r}$$

$$Ix = \frac{r^4}{2} \arcsin 1; \; Ix = \frac{r^4}{2} \cdot \frac{\pi}{2}$$

$$\mathbf{Ix = \frac{r^4 \cdot \pi}{4}}$$

Beispiel:

Gesucht: Polares Trägheitsmoment eines Kreises.

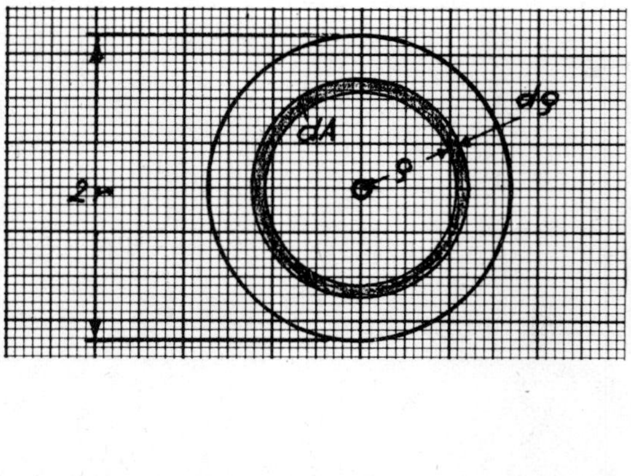

Durch Addition der Produkte aus den Flächen und dem Quadrat ihres Abstandes ϱ vom Pol, erhält man das Trägheitsmoment der Kreisfläche.

Hierzu zerlegt man die Kreisfläche in kreisförmige Flächenstreifen dA mit der Breite $d\varrho$.

$$Ip = \int_0^r \varrho^2 \cdot dA$$

Der Flächeninhalt dA entspricht: $2 \cdot \varrho \cdot \pi \cdot d\varrho$

$$Ip = \int_0^r \varrho^2 \cdot 2 \cdot \varrho \cdot \pi \cdot d\varrho$$

$$Ip = 2 \cdot \pi \cdot \int_0^r \varrho^3 \cdot d\varrho$$

$$Ip = \frac{2 \cdot \pi \cdot \varrho^4}{4} \Big|_0^r \qquad \mathbf{Ip} = \frac{\pi \cdot \mathbf{r}^4}{\mathbf{2}}$$

Das polare Trägheitsmoment ist doppelt so groß wie das axiale Trägheitsmoment!

Stimmt daher mit der Ableitung überein.

Beispiel:

Gesucht: Axiales Trägheitsmoment eines gleichschenkeligen Dreiecks.

Bezugslinie = Basis b.

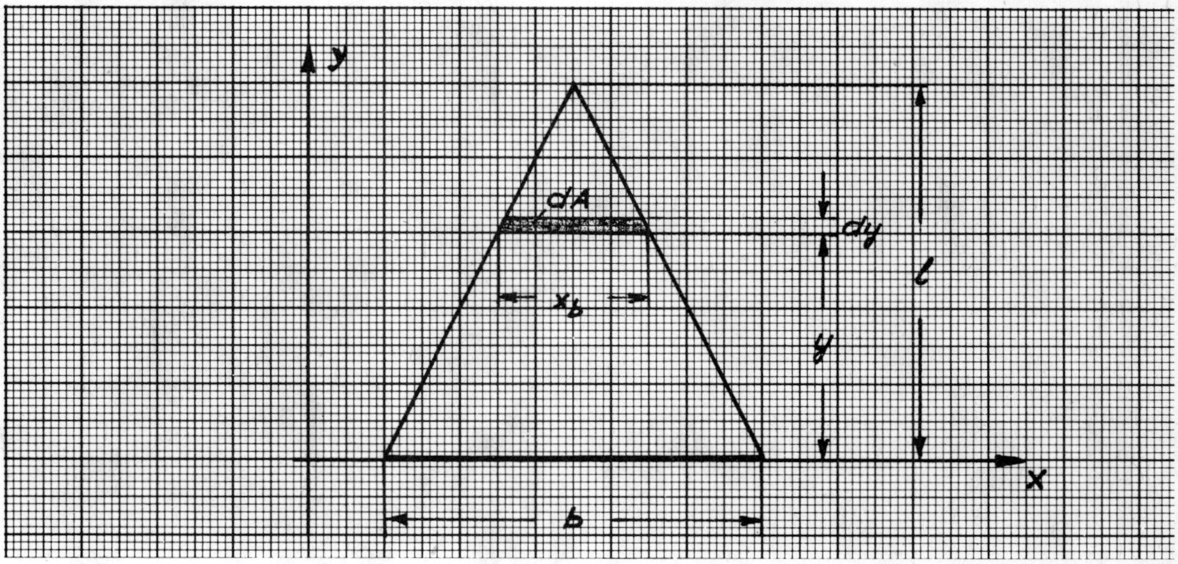

$$Ix = \int_0^l y^2 \cdot dA; \text{ Der Flächeninhalt } dA = x_b \cdot dy$$

$$Ix = \int_0^l y^2 \cdot x_b \cdot dy$$

Beziehungen aus den ähnlichen Dreiecken:

$b : x_b = l : (l - y); \quad x_b \cdot l = b \cdot (l - y)$

$$x_b = \frac{b \cdot (l - y)}{l}$$

$$Ix = \int_0^l y^2 \cdot \frac{b}{l} \cdot (l - y) \cdot dy$$

$$Ix = \frac{b}{l} \cdot \int_0^l y^2 (l - y) \cdot dy$$

$$Ix = \frac{b}{l} \cdot \int_0^l (y^2 l - y^3) \cdot dy$$

Es ergeben sich zwei Integrale:

$$Ix = \frac{b}{l} \cdot \int_0^l y^2 \cdot l \cdot dy - \frac{b}{l} \cdot \int_0^l y^3 \cdot dy$$

$$Ix = b \cdot \int_0^l y^2 \cdot dy - \frac{b}{l} \cdot \int_0^l y^3 \cdot dy$$

$$Ix = \frac{b \cdot y^3}{3}\Big/_0^l - \frac{b \cdot y^4}{l \cdot 4}\Big/_0^l$$

$$Ix = \frac{b \cdot l^3}{3} - \frac{b \cdot l^4}{4 \cdot l} = \frac{b \cdot l^3}{3} - \frac{b \cdot l^3}{4}$$

$$Ix = \frac{4}{12} \cdot b \cdot l^3 - \frac{3}{12} \cdot b \cdot l^3$$

$$\mathbf{Ix = \frac{b \cdot l^3}{12}}$$

Das Trägheitsmoment des Dreiecks ergibt sich, wenn in den Grenzen von $y = 0$ bis $y = l$ integriert wird.

Beispiel:

Gesucht: Trägheitsmoment eines Quadrats

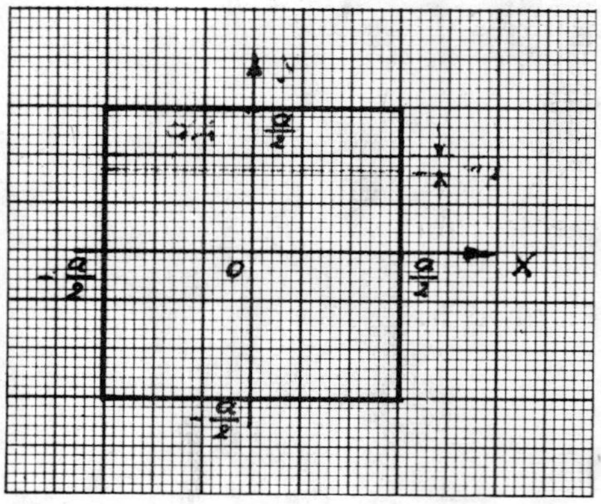

$$Ix_s = Iy_s$$

$$Ix_s = \int_{-\frac{a}{2}}^{\frac{a}{2}} y^2 \cdot dA \rightarrow dA = a \cdot dy$$

$$Ix_s = \int_{-\frac{a}{2}}^{\frac{a}{2}} y^2 \cdot a \cdot dy; \quad Ix_s = a \cdot \int_{-\frac{a}{2}}^{\frac{a}{2}} y^2 \cdot dy$$

$$Ix_s = \frac{a \cdot y^3}{3}\Big/_{-\frac{a}{2}}^{\frac{a}{2}}; \quad Ix_s = \frac{a \cdot \left(\frac{a}{2}\right)^3}{3} - \frac{a \cdot \left(-\frac{a}{2}\right)^3}{3}$$

$$Ix_s = \frac{a}{3} \cdot \left(\frac{a^3}{8} + \frac{a^3}{8}\right) = \frac{a^4}{24} + \frac{a^4}{24}$$

$$Ix_s = \mathbf{\frac{a^4}{12}}$$

§ 21 Körperträgheitsmomente

Bei Körpern unterscheidet man:

1. Axiales Trägheitsmoment,

bezogen auf eine Achse.

2. Polares Trägheitsmoment,

bezogen auf einen Punkt.

3. Planares Trägheitsmoment,

bezogen auf eine Ebene.

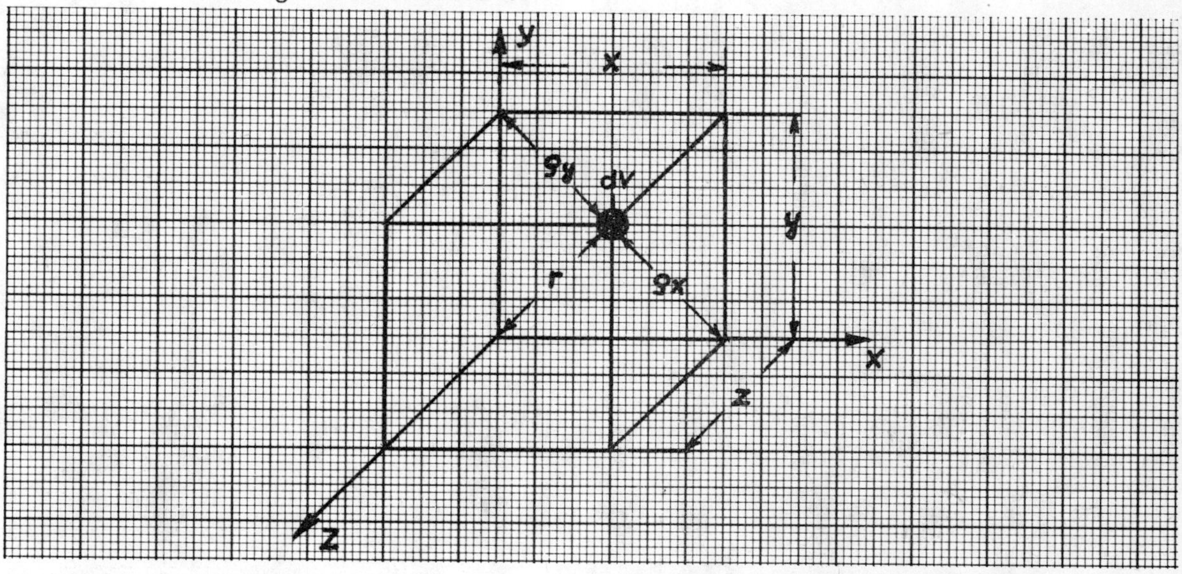

Da Körper dreidimensional sind, kann man auch drei planare und drei axiale Trägheitsmomente ermitteln.

Planare Trägheitsmomente

$$Iyz = \int x^2 \cdot dV$$
$$Ixz = \int y^2 \cdot dV$$
$$Ixy = \int z^2 \cdot dV$$

Axiale Trägheitsmomente

$$\mathbf{Ix = \int \varrho_x^2 \cdot dV}$$

Wie aus der Zeichnung ersichtlich, kann ϱ auch durch x und y ausgedrückt werden.

$\varrho_x = \sqrt{y^2 + z^2}$; $\quad \varrho_x{}^2 = y^2 + z^2$

daraus folgt:

$Ix = \int (y^2 + z^2) \cdot dV$; $\quad Ix = \int y^2 \cdot dV + \int z^2 \cdot dV$

Die beiden Integrale entsprechen zwei planaren Trägheitsmomenten, nämlich:

$\int \mathbf{y^2 \cdot dV = Ixz}$ $\quad$ und $\quad$ $\int \mathbf{z^2 \cdot dV = Ixy}$

daher: $\mathbf{Ix = Ixz + Ixy}$

$\mathbf{Iy = \int \varrho_y^2 \cdot dV}$

Nach Zeichnung ist $\varrho_y^2 = x^2 + z^2$
daraus folgt:

$Iy = \int (x^2 + z^2) \cdot dV; \quad Iy = \int x^2 \cdot dV + \int z^2 \cdot dV$

Die beiden Integrale entsprechen zwei planaren Trägheitsmomenten:

$\mathbf{\int x^2 \cdot dV = Iyz}$ und $\mathbf{\int z^2 \cdot dV = Ixy}$

daher: $\mathbf{Iy = Iyz + Ixy}$

$\mathbf{Iz = \int \varrho_z^2 \cdot dV}$

$\rightarrow \quad \varrho_z^2 = x^2 + y^2$

$Iz = \int (x^2 + y^2) \cdot dV; \quad Iz = \int x^2 \cdot dV + \int y^2 \cdot dV$

Die beiden Integrale entsprechen zwei planaren Trägheitsmomenten:

$\mathbf{\int x^2 \cdot dV = Iyz}$ und $\mathbf{\int y^2 \cdot dV = Ixz}$

daher: $\mathbf{Iz = Iyz + Ixz}$

Folgerung:

Das axiale Trägheitsmoment eines Körpers ist gleich der Summe von zwei planaren Körperträgheitsmomenten.

Polares Trägheitsmoment:

$\mathbf{Ip = \int r^2 \cdot dV}$

Aus der Zeichnung ist zu ersehen, daß r durch y und ϱ_y ausgedrückt werden kann.

$r^2 = y^2 + \varrho_y^2$

da $\varrho_y^2 = x^2 + z^2$ folgt: $r^2 = y^2 + x^2 + z^2$

$Ip = \int (y^2 + x^2 + z^2) \cdot dV$

$\mathbf{Ip = \int y^2 \cdot dV + \int x^2 \cdot dV + \int z^2 \cdot dV}$

Folgerung:

Das polare Trägheitsmoment eines Körpers ist gleich der Summe der planaren Trägheitsmomente.

Beispiel:

Gesucht: Trägheitsmomente für die Kugel.

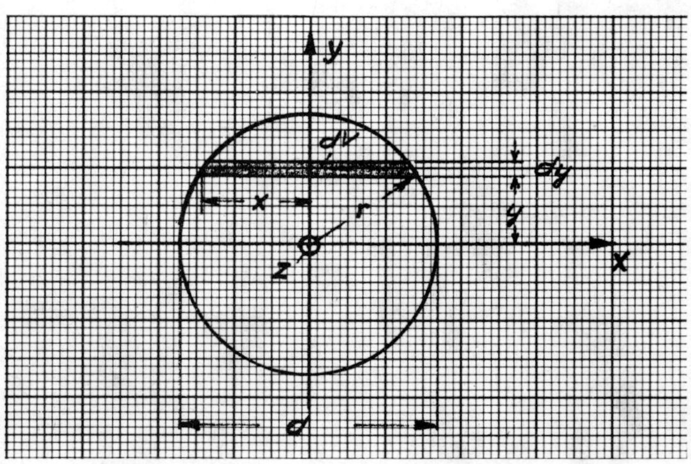

1. Planares Trägheitsmoment

$$Ixz = \int_{-r}^{r} y^2 \cdot dV$$

dV = Volumen einer zylinderischen Scheibe mit r = x und h = dy.

$$dV = x^2 \cdot \pi \cdot dy; \quad Ixz = \int_{-r}^{r} y^2 \cdot x^2 \cdot \pi \cdot dy$$

Man ersetzt x^2 durch $r^2 - y^2$ und wählt die Grenzen von 0 bis r.

$$Ixz = 2 \cdot \pi \cdot \int_0^r y^2 \cdot (r^2 - y^2) \cdot dy$$

$$Ixz = 2 \cdot \pi \cdot \int_0^r (y^2 \cdot r^2 - y^4) \cdot dy$$

$$Ixz = 2 \cdot \pi \cdot r^2 \cdot \int_0^r y^2 \cdot dy - 2 \cdot \pi \cdot \int_0^r y^4 \cdot dy$$

$$Ixz = \frac{2 \cdot \pi \cdot r^2 \cdot y^3}{3}\Big/_0^r - \frac{2 \cdot \pi \cdot y^5}{5}\Big/_0^r$$

$$Ixz = \frac{2}{3} \cdot \pi \cdot r^5 - \frac{2}{5} \cdot \pi \cdot r^5 = \frac{10}{15} \cdot \pi \cdot r^5 - \frac{6}{15} \cdot \pi \cdot r^5$$

$$\mathbf{Ixz = \frac{4}{15} \cdot \pi \cdot r^5}$$

Bekanntlich ist das Volumen der Kugel: $\frac{4}{3} \cdot \pi \cdot r^3$; dies eingesetzt ergibt:

$$Ixz = \frac{4 \cdot \pi \cdot r^5 \cdot 3}{15 \cdot 4 \cdot \pi \cdot r^3} \cdot V$$

$$\mathbf{Ixz = \frac{1}{5} \cdot r^2 \cdot V}$$

Alle planaren Trägheitsmomente der Kugel sind gleich.

$$\mathbf{Iyz = Ixz = Ixy = \frac{1}{5} \cdot r^2 \cdot V}$$

2. Axiales Trägheitsmoment

Die Summe zweier planarer Trägheitsmomente ergibt das axiale Trägheitsmoment.

$Ix = Ixz + Ixy$

Bei einer Kugel sind alle auf die Koordinatenebenen bezogenen planaren Trägheitsmomente gleich, daher ist Ixz nur zu verdoppeln.

$Ix = 2 \cdot Ixz$

$$\mathbf{Ix} = 2 \cdot \frac{4}{15} \cdot \pi \cdot r^5 = \mathbf{\frac{8}{15} \cdot \pi \cdot r^5}$$

oder:

$$Ix = 2 \cdot \frac{1}{5} \cdot r^2 \cdot V$$

$$\mathbf{Ix = \frac{2}{5} \cdot r^2 \cdot V}$$

3. Polares Trägheitsmoment

Es ist gleich der Summe der planaren Trägheitsmomente. Da diese alle gleich sind, ist Ixz zu verdreifachen.

$$Ip = Ixz + Ixy + Iyz$$

$$Ip = 3 \cdot Ixz$$

$$\mathbf{Ip} = 3 \cdot \frac{4}{15} \cdot \pi \cdot r^5 = \frac{\mathbf{4}}{\mathbf{5}} \boldsymbol{\pi} \cdot \mathbf{r^5}$$

oder:

$$\mathbf{Ip} = 3 \cdot \frac{1}{5} \cdot r^2 \cdot V = \frac{\mathbf{3}}{\mathbf{5}} \cdot \mathbf{r^2} \cdot \mathbf{V}$$

Beispiel:

Gesucht: Das axiale Trägheitsmoment eines Paraboloids auf die x-Achse als Rotationsachse bezogen.

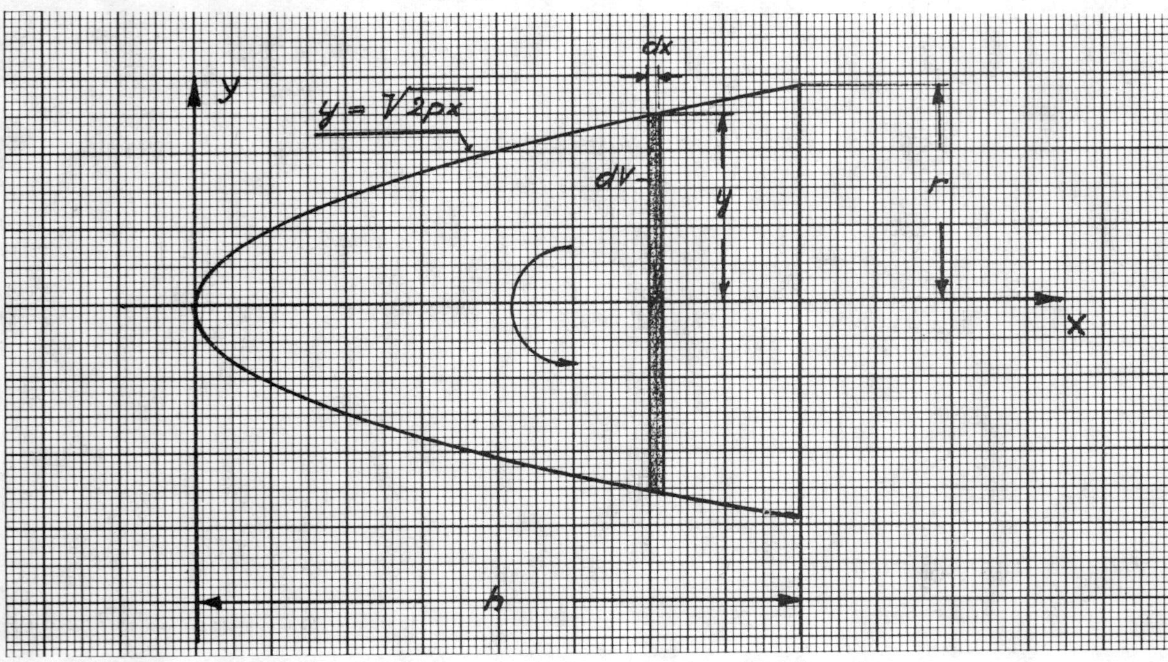

$$Ix = \int_{x1}^{x_2} y^2 \cdot dV$$

Die Hälfte des zylinderischen Scheibchens $dV = \frac{r^2 \cdot \pi}{2} \cdot dx$

$$Ix = \int_{x1}^{x_2} y^2 \cdot \frac{r^2 \cdot \pi}{2} \cdot dx; \; Ix = \frac{\pi}{2} \cdot \int_{x1}^{x_2} y^2 \cdot r^2 \cdot dx$$

wenn $r \to y$:

$$Ix = \frac{\pi}{2} \cdot \int_{x1}^{x_2} y^4 \cdot dx$$

statt y setzt man $\sqrt{2 \cdot px}$ ein, dann ist $y^4 = \left(\sqrt{2px}\right)^4 = 4p^2x^2$

Grenzen: $x_1 = 0$ bis $x_2 = h$

$$Ix = \frac{\pi}{2} \cdot \int_0^h 4 \cdot p^2 \cdot x^2 \cdot dx; \quad Ix = 2 \cdot \pi \cdot p^2 \cdot \int_0^h x^2 \cdot dx$$

$$Ix = 2 \cdot \pi \cdot p^2 \cdot \frac{x^3}{3}\Big/_0^h$$

$$Ix = 2 \cdot \pi \cdot p^2 \cdot \frac{h^3}{3} = \frac{2}{3} \cdot \pi \cdot p^2 \cdot h^3$$

$p = ?$

$$y = \sqrt{2px}; \quad y^2 = 2px; \quad p = \frac{y^2}{2x}$$

$$\rightarrow r \text{ und } h; \quad p = \frac{r^2}{2h}; \quad p^2 = \frac{r^4}{4 \cdot h^2}$$

$$Ix = \frac{2 \cdot \pi \cdot h^3}{3} \cdot \frac{r^4}{2 \cdot h^2}; \quad \mathbf{Ix = \frac{1}{6} \cdot \pi \cdot h \cdot r^4}$$

$$\rightarrow V = \frac{\pi \cdot r^2 \cdot h}{2}; \quad Ix = \frac{\pi \cdot h \cdot r^4 \cdot 2}{6 \cdot \pi \cdot r^2 \cdot h} \cdot V$$

$$\mathbf{Ix = \frac{1}{3} \cdot r^2 \cdot V}$$

§ 22 Massenträgheitsmomente

Definition:

Das Massenträgheitsmoment Id in bezug auf eine Trägheitsachse ist gleich der Summe aller Produkte, gebildet aus den Massenteilchen dm und dem Quadrat ihrer Entfernung von der Trägheitsachse.

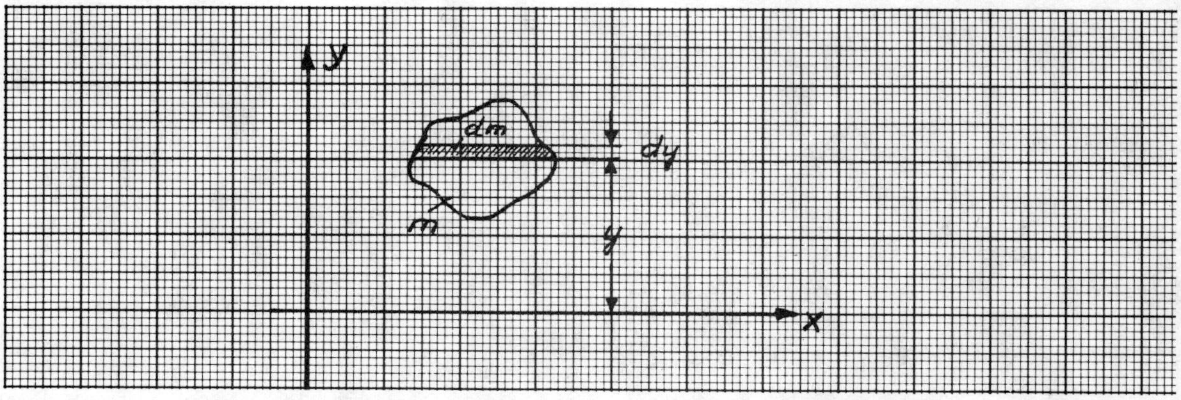

Der Lösungsweg ist derselbe wie bei den Körperträgheitsmomenten, es muß nur das Volumen in Masse umgewandelt werden.

γ = Gewicht der Volumeneinheit in kg/m^3

$\mathbf{Id = \int dm \cdot y^2}$

Masse des Körpers: $m = V \cdot \gamma$

Massenteilchen $dm = dV \cdot \gamma$

Es ist:

$Id = \int dm \cdot y^2 \rightarrow Id = \int dV \cdot \gamma \cdot y^2$

$\mathbf{Id = \gamma \cdot \int y^2 \cdot dV}$

Beispiel:

Gesucht: Das Massenträgheitsmoment eines Kegels
Bezugsachse = Symmetrieachse.

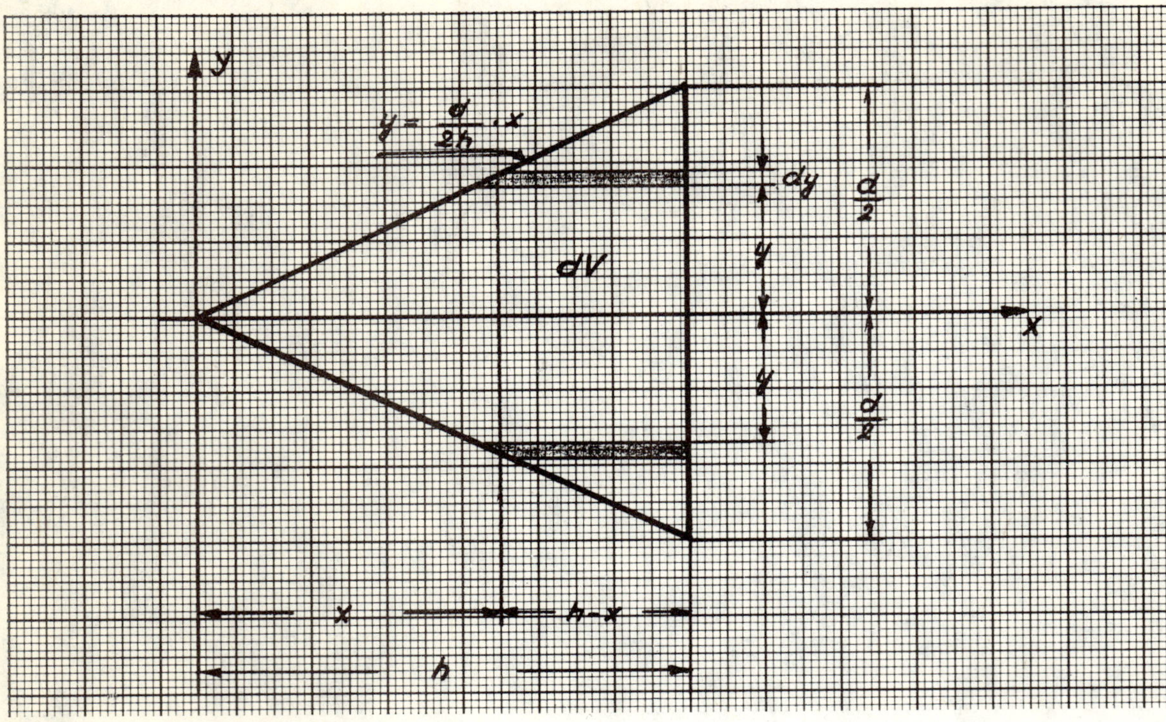

Man denkt sich den Kegel in unendlich viele Hohlzylinder mit der Wandstärke dy und dem Volumen dV zerlegt.

dV multipliziert mit dem Quadrat der Entfernung y von der Symmetrieachse x ergibt das Trägheitsmoment.

Zur Zeichnung:

$$\frac{d}{2} : h = y : x; \quad \frac{d}{2} \cdot x = h \cdot y; \quad y = \frac{d}{2 \cdot h} \cdot x$$

Zum Trägheitsmoment:

$$Id = \int_0^{\frac{d}{2}} y^2 \cdot dm \rightarrow dm = \gamma \cdot dV$$

$$dV = 2 \cdot y \cdot \pi \cdot dy \cdot (h - x)$$

$$Id = \int_0^{\frac{d}{2}} y^2 \cdot \gamma \cdot 2 \cdot y \cdot \pi \cdot (h - x) \cdot dy$$

$$Id = 2 \cdot \pi \cdot \gamma \cdot \int_0^{\frac{d}{2}} y^3 \cdot (h - x) \cdot dy$$

$$Id = 2 \cdot \pi \cdot \gamma \cdot \int_0^{\frac{d}{2}} (y^3 \cdot h - y^3 \cdot x) \cdot dy$$

$$y = \frac{d}{2 \cdot h} \cdot x; \quad x = \frac{2 \cdot h \cdot y}{d}$$

$$Id = 2 \cdot \pi \cdot \gamma \cdot \int_0^{\frac{d}{2}} y^3 \cdot h \cdot dy - 2 \cdot \pi \cdot \gamma \cdot \int_0^{\frac{d}{2}} y^3 \cdot \frac{2 \cdot h \cdot y}{d} \cdot dy$$

$$Id = 2 \cdot \pi \cdot \gamma \cdot h \cdot \int_0^{\frac{d}{2}} y^3 \cdot dy - \frac{4 \cdot \pi \cdot \gamma \cdot h}{d} \cdot \int_0^{\frac{d}{2}} y^4 \cdot dy$$

$$Id = \frac{2 \cdot \pi \cdot \gamma \cdot h \cdot y^4}{4} \Bigg/_0^{\frac{d}{2}} - \frac{4 \cdot \pi \cdot \gamma \cdot h \cdot y^5}{5 \cdot d} \Bigg/_0^{\frac{d}{2}}$$

$$Id = \frac{\gamma \cdot \pi \cdot h \cdot d^4}{2 \cdot 16} - \frac{4 \cdot \gamma \cdot \pi \cdot h \cdot d^5}{5 \cdot 32 \cdot d}$$

$$Id = \frac{\gamma \cdot \pi \cdot h \cdot d^4}{32} - \frac{\gamma \cdot \pi \cdot h \cdot d^4}{40}$$

$$Id = \frac{5}{160} \cdot \gamma \cdot \pi \cdot h \cdot d^4 - \frac{4}{160} \cdot \gamma \cdot \pi \cdot h \cdot d^4$$

$$\mathbf{Id = \frac{\gamma \cdot \pi \cdot h \cdot d^4}{160}}$$

Gegen $V = \frac{d^2 \cdot \pi \cdot h}{12}$

$$Id = \frac{\gamma \cdot \pi \cdot h \cdot d^4 \cdot 12}{160 \cdot d^2 \cdot \pi \cdot h} \cdot V$$

$$\mathbf{Id = \frac{3}{40} \cdot d^2 \cdot \gamma \cdot V}$$

da $V \cdot \gamma = m$: $\quad \mathbf{Id = \frac{3 \cdot d^2 \cdot m}{40}}$

10. Kapitel

Anwendung der Integralrechnung in Technik und Naturwissenschaft

§ 23 Einfache Beispiele aus der Physik

1. Aufgabe

Gegeben: Ein Gefäß mit rechteckigen Seitenflächen ist bis zum oberen Rand mit Wasser gefüllt.

Gesucht: Der Wasserdruck auf die vertikale Seitenfläche
Breite = b; Höhe = h

Gewicht der Volumeneinheit des Wassers = γ

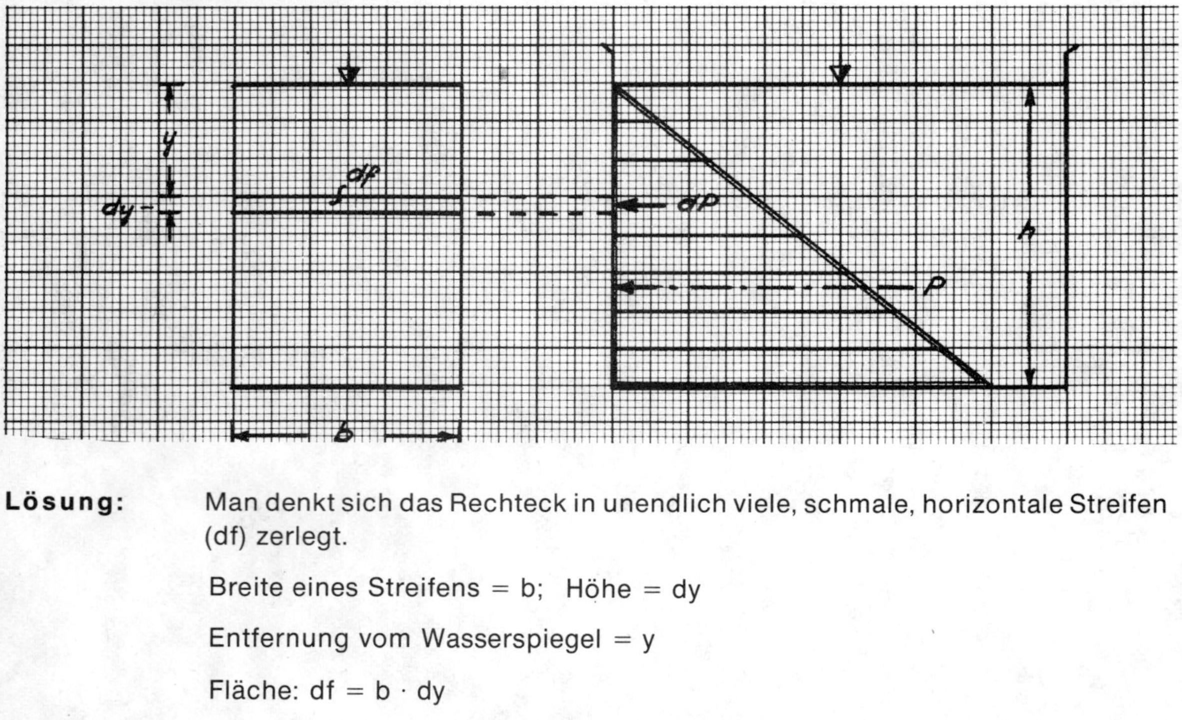

Lösung: Man denkt sich das Rechteck in unendlich viele, schmale, horizontale Streifen (df) zerlegt.

Breite eines Streifens = b; Höhe = dy

Entfernung vom Wasserspiegel = y

Fläche: df = b · dy

Wasserdruck auf den Streifen = dP

$dP = df \cdot y \cdot \gamma \quad = b \cdot dy \cdot y \cdot \gamma$

Der Gesamtwasserdruck auf das Rechteck ergibt sich aus der Summe aller Differentiale dP durch Integration in den Grenzen: y = 0 bis y = h

$$P = \int_0^h b \cdot \gamma \cdot y \cdot dy \qquad P = b \cdot \gamma \int_0^h y \cdot dy$$

$$P = b \cdot \gamma \cdot \frac{y^2}{2}\Big|_0^h \qquad P = b \cdot \gamma \cdot \frac{h^2}{2}$$

Seitendruck $\mathbf{P} = \frac{\mathbf{b} \cdot \mathbf{h}^2}{\mathbf{2}} \cdot \gamma$

2. Aufgabe

Gegeben: Die Seitenfläche des bis zum Rand mit Wasser gefüllten Gefäßes sei eine Parabel.

Gleichung: $x^2 = 2py$

Gesucht: Gesamtwasserdruck auf die Parabelfläche mit der Höhe h.

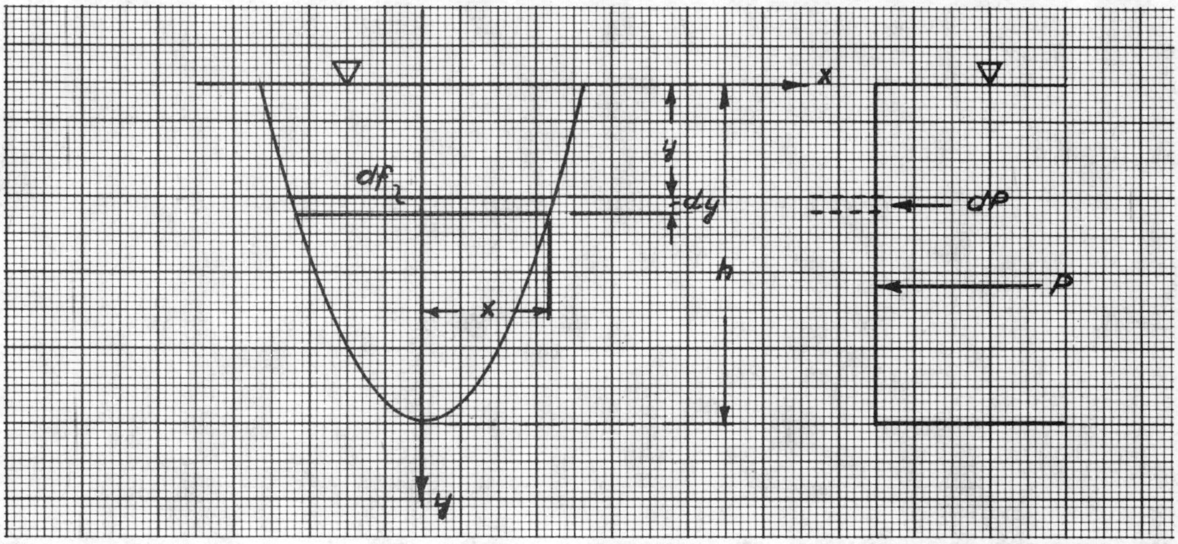

Lösung: Man denkt sich die Parabel in unendlich viele, schmale, horizontale Streifen df zerlegt.

Breite = 2x; Höhe = dy

Entfernung vom Wasserspiegel = y

Fläche: $df = 2x \cdot dy$

Wasserdruck dP auf den Streifen:
$dP = df \cdot y \cdot \gamma; \quad dP = 2x \cdot dy \cdot y \cdot \gamma$

Gesamtwasserdruck P = Summe aller dP in den Grenzen von 0 bis h.

$$P = \int_0^h 2x \cdot y \cdot dy \cdot \gamma$$

Zur Lösung des Integrals muß x durch y ausgedrückt werden.

Parabelgleichung: $x^2 = 2py; \quad x = \sqrt{2 \cdot p \cdot y}$

$$P = \int_0^h 2 \cdot \sqrt{2p \cdot y} \cdot y \cdot dy \cdot \gamma$$

$$P = \int_0^h 2 \cdot \sqrt{2p} \cdot \sqrt{y} \cdot y \cdot dy \cdot \gamma$$

$$P = 2 \cdot \sqrt{2p} \cdot \gamma \int_0^h \sqrt{y} \cdot y \cdot dy$$

$$P = 2 \cdot \sqrt{2p} \cdot \gamma \int_0^h y^{\frac{1}{2}} \cdot y \cdot dy$$

$$P = 2 \cdot \sqrt{2p} \cdot \gamma \int_0^h y^{\frac{3}{2}} \cdot dy$$

$$P = 2 \cdot \sqrt{2p} \cdot \gamma \cdot \left. \frac{y^{\frac{5}{2}}}{\frac{5}{2}} \right|_0^h$$

$$P = \frac{2 \cdot 2}{5} \cdot \sqrt{2p} \cdot \gamma \cdot \sqrt{h^5}$$

$$\text{Seitendruck} = \mathbf{\frac{4}{5} \cdot \sqrt{2p \cdot h^5} \cdot \gamma}$$

3. Aufgabe

Gegeben: Die Seitenfläche eines voll mit Wasser gefüllten Fasses sei ein Kreis.
Gleichung: $x = \sqrt{r^2 - y^2}$

Gesucht: Gesamtwasserdruck auf die kreisförmige Seitenfläche
mit der Höhe = 2r

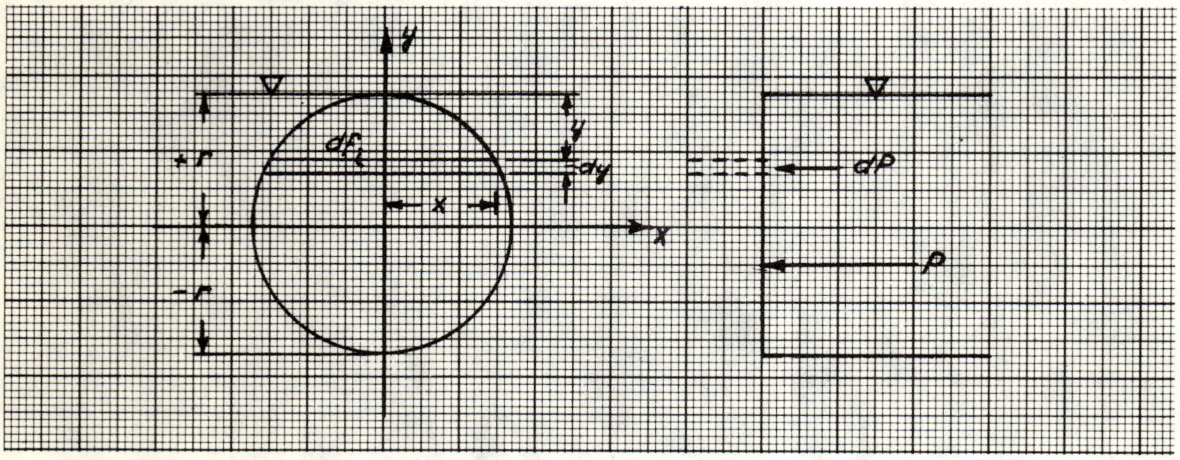

Lösung: Fläche des Differentials df = 2x · dy

Wasserdruck dP auf den Streifen:
$dP = df \cdot y \cdot \gamma$; $dP = 2x \cdot dy \cdot y \cdot \gamma$

Gesamtwasserdruck P = Summe aller dP
in den Grenzen von + r bis − r.

$$P = \int_{-r}^{+r} 2x \cdot y \cdot dy \cdot \gamma \qquad \text{(statt x: } \sqrt{r^2 - y^2} \text{ einsetzen!)}$$

$$P = \int_{-r}^{+r} 2 \cdot \sqrt{r^2 - y^2} \cdot y \cdot dy \cdot \gamma$$

$$P = 2 \cdot \gamma \int_{-r}^{+r} \sqrt{r^2 - y^2} \cdot y \cdot dy$$

Integral durch Substitution lösen!

$$z = r^2 - y^2$$

$$\frac{dz}{dy} = -2y; \quad \frac{-dz}{2} = y \cdot dy$$

somit ist:

$$P = 2 \cdot \gamma \int_{-r}^{+r} \sqrt{z} \cdot \left(-\frac{dz}{2}\right)$$

$$P = 2 \cdot \gamma \int_{-r}^{+r} \sqrt{z} \cdot dz \cdot \left(-\frac{1}{2}\right)$$

$$P = -\gamma \int_{-r}^{+r} \sqrt{z} \cdot dz$$

$$P = -\gamma \int_{-r}^{+r} z^{\frac{1}{2}} \cdot dz$$

$$P = -\gamma \cdot \frac{z^{\frac{3}{2}}}{\frac{3}{2}} \Bigg|_{-r}^{+r}$$

$$P = -\frac{2}{3}\gamma \cdot \sqrt{z^3} \Bigg|_{-r}^{+r}$$

statt z wieder $r^2 - y^2$ eingesetzt ergibt:

$$P = -\frac{2}{3}\gamma \cdot \sqrt{(r^2 - y^2)^3} \Bigg|_{-r}^{+r}$$

$$P = -\frac{2}{3}\gamma \cdot \left[\sqrt{(r^2 + y^2)^3} - \sqrt{(r^2 - y^2)^3} \right]$$

$$P = -\frac{2}{3}\gamma \cdot \sqrt{(2r^2)^3} - 0$$

$$P = \frac{2}{3}\gamma \cdot \sqrt{8r^6}$$

$$P = \frac{2}{3}\gamma \cdot 2 \cdot r^3 \cdot \sqrt{2}$$

$$P = \frac{4}{3} \cdot \sqrt{2} \cdot r^3 \cdot \gamma = \textbf{Seitendruck}$$

§ 24 Die Exponentialfunktion in der Naturwissenschaft

Beispiele für die Ableitung von Naturgesetzen mit Hilfe der Integralrechnung.

Das Erkaltungsgesetz

Problem:

In welcher gesetzmäßigen Weise geht die Abkühlung von der Anfangstemperatur T_1 auf die Temperatur T_0 der Umgebung vor sich?

Lösung:

Die Temperatur eines Körpers ist nach der Zeit dt um den Betrag dT gesunken.

Dann ist $\frac{dT}{dt}$ die in der Zeiteinheit erfolgte Temperaturabnahme.

$$\text{Abkühlungsgeschwindigkeit} = -\frac{dT}{dt}$$

(Vorzeichen negativ, da Abnahme!)

Newtonsche Annahme:

Die Abkühlungsgeschwindigkeit ist dem jeweils herrschenden Temperaturunterschied zwischen Körper und Umgebung proportional:

$$-\frac{dT}{dt} = k \cdot (T - T_0)$$

worin k eine jedem Stoff eigene Konstante ist, die von seiner Artwärme, der Oberflächenbeschaffenheit des Körpers und dgl. abhängt.

Die experimentelle Nachprüfung dieser Annahme ist nicht möglich, da man die beliebig kleinen Größen dT und dt nicht messen kann.

Dagegen führt die Integralrechnung zum Ziel.

Man schreibt:

$$-\frac{dT}{dt} = k \cdot (T - T_0)$$

Form (I): $dt = -\frac{1}{k} \cdot \frac{dT}{t - T_0}$

und integriert: $t = -\frac{1}{k} \int \frac{1}{T - T_0} \cdot dT$

$$t = -\frac{1}{k} \cdot \ln (T - T_0) + C$$

Zur Zeit $t = 0$ hatte der Körper die Temperatur $T = T_1$

daher: $0 = -\frac{1}{k} \cdot \ln (T_1 - T_0) + C$

daraus: $C = \frac{1}{k} \cdot \ln (T_1 - T_0)$

also: $t = \frac{1}{k} \cdot \ln (T_1 - T_0)\Big/_{T}^{T_1}$

$$t = \frac{1}{k} \cdot [\ln (T - T_0) - \ln(T - T_0)]$$

Form (II): $t = \frac{1}{k} \cdot \ln \frac{T_1 - T_0}{T - T_0}$

Man schreibt (II) als Exponentialgleichung:

aus: $$-k \cdot t = \ln \frac{T - T_0}{T_1 - T_0}$$

wird: $$e^{-k \cdot t} = \frac{T - T_0}{T_1 - T_0}$$

$$T - T_0 = (T_1 - T_0) \cdot e^{-k \cdot t}$$

Form (III): $$T = T_0 + (T_1 - T_0) \cdot e^{-k \cdot t}$$

In (II) können alle vorkommenden Größen außer **k** durch Messung bestimmt werden.

Ist dies erfolgt, so errechnet man k aus Form (II)

$$k = \frac{1}{t} \cdot \ln \frac{T_1 - T_0}{T - T_0}$$

Zahlenbeispiel:

Die Temperatur einer Flüssigkeit sinkt in jeder Minute um $\frac{1}{5}$ ihres jeweiligen Wertes.

Annahme: $T_1 = 90°$; $T_0 = 0°$

Gesucht: k

Tabelle:

t	0	1	2	3	4	5	6	Min.
T	90°	72°	57,6°	46,08°	36,86°	29,49°	23,59°	Grad
k	—	0,223	0,223	0,223	0,223	0,223	0,223	

Für die Endtemperatur $T_0 = 0$ nimmt das Gesetz die einfache Form an:

Form (IV): $$t = \frac{1}{k} \cdot \ln \frac{T_1}{T} \text{ bzw. } T = T_1 \cdot e^{-k \cdot t}$$

und: $$k = \frac{1}{t} \cdot \ln \frac{T_1}{T} = \frac{1}{6} \cdot \ln \frac{T_0}{T_6}$$

Nachweis:

$$k_1 = \frac{1}{1} \cdot \ln \frac{90}{72} = 0{,}223 \qquad k_4 = \frac{1}{4} \cdot \ln \frac{90}{36{,}86} = 0{,}223$$

$$k_2 = \frac{1}{2} \cdot \ln \frac{90}{57{,}60} = 0{,}223 \qquad k_5 = \frac{1}{5} \cdot \ln \frac{90}{29{,}49} = 0{,}223$$

$$k_3 = \frac{1}{3} \cdot \ln \frac{90}{46{,}08} = 0{,}223 \qquad k_6 = \frac{1}{6} \cdot \ln \frac{90}{23{,}59} = 0{,}223$$

Somit ergibt sich für jede Messung derselbe konstante Wert k = 0,223. Gemachte Annahme daher richtig!

Aufgabe:

Wird heißer Kaffee eher genießbar, wenn man ihn zuerst abkühlen läßt und zuletzt kalte Milch zugibt, oder wenn man erst die Milch zugießt und dann abkühlen läßt?

Annahmewert k = 0,223

Zeit t = 10 Minuten.

	Menge	Temperatur
Kaffee	$M = 100\ cm^3$	$T_1 = 90°$
Milch	$m = 10\ cm^3$	$T_2 = 12°$
Luft		$T_0 = 20°$

Lösung:

Fall a)

Der Kaffee kühlt nach (III) auf die Temperatur ab:

$$T_K = T_0 + (T_1 - T_0) \cdot e^{-k \cdot t}$$

$$T_K = 20 + (90 - 20) \cdot e^{-0,223 \cdot 10} = 27,53°$$

Wird nun Milch zugegeben, so beträgt die Temperatur:

$$T_m = \frac{M \cdot T_K + m \cdot T_2}{M + m}$$

$$T_m = \frac{100 \cdot 27,53 + 10 \cdot 12}{100 + 10} = \mathbf{26,12}°$$

Fall b)

Falls man die Milch sofort zugibt, beträgt die Temperatur:

$$T_m = \frac{M \cdot T_1 + m \cdot T_2}{M + m}$$

$$T_m = \frac{100 \cdot 90 + 10 \cdot 12}{100 + 10} = 82,91°$$

Nach dem Erkaltungsgesetz (III) kühlt sich das Gemisch ab:

$$T_K = T_0 + (T_m - T_0) \cdot e^{-k \cdot t}$$

$$T_K = 20 + (82,91 - 20) \cdot e^{-0,223 \cdot 10} = \mathbf{26,76}°$$

Falls die Temperatur der Milch höher ist als die der Umgebung:

	Menge	Temperatur
Kaffee	$M = 100\ cm^3$	$T_1 = 90°$
Milch	$m = 10\ cm^3$	$T_2 = 20°$
Luft		$T_0 = 0°$

Fall a)

Der Kaffee kühlt nach (IV) auf die Temperatur ab:

$T_K = 90 \cdot e^{-0{,}223 \cdot 10} = 9{,}68°$

Wird Milch zugegossen, beträgt die Temperatur:

$$T_m = \frac{100 \cdot 9{,}68 + 10 \cdot 20}{110} = \mathbf{10{,}62}°$$

Fall b)

Mischtemperatur bei sofortiger Milchzugabe:

$$T_m = \frac{100 \cdot 90 + 10 \cdot 20}{110} = 83{,}64°$$

Abkühlung nach dem Erkaltungsgesetz:

$T_K = 83{,}64 \cdot e^{-0{,}223 \cdot 10} = \mathbf{8{,}99}°$

Erkenntnis:

Ist die Temperatur der Milch niedriger als die der Umgebung, so kühlt das Gemisch im Fall a) rascher ab. Ist sie höher, dann im Fall b).

§ 25 Physikalische Bedeutung der Integrationskonstanten

Die Bewegung auf der schiefen Ebene

Durch Versuche als gleichmäßig-beschleunigte Bewegung erkannt.

Beispiel:

Als Ausgangspunkt der Untersuchung über den pyhsikalischen Sinn der Integrationskonstanten:

Zeit t	0		1		2		3		4		5	sek
Weg s	0		2,5		10		22,5		40		62,5	m
Geschw. v		2,5		7,5		12,5		17,5		22,5		m/sek
Beschl. b			5		5		5		5			m/sek²

Definition:

$$\text{Beschleunigung } b = \frac{\text{Geschwindigkeitszunahme } dv}{\text{Zeitzunahme } dt}$$

(I) $\frac{dv}{dt} = b$; (b = konstant!)

Auf mathematischem Wege sind hieraus Geschwindigkeit und Weg zu einem beliebigen Zeitpunkt zu ermitteln.

$$dv = b \cdot dt$$
$$v = \int b \cdot dt$$
(II) $$v = b \cdot t + C$$

Zum Zeitpunkt $t = 0$ habe der Körper bereits einen Weg (S_0) zurückgelegt und besitze infolgedessen schon eine gewisse Geschwindigkeit (v_0).

Dann geht (II) über in:

$$v_0 = b \cdot 0 + C$$
also (III): $$C = v_0$$

Erkenntnis:

Die Integrationskonstante C ist die Geschwindigkeit zu Beginn der Beobachtung.

Es gilt mithin das **Geschwindigkeitsgesetz:**

(IV): $$v = b \cdot t + v_0$$

Beginnt man die Beobachtung in dem Augenblick, wo der Körper zu rollen anfängt, so ist $v_0 = 0$ und man erhält die bekannte Formel:

(V): $$v = b \cdot t$$

Den zu einem beliebigen Zeitpunkt zurückgelegten Weg auf Grund der Definition

$$\text{Geschwindigkeit } v = \frac{\text{Wegzunahme } ds}{\text{Zeitzunahme } dt}$$

ist $$ds = v \cdot dt$$
und mit (IV) $$ds = (b \cdot t + v_0) \cdot dt$$
$$s = \int (b \cdot t + v_0) \cdot dt$$
(VI): $$s = \frac{1}{2} \cdot b \cdot t^2 + v_0 \cdot t + C_1$$

Ist s_0 der zu Beginn der Beobachtung ($t = 0$) bereits zurückgelegte Weg, so ergibt sich aus (VI), da rechts die beiden ersten Summanden gleich Null werden:

(VII): $$s_0 = C_1$$

Erkenntnis:

Die Integrationskonstante C_1 ist der zu Beginn der Beobachtung bereits zurückgelegte Weg.

So findet man das **Weggesetz:**

(VIII): $$s = \frac{1}{2} \cdot b \cdot t^2 + v_0 \cdot t + s_0$$

Beginnt man die Beobachtung in dem Augenblick, wo der Körper zu rollen anfängt, so sind s_0 und v_0 gleich Null und man gelangt zu der bekannten Formel:

(IX): $$s = \frac{1}{2} \cdot b \cdot t^2$$

Beachte:

1. Jedem unbestimmten Integral ist eine willkürliche Integrationskonstante hinzuzufügen.
2. Beim bestimmten Integral hebt sich die Integrationskonstante weg.
3. Die geometrische Bedeutung der Integrationskonstanten wurde bereits eingangs ausführlich behandelt.